医学核心课程思维导图与复习考试指南

# 生物化学与分子生物学思维导图与复习考试指南


主　编　张志珍　刘勇军

副主编　田余祥　张秀梅

编　者　（按姓名笔画排序）

叶　辉（温州医科大学）

田余祥（大连医科大学）

刘勇军（广东医科大学）

刘新光（广东医科大学）

江旭东（佳木斯大学）

李有杰（滨州医学院）

李旭霞（大连大学）

肖建英（锦州医科大学）

库热西·玉努斯（新疆医科大学）

张志珍（广东医科大学）

张秀梅（锦州医科大学）

陆红玲（遵义医科大学）

陈维春（广东医科大学）

罗晓婷（赣南医学院）

罗德生（湖北科技学院）

费小雯（海南医学院）

殷嫦嫦（九江学院）

裴秀英（宁夏医科大学）



科学出版社

北　京

## 内 容 简 介

《生物化学与分子生物学思维导图与复习考试指南》是《生物化学与分子生物学》（案例版，第 3 版）理论教材的配套学习参考书，全书编排与理论教材一致，共 25 章，每章均包括教学目的与教学要求、思维导图、汉英名词对照、复习思考题、复习思考题答案及解析五个部分。教学目的与教学要求是每章的学习大纲，是学习的最基本要求；思维导图是将每章的最主要内容用导图形式呈现给学生，便于学生分析、归纳与总结；汉英名词对照是将每章中最常用和最重要的名词以中英文对照形式列表呈现给学生，便于记忆；复习思考题包含了每章中最主要的知识点，突出了重点和难点，题型包括名词解释、选择题、问答题、论述题等，并对复习思考题进行了全面的回答与解析，使学生不仅能知道答案，而且还能知其所以然，便于彻底掌握各个知识点。书后还有 17 套模拟试卷并附有试卷参考答案，学生在课程学习完成后，可以进行自我考核，利用试卷查漏补缺，帮助自己找出知识盲点，并结合教材进一步自我省悟。

**图书在版编目（CIP）数据**

生物化学与分子生物学思维导图与复习考试指南 / 张志珍，刘勇军主编. —北京：科学出版社，2022.9

医学核心课程思维导图与复习考试指南

ISBN 978-7-03-056504-4

Ⅰ. ①生… Ⅱ. ①张… ②刘… Ⅲ. ①生物化学–医学院校–教学参考资料 ②分子生物学–医学院校–教学参考资料 Ⅳ. ①Q5②Q7

中国版本图书馆 CIP 数据核字（2022）第 140078 号

责任编辑：张天佐 胡治国 / 责任校对：宁辉彩

责任印制：赵 博 / 封面设计：陈 敬

科学出版社 出版

北京东黄城根北街 16 号

邮政编码：100717

http://www.sciencep.com

北京凌奇印刷有限责任公司 印刷

科学出版社发行 各地新华书店经销

*

2022 年 9 月第 一 版 开本：787×1092 1/16

2024 年 1 月第三次印刷 印张：16 1/2

字数：530 000

**定价：59.80 元**

（如有印装质量问题，我社负责调换）

# 前　言

为适应生物化学与分子生物学教学要求，配合科学出版社《生物化学与分子生物学》（案例版，第 3 版）理论教材教学，我们根据科学出版社要求，结合《生物化学与分子生物学教学大纲》和国家执业医师资格考试要求，组织编写了这本学习参考书。

本书所有章节与科学出版社《生物化学与分子生物学》（案例版，第 3 版）理论教材完全对应，共 25 章，并且在最后附有 17 套模拟试题。每章包括教学目的与教学要求、思维导图、汉英名词对照、复习思考题和复习思考题答案及解析五个部分。学生不但可在学习的过程中同步检测自己对理论知识的掌握情况，而且在学完该课程后，可利用 17 套模拟试题进行自我考核。复习思考题包含名词解释、选择题（A 型题、B 型题、X 型题）、问答题、论述题等，并附有详细解答，学生可以结合理论教材提高学习效果。

本书均由长期从事生物化学与分子生物学教学一线的中青年教师执笔完成，他们目前仍工作在教学一线岗位，有着较为丰富的教学经验，其中更有国家执业医师资格考试命题专家组成员参与执笔和指导编写工作。所以本书能与时俱进地更新一些命题理念，题型基本与国家执业医师资格考试相同。

本书适合医药院校临床、基础、预防、口腔、麻醉、影像、药学、检验、护理、法医等专业学生使用，也可供研究生入学考试和国家执业医师资格考试的考生们复习使用。

由于编者水平有限，书中不当之处在所难免，恳请同行专家和使用者批评指正，以便再版时修正完善。

张志珍　刘勇军

2020 年 1 月于东莞

# 目　　录

# 第 1 章　绪　　论

## 一、教学目的与教学要求

**教学目的**　通过本章学习，让学生明白生物化学、分子生物学的概念，熟悉生物化学与分子生物学的发展、应用等相关知识，让学生对这门课程有一个初步、整体的认识。

**教学要求**　掌握生物化学、分子生物学及生物大分子的概念；熟悉当代生物化学与分子生物学研究的主要内容；生物化学与医学的关系。了解生物化学发展所经历的三个阶段的主要成就和本课程的主要内容。

## 二、思 维 导 图

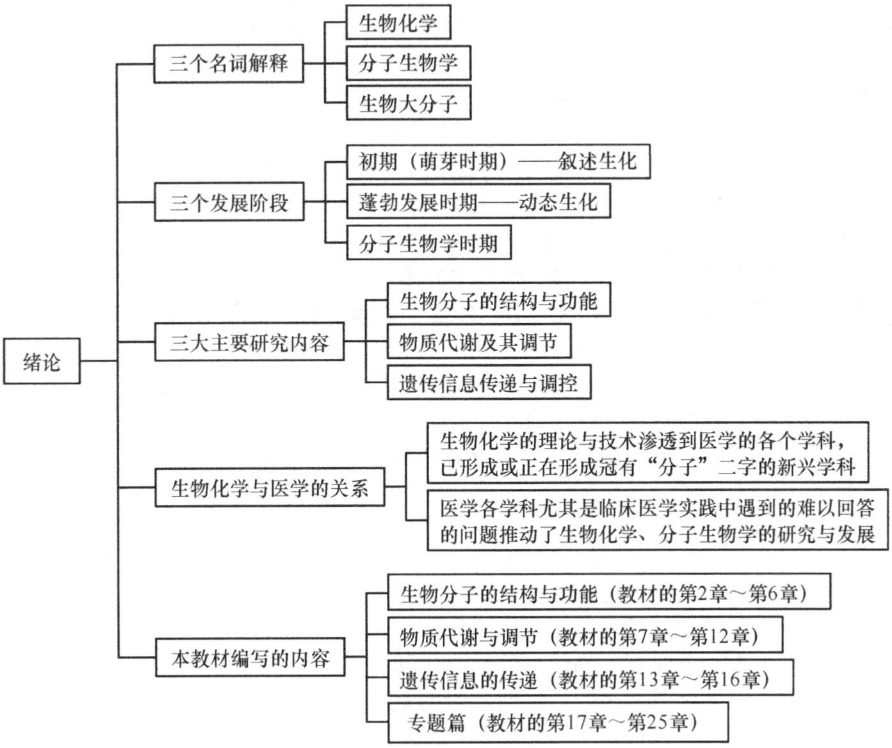

- 绪论
  - 三个名词解释
    - 生物化学
    - 分子生物学
    - 生物大分子
  - 三个发展阶段
    - 初期（萌芽时期）——叙述生化
    - 蓬勃发展时期——动态生化
    - 分子生物学时期
  - 三大主要研究内容
    - 生物分子的结构与功能
    - 物质代谢及其调节
    - 遗传信息传递与调控
  - 生物化学与医学的关系
    - 生物化学的理论与技术渗透到医学的各个学科，已形成或正在形成冠有“分子”二字的新兴学科
    - 医学各学科尤其是临床医学实践中遇到的难以回答的问题推动了生物化学、分子生物学的研究与发展
  - 本教材编写的内容
    - 生物分子的结构与功能（教材的第2章～第6章）
    - 物质代谢与调节（教材的第7章～第12章）
    - 遗传信息的传递（教材的第13章～第16章）
    - 专题篇（教材的第17章～第25章）

## 三、汉英名词对照

| 中文 | 英文 | 中文 | 英文 |
|---|---|---|---|
| 生物化学 | biochemistry | 分子生物学 | molecular biology |
| 新陈代谢 | metabolism | 人类基因组计划 | human genome project |
| 生物大分子 | biomacromolecule | | |

## 四、复习思考题

### （一）名词解释

**1.** biochemistry

**2.** 分子生物学

**3.** 生物大分子

**（二）选择题**

**A1 型题，以下每一道题下面有 A、B、C、D、E 五个选项，请从中选择一个最佳答案。**

**4.** 有关生物化学的叙述，正确的是（　　）

A. 生物化学是 18 世纪初从生物学中分离出的一门独立学科

B. 生物化学是 19 世纪初从化学中分离出的一门独立学科

C. 生物化学是 19 世纪初从生理化学中分离出的一门独立学科

D. 生物化学是 20 世纪初从化学中分离出的一门独立学科

E. 生物化学是 20 世纪初从生理化学中分离出的一门独立学科

**5.** 下列物质中，不是生物大分子的是（　　）

A. 胰岛素　B. DNA　C. 维生素　D. 乳酸脱氢酶　E. RNA

**6.** 下列有关生物化学的论述，不正确的是（　　）

A. 它是研究人体的正常形态结构的一门科学

B. 它是研究活细胞和生物体内的各种化学分子及其化学反应的一门科学

C. 它是从分子水平和化学变化深度上揭示生命奥秘，探讨生命现象本质的一门科学

D. 生物化学即生命的化学

E. 生物化学的发展人为划分为三个阶段

**7.** 近代生物化学的发展人为划分为（　　）

A. 一个阶段　B. 两个阶段　C. 三个阶段　D. 四个阶段　E. 五个阶段

**8.** 下列有关生物化学研究的内容，例外的是（　　）

A. 生物分子的结构与功能　B. 生理活动规律与健康　C. 物质代谢及其调节

D. 遗传信息的传递与调控　E. 饮食与健康

**X 型题，以下每一道题下面有 A、B、C、D、E 五个备选答案，请从中选择 2～5 个不等答案。**

**9.** 下列有关生物大分子的叙述，正确的是（　　）

A. 生物大分子是由其基本结构单位构成　B. 生物大分子都有其特定的空间构象

C. 每种生物大分子都有其特定的生物活性

D. 生物大分子的特定构象改变，必然导致其特异功能的相应变化

E. 其分子量都在 $10^4$ 以上

**10.** 下列物质中，属于生物大分子的有（　　）

A. 核糖体　B. 酮体　C. 脂蛋白　D. 核糖　E. 糖蛋白

**11.** 我国科学家在生物化学发展中的重大贡献有（　　）

A. 我国是完成人类基因组计划的 6 个成员国之一

B. 我国在世界上首先人工合成有生物活性的结晶牛胰岛素

C. 我国在世界上首先人工合成有生物活性的酵母丙氨酰 tRNA

D. 我国在世界上首先完成牛胰岛素一级结构的测序

E. 我国明代著名医药学家李时珍撰著了《本草纲目》

**12.** 有关生物化学的叙述，正确的是（　　）

A. 生物化学只是临床医学的一门重要基础学科

B. 生物化学是在细胞水平上研究生命体的各种化学分子及其化学反应的一门科学

C. 生物化学的理论和技术渗入到现代医学所有学科，从而促进了各个学科的迅猛发展

D. 生物化学的主要任务是研究生物体的分子结构与功能、物质代谢与调节、基因信息传递与调控

E. 生物化学研究人体各组织、器官的结构与功能

**13.** 生物化学主要研究的对象和内容，正确的是（　　）

A. 生物化学研究疾病的病因、临床表现、诊断与治疗

B. 生物分子分解与合成及反应过程中的能量变化

C. 生物遗传信息的储存、传递与调控

D. 生物体新陈代谢的调节机制

E. 分子病的发病机制

（三）问答题

14. 简述近代生物化学的发展简史。

15. 简述生物化学与医学的关系。

## 五、复习思考题答案及解析

（一）名词解释

1. biochemistry：即生物化学，简称生化。它是分子水平上研究生物体的化学组成和生命过程中化学变化规律的一门科学，又称生命的化学。

2. 分子生物学：它是生物化学的重要组成部分，它主要是研究生物大分子的结构与功能、代谢及其调控的一门学科。

3. 生物大分子：指由许多个基本结构单位按一定顺序和方式连接而成的，大多数相对分子质量在$10^4$以上的，具有特定构象与特异功能的生物分子（多聚体）。

（二）选择题

4. E："生物化学"是1903年从"生理化学"学科中分离出来成为一门独立的学科。故正确选项是E。

5. C：胰岛素是蛋白质类激素，乳酸脱氢酶本质是蛋白质，DNA和RNA都是核酸，它们都是生物大分子，维生素是小分子有机化合物。故正确选项是C。

6. A：人体正常形态结构是人体解剖学、组织胚胎学研究的内容。故正确选项是A。

7. C：近代生物化学的发展经历了生物化学发展初期、蓬勃发展时期和分子生物学时期这样三个阶段。故正确选项是C。

8. B：当代生物化学研究的主要内容是生物分子的结构与功能，重点或焦点是研究生物大分子的结构与功能；研究物质代谢及其调节，饮食与健康和物质代谢及调节；研究遗传信息的传递与调控；生理活动与健康是生理学研究的内容。故正确选项是B。

9. ABCD：生物大分子的分子量并不都在$10^4$以上，如胰岛素。故正确选项是ABCD。

10. ACE：核糖体、脂蛋白与糖蛋白分别是核酸、脂质和糖物质结合而成的复合物，它们都是生物大分子；酮体和核糖是小分子化合物。故正确选项是ACE。

11. ABCE：牛胰岛素一级结构是由英国科学家Sanger（桑格）于1953年完成的测序，其他四项都是我国科学家对生物化学分子所作出的贡献。故正确选项是ABCE。

12. BCD：生物化学是所有涉医专业的一门重要基础学科；人体各组织、器官的结构与功能是形态学学科研究的内容。故正确选项是BCD。

13. BCDE：有关临床疾病的病因、临床表现、诊断及治疗是临床学科研究的内容，其他选项都是生物化学研究的内容。故正确选项是BCDE。

（三）问答题

14. 答：近代生物化学的发展，人为地划分为三个发展阶段（时期）：①初期（萌芽时期）：从18世纪中叶至20世纪初。这一时期主要是研究生物体的化学组成，客观描述组成生物体的物质含量、分布、结构、性质与功能，故又称为叙述生化阶段。②蓬勃发展时期：从20世纪初至20世纪50年代的几十年间，生物化学发展迅猛。这一时期，除了在营养、内分泌及酶学等方面有许多重大发现与进展外，更主要的进展是物质的代谢与调节，许多代谢途径基本弄清楚，故此阶段又称为动态生化阶段。③分子生物学时期：20世纪50年代以来，生物化学的发展进入一个新的高潮。这一时期生化领域的重大事件层出不穷。

15. 答：生物化学是医学学科的基础学科，是一门重要的医学必修课程。所有医学类（基础医学、临床医学、预防医学、药学、口腔医学、护理学）的学生都必须修该门课程。因为生物化学与分子生物学的理论与技术已渗入到所有医学的各个领域，促进了现代医学突飞猛进的发展，已经或正在形成冠有"分子"二字的新兴学科，如分子病理学、分子药理学、分子遗传学、分子免疫学等学科；反过来，现代医学各学科尤其是临床医学又不断地向生物化学与分子生物学提出问题和挑战，从而推动生物化学与分子生物学不断深入研究与发展。总之，生物化学与医学其他学科总是互相为用、互相渗透的。

（罗德生）

# 第2章　蛋白质结构与功能

## 一、教学目的与教学要求

**教学目的**　通过本章学习，让学生对蛋白质的组成与结构有全面的认识；理解蛋白质结构与功能的关系；对蛋白质的理化性质有初步的理解。

**教学要求**　掌握蛋白质的分子组成，20 种组成蛋白质的氨基酸，肽键，蛋白质一、二、三、四级结构的要点及维系各级结构的化学键，蛋白质结构与功能的关系；蛋白质分离纯化的方法及其原理。熟悉氨基酸和蛋白质的理化性质及生物学功能，理解蛋白质在生命过程中的重要作用，氨基酸和蛋白质理化性质，蛋白质的变性、沉淀和凝固，生物活性肽、蛋白质的生物学功能。了解蛋白质分离纯化方法和定量测定。

## 二、思 维 导 图

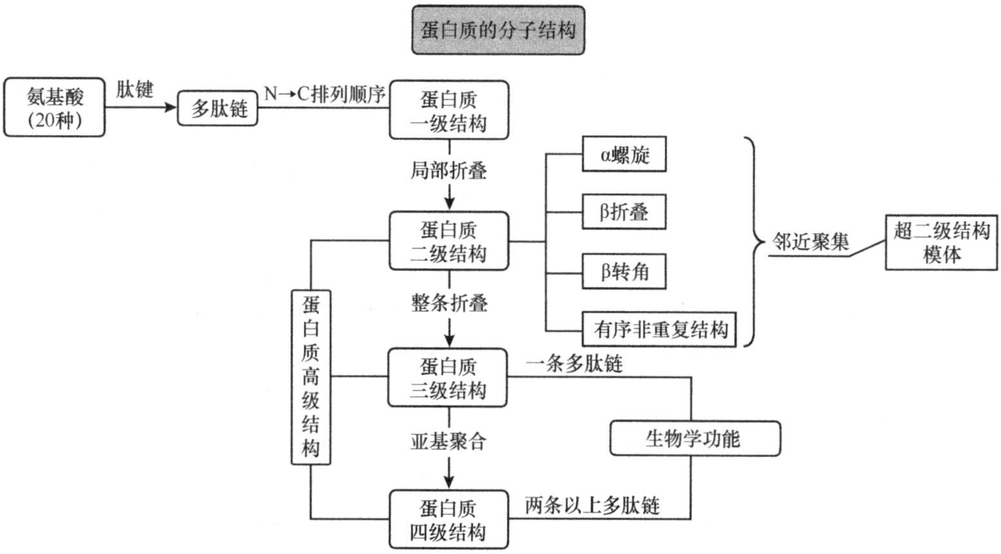

蛋白质的分子结构

氨基酸（20种）
肽键
多肽链
N→C排列顺序
蛋白质一级结构
局部折叠
蛋白质二级结构
α螺旋
β折叠
β转角
有序非重复结构
邻近聚集
超二级结构模体
整条折叠
蛋白质三级结构
一条多肽链
生物学功能
亚基聚合
蛋白质四级结构
两条以上多肽链
蛋白质高级结构

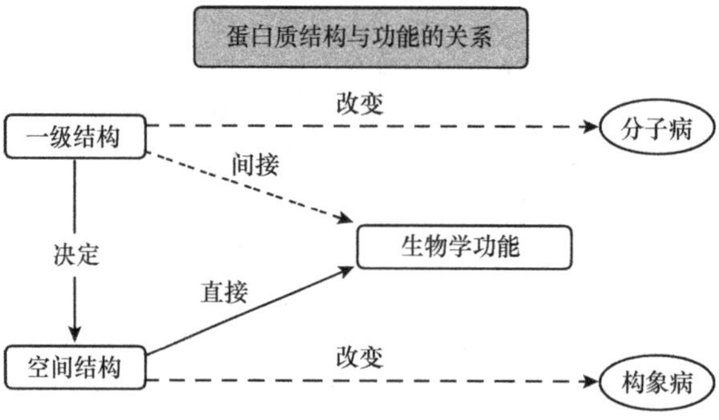

蛋白质结构与功能的关系

一级结构
改变
分子病
间接
生物学功能
决定
直接
空间结构
改变
构象病

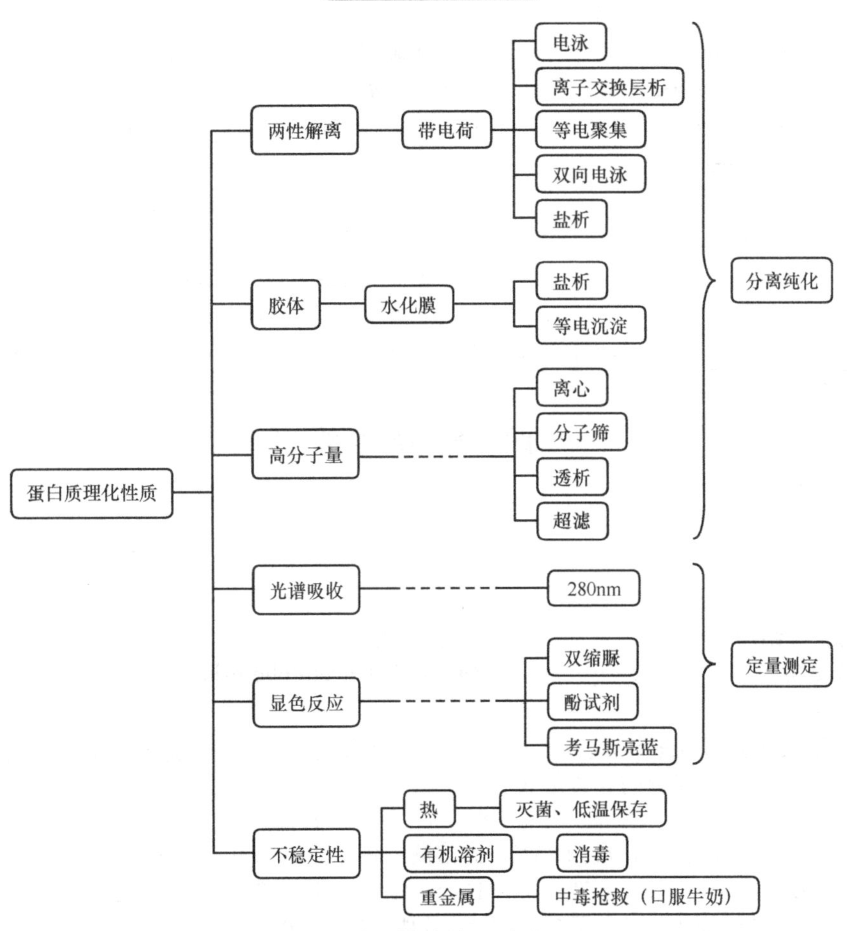


## 三、汉英名词对照

| 中文 | 英文 | 中文 | 英文 |
|---|---|---|---|
| 蛋白质 | protein | 等电点 | isoelectric point，pI |
| 氨基酸 | amino acid | 肽键 | peptide bond |
| 肽 | peptide | 多肽链 | polypeptide chain |
| 主链 | backbone | 侧链 | side chain |
| 氨基末端 | amino terminal | 羧基末端 | carboxyl terminal |
| 肽单元 | peptide unit | 谷胱甘肽 | glutathione，GSH |
| 一级结构 | primary structure | 二级结构 | secondary structure |
| α 螺旋 | α-helix | β 折叠 | β-pleated sheet |
| β 转角 | β-turn | β 片层 | β-sheet |
| 有序非重复结构 | ordered nonrepetitive structures | 超二级结构 | super-secondary structure |
| 模体 | motif | 锌指结构 | zinc finger |
| 三级结构 | tertiary structure | 结构域 | domain |
| 亚基 | subunit | 四级结构 | quarternary structure |
| 单纯蛋白质 | simple protein | 结合蛋白质 | conjugated protein |
| 辅基 | prosthetic group | 分子伴侣 | chaperon |

续表

| 中文 | 英文 | 中文 | 英文 |
|---|---|---|---|
| 肌红蛋白 | myoglobin，Mb | 血红蛋白 | hemoglobin，Hb |
| 协同效应 | cooperative effect | 变构效应 | allosteric effect |
| 朊病毒 | prion | 朊病毒蛋白 | prion protein，PrP |
| 变性 | denaturation | 复性 | renaturation |
| 盐析 | salting out | 离心 | centrifugation |
| 超速离心法 | ultracentrifugation | 透析 | dialysis |
| 凝胶过滤 | gel filtration | 离子交换层析 | ion exchange chromatography |
| 电泳 | electrophoresis | 聚丙烯酰胺凝胶电泳 | polyacrylamide gel electrophoresis，PAGE |
| 等电聚焦电泳 | isoelectric focusing electrophoresis，IFE | 双向电泳 | two dimensional electrophoresis，2-DE |

## 四、复习思考题

### （一）名词解释

**1.** 氨基酸的等电点
**2.** 肽键
**3.** 肽单元
**4.** 蛋白质的一级结构
**5.** 模体
**6.** 结构域
**7.** 蛋白质的三级结构
**8.** 蛋白质的亚基
**9.** 蛋白质的变性
**10.** 电泳（electrophoresis）

### （二）选择题

**A1 型题，以下每一道题下面有 A、B、C、D、E 五个选项，请从中选择一个最佳答案。**

**11.** 在各种蛋白质中含量相近的元素是（　　）
A. 碳　B. 氮　C. 氧　D. 氢　E. 硫

**12.** 某一溶液中蛋白质的百分含量为 45%，此溶液的蛋白质氮的百分含量为（　　）
A. 8.3%　B. 9.8%　C. 6.7%　D. 5.4%　E. 7.2%

**13.** 构成蛋白质的氨基酸（除甘氨酸外）属于下列哪种氨基酸（　　）
A. *L*-$\alpha$-氨基酸　B. *L*-$\beta$-氨基酸　C. *D*-$\alpha$-氨基酸
D. *D*-$\beta$-氨基酸　E. *L*-$\gamma$-氨基酸

**14.** 下列属于酸性氨基酸的是（　　）
A. 半胱氨酸　B. 苏氨酸　C. 苯丙氨酸　D. 谷氨酸　E. 组氨酸

**15.** 含有两个羧基的氨基酸是（　　）
A. 谷氨酸　B. 苏氨酸　C. 丙氨酸　D. 甘氨酸　E. 赖氨酸

**16.** 天然蛋白质中不存在的氨基酸是（　　）
A. 半胱氨酸　B. 瓜氨酸　C. 甲硫氨酸　D. 脯氨酸　E. 精氨酸

**17.** 在 280nm 波长附近有最大吸收峰的氨基酸有（　　）
A. 谷氨酸和天冬氨酸　B. 色氨酸和酪氨酸　C. 色氨酸和甲硫氨酸
D. 丝氨酸和酪氨酸　E. 精氨酸和苯丙氨酸

**18.** 出现在蛋白质中的下列氨基酸，没有遗传密码子的是（　　）
A. 色氨酸　B. 甲硫氨酸　C. 谷氨酰胺　D. 脯氨酸　E. 羟脯氨酸

**19.** 关于蛋白质分子中的肽键，下列哪项叙述是错误的（　　）
A. 肽键具有部分双键的性质
B. 肽键及其相关的 6 个原子位于一个刚性平面
C. 肽键是连接氨基酸的主键
D. 与肽键相连的 $\alpha$-碳原子两侧的单键可以自由旋转
E. 肽键可以自由旋转

**20.** 下列关于肽键性质和组成的叙述，正确的是（　　）
A. $C_{\alpha1}$ 和 C—COOH 组成　B. 由 $C_{\alpha1}$ 和 $C_{\alpha2}$ 组成　C. 由 $C_\alpha$ 和 N 组成

D. 肽键有一定程度双键性质　　E. 肽键可以自由旋转

**21.** 在下列有关谷胱甘肽的叙述中，正确的是（　　）

A. 谷胱甘肽中含有胱氨酸　　B. 谷胱甘肽是体内重要的氧化剂
C. 谷胱甘肽中谷氨酸的 $\alpha$-羧基是游离的　　D. 谷胱甘肽的 C 端羧基是主要的功能基团
E. 谷胱甘肽所含的肽键均为 $\alpha$-肽键

**22.** 下列关于蛋白质的叙述中，不正确的是（　　）

A. 凡是具有功能性的蛋白质，均应具备一、二、三、四级结构
B. 一级结构决定空间结构
C. 有序非重复序列也是二级结构的一种形式
D. 具有完整三级结构的多肽链也称为亚基
E. 二硫键对于稳定蛋白质的一级结构和三级结构均有一定的作用

**23.** 稳定蛋白质分子中 α 螺旋和 β 折叠的化学键是（　　）

A. 肽键　　B. 二硫键　　C. 盐键　　D. 氢键　　E. 疏水作用

**24.** 蛋白质分子中 α 螺旋构象的特点是（　　）

A. 肽键平面呈螺旋状　　B. 多为左手螺旋　　C. 靠盐键（离子键）维持稳定
D. 螺旋方向与长轴垂直　　E. 多个肽键平面通过 $\alpha$-碳原子旋转

**25.** 蛋白质三级结构的维持最主要依靠（　　）

A. 氢键　　B. 疏水作用　　C. 离子键　　D. 范德瓦耳斯力　E. 二硫键

**26.** 在有关蛋白质的三级结构的描述中，错误的是（　　）

A. 具有三级结构的多肽链都有生物学活性 B. 三级结构是单体蛋白质或亚基的空间结构
C. 三级结构的稳定性由次级键维持　　D. 亲水基团多位于三级结构的表面
E. 结构域主要是由蛋白质的侧链构象所形成的

**27.** 关于蛋白质的四级结构的正确叙述是（　　）

A. 蛋白质的四级结构的稳定性是由二硫键维系的
B. 四级结构是蛋白质保持生物学活性的必要条件
C. 蛋白质都必须具备四级结构
D. 蛋白质亚基间是由非共价键聚合的
E. 蛋白质的四级结构由一条多肽链形成

**28.** 下列有关蛋白质结构与功能关系的叙述，错误的是（　　）

A. 变性的核糖核酸酶若其一级结构不受破坏，仍可恢复高级结构
B. 蛋白质中氨基酸的序列可提供重要的生物进化信息
C. 蛋白质折叠错误可以引起某些疾病
D. 肌红蛋白与血红蛋白亚基的一级结构相似，功能也相同
E. 人血红蛋白 B 亚基第 6 个氨基酸的突变，可产生溶血性贫血

**29.** 有关分子伴侣的叙述正确的是（　　）

A. 可以促进肽链的正确折叠　　B. 可以维持蛋白质的空间构象
C. 在二硫键的正确配对中不起作用　　D. 在亚基聚合时发挥重要作用
E. 可以促进蛋白质的变性

**30.** 主链骨架以 180°返回折叠，在连续的 4 个氨基酸中第一个残基的 C=O 与第四个残基的 N=H 可形成氢键的是（　　）

A. α 螺旋　　B. β 折叠　　C. 无规则卷曲　　D. β 转角　　E. 以上都不是

**31.** 疯牛病发病的生化机制是（　　）

A. α 螺旋变成 β 螺旋　　B. α 螺旋变成 β 转角
C. α 螺旋变成 β 折叠　　D. β 折叠变成 α 螺旋
E. β 转角变成 β 折叠

**32.** 蛋白质分子中没有下列哪种含硫氨基酸（　　）

A. 胱氨酸　　B. 半胱氨酸　　C. 同型半胱氨酸

D. 苏氨酸　　E. 甲硫氨酸

**33.** 蛋白质在 pH>pI 的溶液中（　　）

A. 不带电荷　　B. 净电荷为零　　C. 正电荷大于负电荷

D. 负电荷大于正电荷　　E. 在电场作用下向负极方向移动

**34.** 含有 Ala、Asp、Lys、Cys 的混合液，其 pI 依次分别为 6.0、2.77、9.74、5.07，在 pH 9 环境中电泳分离这四种氨基酸，点样端靠负极，自正极开始，电泳区带的顺序是（　　）

A. Ala，Cys，Lys，Asp　　B. Asp，Cys，Ala，Lys　　C. Lys，Ala，Cys，Asp

D. Cys，Lys，Ala，Asp　　E. Asp，Ala，Lys，Cys

**35.** 蛋白质变性是由于（　　）

A. 氨基酸的组成改变　　B. 氨基酸的排列顺序改变　　C. 肽键的断裂

D. 蛋白质空间结构被破坏　　E. 蛋白质分子的表面电荷及水化膜破坏

**36.** 变性蛋白质的主要特点是（　　）

A. 黏度下降　　B. 溶解度增加　　C. 不易被蛋白酶水解

D. 生物活性丧失　　E. 呈色反应减弱

**37.** 变性剂 *β*-巯基乙醇使蛋白质分子中断开的化学键是（　　）

A. 肽键　　B. 疏水键　　C. 二硫键　　D. 离子键　　E. 盐键

**38.** 下列关于蛋白质结构叙述正确的是（　　）

A. 蛋白质一级结构指多肽链中从 N 端到 C 端的碱基排列顺序、数目及二硫键的位置

B. 一般由二硫键来维系蛋白质的四级结构的稳定性

C. 模体通常含有 100～200 个氨基酸残基，是三级结构层级上的独立功能区，对于抗原而言是识别结合受体的区域

D. 每种蛋白质都有一定的氨基酸种类、组成百分比、氨基酸排列顺序及肽链空间的特定排布位置

E. 血红蛋白、牛胰核糖核酸酶、胰岛素均具有四级结构

**39.** 蛋白质通常在 280nm 处有特征性紫外吸收峰值的原因是几乎所有蛋白质都含有（　　）

A. 酸性氨基酸　　B. 碱性氨基酸　　C. 亚氨基酸　　D. 含硫氨基酸　　E. 芳香族氨基酸

**40.** 下列蛋白质用凝胶过滤层析时，最后被洗脱的是（　　）

A. 半 *β*-乳球蛋白（分子量 35 000）　　B. 血清清蛋白（分子量 68 000）　　C. 胰岛素（分子量 5700）

D. 肌红蛋白（分子量 16 900）　　E. 过氧化物酶（分子量 247 500）

**A2 型题，以下每一道题下面有 A、B、C、D、E 五个选项，请从中选择一个最佳答案。**

**41.** 张某，4 岁，偏食，瘦小。门诊就医诊断为营养不良。医生建议纠正饮食习惯，并嘱咐增加蛋白质膳食。其主要原因是蛋白质在体内所起的作用是（　　）

A. 转变为糖，补充能量

B. 补充多种氨基酸，维持互补作用，促进生长

C. 直接氧化供能，维持能量平衡

D. 转变为脂肪，维持能量平衡

E. 执行多种特殊生理功能

**42.** 患者，女性，16 岁。因发热、间歇性上下肢关节疼痛 3 月余就诊。体格检查：体温 38.5℃，贫血貌，轻度黄疸，肝脾略肿大。实验室检查：血红蛋白 80g/L，血细胞比容 9.5%，红细胞总数 $3\times10^{14}$/L，白细胞总数 $6\times10^{9}$/L，白细胞分类正常。网织红细胞计数 0.12；血清铁 21mmol/L，亚硫酸氢钠试验阳性；Hb 电泳产生一条带，所带正电荷较正常 HbA 多，与 HbS 同一部位。红细胞形态：镰形。患者呈现明显的贫血症状（红细胞缺乏）、严重感染及重要器官损伤。诊断：镰状细胞贫血。下列关于血红蛋白结构和功能的叙述错误的是（　　）

A. 含有血红素　　B. 含有 4 个亚基　　C. 有储存 $O_2$ 的作用

D. 其氧解离曲线为“S”形　　E. 能与 $O_2$ 可逆结合

**43.** 患者为一名非洲女孩，15 岁，双侧大腿和臀部疼痛，检查后白细胞数升高为 17 000/$mm^3$，血红蛋白含量降低为 72g/L，确诊为镰状细胞贫血。以下说法错误的是（　　）

A. 血红蛋白是四聚体蛋白

B. 血红蛋白是别构蛋白
C. 病因是血红蛋白 HbA 分子 α 链第 6 位谷氨酸突变为缬氨酸
D. 镰状细胞贫血是一种蛋白质分子改变而引起的疾病，称为“分子病”
E. 镰状细胞贫血是由于基因突变，酸性氨基酸被中性氨基酸替代

**B 型题，请从以下的备用选项中，选出最适合下列题目的选项。**

（44～46 题共用备选答案）
A. 一级结构破坏　B. 高级结构破坏　C. 一级结构和高级结构都破坏
D. 一级结构和高级结构都不破坏　E. 氨基酸改变
**44.** 蛋白质变性时出现（　　）
**45.** 蛋白质水解时出现（　　）
**46.** 蛋白质沉淀时出现（　　）

（47～49 题共用备选答案）
A. 羟基　B. 巯基　C. 咪唑基　D. $\gamma$-羧基　E. $\varepsilon$-氨基
**47.** 丝氨酸含有（　　）
**48.** 苏氨酸含有（　　）
**49.** 赖氨酸含有（　　）

（50～52 题共用备选答案）
A. 疏水氨基酸　B. 极性中性氨基酸　C. 酸性氨基酸
D. 碱性氨基酸　E. 芳香族氨基酸
**50.** 丙氨酸是（　　）
**51.** 谷氨酸是（　　）
**52.** 半胱氨酸是（　　）

（53～55 题共用备选答案）
A. 羟基　B. 巯基　C. 咪唑基　D. 苯环　E. 异丙基
**53.** 半胱氨酸含有（　　）
**54.** 组氨酸含有（　　）
**55.** 酪氨酸含有（　　）

（56～58 题共用备选答案）
A. Sephadex G50　B. DEAE 纤维素　C. CM 纤维素
D. Ampholine　E. $(NH_4)_2SO_4$
**56.** 阴离子交换剂是（　　）
**57.** 阳离子交换剂是（　　）
**58.** 分子筛用的介质是（　　）

**X 型题，以下每一道题下面有 A、B、C、D 四个备选答案，请从中选择 2～4 个不等答案。**

**59.** 组成蛋白质的基本元素主要有（　　）
A. 碳　B. 氢　C. 氧　D. 氮
**60.** 关于蛋白质的组成正确的说法有（　　）
A. 组成蛋白质的 20 种氨基酸全部都是 $L$-$\alpha$-氨基酸
B. 它是由 C、H、O、N 为主的多种元素组成
C. 含氮量约为 16%
D. 可水解成肽或氨基酸
**61.** 关于组成人体蛋白质的氨基酸的论述，哪些是正确的（　　）
A. 在 $\alpha$-碳上均含有氨基或亚氨基　B. 所有的 $\alpha$-碳原子都是不对称碳原子
C. 除甘氨酸外都属于 L 型氨基酸　D. 在天然蛋白质分子中也含有 D 型氨基酸
**62.** 关于肽键的下列描述，其中正确的是（　　）
A. 具有部分双键性质　B. 可被蛋白酶分解
C. 是蛋白质分子中的主要共价键　D. 是一种比较稳定的酰胺键

**63.** 关于蛋白质二级结构的论述哪些是正确的（ ）
A. 一种蛋白质分子只存在一种二级结构形式
B. 是多肽链本身折叠盘曲而成
C. 主要存在形式有 α 螺旋和 β 折叠
D. 维持二级结构的化学键是肽键和氢键
**64.** 蛋白质的空间构象包括（ ）
A. β 折叠 B. 模体 C. 结构域 D. 亚基
**65.** 关于蛋白质分子中的疏水键的叙述正确的是（ ）
A. 是在 α 螺旋的肽键之间形成
B. 是在氨基酸侧链和蛋白质表面水分子之间形成
C. 是在氨基酸顺序中不相邻的支链氨基酸侧链之间形成
D. 是在氨基酸非极性侧链之间形成
**66.** 将蛋白质溶液的 pH 调节到其等电点时，下列哪些说法是错误的（ ）
A. 可使蛋白质表面的净电荷不变
B. 可使蛋白质表面的净电荷增加
C. 可使蛋白质稳定性增加
D. 可使蛋白质稳定性降低，易于沉淀
**67.** 关于肽的论述，哪些是正确的（ ）
A. 肽是由氨基酸残基靠肽键连接而成
B. 肽是组成蛋白质的基本单位
C. 肽的水解产物是氨基酸残基
D. 含有两个肽键的肽称为三肽
**68.** 关于蛋白质结构的叙述正确的是（ ）
A. 蛋白质的一级结构是决定空间结构的重要因素
B. 蛋白质的二级结构是指多肽链基本骨架中原子的局部空间排列
C. 蛋白质三级结构形成后，疏水性氨基酸暴露在外面
D. 所有蛋白质都必须形成四级结构后，才能具有生物活性
**69.** 具有四级结构的蛋白质是（ ）
A. 血红蛋白 B. 肌红蛋白 C. 乳酸脱氢酶 D. 清蛋白
**70.** 血红蛋白的结构特点是（ ）
A. 具有两个 α 亚基和两个 β 亚基
B. 是一种单纯蛋白质
C. 每个亚基具有独立的三级结构
D. 亚基间靠次级键连接
**71.** 使蛋白质沉淀但不变性的方法有（ ）
A. 中性盐沉淀蛋白质
B. 鞣酸沉淀蛋白质
C. 低温乙醇沉淀蛋白质
D. 重金属盐沉淀蛋白质
**72.** 蛋白质变性时，具有下列哪些特征（ ）
A. 分子量变小 B. 溶解度降低，易沉淀 C. 生物活性丧失 D. 易被蛋白酶水解
**73.** 关于蛋白质的结构域，正确的有（ ）
A. 都有特定的功能 B. 折叠得较为紧密的区域 C. 属于三级结构 D. 存在于每一种蛋白质中

### （三）问答题

**74.** 蛋白质的基本组成单位是什么？其结构特征是什么？
**75.** 蛋白质三级结构和四级结构的区别。
**76.** 简述蛋白质的生理功能。
**77.** 简述谷胱甘肽的结构特点和功能。
**78.** 简述蛋白质的胶体性质。

### （四）论述题

**79.** 举例说明蛋白质一级结构、空间构象与功能之间的关系。
**80.** 何谓分子病？试举例说明。
**81.** 试用生物化学知识说明牛海绵状脑病（疯牛病）的发病机制。

## 五、复习思考题答案及解析

### （一）名词解释

**1.** 氨基酸的等电点：在某一 pH 的溶液中，氨基酸解离成阳离子和阴离子的趋势及程度相同，成为

兼性离子，净电荷为零，呈电中性。此时溶液的pH称为该氨基酸的等电点（isoelectric point，pI）。

**2.** 肽键：两个氨基酸通过脱水缩合所产生的酰胺键（—CO—NH—）称为肽键（peptide bond）。

**3.** 肽单元：组成肽键的4个原子（C、O、N、H）和与之相邻的2个α碳原子均位于同一酰胺平面内，构成肽单元（peptide unit）。

**4.** 蛋白质的一级结构：蛋白质分子中从N端至C端氨基酸排列顺序称为蛋白质的一级结构(primary structure)。一级结构中的主要化学键是肽键。蛋白质分子中所有二硫键的位置也属于一级结构范畴。

**5.** 模体（motif）：是具有特殊功能的超二级结构，它们可直接作为三级结构或结构域的组成单位。

**6.** 结构域（domain）：是蛋白质构象中特定的空间区域，通常含有100～200个氨基酸残基，是三级结构层级上的独立功能区，具有特定的生物学功能。

**7.** 蛋白质的三级结构：具有二级结构的蛋白质的一条多肽链再进一步盘曲或折叠形成的具有一定规律的三维空间结构，这种在一条多肽链中所有原子在三维空间的整体排布称蛋白质三级结构（tertiary structure）。

**8.** 蛋白质的亚基：在体内有许多蛋白质分子含有两条或多条肽链，每一条多肽链都有其完整的三级结构，称为蛋白质的亚基（subunit）。

**9.** 蛋白质的变性：某些理化因素的作用下，蛋白质中维系其空间结构的次级键（甚至二硫键）断裂，使其空间结构遭受破坏，造成其理化性质的改变和生物活性的丧失，称为蛋白质的变性（denaturation）。变性蛋白质仅是其天然构象的紊乱，一级结构中氨基酸序列不变。

**10.** 电泳（electrophoresis）：带电颗粒在电场作用下，向着与其电性相反的电极移动的现象。利用带电粒子在电场中移动速度不同而达到分离的技术称为电泳技术。

**（二）选择题**

**11.** B：各种蛋白质的含氮量都很接近，平均为16%。

**12.** E：各种蛋白质的含氮量平均为16%。45%×16%=7.2%。

**13.** A：根据氨基酸的通式，除甘氨酸外，均为*L*-*α*-氨基酸。

**14.** D：酸性氨基酸包括谷氨酸和天冬氨酸，记忆为“酸谷天”。

**15.** A：含有两个羧基的氨基酸属于酸性氨基酸，包括谷氨酸和天冬氨酸。

**16.** B：瓜氨酸无遗传密码，不参加蛋白质生物合成。瓜氨酸和鸟氨酸只存在于尿素循环，不存在于天然蛋白质。

**17.** B：色氨酸、酪氨酸、苯丙氨酸由于含有共轭双键，在280nm处有最大的吸收峰。

**18.** E：天然氨基酸中没有羟脯氨酸，因此没有密码子。

**19.** E：肽键(C—N)具有部分双键的性质，其键长(0.132nm)介于单键(0.149nm)和双键(0.127nm)之间，不能自由旋转。

**20.** D：蛋白质多肽链中连接两个氨基酸的酰胺键，称为肽键。肽键由位于同一平面的6个原子($C_{\alpha1}$、C、O、N、H和$C_{\alpha2}$)组成。肽键的键长为0.132nm，介于C—N的单键长(0.149nm)和双键长(0.127nm)之间，有一定程度的双键性能，不能自由旋转。

**21.** C：谷胱甘肽是体内重要的还原剂，是由谷氨酸、半胱氨酸及甘氨酸组成的三肽，第一个肽键是由谷氨酸的*γ*-羧基与半胱氨酸的*α*-氨基脱水缩合而成，因此谷胱甘肽中谷氨酸的*α*-羧基是游离的。

**22.** A：蛋白质的结构包括一级结构和空间结构，一级结构是空间结构的基础。空间结构又分为二、三、四级结构。二级结构的形式主要有α螺旋、β折叠、β转角和有序非重复序列。有的蛋白质具有三级结构就有功能，而有的蛋白质需具备四级结构才具有功能。

**23.** D：α螺旋和β折叠均属于蛋白质二级结构。二级结构的稳定则依靠侧链形成的氢键。

**24.** E：α螺旋是右手螺旋，多个肽键平面通过*α*-碳原子旋转。主链呈螺旋上升，与长轴平行。

**25.** B：蛋白质三级结构的稳定主要靠次级键，包括氢键、疏水作用、盐键及范德瓦耳斯力等，其中疏水作用是最主要的稳定力量。

**26.** A：组成四级结构的亚基同样具有三级结构，当其单独存在时不具备生物学活性。

**27.** D：在蛋白质的四级结构中，亚基之间不含共价键，各亚基之间的结合力主要由疏水作用等次级键来维持。

**28.** D：①核糖核酸酶加入尿素和 $\beta$-巯基乙醇，可解除其分子中的 4 个二硫键和氢键，使空间构象破坏，丧失生物学功能。变性后如用透析方法去除尿素和 $\beta$-巯基乙醇，并设法使巯基氧化成二硫键，则核糖核酸酶可恢复原有的空间构象（高级结构）（A 对）。②蛋白质一级结构（氨基酸的序列）是高级结构与功能的基础，氨基酸序列可提供重要的生物进化信息。通过比较生物界不同种系间的蛋白质一级结构，可以帮助了解物种进化间的关系，如细胞色素 c，物种间越接近，则一级结构越相似（B 对）。③多肽链的正确折叠对其正确空间构象的形成和功能的发挥至关重要。若蛋白质的折叠发生错误，可导致蛋白质构象疾病，如疯牛病（C 对）。④蛋白质的功能除取决于一级结构外，还与特定的空间构象有关，如尽管肌红蛋白和血红蛋白各亚基的一级结构极为相似，但两者的功能却不相同：肌红蛋白的主要功能是储存 $O_2$。血红蛋白的主要功能是携带 $O_2$（D 错）。⑤人血红蛋白 B 亚基第 6 个氨基酸由谷氨酸突变为缬氨酸后，将导致镰状细胞贫血，属于一种溶血性贫血（E 对）。

**29.** A：分子伴侣参与大多数蛋白质的正确折叠。

**30.** D：蛋白质分子中，肽链经常会出现 180°的回折，在这种回折处的构象就是 β 转角。

**31.** C：疯牛病是由朊病毒蛋白 PrP 引起的一组人和动物神经的退行性病变，其致病的生化机制是生物体内正常的 α 螺旋形式的 $PrP^{c}$ 变成了异常的 β 折叠形式的 $PrP^{sc}$。

**32.** C：同型半胱氨酸是一种含硫氨基酸，是甲硫氨酸代谢的中间产物，其本身并不参与蛋白质的合成。体内不能合成同型半胱氨酸，只能由甲硫氨酸转变而来。

**33.** D：当 pH＞pI，蛋白质的净电荷为负电荷。

**34.** B：在 pH 9，Ala、Asp、Cys 带负电荷，Lys 带正电荷，在电场中，这些氨基酸向其带电性质相反的方向移动，因此自正极开始，电泳区带的顺序是为 Asp、Cys、Ala、Lys。

**35.** D：在某些理化因素的作用下，蛋白质中维系其空间结构的次级键（甚至二硫键）断裂，使其空间结构遭受破坏，造成其理化性质的改变和生物活性的丧失，这种现象称为蛋白质的变性。

**36.** D：变性的蛋白质的主要特点有溶液黏度增加，呈色反应加强，易被消化水解，溶解度降低和生物活性丧失等。

**37.** C：$\beta$-巯基乙醇是还原剂，能使蛋白质分子中的二硫键断开还原为巯基。

**38.** D：A 是氨基酸的排列顺序，B 中二硫键是维系一级结构的。模体是具有特殊功能的超二级结构，它们可直接作为三级结构的“建筑块”或结构域的组成单位。C 是结构域的定义。E 中的牛胰核糖核酸酶没有四级结构。所以，A、B、C 和 E 均是错误的，只有 D 是正确的。

**39.** E：蛋白质分子中含有共轭双键的酪氨酸、色氨酸等芳香族氨基酸。它们具有吸收紫外光的性质，其吸收高峰在 280nm 波长处，且在此波长内吸收峰的光密度值与其浓度成正比关系。

**40.** C：凝胶过滤层析的层析柱内填充惰性的微孔胶粒（如交联葡聚糖），小分子物质通过胶粒的微孔进入胶粒，向下流动的路径加长，移动缓慢；大分子物质不能或很难进入胶粒内部，通过胶粒间的空隙向下流动，其流动的路径短，移动速率较快。胰岛素的分子量最小，因此最后被洗脱。

**41.** B：主要考察蛋白质的生理功能及氨基酸营养学分类，以及非必需氨基酸需要从食物中获取。

**42.** C：血红蛋白（Hb）是含有血红素辅基的蛋白质，有 4 个亚基，每个亚基可结合 1 个血红素并携带 1 分子氧，因此 1 分子 Hb 可结合 4 分子氧。Hb 能与氧可逆结合，其氧解离曲线呈“S”形。Hb 的主要生理功能是携带 $O_2$，而不是储存 $O_2$。具有储存 $O_2$ 功能的是肌红蛋白（C 错）。

**43.** C：HbA 分子中的 β 链 mRNA 结构中的第六位谷氨酸密码子 GAG 被 GUG 取代而变成缬氨酸。

**44.** B，**45.** C，**46.** D：蛋白质的变性是在某些理化因素作用下，其特定的空间结构破坏，二硫键和非共价键破坏，不涉及一级结构的改变；而蛋白质水解时一级结构则被破坏。蛋白质沉淀往往是蛋白质表面电荷和水化膜破坏，蛋白质结构不改变。如因蛋白质变性导致的沉淀则以蛋白质变性解释其高级结构的改变。

**47.** A，**48.** A，**49.** E：氨基酸的结构中，丝氨酸和苏氨酸是含有羟基的；赖氨酸含 $\varepsilon$-氨基；谷氨酸含 $\gamma$-羧基；组氨酸含有咪唑基。

**50.** A，**51.** C，**52.** B：组成蛋白质的 20 种氨基酸，按其侧链的性质分四种：①非极性氨基酸：甘氨酸（Gly）、丙氨酸（Ala）、缬氨酸（Val）、亮氨酸（Leu）、异亮氨酸（Ile）、苯丙氨酸（Phe）、脯氨酸（Pro），是疏水性的；②极性中性氨基酸：色氨酸（Trp）、丝氨酸（Ser）、苏氨酸（Thr）、酪氨酸（Tyr）、半胱氨酸（Cys）、甲硫氨酸（Met）、天冬酰胺（Asn）、谷氨酰胺（Gln）；③酸性氨基酸：天冬氨酸（Asp）、谷氨酸（Glu）；④碱性氨基酸：赖氨酸（Lys）、精氨酸（Arg）、组氨酸（His）。

**53.** B，**54.** C，**55.** A：氨基酸的侧链基团。

**56.** C，**57.** B，**58.** A：常用的分离蛋白质的方法有盐析、分子筛、离子交换层析、电泳及等点聚焦等。本题中 A 为分子筛所用介质；B、C 是离子交换层析所用介质，其中 B 为阳离子交换树脂，C 为阴离子交换树脂；D 是两性电解质，用于等电聚焦；E 为中性盐，用于蛋白质的盐析。

**59.** ABCD：蛋白质的元素组成主要有 C、H、O、N、S。

**60.** BCD：蛋白质的元素组成、基本组成单位等。A 中应除去甘氨酸。

**61.** AC：组成蛋白质的氨基酸的结构特点。自然界中已发现的 D 型氨基酸大多存在于某些细菌产生的肽类抗生素及细菌细胞壁的多肽中，个别植物的生物碱中也有一些 D 型氨基酸。

**62.** ABCD：肽键的特点。

**63.** BC：蛋白质二级结构是由多肽链骨架中原子的局部空间排列，一种蛋白质分子中可存在两种以上二级结构形式，主要存在形式有 α 螺旋和 β 折叠，维持二级结构的化学键是氢键，不同的二级结构形式含有不同的氨基酸。

**64.** ABCD：β 折叠是蛋白质的二级结构形式，模体是超二级结构，结构域属于三级结构，亚基见于蛋白质的四级结构。

**65.** CD：疏水键是蛋白质分子中疏水基团之间的结合力，是在氨基酸侧链之间形成的。

**66.** ABC：蛋白质溶液的 pH 在其等电点时，蛋白质是兼性分子，净电荷为零，可使蛋白质稳定性降低，易于沉淀。

**67.** AD：肽的定义及特点。

**68.** AB：蛋白质一级结构与空间结构的关系是 A，二级结构的定义是 B，C 和 D 都是错误的。

**69.** AC：血红蛋白、乳酸脱氢酶均由四个亚基构成，是具有四级结构的蛋白质，肌红蛋白及清蛋白均只有一条多肽链，只具有三级结构。

**70.** ACD：血红蛋白是由两个 α 亚基和两个 β 亚基构成，具有四级结构。

**71.** AC：中性盐可夺取蛋白质的水化膜并中和电荷，使蛋白质沉淀但并不变性。乙醇可降低溶液的介电常数，夺取蛋白质的水化膜，使蛋白质沉淀，低温乙醇可避免蛋白质变性。鞣酸属于生物碱试剂，可与带正电荷的蛋白质结合，使蛋白质沉淀并变性。汞、铅、铜、银等重金属离子可与带负电的蛋白质结合，使蛋白质变性、沉淀。

**72.** BCD：蛋白质变性时，溶解度降低，易沉淀；溶液的黏度增加，易被蛋白酶水解。由于变性的蛋白质一级结构不改变，空间结构被破坏，所以变性的蛋白质生物活性丧失，但分子量并不改变。

**73.** ACD：蛋白质的结构域属于三级结构，结构域是由侧链构象形成的。只有至少具有三级结构的蛋白质才具有生物学功能，因此结构域存在于每一种蛋白质中，不同的结构域具有不同的生物学功能。结构域区域的氨基酸残基往往形成疏水的“洞穴”或“口袋”。

### （三）问答题

**74.** 答：蛋白质的基本组成单位是氨基酸。①每种氨基酸分子中至少有一个氨基和一个羧基；②都有一个氨基和一个羧基链接在同一个碳原子上；③各种氨基酸之间的区别在于 R 基（侧链基团）的不同。

**75.** 答：蛋白质的三级结构是具有二级结构的一条多肽链，由于其序列上相隔较远的氨基酸残基侧链的相互作用，而进行范围广泛的盘曲与折叠，形成包括主、侧链在内的空间排列，这种在一条多肽链中所有原子在三维空间的整体排布称为三级结构。三级结构的形成和稳定主要靠疏水键、盐键、二硫键、氢键和范德瓦耳斯力。蛋白质分子中含有许多疏水基团，这些基团具有一种避开水、相互集合而藏于蛋白质分子内部的自然趋势，这种结合力称疏水键，它是维持蛋白质三级结构的最主要稳定力量。蛋白质的四级结构中每条肽链都有自己的一、二和三级结构，这种蛋白质的每条肽链被称为一个亚基。由亚基构成的蛋白质称为寡聚蛋白。寡聚蛋白中亚基的立体排布、亚基之间的相互关系称为蛋白质的四级结构。对多亚基蛋白质而言，单独的亚基没有生物学活性，只有完整的四级结构寡聚体才有生物学活性。

**76.** 答：①蛋白质是构成机体的主要物质，是机体的重要组成部分；②维持机体正常的新陈代谢和各类物质在体内的输送，如血红蛋白输送氧；③生成抗体发挥免疫作用；④构成人体必需的催化和调节功能的各种酶并行使催化功能；⑤作为体内的激素调节机体功能；⑥作为胶原蛋白生成结缔组织，构成骨骼、血管、韧带等；⑦也可以为机体的生命活动提供能量。

**77.** 答：谷胱甘肽是由谷氨酸、半胱氨酸和甘氨酸组成的三肽。第一个肽键是由谷氨酸的 $\gamma$-羧基与半胱氨酸的 $\alpha$-氨基脱水缩合而成，称 $\gamma$-谷氨酰半胱氨酰甘氨酸。分子中半胱氨酸的巯基是谷胱甘肽（GSH）的主要功能基团。GSH 的巯基具有还原性，可作为体内重要的还原剂，保护体内蛋白质或酶分子中巯基免遭氧化，使蛋白质或酶处在活性状态。

**78.** 答：蛋白质是相对分子质量较高的有机化合物，介于 1 万到百万之间，其分子直径为 1～100nm，属胶体颗粒。因此，蛋白质溶液是胶体溶液，具有胶体溶液的性质。蛋白质是亲水胶体，球状蛋白质分子的亲水基团位于分子的表面与水结合。每克蛋白质结合的水可高达 0.3～0.5g，形成包绕分子表面的水化膜。蛋白质分子之间相同电荷的相斥作用和水化膜的相互隔离作用是维持蛋白质胶粒在水中稳定性的两大因素。若去掉这两个稳定因素，蛋白质就极易从溶液中沉淀。

**（四）论述题**

**79.** 答：蛋白质的一级结构决定了空间构象，空间构象决定了蛋白质的生物学功能。①蛋白质的一级结构决定其高级结构。如核糖核酸酶含 124 个氨基酸残基，含 4 对二硫键，在尿素和还原剂 $\beta$-巯基乙醇存在下松解为非折叠状态。但去除尿素和 $\beta$-巯基乙醇后，该有正确一级结构的肽链，可自动形成 4 对二硫键，盘曲成天然三级结构构象并恢复生物学功能。②一级结构与功能的关系。已有大量的实验结果证明，如果多肽或蛋白质一级结构相似，其折叠后的空间构象及功能也相似。几种氨基酸序列明显相似的蛋白质，彼此称为同源蛋白质。可认为同源蛋白质来自同一祖先，它们的基因编码序列及蛋白质氨基酸组成有较大的保守性，构成蛋白质家族。在进化过程中祖先蛋白的基因发生突变，蛋白质结构逐渐发生变异，同源蛋白质序列的相似性大小反映蛋白质之间的进化关系的近远。比较广泛存在于各种生物的某种蛋白质，如细胞色素 c 的一级结构，通过分析不同物种的细胞色素 c 一级结构间相似程度，可反映出该物种在进化中的位置。③空间结构与功能的关系。蛋白质的功能依赖于特定的空间构象。例如角蛋白含有大量 α 螺旋结构，与富含角蛋白的组织具有坚韧性和弹性息息相关。

**80.** 答：分子病是由蛋白质异常和缺乏导致的疾病。血红蛋白 A 分子中 β 链的第六位 Glu 被 Val 取代后产生血红蛋白 S。当血红蛋白 S 中疏水性氨基酸缬氨酸取代了带负电的极性亲水的谷氨酸后，蛋白质分子的疏水性增加，血红蛋白的溶解度下降。这种疏水作用导致脱氧血红蛋白 S 之间在低氧分压下发生聚合作用，分子间发生黏合形成线状巨大分子而沉淀。红细胞内 HbS 浓度较高时（纯合子状态），对氧亲和力显著降低，加速氧的释放。患者虽能耐受严重缺氧，但在脱氧情况下，血红蛋白 S 分子间相互作用，成为溶解度很低的螺旋形多聚体，使红细胞扭曲成镰刀形细胞。

**81.** 答：疯牛病属于由朊病毒蛋白引起的人和动物神经退行性病变。属于蛋白质构象病的一种，从朊病毒蛋白的正常型和致病型的二级结构来回答。朊病毒蛋白 PrP 是一类高度保守的糖蛋白，有两种构象：正常型 $PrP^{c}$ 和致病型 $PrP^{sc}$。正常型朊蛋白 $PrP^{c}$ 广泛表达于脊椎动物细胞表面，二级结构中仅存在 α 螺旋，它可能与神经系统功能维持、淋巴细胞信号转导及核酸代谢等有关。致病型朊病毒 $PrP^{sc}$ 有多个 β 折叠存在，是 $PrP^{c}$ 的构象异构体，两者之间没有共价键差异。$PrP^{sc}$ 可胁迫 $PrP^{c}$ 转化为 $PrP^{sc}$，实现自我复制并产生病理效应；基因突变可导致细胞型 $PrP^{c}$ 中的 α 螺旋结构不稳定，至一定量时产生自发性转化，β 折叠增加，最终变为 $PrP^{sc}$ 型；初始的和新生的 $PrP^{sc}$ 继续攻击另外两个 $PrP^{c}$，这种类似多米诺效应使 $PrP^{sc}$ 积累，直至致病。$PrP^{sc}$ 可引起一系列致死性神经变性疾病。

（裴秀英　付旭锋　李　燕）

# 第 3 章　核酸的结构与功能

## 一、教学目的与教学要求

**教学目的**　通过本章学习，让学生明白核酸的组成与结构，理解核酸结构与功能的关系，熟悉它们的理化性质。

**教学要求**　掌握各种碱基、核苷酸、戊糖的结构特点及 DNA、RNA 化学组成的异同；DNA、RNA 一级结构的概念及其连接键；DNA 双螺旋结构模型的要点；掌握核小体的结构特点；tRNA、mRNA、rRNA 的结构特点与功能；熔解温度、增色效应、DNA 变性与复性、核酸分子杂交的概念。熟悉 DNA 的超螺旋结构。了解 DNA 在真核生物细胞核内的组装和其他小分子 RNA。

## 二、思 维 导 图

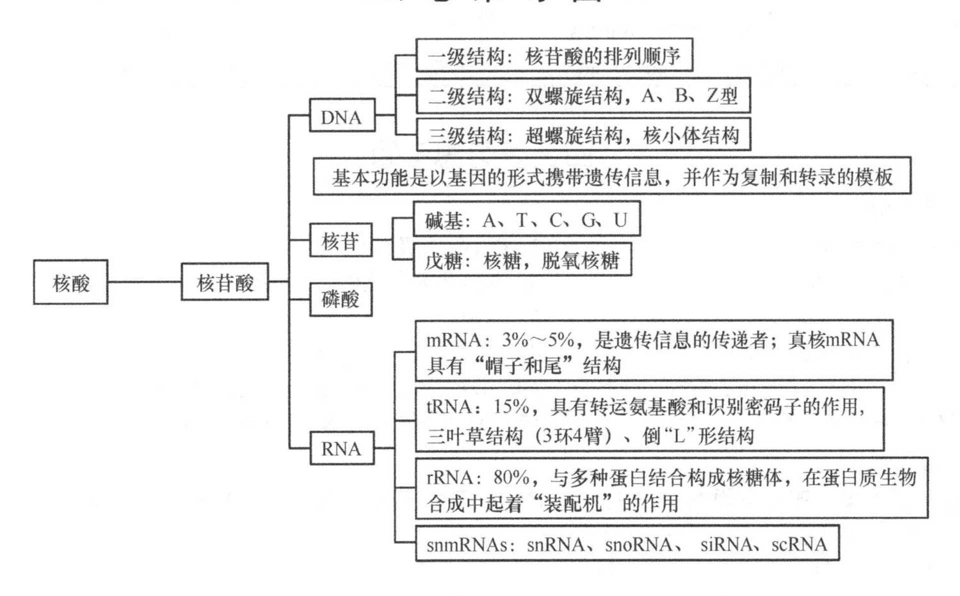


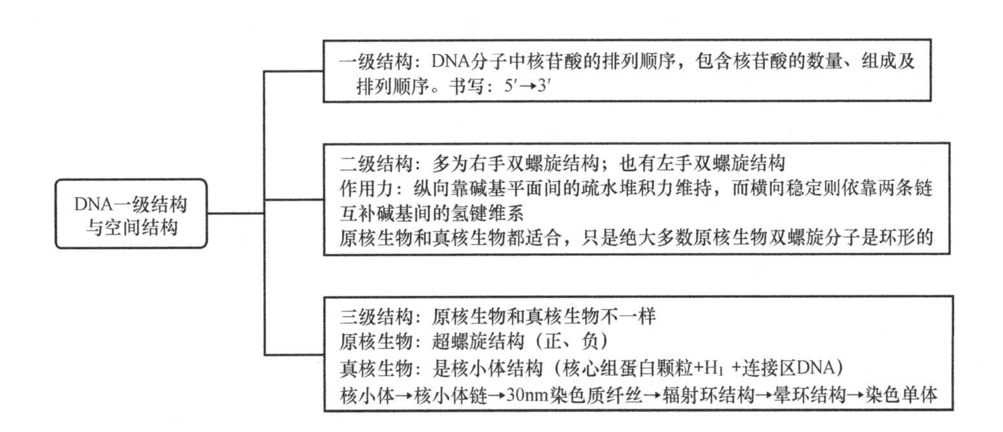

## 三、汉英名词对照

| 中文 | 英文 | 中文 | 英文 |
|---|---|---|---|
| 核酸 | nucleic acid | 核糖核酸 | ribonucleic acid，RNA |
| 脱氧核糖核酸 | deoxyribonucleic acid，DNA | 脱氧核苷酸 | deoxynucleotide |
| | | 核苷酸 | nucleotide，nt |
| 超螺旋 | supercoil | 正超螺旋 | superhelix |
| 负超螺旋 | negative superhelix | 染色质 | chromatin |
| | | 染色体 | chromosome |
| 核小体 | nucleosome | 组蛋白 | histones |
| 信使 RNA | messenger RNA，mRNA | 单顺反子 | monocistron |
| | | 多顺反子 | polycistron |
| 帽结合蛋白 | cap binding proteins，CBPs | 非翻译区 | untranslated region，UTR |
| 转运 RNA | transfer RNA，tRNA | 核糖体 RNA | ribosomal RNA，rRNA |
| 核小 RNA | small nuclear RNA，snRNA | 核仁小 RNA | small nucleolar RNA，snoRNA |
| 干扰小 RNA | small interfering RNA，siRNA | 催化小 RNA | small catalytic RNA |

## 四、复习思考题

### （一）名词解释

**1.** 核酸的一级结构
**2.** DNA 二级结构
**3.** 原核生物的 DNA 三级结构
**4.** 真核生物的 DNA 三级结构
**5.** 基因组（genome）
**6.** 顺反子
**7.** 单顺反子（monocistron）
**8.** 多顺反子（polycistron）
**9.** DNA 变性（DNA denaturation）
**10.** 增色效应（hyperchromic effect）
**11.** DNA 熔解温度
**12.** DNA 复性（DNA renaturation）

### （二）选择题

**A1 型题，以下每一道题下面有 A、B、C、D、E 五个选项，请从中选择一个最佳答案。**

**13.** 核酸分子中哪种元素的含量较为恒定（　　）
A. C　B. H　C. O　D. N　E. P

**14.** DNA 和 RNA 完全水解的产物，下列哪项描述是正确的（　　）
A. 碱基相同，核糖不同　B. 碱基不同，核糖不同　C. 碱基部分不同，核糖不同
D. 碱基部分不同，核糖相同　E. 碱基部分相同，核糖相同

**15.** DNA 的紫外吸收特性是因为它含有下列哪项组分所致（　　）
A. 磷酸　B. 核糖　C. 脱氧核糖　D. 碱基　E. 稀有碱基

**16.** 有关 DNA 双螺旋结构描述不正确的是（　　）
A. 一条链是 5′→3′，另一条链是 3′→5′方向　B. 双链外侧有大沟和小沟之分
C. 双链内部碱基是借氢键相连　D. 整个 DNA 分子没有自由羟基
E. 碱基平面与螺旋轴几乎垂直

**17.** 已知某一 DNA 分子中 T 的含量是 16%，请问 G 的含量是（　　）
A. 16%　B. 32%　C. 34%　D. 36%　E. 84%

**18.** 下列哪个选项分子对应的 DNA 分子的 $T_m$ 值最高（　　）
A. TTACGGCGAA/AATGCCGCTT　B. TTAGGGCGAT/AATCCCGCTA
C. TCACGGCGAA/AGTGCCGCTT　D. TGACGGCGTA/ACTCCCGCAT
E. CTACGGCGAG/GATGCCGCTC

**19.** 下列哪个选项含有稀有碱基的比例最高（　　）
A. rRNA　B. tRNA　C. mRNA　D. hnRNA　E. siRNA

**20.** 现有两种核酸样品，经紫外分光光度计测量得知，A样品：$A_{260}/A_{280}$=1.80，B样品：$A_{260}/A_{280}$=1.20，请问有关两样品纯度描述哪个选项是正确的（　　）

A. A的纯度比B的纯度高　　B. B的纯度比A的纯度高　　C. A和B的纯度差不多
D. A和B的纯度都很高　　E. 无法判断哪一个样品的纯度更高

**21.** 成熟的mRNA结构特征下列哪项是不正确的（　　）

A. 有帽子结构　　B. 有甲基化碱基　　C. 有多聚腺苷酸尾巴结构
D. 是倒“L”形的结构　　E. 生物体各种mRNA链的长短差别很大

**22.** 有关rRNA描述下列哪项是错误的（　　）

A. rRNA是细胞内含量最多的RNA
B. 原核生物rRNA有3种：5S，5.8S和23S
C. rRNA参与构成的核糖体是蛋白质生物合成的场所
D. 真核生物有4种rRNA：5S、5.8S、18S和28S
E. 真核生物核糖体的组成要比原核生物核糖体复杂

**23.** 下列哪个选项可以和DNA单链TGCAGGCTA最好结合成双链（　　）

A. ACGTCCGAT　　B. ACGTGCGAT　　C. TAGCCTGCA
D. TAGGCTGGA　　E. TACGCTGGA

**B型题，请从以下5个备选项中，选出最适合下列题目的选项。**

（24～25题共用备选答案）

A. DNA　　B. mRNA　　C. rRNA　　D. tRNA　　E. snRNA

**24.** 3′端有CCA—OH序列的是（　　）

**25.** 遵循A与T、G与C配对的选项是（　　）

（26～28题共用备选答案）

A. 双螺旋结构　　B. 三叶草结构　　C. 倒“L”形结构
D. 帽子结构　　E. 多聚腺苷酸结构

**26.** tRNA的三级结构是（　　）

**27.** 成熟mRNA 3′端结构是（　　）

**28.** DNA二级结构是（　　）

**X型题，以下每一道题下面有A、B、C、D、E五个备选答案，请从中选择2～5个不等答案。**

**29.** 高等生物细胞的DNA存在于（　　）

A. 细胞核　　B. 高尔基体　　C. 线粒体　　D. 叶绿体　　E. 溶酶体

**30.** 有关DNA变性的论述，下列哪些是正确的（　　）

A. DNA变性时，有3′,5′-磷酸二酯键的断裂
B. DNA变性后，有时将变性因素去除，又可以恢复原来的结构
C. DNA变性后，DNA沉降速度增加
D. 变性DNA的溶液黏度下降
E. DNA变性后紫外吸收增强

**31.** 组成核小体的蛋白质有（　　）

A. H1　　B. H2A　　C. H2B　　D. H3　　E. H4

**32.** DNA和RNA分子组成及功能的区别有（　　）

A. 碱基不完全相同　　B. 戊糖不同　　C. 功能不同
D. 在细胞中的位置不同　　E. 空间结构不同

**33.** 直接参与蛋白质生物合成的RNA是（　　）

A. hnRNA　　B. tRNA　　C. rRNA　　D. mRNA　　E. siRNA

**34.** 有关DNA描述正确的是（　　）

A. 主要存在于细胞核中　　B. 是脱氧核糖核酸的缩写　　C. 可以携带遗传信息
D. 富含稀有碱基　　E. 高等动物细胞的细胞质中也含有

**35.** 有关 RNA 描述正确的是（　　）
A. 可以存在于细胞核　B. 可以携带遗传信息　C. 可以存在于细胞质
D. 有双链结构，遵循碱基配对原则　E. 是核糖核酸的缩写
**36.** 有关真核细胞核小体结构的说法，正确的是（　　）
A. 是组成染色质的基本单位
B. 由 RNA 和组蛋白共同组成
C. 组蛋白 H1、H2、H3 和 H4 各两分子组成八聚体核心颗粒
D. 核心颗粒之间依赖 DNA 和组蛋白连接
E. 核心颗粒之间的连接不依赖组蛋白
**37.** 蛋白质和 DNA 变性时的相同点是（　　）
A. 在适宜的条件下，可以恢复天然构象　B. 生物学活性丧失
C. 氢键断裂　D. 都有共价键断裂　E. 以上都是相同点
**38.** DNA 分子杂交的理论基础是（　　）
A. DNA 变性后在一定因素下可复性　B. DNA 的黏度增大
C. DNA 变性使双链解开，但在一定条件下又可重新结合　D. DNA 的热变性
E. 以上都不是

**（三）问答题**

**39.** 简述真核细胞内 DNA 折叠组装成染色质的主要步骤。
**40.** 简述 Waston-Crick DNA 双螺旋结构模型的主要特点。
**41.** 简述真核细胞成熟 mRNA 结构特点及这些结构的作用。
**42.** 简述 DNA 热变性及其特点。

**（四）论述题**

**43.** 请从一级结构、空间结构和生理功能三个方面比较蛋白质和 DNA 的异同点。
**44.** 比较 DNA 和 RNA 在化学组成上的异同点。
**45.** 试述真核细胞内 RNA 的主要类型及其主要功能。

## 五、复习思考题答案及解析

**（一）名词解释**

**1.** 核酸的一级结构：是指核苷酸的排列顺序，由于四种核苷酸间的差异主要是碱基不同，因此核酸的一级结构也称为碱基序列。
**2.** DNA 二级结构：双螺旋结构，通常为右手双螺旋结构。
**3.** 原核生物的 DNA 三级结构：超螺旋结构，有正、负超螺旋结构之分。
**4.** 真核生物的 DNA 三级结构：核小体结构，由组蛋白核心颗粒、组蛋白 $H_1$ 和连接区 DNA 组成。
**5.** 基因组（genome）：是指来自一个遗传体系的一整套遗传信息。
**6.** 顺反子：是指一个多肽链所对应的 DNA 序列及其翻译起始信号和终止信号。
**7.** 单顺反子（monocistron）：是指编码单个多肽的 mRNA 分子。
**8.** 多顺反子（polycistron）：是指编码几个不同多肽链的 mRNA 分子。
**9.** DNA 变性（DNA denaturation）：是指当 DNA 受到某些理化因素（温度、pH、乙醇和丙酮等有机溶剂及尿素、离子强度等）作用时，DNA 双链互补碱基对之间的氢键和相邻碱基之间的堆积力受到破坏，DNA 分子被解开成单链，逐步形成无规则线团构象的过程。
**10.** 增色效应（hyperchromic effect）：是指 DNA 变性后，260nm 区紫外吸光度值升高的现象。这是因为双螺旋内侧的碱基发色基团因变性而暴露所引起。
**11.** DNA 熔解温度：通常将加热变性使 DNA 分子的双螺旋结构破坏一半时的温度称为该 DNA 的熔解温度或熔点，用 $T_m$ 表示。
**12.** DNA 复性（DNA renaturation）：是指在适当条件下，变性 DNA 去除变性因素后，两条互补链可重新结合恢复天然的双螺旋构象的过程。

（二）选择题

**13.** E：P 的含量较为恒定，9%～10%。

**14.** C：C 比 B 选项更准确，所以 C 是最佳选项。DNA 和 RNA 的组成除了核糖不同外，还有部分碱基是不同的，如 RNA 含有 U，还有少量的稀有碱基，而 DNA 含有 T，不含稀有碱基。

**15.** D：因为碱基含有共轭双键，具有紫外吸收特点。

**16.** D：DNA 每一条单链的 3′端都有一个自由羟基。

**17.** C：因为 A=T=16%，所以 C=G=34%。

**18.** E：因为 E 选项的 GC 含量最高。

**19.** B：tRNA 分子含有较多的稀有碱基。

**20.** A：无论这两个样品是 DNA 还是 RNA，B 样品中含有较多的蛋白质，纯度较低，而 A 相对比较纯。

**21.** D：倒“L”形结构是 tRNA 的三级结构。

**22.** B：原核生物含有的 3 种 rRNA 应该是：5S，16S 和 23S。

**23.** C：因为一条单链 DNA 分子如果不标明 5′和 3′端，那么默认就是从 5′至 3′端，所以只有 C 才能和题目中的单链 DNA 完全配对，A 选项是没有注意单链的方向，所以是错误的。

**24.** D，**25.** A：3′端有 CCA-OH 序列是 tRNA，是用来接受氨基酸的，所以 24 选 D；只有 DNA 才遵循 A 与 T、G 与 C 配对，所以 25 选 A。

**26.** C，**27.** E，**28.** A：tRNA 的三级结构是倒“L”形结构，所以 26 选 C；成熟 mRNA 3′端结构是多聚腺苷酸结构，所以 27 选 E；DNA 二级结构是双螺旋结构，所以 28 选 A。

**29.** ACD：除细胞核含有 DNA 外，线粒体和植物的叶绿体都有各自的 DNA。

**30.** BCDE：如果有 3′,5′-磷酸二酯键的断裂，那表明 DNA 降解了，不是变性。

**31.** ABCDE：都是组成核小体的蛋白质。

**32.** ABCDE：都是 DNA 和 RNA 分子组成及功能的区别。

**33.** BCD：B 参与氨基酸的转运，C 是构成核糖体的组分、D 是蛋白质合成的模板。

**34.** ABCE：含有稀有碱基的是 tRNA。

**35.** ABCE：RNA 只含有局部双链结构，所以不遵循碱基配对原则。

**36.** AD：核小体是由 DNA 和组蛋白组成的；核心颗粒不含 H4；核心颗粒之间依赖连接区 DNA 和组蛋白 H4 连接。

**37.** ABC：DNA 变性没有共价键断裂。

**38.** ACD：理论基础就是 ACD。

（三）问答题

**39.** 答：第一，DNA 和组蛋白构成核小体结构，核小体通过 DNA 和组蛋白 H4 连接成一条核小体链，这是 DNA 的第一次折叠；第二，核小体卷曲形成直径 30nm 染色质纤丝；第三，在 30nm 染色质纤丝基础上进一步折叠成辐射环结构，再折叠成晕环结构，最后折叠成染色质。

**40.** 答：①DNA 分子由两条 DNA 单链围绕同一中心轴盘曲而构成右手螺旋结构，两条链在空间的走向呈反向平行。②DNA 链的骨架由交替出现的脱氧核糖基和磷酸基构成，位于双螺旋的外侧，碱基配对位于双螺旋的内侧。③两条单链借碱基之间形成氢键相连，即 A 与 T 形成两个氢键，G 与 C 形成三个氢键。④碱基对平面与螺旋轴几乎垂直。⑤DNA 双螺旋结构的稳定主要由互补碱基对之间的氢键和碱基堆积力共同维持。

**41.** 答：①5′端具有共同的帽子结构——$m^7G$-5′ppp5′-N-3′，它的作用是和帽结合蛋白形成复合物，对于 mRNA 从细胞核向细胞质的转运、与核糖体的结合、与翻译起始因子的结合及 mRNA 稳定性的维持等方面均有重要作用；②3′端具有多聚腺苷酸尾巴结构——poly A 结构，目前认为 3′端多聚 A 尾巴结构和 5′帽子结构共同负责 mRNA 从核内向胞质的转位、mRNA 的稳定性维系以及翻译起始的调控。

**42.** 答：DNA 热变性是指加热使 DNA 发生变性的过程。具体而言，将 DNA 的稀盐溶液慢慢加热到 80～100℃时，双螺旋结构发生解体，两条链分开，形成无规则线团的过程。特点：只有氢键的断裂，没有核苷酸间共价键（磷酸二酯键）的断裂；变性温度范围较窄；生物活性丧失；在 260nm

处的紫外吸收增加；溶液黏度下降；沉降速度增加；双折射现象消失等。

## （四）论述题

**43.** 答：

| | 蛋白质 | DNA |
|---|---|---|
| 一级结构 | 氨基酸排列顺序，以肽键相连 | 脱氧核苷酸的排列顺序，以 3′,5′-磷酸二酯键相连 |
| 空间结构 | 二级结构：多肽链盘旋折叠所形成的主链构象<br>三级结构：一条多肽链在二级结构基础上进一步盘旋折叠成空间结构，包含所有原子在空间的相对位置<br>四级结构：由两条或两条以上具有三级结构的多肽链经非共价键缔合为蛋白质的四级结构 | 二级结构：双螺旋结构<br>三级结构：原核生物是超螺旋结构，真核生物是核小体结构<br>真核生物 DNA 的四级结构是染色体 |
| 生理功能 | 是生命活动物质基础，是各种组织的基本组成成分。生理功能多种多样，如催化、免疫、转运等 | 是遗传信息的储存者，可以进行复制、转录和指导蛋白质生物合成 |

**44.** 答：

| | DNA | RNA |
|---|---|---|
| 相同点 | 由 C、H、O、N、P 组成，都含有磷酸、A、C、G；单链都是以 3′,5′-磷酸二酯键相连，都遵循 CG 配对，AT/AU 配对 | |
| 不同点 | 脱氧核糖、不含 U、双链、化学性质稳定 | 核糖、不含 T、单链、化学性质不稳定 |

**45.** 答：

| | |
|---|---|
| mRNA | 遗传信息的传递者，将核内 DNA 的遗传信息按碱基互补原则转录并送至核糖体，指导蛋白质的合成 |
| tRNA | 在蛋白质生物合成过程中具有转运氨基酸和识别密码子的作用 |
| rRNA | 与多种蛋白结合构成核糖体，为多肽链合成所需要的 mRNA、tRNA 以及多种蛋白因子提供相互结合的位点和相互作用的空间环境，在蛋白质生物合成中起着“装配机”的作用 |

（刘勇军）

# 第 4 章　酶

## 一、教学目的与教学要求

**教学目的**　通过本章学习，让学生掌握酶及其相关概念、理解影响酶促反应速度的因素及其原理；熟悉酶的理化性质。

**教学要求**　掌握酶的定义、化学本质、分子结构与功能、酶的活性中心；酶促反应的特点及机制，酶促反应动力学规律（底物浓度、抑制剂对酶促反应速度的影响）；酶的调节方式及同工酶等概念。熟悉酶的作用机制，酶浓度、温度、pH、激活剂对酶促反应速度的影响，酶活性概念及酶含量调节。了解酶的分类及命名，酶在医学上的应用及酶与医学的关系。

## 二、思 维 导 图

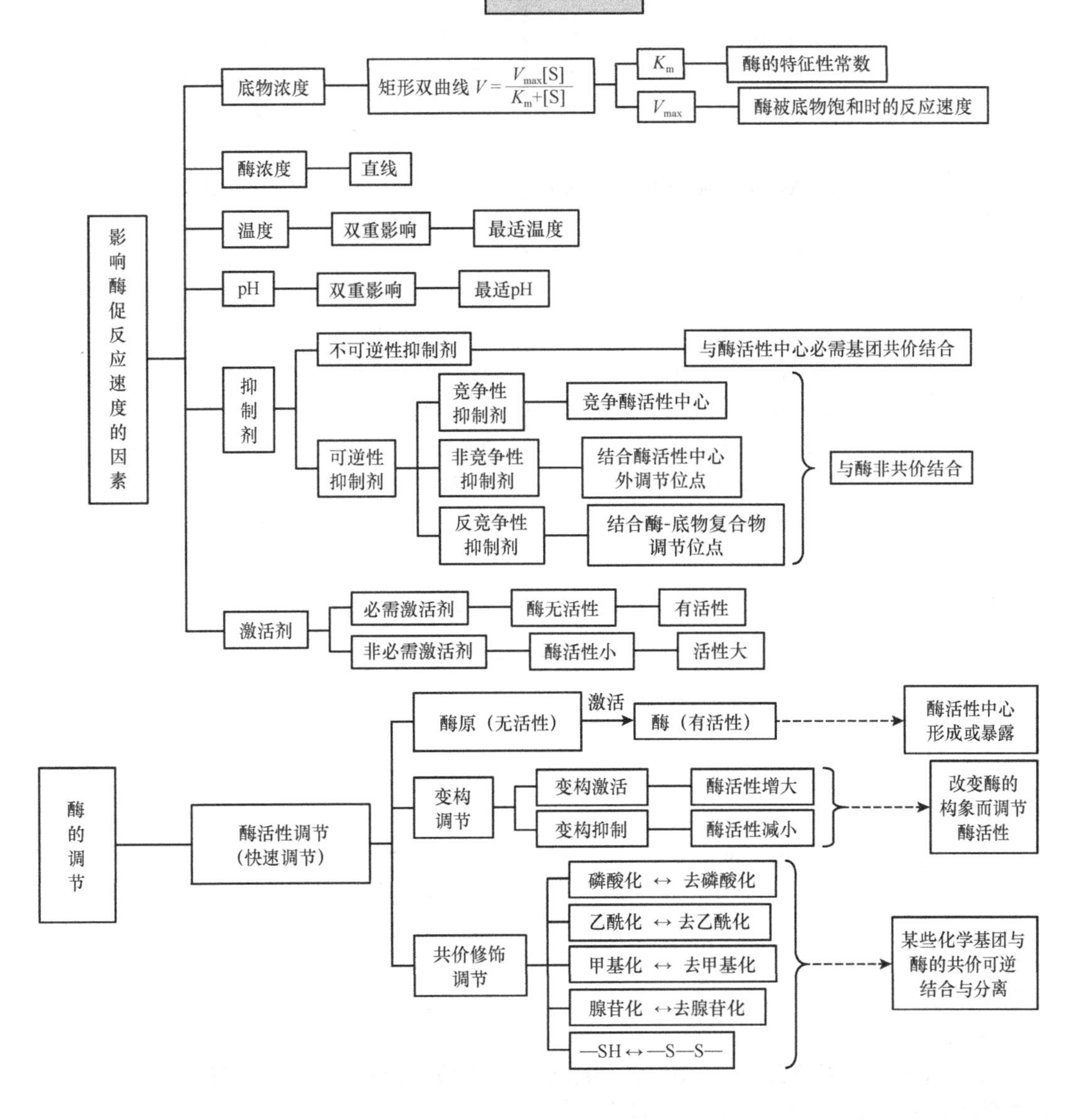

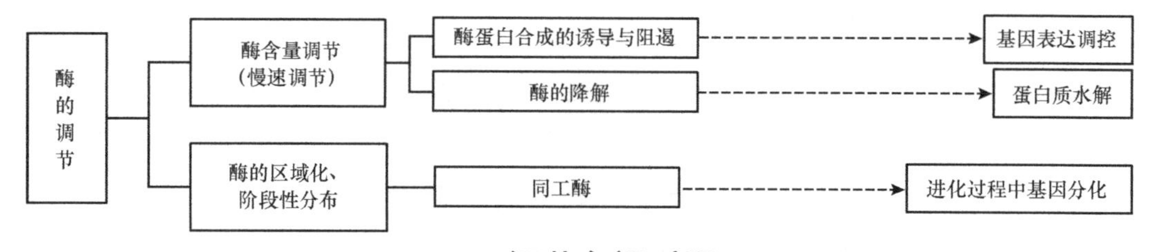


## 三、汉英名词对照

| 中文 | 英文 | 中文 | 英文 |
|---|---|---|---|
| 生物催化剂 | biocatalyst | 酶 | enzyme，E |
| 核酶 | ribozyme | 脱氧核酶 | deoxyribozyme |
| 底物 | substrate，S | 产物 | product，P |
| 单纯酶 | simple enzyme | 结合酶 | conjugated enzyme |
| 酶蛋白 | apoenzyme | 辅助因子 | cofactor |
| 辅酶 | coenzyme | 辅基 | prosthetic group |
| 酶的活性中心 | active center | 必需基团 | essential group |
| 结合基团 | binding group | 催化基团 | catalytic group |
| 活化能 | activation energy | 过渡态 | transition state |
| 特异性或专一性 | specificity | 诱导契合假说 | induced-fit hypothesis |
| 酶促反应动力学 | kinetics of enzyme-catalyzed reaction | 米氏方程 | Michaelis equation |
| 米氏常数 | Michaelis constant | 最大反应速度 | maximum velocity |
| 最适温度 | optimum temperature | 最适 pH | optimum pH |
| 抑制剂 | inhibitor，I | 不可逆性抑制作用 | irreversible inhibition |
| 可逆性抑制作用 | reversible inhibition | 竞争性抑制作用 | competitive inhibition |
| 非竞争性抑制作用 | non-competitive inhibition | 反竞争性抑制作用 | uncompetitive inhibition |
| 必需激活剂 | essential activator | 非必需激活剂 | non-essential activator |
| 酶的比活力 | specific activity | 酶原 | zymogen 或 proenzyme |
| 变构调节 | allosteric regulation | 变构酶 | allosteric enzyme |
| 变构效应剂 | allosteric effector | 共价修饰 | covalent modification |
| 化学修饰 | chemical modification | 同工酶 | isoenzyme |
| 肌酸激酶 | creatine kinase，CK | 乳酸脱氢酶 | lactate dehydrogenase，LDH |

## 四、复习思考题

### （一）名词解释

**1.** 酶
**2.** 酶原
**3.** 最适温度
**4.** $K_m$值
**5.** 关键酶
**6.** 变构调节
**7.** 酶的共价修饰（化学修饰）调节
**8.** 同工酶
**9.** 活化能
**10.** 酶的活性中心/部位
**11.** 核酶
**12.** 不可逆性抑制作用
**13.** 可逆性抑制作用
**14.** 竞争性抑制作用
**15.** 非竞争性抑制作用
**16.** 反竞争性抑制作用

### （二）选择题

**A1 型题，以下每一道题下面有 A、B、C、D、E 五个选项，请从中选择一个最佳答案。**

**17.** 下列关于酶的叙述，哪一项是错误的（　　）

A. 酶有高度特异性 B. 酶有高度的催化效能 C. 酶具有代谢更新的性质
D. 酶的高度特异性由酶蛋白结构决定 E. 酶的高度催化效能是因为它能增大反应的平衡常数

**18.** 酶作为一种生物催化剂，具有下列哪种能量效应（ ）
A. 降低反应活化能 B. 增加反应活化能 C. 增加产物的能量水平
D. 降低反应物的能量水平 E. 降低反应的自由能变化

**19.** 辅酶的功能是（ ）
A. 增强酶蛋白的特异性 B. 维持酶蛋白的空间构象 C. 参与酶促化学反应，起载体作用
D. 激活底物 E. 提高酶的活化能

**20.** 关于辅酶的叙述正确的是（ ）
A. 在催化反应过程中传递电子、原子或化学基团 B. 与酶蛋白紧密结合
C. 金属离子是体内最重要的辅酶 D. 在催化反应中不与酶活性中心结合
E. 提高酶的活化能

**21.** 含有维生素 $B_1$ 的辅酶是（ ）
A. $NAD^+$ B. FAD C. TPP D. CoA E. FMN

**22.** 下列何种维生素缺乏可造成体内丙酮酸的堆积（ ）
A. 维生素 $B_1$ B. 维生素 $B_2$ C. 维生素 $B_6$ D. 维生素 $B_{12}$ E. 维生素 PP

**23.** 有关金属离子作为辅助因子的作用，论述错误的是（ ）
A. 作为酶活性中心的催化基团参加反应 B. 传递电子
C. 连接酶与底物的桥梁 D. 降低反应中的静电斥力 E. 与稳定酶分子构象无关

**24.** 有关酶的活性中心的论述下列哪项是正确的（ ）
A. 酶的活性中心专指能与底物特异性结合的必需基团
B. 酶的活性中心是由一级结构上相互邻近的基团组成的
C. 酶的活性中心在与底物结合时不应发生构象改变
D. 没有或不能形成活性中心的蛋白质不是酶
E. 酶的活性中心外的必需基团也参与对底物的催化作用

**25.** 邻近效应是指（ ）
A. 酶原被其他酶激活 B. 酶反应在酶分子内部疏水环境中进行
C. 底物改变酶的构象 D. 对底物进行亲核攻击
E. 底物聚集到酶分子表面，提高底物局部浓度

**26.** 影响酶促反应速度的因素不包括（ ）
A. 底物浓度 B. 酶的浓度 C. 反应环境的 pH D. 反应温度 E. 酶原的浓度

**27.** 在酶浓度不变的条件下，以 $V$ 对[S]作图，其图形为（ ）
A. 直线 B. “S”形曲线 C. 抛物线 D. 矩形双曲线 E. 钟罩形曲线

**28.** 关于 $K_m$ 值的意义，不正确的是（ ）
A. $K_m$ 是酶的特征性常数 B. $K_m$ 值与酶的结构有关
C. $K_m$ 值与酶所催化的底物有关 D. $K_m$ 值等于反应速度为最大速度一半时的酶的浓度
E. $K_m$ 值等于反应速度为最大速度一半时的底物浓度

**29.** 当 $K_m$ 值近似于 ES 的解离常数 $K_s$ 时，下列哪种说法正确（ ）
A. $K_m$ 值越大，酶与底物的亲和力越小 B. $K_m$ 值越大，酶与底物的亲和力越大
C. $K_m$ 值越小，酶与底物的亲和力越小 D. 在任何情况下，$K_m$ 与 $K_s$ 的含义总是相同的
E. 即使 $K_m=K_S$，也不可以用 $K_m$ 表示酶对底物的亲和力大小

**30.** 酶促反应速度 $V$ 达到 $V_{max}$ 的 80%时，底物浓度[S]为（ ）
A. $1K_m$ B. $2K_m$ C. $3K_m$ D. $4K_m$ E. $5K_m$

**31.** 竞争性抑制剂对酶促反应速度的影响是（ ）
A. $K_m$↑，$V_{max}$ 不变 B. $K_m$↓，$V_{max}$↓ C. $K_m$ 不变，$V_{max}$↓
D. $K_m$↓，$V_{max}$↑ E. $K_m$↓，$V_{max}$ 不变

**32.** 有关竞争性抑制剂的论述，错误的是（　　）
A. 结构与底物相似　　B. 与酶活性中心相结合　　C. 与酶的结合是可逆的
D. 抑制程度只与抑制剂的浓度有关　　E. 与酶非共价结合

**33.** 有机磷农药中毒时，下列哪一种酶受到抑制（　　）
A. 己糖激酶　　B. 碳酸酐酶　　C. 胆碱酯酶　　D. 乳酸脱氢酶　　E. 含巯基的酶

**34.** 有关非竞争性抑制作用的论述，正确的是（　　）
A. 不改变酶促反应的最大速度
B. 改变表观 $K_m$ 值
C. 酶与底物、抑制剂可同时结合，但不影响其释放出产物
D. 抑制剂与酶结合后，不影响酶与底物的结合
E. 抑制剂与酶的活性中心结合

**35.** 反竞争性抑制作用的描述是（　　）
A. 抑制剂既与酶相结合又与酶-底物复合物相结合
B. 抑制剂只与酶-底物复合物相结合
C. 抑制剂使酶促反应的 $K_m$ 值降低，$V_{max}$ 增高
D. 抑制剂使酶促反应的 $K_m$ 值升高，$V_{max}$ 降低
E. 抑制剂不使酶促反应的 $K_m$ 改变，只降低 $V_{max}$

**36.** 有关酶与温度的关系，错误的论述是（　　）
A. 最适温度不是酶的特征性常数
B. 酶是蛋白质，即使反应的时间很短也不能提高反应温度
C. 酶制剂应在低温下保存
D. 酶的最适温度与反应时间有关
E. 从生物组织中提取酶时应在低温下操作

**37.** 关于 pH 对酶促反应速度影响的论述中，错误的是（　　）
A. pH 影响酶、底物或辅助因子的解离度，从而影响酶促反应速度
B. 最适 pH 是酶的特征性常数　　C. 最适 pH 不是酶的特征性常数
D. pH 过高或过低可使酶发生变性　　E. 最适 pH 是酶促反应速度最大时的环境 pH

**38.** 酶原之所以没有活性是因为（　　）
A. 酶蛋白肽链合成不完全　　B. 缺乏辅酶或辅基　　C. 酶原是已经变性的蛋白
D. 酶原的四级结构还没形成　　E. 活性中心未形成或未暴露

**39.** 下列关于酶的变构调节，错误的是（　　）
A. 受变构调节的酶称为别构酶
B. 变构酶多是关键酶（如限速酶），催化的反应常是不可逆反应
C. 变构酶催化的反应，其反应动力学是符合米-曼方程的
D. 变构调节是快速调节
E. 变构调节不引起酶的构型变化

**40.** 有关变构酶的论述下列哪一项不正确（　　）
A. 变构酶是受变构调节的酶
B. 正协同效应，如底物与酶的一个亚基结合后使此亚基发生构象改变，从而引起相邻亚基发生同样的改变，增加此亚基对后续底物的亲和力
C. 正协同效应的底物浓度曲线是矩形双曲线
D. 构象改变使后续底物结合的亲和力减弱，称为负协同效应
E. 具有协同效应的变构酶多为含偶数亚基的酶

**41.** 有关乳酸脱氢酶同工酶的论述，正确的是（　　）
A. 乳酸脱氢酶含有 M 亚基和 H 亚基两种，故有两种同工酶
B. M 亚基和 H 亚基都来自同一染色体的某一基因位点
C. 它们在人体各组织器官的分布无显著差别

D. 它们的电泳行为相同 E. 它们对同一底物有不同的 $K_m$ 值

**42.** 关于同工酶（ ）

A. 它们催化相同的化学反应 B. 它们的分子结构相同 C. 它们的理化性质相同

D. 它们催化不同的化学反应 E. 它们的差别是翻译后化学修饰不同的结果

**43.** 心肌中富含的 CK 同工酶是（ ）

A. $CK_1$ B. $CK_2$ C. $CK_3$ D. $CK_1+CK_2$ E. $CK_2+CK_3$

**44.** 当 $K_m$ 值等于 0.25[S]时，反应速度为最大速度的（ ）

A. 70% B. 75% C. 80% D. 85% E. 90%

**45.** 磺胺类药物的作用机制是（ ）

A. 反竞争性抑制作用 B. 反馈抑制作用 C. 非竞争性抑制作用

D. 竞争性抑制 E. 使酶变性失活

**46.** 催化乳酸转化为丙酮酸的酶属于（ ）

A. 裂解酶 B. 合成酶 C. 氧化还原酶 D. 转移酶 E. 水解酶

**A2 型题，以下每一道题下面有 A、B、C、D、E 五个选项，请从中选择一个最佳答案。**

**47.** 患者，女性，24 岁，因呼吸困难前来就诊。辅助检查：超声心动图及血管造影显示严重的左室功能障碍（LVEF：20%）。增强 CT 显示升主动脉壁增厚及扩张，左锁骨下动脉闭塞，颈动脉同时存在狭窄和扩张。因此，冠状动脉疾病可以排除，主要怀疑为大动脉炎导致。病毒和细菌的血清学呈阴性。初步诊断为心肌炎。

心肌炎患者血浆中升高的肌酸激酶的同工酶是（ ）

A. 肌酸激酶 1 B. 肌酸激酶 2 C. 肌酸激酶 3 D. 肌酸激酶 4 E. 肌酸激酶 5

**48.** 患者，女性，45 岁，因与家人争吵，自服美曲膦酯（敌百虫）约 100ml。服毒后自觉头晕、恶心，并伴有呕吐，呕吐物有刺鼻农药味。服药后家属即发现，立即到当地医院就诊，洗胃 10 000ml 后，予阿托品 5ml 静脉推注，解磷定 2 g 肌内注射后，病情无好转。渐出现神志不清，呼之不应，刺激反应差，于凌晨服药后 5 小时转入某医院。经辅助检查诊断为有机磷农药中毒，立即予以催吐洗胃，硫酸镁导泻，阿托品、解磷定静脉注射，反复给药补液、利尿等对症支持治疗。有机磷农药的发病机制主要是有机磷抑制了（ ）

A. 乳酸脱氢酶 B. 葡萄糖-6-磷酸脱氢酶 C. 细胞色素氧化酶

D. 糜蛋白酶 E. 胆碱酯酶

**B 型题，请从以下 5 个备选项中，选出最适合下列题目的选项。**

（49～51 题共用备选答案）

A. 单体酶 B. 寡聚酶 C. 结合酶 D. 多功能酶 E. 单纯酶

**49.** 由于基因融合，形成由一条多肽链组成却具有多种不同催化功能的酶是（ ）

**50.** 由酶蛋白和辅助因子两部分组成的酶是（ ）

**51.** 变构酶常常是（ ）

（52～54 题共用备选答案）

A. 维生素 $B_1$ B. 维生素 $B_2$ C. 维生素 PP D. 维生素 $B_{12}$ E. 泛酸

**52.** $NAD^+$的组成成分中含有（ ）

**53.** $NADP^+$组成成分中含有（ ）

**54.** CoASH 的组成成分含有（ ）

（55～57 题共用备选答案）

A. 递氢作用 B. 转氨基作用 C. 转酮醇作用 D. 转酰基作用 E. 一碳单位载体

**55.** CoASH 作为辅酶参与（ ）

**56.** FAD 作为辅酶参与（ ）

**57.** $FH_4$ 作为辅酶参与（ ）

**X 型题，以下每一道题下面有 A、B、C、D 四个备选答案，请从中选择 2～4 个不等答案。**

**58.** 酶的化学修饰包括（ ）

A. 磷酸化与去磷酸化 B. 乙酰化与去乙酰化

C. 甲基化与去甲基化　　D. —SH 与—S—S—

**59.** 底物浓度很高时（　　）

A. 所有的酶均被底物所饱和，反应速度不再因增加底物浓度而加大

B. 此时增加酶的浓度仍可提高反应速度

C. 此时增加酶的浓度也不能再提高反应速度

D. 反应速度达最大反应速度，即使加入激活剂也不再提高反应速度

**60.** 酶的活性中心是（　　）

A. 由一级结构上相互接近的一些基团组成，分为催化基团和结合基团

B. 平面结构

C. 裂隙或凹陷

D. 由空间结构上相邻近的催化基团与结合基团组成的结构

**61.** 酶催化作用的机制可能是（　　）

A. 邻近效应与定向排列　B. 共价催化作用　C. 酸碱催化作用　D. 表面效应

**62.** 关于酶的抑制剂的论述正确的是（　　）

A. 使酶的活性降低或消失而不引起酶变性的物质都是酶的抑制剂

B. 在酶的共价修饰中，有的酶被磷酸酶去磷酸后活性减低，此磷酸酶可视为酶的抑制剂

C. 丙二酸是琥珀酸脱氢酶的竞争性抑制剂

D. 过多的产物可使酶促反应出现逆向反应，也可视为酶的抑制剂

**63.** 关于酶的激活剂的论述正确的是（　　）

A. 使酶由无活性变为有活性或使酶活性增加的物质称为酶的激活剂

B. 酶的辅助因子都是酶的激活剂

C. 凡是使酶原激活的物质都是酶的激活剂

D. 酶的活性所必需的金属离子是酶的激活剂

**64.** 酶的别构与别构协同效应是（　　）

A. 效应剂与酶的活性中心相结合，从而影响酶与底物的结合

B. 第一个底物与酶结合引起酶的构象改变，此构象改变波及邻近的亚基，从而影响酶与第二个底物结合

C. 上述的效应使第二个底物与酶的亲和力增加时，底物浓度曲线呈现出“S”形曲线

D. 酶的别构效应是酶使底物的结构发生构象改变，从而影响底物与酶的结合

**65.** 使酶发生不可逆破坏的因素是（　　）

A. 竞争性抑制剂　B. 高温　C. 强酸强碱　D. 重金属盐

**66.** 被有机磷抑制的酶和抑制类型是（　　）

A. 不可逆性抑制　B. 竞争性抑制　C. 胆碱酯酶　D. 二氢叶酸合成酶

**67.** 下列常见的抑制剂中，哪些是不可逆性抑制剂（　　）

A. 有机磷化合物　B. 有机汞化合物　C. 有机砷化合物　D. 氰化物

**68.** 全酶的组成部分是（　　）

A. 酶蛋白　B. 结合基团　C. 催化基团　D. 辅助因子

**69.** 在催化剂的特点中，酶所特有的是（　　）

A. 加快反应速度　B. 可诱导产生　C. 不改变反应的平衡点　D. 对作用物的专一性

**70.** 在口腔中协同参与淀粉水解的物质是（　　）

A. 唾液淀粉酶　B. 胰淀粉酶　C. 氯离子　D. 钠离子

**71.** 同工酶的不同之处有（　　）

A. 物理性质　B. 化学性质　C. 等电点　D. 米氏常数

**72.** 酶与一般催化剂相比有以下特点（　　）

A. 反应条件温和，可在常温常压下进行　B. 专一性强

C. 催化效率高，可改变反应平衡点　D. 活性可以被调节

**73.** 关于酶的叙述，哪些是正确的（　　）
A. 大多数酶都是蛋白质
B. 所有的蛋白质都是催化剂
C. 酶都能降低反应的活化能
D. 一种酶蛋白只能与一种辅酶结合
**74.** 关于非竞争性抑制剂特点的叙述是（　　）
A. 抑制程度与底物浓度无关
B. 不与底物竞争酶的活性中心
C. 抑制剂结合方式与底物相似
D. $V_{max}$↓，$K_m$ 不变
**75.** 酶蛋白和辅酶的关系是（　　）
A. 一种酶只有一种辅酶（辅基）
B. 不同的酶可有相同的辅酶（辅基）
C. 酶蛋白决定特异性，辅酶参与反应
D. 只有全酶才有活性
**76.** 可提供酶活性中心必需基团的氨基酸有（　　）
A. 丝氨酸　B. 组氨酸　C. 半胱氨酸　D. 丙氨酸
**77.** 关于变构调节的说法正确的是（　　）
A. 变构效应剂能引起酶变性
B. 酶的变构部位与底物结合部位不同
C. 绝大多数变构酶都是多聚体
D. 变构效应剂结构常与底物相似
**78.** 酶的化学修饰特点是（　　）
A. 酶蛋白可逆的共价变化
B. 化学修饰最常见的是磷酸化修饰
C. 化学修饰有放大作用
D. 磷酸化和去磷酸化是由不同的酶催化
**79.** 同工酶的特点是（　　）
A. 基因位点相同　B. 分布不同　C. 理化性质不同　D. 催化的化学反应相同

**（三）问答题**

**80.** 何谓酶的特异性？可分几种类型？举例说明。
**81.** 酶的活性中心的必需基团分为哪两类？在酶促反应中的作用是什么？
**82.** 简述 $K_m$ 值的定义及其意义。
**83.** 竞争性抑制、非竞争性抑制和反竞争性抑制的区别。
**84.** 酶原激活的机制及生物学意义是什么？

**（四）论述题**

**85.** 运用酶的竞争性抑制作用原理，阐述抗代谢类抗肿瘤药物的作用机制。试举例说明。
**86.** 试比较变构调节与化学修饰调节作用的异同点。
**87.** 可逆性抑制和不可逆性抑制的区别，试举例说明。

## 五、复习思考题答案及解析

**（一）名词解释**

**1.** 酶：酶（enzyme）是由活细胞产生的、对其底物具有高度特异性和高度催化效能的蛋白质或RNA。
**2.** 酶原：有些酶在细胞内合成或初级释放时只是酶的无活性前体，必须在一定的条件下，这些酶的前体水解开一个或几个特定的肽键，致使构象发生改变，才能表现出酶的活性。这种无活性酶的前体称作酶原（zymogen）。酶原之所以没有活性是因为酶的活性中心未形成或未暴露，如胰蛋白酶原。
**3.** 最适温度：最适温度（optimum temperature）指酶促反应速率最快时的环境温度。低于最适温度时催化活性没有达到最大值，高于最适温度时酶可能会永久失去活性，控制反应温度维持在最适温度可以使反应速率达到最大。
**4.** $K_m$ 值：米氏常数（$K_m$）是酶促反应达最大反应速度（$V_{max}$）一半时的底物浓度。是酶的特征性常数。
**5.** 关键酶：关键酶（key enzyme），或称限速酶，是指在一个包含一系列反应的代谢途径中，催化反应速率最慢，决定整个代谢途径总速率和反应方向的酶。
**6.** 变构调节：变构调节（allosteric regulation）是指小分子化合物与酶蛋白分子活性位点以外的某一部位特异结合，引起酶蛋白分子构象变化、从而改变酶的活性的一种酶的快速调节方式。
**7.** 酶的共价修饰（化学修饰）调节：某些酶蛋白肽链上的侧链基团在另一酶的催化下可与某种化学基团发生共价结合或解离，从而改变酶的活性，这种调节酶活性的方式称为酶的共价修饰

（covalent modification）或化学修饰（chemical modification）调节。

**8.** 同工酶：同工酶（isoenzyme）指催化相同的化学反应，但酶蛋白的分子结构、理化性质、免疫学性质不同的一组酶。

**9.** 活化能：活化能（activation energy）指分子从初态达到活化态所需要的能量。

**10.** 酶的活性中心/部位：酶的活性中心/部位（active center/site）是酶分子中直接与底物结合，并催化底物发生化学反应的部位。

**11.** 核酶：核酶（ribozyme）是具有催化作用的核糖核酸（RNA），主要作用于核酸。

**12.** 不可逆性抑制作用：抑制剂能与酶活性中心上的必需基团以共价键相结合，使酶失活，抑制剂不能用透析、超滤等方法予以去除。这种抑制作用称为不可逆性抑制作用（irreversible inhibition）。

**13.** 可逆性抑制作用：酶抑制剂是以非共价键方式与酶和（或）酶-底物复合物可逆性结合，使酶活性降低或消失，这种抑制作用可通过简单的透析或超滤的方法解除，这种抑制作用称为可逆性抑制作用（reversible inhibition）。

**14.** 竞争性抑制作用：竞争性抑制剂与酶的底物结构相似，可与底物竞争酶的活性中心，阻碍酶与底物结合成中间复合物，而生成抑制剂-酶复合物，使反应速度下降。这种抑制作用称为竞争性抑制作用（competitive inhibition）。

**15.** 非竞争性抑制作用：非竞争性抑制剂与酶活性中心外的必需基团结合，底物与抑制剂之间无竞争关系，抑制剂既可以与游离酶结合，也可以与 ES 复合物结合，抑制剂与酶的结合不影响底物与酶的结合，酶和底物的结合也不影响酶与抑制剂的结合。但酶-底物-抑制剂三元复合物不能进一步释放出产物，从而使酶的催化活性降低，这种抑制作用称为非竞争性抑制作用（non-competitive inhibition）。

**16.** 反竞争性抑制作用：抑制剂不与酶结合，仅与酶和底物形成的中间产物（ES）结合，使中间产物 ES 的生成量下降，酶分子转换为非活性形式 ESI 三元复合物。这样，既减少从中间产物转化为产物的量，也同时减少从中间产物解离出游离酶和底物的量。这种抑制作用称为反竞争性抑制作用（uncompetitive inhibition）。

**（二）选择题**

**17.** E：酶促反应的特点是高效性、特异性和可调节性。酶的化学本质是蛋白质或 RNA，因此它也具有一级和高级结构，酶催化反应的特异性实际上决定于酶活性中心的结合基团、催化基团及其空间结构。酶是一类生物催化剂，与一般催化剂一样，在化学反应前后都没有质和量的变化，只能催化热力学上允许进行的反应；只能加速可逆反应的进程，而不改变反应的平衡点，即不改变反应的平衡常数。

**18.** A：酶作为一种生物催化剂，是通过降低反应活化能而发挥催化作用的。

**19.** C：辅酶是一大类有机辅助因子的总称，是酶催化氧化还原反应、基团转移和异构反应的必需因子。它们在酶催化反应中承担传递电子、原子或基团的功能。酶的辅助因子包括金属离子和小分子有机化合物，与酶蛋白共价结合的称辅基，与酶蛋白非共价结合的称为辅酶。它们参与酶的活性中心的组成，并且决定反应的类型和性质。

**20.** A：辅酶是一类可以将化学基团从一个酶转移到另一个酶上的有机小分子，与酶较为松散地结合，对于特定酶的活性发挥是必要的。

**21.** C：维生素体内的活性型为焦磷酸硫胺素（TPP）。

**22.** A：糖类经过无氧酵解而分解成丙酮酸，丙酮酸脱羧基成为乙酰辅酶 A 的脱羧酶辅酶（催化作用）就是维生素 $B_1$。有氧代谢过程中，$\alpha$-酮戊二酸也将脱羧为琥珀酰辅酶 A，其脱羧酶的辅酶也是维生素 $B_1$。

**23.** E：金属离子常常与酶结合参与酶催化的化学反应，传递电子，连接酶与底物，并且降低反应中的静电斥力，同时，也可稳定酶分子构象。

**24.** A：酶分子中直接与底物结合，并和酶催化作用直接有关的区域叫酶的活性中心。与酶活性密切相关的化学基团称作酶的必需基团。这些必需基团在一级结构上可能相距很远，但在空间结构上彼此靠近，组成具有特定空间结构的区域，能和底物特异结合并将底物转化为产物。

**25.** E：邻近效应是酶将反应中所需的底物和辅助因子按特定顺序和空间定向结合在酶的活性中心，

使它们相互接近并形成有利于反应的正确定向关系，提高底物分子发生碰撞的概率。

**26.** E：影响酶促反应速度的因素包括底物浓度、酶浓度、温度、pH、激活剂和抑制剂。

**27.** D：在其他因素不变的情况下，底物浓度的变化对反应速度影响作图呈矩形双曲线。如下图：

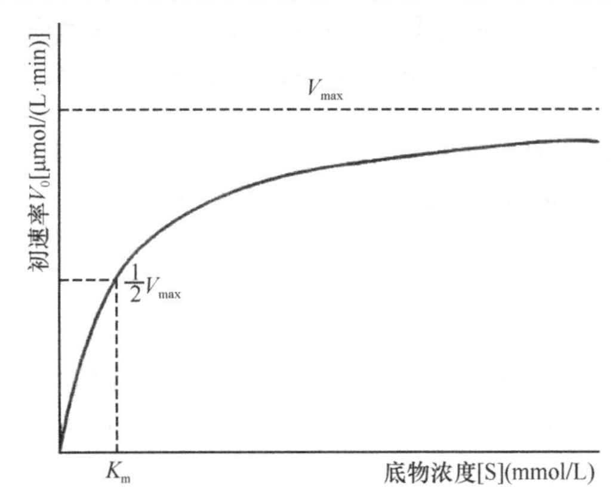


**28.** D：米氏常数（$K_m$）的含义是酶促反应达最大速度（$V_{max}$）一半时的底物（S）的浓度。它是酶的一个特征性物理量，一般只与酶的结构、底物和反应环境有关，与酶的浓度无关。

**29.** A：$K_m$近似于ES的解离常数$K_s = k_2/k_1$，即$K_m \approx K_s$，此时的$K_m$值可以近似地表示酶对底物亲和力的大小，$K_m$值越小，酶与底物的亲和力越大。这表示不需要很高的底物浓度便可容易地达到最大反应速率。

**30.** D：根据米氏方程：$V = \frac{V_{max}[S]}{K_m + [S]}$计算可得到。

**31.** A：酶的竞争性抑制作用的动力学特点：$K_m$值增大，$V_{max}$值不变。非竞争性抑制作用的动力学特点：$K_m$值不变，$V_{max}$值降低。反竞争性抑制作用的动力学特点：$K_m$值和$V_{max}$值都降低。

**32.** D：竞争性抑制剂是与底物竞争酶的活性中心，属于可逆性抑制。竞争性抑制作用的特点为：①竞争性抑制剂往往是酶的底物类似物或反应产物。②抑制剂与酶的结合部位与底物与酶的结合部位相同。③抑制剂浓度越大，则抑制作用越大；但增加底物浓度可使抑制程度减小。

**33.** C：有机磷农药能特异地与胆碱酯酶活性中心丝氨酸残基的羟基共价结合，在体内形成磷酰化胆碱酯酶，使胆碱酯酶活性受到抑制，是不可逆抑制作用。

**34.** D：非竞争性抑制作用的特点为：①底物和抑制剂分别独立地与酶的不同部位相结合；②抑制剂对酶与底物的结合无影响，故底物浓度的改变对抑制程度无影响；③动力学参数：$K_m$值不变，$V_{max}$值降低。显然，非竞争性抑制作用不能通过增加底物浓度的办法来消除抑制作用。

**35.** B：反竞争性抑制作用的特点：①反竞争性抑制剂只与酶-底物复合物结合而不与游离酶结合，并且是可逆结合；②动力学参数：$K_m$值和$V_{max}$值都降低，但$V_{max}/K_m$值不变，这是由于ES和ESI形成的平衡倾向结合I的复合物的形成。

**36.** B：酶促反应速度在一定范围内是随温度增高而增大的。

**37.** B：最适pH不是酶的特征性常数，pH的改变会影响酶促反应速度。

**38.** E：机体内有些酶在细胞内合成或初分泌时，以酶的无活性前体形式存在。这种无活性酶的前体称为酶原。由无活性酶原转变成有活性酶的过程称为酶原的激活。酶原的激活一般通过某些蛋白酶的作用，水解一个或几个特定的肽键，致使蛋白质构象发生改变，其实质是酶活性中心的形成或暴露的过程，酶原的激活是不可逆的。消化道中的酶如胃蛋白酶、胰蛋白酶、胰凝乳蛋白酶、羧基肽酶、弹性蛋白酶等及血液中凝血与纤维蛋白溶解系统中的酶类通常都以酶原的形式存在，在一定条件下水解掉1个或几个短肽转变成相应的酶。

**39.** C：变构酶也称为别构酶，其酶分子活性中心外的某一部位可以与体内一些代谢物可逆地结合，使酶发生变构而改变其催化活性。这种调节酶活性的方式称为变构调节，不遵守米氏动力学原则。

**40.** C：多亚基变构酶与血红蛋白一样，存在协同效应，包括正协同效应和负协同效应。如果效应剂与酶的一个亚基结合引起的变构效应使相邻亚基也发生变构，并增加对此效应剂的亲和力，此协同效应为正协同效应。如果相邻亚基的变构降低对此效应剂的亲和力，则此效应为负协同效应。

**41.** E：乳酸脱氢酶的同工酶有五种，是两种亚基以不同的比例组成的，其在不同组织器官中的含量和分布比例不同，各器官组织都有其各自特定的分布酶谱。对同一底物的脱氢表现出不同的 $K_m$ 值。由于 5 种 LDH 同工酶分子结构的差异，它们在电泳中泳动速度亦不同。

**42.** A：同工酶指催化相同的化学反应，但酶蛋白的分子结构、理化性质、免疫学性质不同的一组酶。

**43.** B：$CK_1$（BB）主要存在于脑细胞中，$CK_3$（MM）存在于骨骼肌中，而 $CK_2$（MB）仅见于心肌细胞中，其活性的测定作为早期诊断心肌梗死的“心梗三项”（肌钙蛋白、肌红蛋白、肌酸激酶）指标之一，在临床辅助诊断中有重要意义。

**44.** C：米氏方程：$V=\dfrac{V_{max}[S]}{K_m+[S]}$ 计算可得到。

**45.** D：磺胺类药物就是根据竞争性抑制作用的原理设计的，对磺胺类药物敏感的细菌在生长繁殖时，不能直接利用环境中的叶酸，必须在细菌体内二氢叶酸合成酶的催化下，以对氨基苯甲酸为底物合成二氢叶酸。

**46.** C：乳酸脱氢酶是催化底物进行氧化还原反应的酶。

**47.** B：CK 同工酶有组织特异性，$CK_1$（BB）主要存在于脑细胞中，$CK_3$（MM）存在于骨骼肌中，而 $CK_2$（MB）仅见于心肌细胞中，CK 同工酶相对含量的改变在一定程度上反映了某脏器的功能状况。血清中 $CK_2$ 升高是心肌炎或心脏受损的标志。

**48.** E：有机磷农药能特异地与胆碱酯酶活性中心丝氨酸残基的羟基共价结合，在体内形成磷酰化胆碱酯酶，使胆碱酯酶活性受到抑制。

**49.** D，**50.** C，**51.** B：由于基因融合，形成由一条多肽链组成的却具有多种不同催化功能的酶是多功能酶。结合酶则是由酶蛋白和辅助因子两部分组成。变构酶常由多个亚基组成。

**52.** C，**53.** C，**54.** E：$NAD^+$和 $NADP^+$所含的维生素有烟酰胺，中文别名有尼克酰胺、维生素 $B_3$、维生素 PP、3-吡啶甲酰胺、烟碱酰胺。CoASH 含有泛酸。

**55.** D，**56.** A，**57.** E：辅酶 A（CoA）主要的功能是转移酰基，所含的维生素是泛酸。黄素腺嘌呤二核苷酸（FAD）的功能是传递氢原子，所含维生素是 $B_2$。$FH_4$ 作为一碳单位载体参与核酸的合成。

**58.** ABCD：酶的共价修饰形式包括磷酸化与去磷酸化、乙酰化与去乙酰化、甲基化与去甲基化、腺苷化与去腺苷化及—SH 与—S—S—的互变等，其中以磷酸化修饰最为常见。

**59.** ABD：随着底物浓度的进一步增高，反应速率不再呈正比例增加，反应速率增加的幅度逐渐下降。如果继续加大底物浓度，反应速率将不再增加而达到极限最大值，表现为零级反应，此时的速率称最大反应速率（$V_{max}$）。此时，反应体系中所有酶的活性中心均被底物饱和，形成中间复合物（ES）。所有的酶均有此饱和现象，只是达到饱和时所需的底物浓度不同而已。

**60.** CD：酶分子中直接与底物结合，并催化底物发生化学反应的部位，称为酶的活性中心。在酶分子的氨基酸残基侧链上含有许多不同的化学基团。酶的活性中心是酶分子多肽链折叠形成如裂隙或凹陷的结构，是由空间结构上相邻近的基因组成。

**61.** ABCD：酶催化作用的机制有①酶-底物复合物的形成与诱导契合假说；②邻近效应与定向排列；③表面效应；④多元催化（共价催化、酸碱催化和亲核催化）。

**62.** BC：酶的抑制剂不会使酶的活性消失，也不会改变酶促反应的方向。

**63.** AD：使酶从无活性变为有活性或使酶活性增加的物质称为酶的激活剂。

**64.** BC：酶的别构调节是效应剂和酶分子活性中心外的某一部位结合，使酶发生变构并改变其催化活性。

**65.** BCD：酶的本质是蛋白质，高温、强酸强碱、重金属盐等因素会导致酶发生不可逆的破坏。

**66.** AC：有机磷中毒的生化机制是有机磷作为不可逆抑制剂与胆碱酯酶活性中心的羟基结合而失活。

**67.** ABCD：有机磷化合物、有机汞化合物、有机砷化合物、氰化物均可与酶活性中心必需基团发生不可逆结合而抑制酶活性。

**68.** AD：全酶是酶蛋白与辅助因子结合形成的复合物。
**69.** BD：酶和一般的催化剂的区别，注意看清“酶所特有的”。
**70.** AC：唾液淀粉酶及其激活剂，氯离子是唾液淀粉酶的激活剂。
**71.** ABCD：同工酶是指催化的化学反应相同，酶蛋白的分子结构、理化性质乃至免疫学性质不同的一组酶。由于上述性质的不同，所以它们的等电点也不相同。
**72.** ABD：酶是由活细胞分泌的具有催化作用的蛋白质，因此酶的作用特点是：①要求条件温和；②高度的催化效率，它和一般催化剂一样，能加速化学反应速度，但不改变反应平衡常数；③高度的特异性；④酶的活性可被调节。
**73.** ACD：蛋白质是生物体内一类具有多种重要功能的生物大分子物质，只是将具有催化作用的蛋白质称为酶；酶之所以有极高的催化效率是酶能极大地降低反应的活化能，增加了分子间的有效碰撞。对于结合酶，它是由酶蛋白和辅助因子两部分组成，二者单独存在均无催化活性，只有二者共存结合成全酶才显活性。酶蛋白决定反应的特异性，辅酶（或辅基）直接参与反应，决定反应的种类和性质。酶蛋白种类多而辅酶（或辅基）种类少，所以一种辅酶（或辅基）可以与多种酶蛋白结合成多种全酶，而一种酶蛋白只能与一种辅酶（或辅基）结合成一种特异的酶。
**74.** ABD：非竞争性抑制剂的结构与底物没有相似之处，它不与底物竞争地和酶活性中心必需基团结合，它既可以和游离酶结合，也能与酶和底物的复合物（ES）结合，它不受底物浓度的影响。它的动力学特点是 $V_{max}\downarrow$，$K_m$ 不变。
**75.** ABCD：对于结合酶，只有当酶蛋白和其辅助因子结合成全酶后，才能表现出活性。酶对其底物结构具有严格的选择性，即酶与底物结合必须是酶蛋白的结构和底物的结构要适应，要吻合，而辅酶的作用是参与酶促反应，传递电子、质子或一些基团。一种酶蛋白只能结合一种辅酶（辅基）；但一种辅酶（辅基）可以和几种酶蛋白结合。
**76.** ABC：构成酶活性中心必需基团最常见的有组氨酸残基的咪唑基、丝氨酸残基和苏氨酸残基的羟基、半胱氨酸的巯基及谷氨酸残基的 $\gamma$-羧基。
**77.** BC：变构效应剂与酶的别构部位结合，引起酶构象变化而不是引起酶变性。变构调节中，底物是与酶活性中心的结合基团结合，变构效应剂是与酶活性中心外的变构部位结合。变构酶分子常为多个亚基组成。
**78.** ABCD：酶的化学修饰是指酶蛋白肽链的某些基团在另一些酶的催化下发生可逆的共价结合，从而改变酶的活性。最常见的化学修饰是酶蛋白的磷酸化与去磷酸化，它们分别是在蛋白激酶和磷蛋白磷酸酶的作用下发生的。化学修饰往往有级联放大效应。
**79.** BCD：同工酶是由不同基因或等位基因编码的多肽链，或由同一基因转录生成的不同 mRNA 翻译的不同多肽链组成的蛋白质。因此，同工酶是指能催化相同的化学反应，而酶蛋白的分子结构不同、理化性质不同乃至免疫学性质不同的一组酶。它们在生物体不同组织器官中的含量与分布比例不同。

**（三）问答题**

**80.** 答：酶的特异性是指一种酶仅作用于一种底物或一类化合物，或一定的化学键，催化一定的化学反应产生一定的产物。酶的特异性大致可分为以下三种类型：绝对特异性（脲酶）；相对特异性（胰蛋白酶）；立体异构特异性（*L*-乳酸脱氢酶）。酶的特异性是由酶分子中蛋白质的构象所决定。
**81.** 答：构成酶活性中心的必需基团可分为两类：①结合基团，直接与底物和辅酶结合，形成酶-底物复合物，决定酶的专一性；②催化基团，催化底物敏感键发生化学变化，并将其转变为产物，决定酶的催化能力。
**82.** 答：$K_m$ 是酶促反应速度为最大反应速度一半时的底物浓度。意义：①$K_m$ 是酶的特征性常数之一，一般只与酶的结构、底物和反应环境有关，与酶的浓度无关。不同的酶 $K_m$ 值不同。②$K_m$ 近似于 ES 的解离常数 $K_s$ 时的 $K_m$ 值可以近似地表示酶对底物亲和力的大小，$K_m$ 值越小，酶与底物的亲和力越大。
**83.** 答：竞争性抑制：①I 与 S 结构类似，竞争酶的活性中心；②抑制程度取决于抑制剂与酶的相对亲和力及底物浓度；③动力学特点：$V_{max}$ 不变，表观 $K_m$ 增大。

非竞争性抑制：①抑制剂与酶活性中心外的必需基团结合，底物与抑制剂之间无竞争关系；

②抑制程度取决于抑制剂的浓度；③动力学特点：$V_{max}$降低，表观$K_m$不变。

反竞争性抑制：①抑制剂只与酶-底物复合物结合；②抑制程度取决于抑制剂的浓度及底物的浓度；③动力学特点：$V_{max}$降低，表观$K_m$降低。

**84.** 答：机体内有些酶在细胞内合成或初分泌时，以酶的无活性前体形式存在，这种无活性酶的前体称为酶原。由无活性酶原转变成有活性酶的过程称为酶原的激活。酶原的激活一般通过某些蛋白酶的作用，水解一个或几个特定的肽键，致使蛋白质构象发生改变，其实质是酶活性中心的形成或暴露的过程，酶原的激活是不可逆的。酶原激活的生理意义：使酶在特定的部位和环境中发挥作用，保证体内代谢正常进行。

**（四）论述题**

**85.** 答：甲氨蝶呤（MTX）、氟尿嘧啶（5-FU）、6-巯基嘌呤（6-MP）等抗代谢药物都是酶的竞争性抑制剂，分别通过抑制四氢叶酸、脱氧胸苷酸和嘌呤核苷酸的合成而抑制肿瘤细胞的生长。通过竞争性抑制而发挥作用。

以甲氨蝶呤（MTX）为例，此药通过对二氢叶酸还原酶的竞争性抑制而发挥作用。二氢叶酸还原酶是DNA合成中的一个重要的酶，特别是在叶酸转变成四氢叶酸及脱氧尿嘧啶核苷甲基化而转变成胸腺嘧啶核苷的过程中是必不可少的。甲氨蝶呤的结构与叶酸近似，叶酸4位上羟基（—OH）和10位NH的氢（—H）在MTX中分别为氨基（$—NH_2$）和甲基（$—CH_3$），因此，甲氨蝶呤可以与叶酸竞争性地结合二氢叶酸还原酶。甲氨蝶呤与二氢叶酸还原酶结合，阻断叶酸和二氢叶酸还原为活化型的四氢叶酸，因而抑制细胞内的一碳单位转移，进而影响嘌呤新合成和脱氧尿嘧啶核苷酸转变为脱氧胸腺嘧啶核苷酸，使DNA和RNA合成受阻，从而抑制肿瘤细胞的生长和增殖而起到抗肿瘤作用。用抗代谢类药物进行化疗时必须保持血液中药物的高浓度，以发挥其有效的竞争性抑制作用。

**86.** 答：两者均属细胞水平的物质代谢调节，都是通过细胞内酶活性的改变来调节代谢速度，同属快速调节。变构调节是通过小分子变构剂与酶的调节亚基进行非共价结合，使酶分子发生构象变化而影响酶的活性。化学修饰是一个酶催化另一个酶蛋白的共价修饰以改变酶活性。由于是酶促反应，故有放大效应，因而其催化效率常较变构调节高。化学修饰的酶一般都有无活性（或低活性）和有活性（或高活性）两种形式，它们的互变由不同的酶催化，在化学修饰中，最常见的为磷酸化反应，一般是耗能的。

**87.** 答：不可逆性抑制剂通常以共价键与酶活性中心的必需基团相结合，使酶失活，不能用透析、超滤等物理方法去除（如有机磷化合物抑制羟基酶）。可逆性抑制剂通常以非共价键与酶或酶-底物复合物可逆性结合，使酶的活性降低或丧失，抑制剂可用透析、超滤等方法除去（如磺胺类药物）。

（裴秀英　付旭锋　姚　青）

# 第5章　维生素与微量元素

## 一、教学目的与教学要求

**教学目的**　通过本章学习，学生应该对维生素的概念与功能、微量元素的主要生理功能有全面的认识；同时让学生对各种“营养品”有一个较为清醒的认识。

**教学要求**　掌握维生素、脂溶性维生素、水溶性维生素及微量元素等名词的概念；熟悉维生素分类及各种维生素的主要生物学功能；了解维生素的来源及引起维生素缺乏的原因；各种具有生物学功能的微量元素的主要作用。

## 二、思维导图

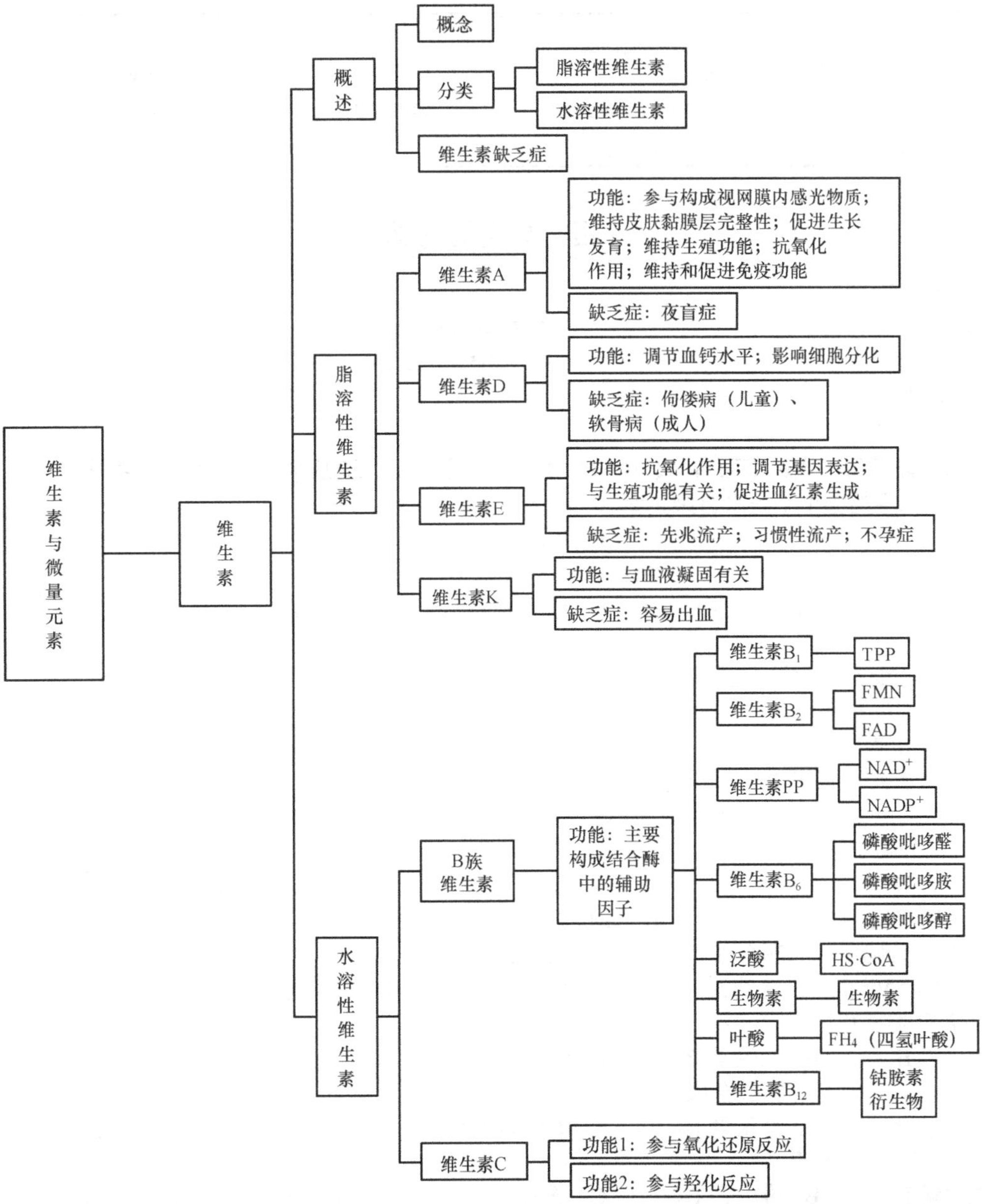

- 维生素与微量元素
  - 维生素
    - 概述
      - 概念
      - 分类
        - 脂溶性维生素
        - 水溶性维生素
      - 维生素缺乏症
    - 脂溶性维生素
      - 维生素A
        - 功能：参与构成视网膜内感光物质；维持皮肤黏膜层完整性；促进生长发育；维持生殖功能；抗氧化作用；维持和促进免疫功能
        - 缺乏症：夜盲症
      - 维生素D
        - 功能：调节血钙水平；影响细胞分化
        - 缺乏症：佝偻病（儿童）、软骨病（成人）
      - 维生素E
        - 功能：抗氧化作用；调节基因表达；与生殖功能有关；促进血红素生成
        - 缺乏症：先兆流产；习惯性流产；不孕症
      - 维生素K
        - 功能：与血液凝固有关
        - 缺乏症：容易出血
    - 水溶性维生素
      - B族维生素
        - 功能：主要构成结合酶中的辅助因子
          - 维生素$B_1$ — TPP
          - 维生素$B_2$ — FMN；FAD
          - 维生素PP — $NAD^+$；$NADP^+$
          - 维生素$B_6$ — 磷酸吡哆醛；磷酸吡哆胺；磷酸吡哆醇
          - 泛酸 — HS·CoA
          - 生物素 — 生物素
          - 叶酸 — $FH_4$（四氢叶酸）
          - 维生素$B_{12}$ — 钴胺素衍生物
      - 维生素C
        - 功能1：参与氧化还原反应
        - 功能2：参与羟化反应

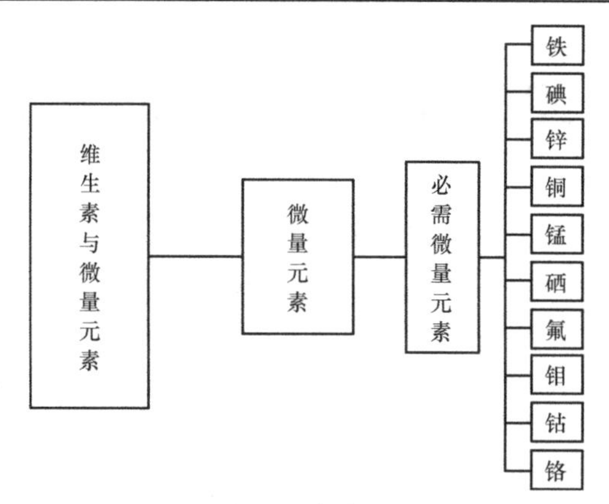


## 三、汉英名词对照

| 中文 | 英文 | 中文 | 英文 |
|---|---|---|---|
| 维生素 | vitamin | 维生素缺乏病 | avitaminosis |
| 脂溶性维生素 | lipid soluble vitamin | 水溶性维生素 | water soluble vitamin |
| 微量元素 | trace mineral | | |

## 四、复习思考题

### （一）名词解释

**1.** vitamin　　**2.** trace mineral
**3.** 维生素缺乏症　　**4.** 脂溶性维生素
**5.** 水溶性维生素

### （二）选择题

**A1 型题，以下每一道题下面有 A、B、C、D、E 五个选项，请从中选择一个最佳答案。**

**6.** 下列辅酶中的哪个不是来自维生素（　　）
A. CoA　B. CoQ　C. PLP　D. $FH_2$　E. FMN

**7.** 肠道细菌可以合成下列哪种维生素（　　）
A. 维生素 A　B. 维生素 C　C. 维生素 D　D. 维生素 E　E. 维生素 K

**8.** 下列叙述哪一项是正确的（　　）
A. 所有的辅酶都包含维生素组分
B. 所有的维生素都可以作为辅酶或辅酶的组分
C. 所有的 B 族维生素都可以作为辅酶或辅酶的组分
D. 只有 B 族维生素可以作为辅酶或辅酶的组分
E. 只有一部分 B 族维生素可以作为辅酶或辅酶的组分

**9.** 下列化合物中除哪个外都是环戊烷多氢菲的衍生物（　　）
A. 维生素 D　B. 胆汁酸　C. 促肾上腺皮质激素
D. 肾上腺皮质激素　E. 强心苷

**10.** 下列化合物中，除哪个外都是异戊二烯的衍生物（　　）
A. 视黄醇（Vit A）B. 生育酚　C. 鲨烯　D. 核黄醇　E. 叶绿醇

**11.** 多食糖类需补充（　　）
A. 维生素 $B_1$　B. 维生素 $B_2$　C. 维生素 $B_6$　D. 叶酸　E. 维生素 $B_{12}$

**12.** 在人体内可以从色氨酸合成（　　）
A. 维生素 $B_1$　B. 维生素 $B_2$　C. 维生素 PP　D. 维生素 $B_6$　E. 生物素

**13.** 多食肉类，需补充（　　）
A. 维生素 $B_1$　B. 维生素 $B_2$　C. 泛酸　D. 维生素 $B_6$　E. 生物素

**14.** 以玉米为主食，容易导致下列哪种维生素的缺乏（ ）

A. 维生素 $B_1$ B. 维生素 $B_2$ C. 泛酸 D. 维生素 $B_6$ E. 生物素

**15.** 常服用雷米封（异烟肼，抗结核药物）需补充（ ）

A. 维生素 $B_1$ B. 维生素 $B_2$ C. 泛酸

D. 维生素 $B_6$ E. 泛酸和维生素 $B_6$

**16.** 缺乏下列哪一种维生素容易导致各种黏膜和皮肤的炎症，如口角炎（ ）

A. 维生素 $B_1$ B. 维生素 $B_2$ C. 维生素 $B_3$ D. 泛酸 E. 生物素

**17.** 下列化合物中哪个不含环状结构（ ）

A. 叶酸 B. 泛酸 C. 烟酸 D. 生物素 E. 核黄素

**18.** 下列化合物中哪个不含腺苷酸组分（ ）

A. CoA B. FMN C. FAD D. NAD E. NADP

**19.** 需要维生素 $B_6$ 作为辅酶的氨基酸反应有（ ）

A. 成盐、成酯和转氨 B. 成酰氯反应 C. 烷基化反应

D. 成酯、转氨和脱羧 E. 转氨、脱羧和消旋

**20.** 下列情况中，除哪个外均可造成维生素 K 的缺乏症（ ）

A. 新生儿 B. 长期口服抗生素 C. 饮食中完全缺少绿色蔬菜

D. 素食者 E. 胆管阻塞患者

**B 型题，请从以下 5 个备选项中，选出最适合下列题目的选项。**

（21～25 题共用备选答案）

A. 维生素 D B. 维生素 PP C. 维生素 C D. 维生素 K E. 维生素 A

**21.** 维持凝血因子的正常水平的是（ ）

**22.** 参与胆固醇的转化的是（ ）

**23.** 促进钙及磷的吸收的是（ ）

**24.** 构成视觉细胞内感光物质的是（ ）

**25.** 促进血红素代谢的是（ ）

（26～30 题共用备选答案）

A. 维生素 A B. 维生素是 D C. 维生素 PP D. 维生素 K E. 维生素 C

**26.** 抗癞皮病因子是（ ）

**27.** *L*-抗坏血酸是（ ）

**28.** 抗干眼病的维生素是（ ）

**29.** 抗佝偻病的维生素是（ ）

**30.** 具有促凝血作用的维生素是（ ）

**X 型题，以下每一道题下面有 A、B、C、D 四个备选答案，请从中选择 2～4 个不等答案。**

**31.** 水溶性维生素有哪些（ ）

A. 维生素 $B_1$ B. 维生素 $B_6$ C. 维生素 PP D. 生物素

**32.** 下列哪些维生素能促进红细胞发育成熟（ ）

A. 叶酸 B. 维生素 PP C. 维生素 $B_6$ D. 维生素 $B_{12}$

**33.** 下列哪些是对维生素的错误叙述（ ）

A. 维生素 E 的活性形式是 FMN B. 是机体合成的含氢有机化合物

C. 维生素可直接作为辅基 D. 所有的辅酶都是维生素

**34.** 哪些物质在酶促反应中传递氢（ ）

A. FAD B. 抗坏血酸 C. $NAD^+$ D. $NADP^+$

**35.** 下列哪些是对维生素 E 的正确描述（ ）

A. 治疗先兆流产 B. 包括生育酚和生育三烯酚两大类

C. 促进血红素合成 D. 维持生殖功能

**36.** TPP 是下列哪些酶的辅酶（ ）

A. 丙酮酸脱氢酶 B. 丙酮酸脱羧酶 C. $\alpha$-酮戊二酸脱氢酶 D. 转酮醇酶

**37.** 下列哪些属于微量元素（　　）

A. 铜　　B. 锰　　C. 碘　　D. 铁

**38.** 下列哪些是对碘的正确叙述（　　）

A. 参与甲状腺素的作用　　B. 缺碘可引起地方性甲状腺肿

C. 摄入碘过多又可导致高碘性甲状腺肿　　D. 碘的吸收部位主要在小肠

**39.** 具有抗氧化作用的维生素有（　　）

A. 维生素 A　　B. 维生素 C　　C. 维生素 E　　D. 维生素 K

**40.** 下列维生素中，哪些是异戊二烯的衍生物（　　）

A. 维生素 A　　B. 维生素 D　　C. 维生素 E　　D. 维生素 K

**41.** 下列化合物中哪些常作为能量合剂使用（　　）

A. CoA　　B. ATP　　C. 胰岛素　　D. 生物素

**42.** 有关维生素 $B_1$ 的叙述正确的有（　　）

A. 维生素 $B_1$ 在碱性溶液中比较稳定　　B. 维生素 $B_1$ 可以激活胆碱酯酶

C. 缺乏维生素 $B_1$ 导致丙酮酸在体内累积　　D. 维生素 $B_1$ 在 pH 3.5 以下非常耐热

**（三）问答题**

**43.** 维生素的特点是什么？

**44.** 长期食用生鸡蛋清会引起哪种维生素缺乏？为什么？

**45.** 试述维生素与辅酶、辅基的关系。

**46.** $NAD^+$、$NADP^+$是何种维生素的衍生物？作为何种酶类的辅酶？在催化反应中起什么作用？

**（四）论述题**

**47.** 试述维生素分为几大类？

**48.** 患维生素缺乏症的主要原因有哪些？

**49.** 维生素 C 为何又称抗坏血酸？有何生理功能？

## 五、复习思考题答案及解析

**（一）名词解释**

**1.** vitamin：是一系列有机化合物的统称。它们是生物体所需要的微量营养成分，而一般又无法由生物体自己生产，需要通过饮食等手段获得。维生素不能像糖类、蛋白质及脂肪那样可以产生能量，组成细胞，但是它们对生物体的新陈代谢起调节作用。

**2.** trace mineral：微量元素指占生物体总质量 0.01%以下，且为生物体所必需的一些元素。如铁、硅、锌、铜、碘、溴、硒、锰等。微量元素为植物体必需但需求量很少的一些元素。

**3.** 维生素缺乏症：由维生素不足所引起的一组营养缺乏症的总称。

**4.** 脂溶性维生素：由长的碳氢链或稠环组成的聚戊二烯化合物。脂溶性维生素包括维生素 A、维生素 D、维生素 E 和维生素 K，它们都含有环结构和长的、脂肪族烃链，这四种维生素尽管每一种都至少有一个极性基团，但都是高度疏水的。某些脂溶性维生素并不是辅酶的前体，而且不用进行化学修饰就可被生物体利用。这类维生素能被动物贮存。

**5.** 水溶性维生素：是能在水中溶解的一组维生素，常是辅酶或辅基的组成部分。主要包括维生素 $B_1$、维生素 $B_2$ 和维生素 C 等。一类能溶于水的有机营养分子。其中包括在酶的催化中起着重要作用的 B 族维生素及抗坏血酸（维生素 C）等。

**（二）选择题**

**6.** B：CoQ 不属于维生素，CoA 是泛酸的衍生物，PLP 是维生素 $B_6$ 的衍生物，$FH_2$ 是叶酸的衍生物，FMN 是维生素 $B_2$ 的衍生物。

**7.** E：肠道细菌可以合成维生素 K，但不能合成维生素 A、维生素 C、维生素 D、维生素 E。

**8.** C：很多辅酶不包含维生素组分，如 CoQ。不可以作为辅酶或辅酶的组分如维生素 E 等。所有的 B 族维生素都可以作为辅酶或辅酶的组分，但并不是只有 B 族维生素可以作为辅酶或辅酶的组分，如维生素 K 也可以作为 $\gamma$-羧化酶的辅酶。

**9.** C：促肾上腺皮质激素是多肽类激素。

**10.** D：核黄醇由二甲基异咯嗪基和核糖醇基组成，不含异戊二烯基团。
**11.** A：维生素 $B_1$ 以辅酶 TPP 的形式参与代谢，TPP 是丙酮酸脱氢酶系、$\alpha$-酮戊二酸脱氢酶系、转酮醇酶等的辅酶，因此与糖代谢关系密切。多食糖类食物消耗的维生素 $B_1$ 会增加，需要补充。
**12.** C：人体可以从色氨酸合成一部分维生素 PP。
**13.** D：维生素 $B_6$ 以辅酶磷酸吡哆醛、磷酸吡哆胺的形式参与氨基酸代谢，是氨基转移酶、脱羧酶和消旋酶的辅酶，因此多食蛋白质类食物消耗的维生素 $B_6$ 增加，需要补充。
**14.** C：玉米中缺少合成泛酸的前体——色氨酸，因此以玉米为主食，容易导致泛酸的缺乏。
**15.** E：雷米封的结构为异烟肼，与泛酸的结构类似，有拮抗作用；而异烟肼可以与维生素 $B_6$ 形成复合物，抑制其作用，因此常服用雷米封需补充维泛酸和维生素 $B_6$。
**16.** B：缺乏维生素 $B_2$ 容易引起各种膜和皮肤炎症。
**17.** B：泛酸是 B 族维生素中唯一不含环状结构的化合物。
**18.** B：FMN 是黄素单核苷酸，不含腺苷酸组分。
**19.** E：维生素 $B_6$ 以辅酶 PIP、PMP 的形式参与氨基酸代谢，是氨基转移酶、脱羧酶和消旋酶的辅酶。
**20.** D：绿色蔬菜中富含维生素 K，人体内肠道细菌可以合成维生素 K，因此长期口服抗生素和饮食中完全缺少绿色蔬菜容易造成维生素 K 的缺乏症。新生儿饮食中缺少绿色蔬菜，肠道细菌少，也容易造成维生素 K 的缺乏症。胆管阻塞妨碍胆汁流入肠内，影响脂溶性维生素的吸收，因此容易造成维生素 K 缺乏。
**21.** D，**22.** C，**23.** A，**24.** E，**25.** B：视觉细胞内构成感光物质的是维生素 A；维生素 K 维持凝血因子的正常水平；维生素 C 参与胆固醇的转化；维生素 D 促进钙及磷的吸收；维生素 PP 促进血红素代谢。
**26.** C，**27.** E，**28.** A，**29.** B，**30.** D：抗癞皮病因子是维生素 PP；维生素 C 又称 *L*-抗坏血酸；维生素 A 具有抗干眼病功能；抗佝偻病维生素是维生素 D；维生素 K 维持凝血因子的正常水平。
**31.** ABCD：水溶性维生素主要包括 B 族维生素和维生素 C 两大类。B 族维生素中的维生素 $B_1$、维生素 $B_2$、维生素 $B_6$、维生素 $B_{12}$、叶酸（即维生素 $B_9$）、烟酸（即维生素 PP 或 $B_3$）、泛酸（即维生素 $B_5$）及生物素（即维生素 H）都是水溶性的。
**32.** AD：维生素 $B_{12}$ 与四氢叶酸的协同作用，可促进红细胞的发育和成熟。
**33.** ABCD：维生素 E 的活性形式是生育酚；维生素是维持机体正常生理功能所必需的营养素；不是所有辅酶均是维生素，如 CoQ 不属于维生素；维生素大多作为辅基或辅酶的前体。
**34.** ACD：FAD、$NAD^+$、$NADP^+$ 三者参与了生物氧化电子传递链，故可作为氢传递体。
**35.** ABCD：维生素 E 分生育酚和生育三烯酚两大类，可治疗先兆流产，促进血红素合成，维持生殖功能。但尚未发现人类因缺乏维生素 E 而引起的不孕症。
**36.** ACD：TPP 是丙酮酸脱氢酶系、$\alpha$-酮戊二酸脱氢酶系、转酮醇酶等的辅酶。
**37.** ABCD：微量元素，占体重的 0.01%以下，包括铁、铜、锌、铬、钴、锰、镍、锡、硅、硒、钼、碘、氟、钒等 14 种。
**38.** ABCD：参与甲状腺素的作用；缺碘可引起地方性甲状腺肿；摄入碘过多又可导致高碘性甲状腺肿；碘的吸收部位主要在小肠。
**39.** ABC：维生素 A、维生素 C、维生素 E 本身极易被氧化，因此具有抗氧化作用。
**40.** ABCD：维生素 D 是类固醇的衍生物，类固醇的合成前体是活化的异戊二烯，因此维生素 D 也是异戊二烯衍生物；其余脂溶性维生素都是异戊二烯的衍生物。
**41.** ABC：CoA 是各种酰化反应的辅酶，参与体内的糖代谢、脂质分解代谢、氨基酸代谢及乙酰胆碱、胆醇、卟啉等重要物质的合成；ATP 是体内能量代谢的核心分子，是能量的直接供体；胰岛素可以促进体内糖原、脂肪酸、蛋白质的合成代谢、抑制分解代谢；这三种物质在临床上常作为能量合剂使用。
**42.** CD：维生素 $B_1$ 在酸性条件下比较稳定，在中性和碱性条件下容易被破坏；维生素 $B_1$ 的缺乏不仅影响糖代谢，亦涉及脂肪酸及能量代谢，使组织中出现丙酮酸、乳酸的堆积。

**（三）问答题**

**43.** 答：维生素的四大特征分别如下：①外源性，是指人体自身不可能合成，需要通过日常的饮食来加以补充。②微量性，是指人体所需量虽然很少，但是却可以发挥巨大作用。③调节性，是指维生素可以调节人体新陈代谢或能量转变。④特异性，是指如果人体或动物机体缺乏了某种维生素后，将呈现特有的病态，如缺乏维生素 A，可患夜盲症；缺乏维生素 D，儿童可患佝偻病，老年人易增加患骨质疏松的概率。

**44.** 答：会引起生物素缺乏，因为鸡蛋清中含有一种抗生物素蛋白，能与生物素结合成无活性的复合物。当鸡蛋加热时，抗生物素蛋白变性失活。

**45.** 答：维生素既不是构成组织细胞的原料，也不是体内能源物质。很多维生素是在体内转变成辅酶或辅基，参与物质的代谢调节。所有 B 族维生素都是以辅酶或辅基的形式发生作用的，但是辅酶或辅基则不一定都是由维生素组成的，如细胞色素氧化酶的辅基为铁卟啉，辅酶 Q 不是维生素等。

**46.** 答：$NAD^+$、$NADP^+$是维生素 PP 的衍生物，是各种脱氢酶的辅酶。在氧化还原反应中作为氢和电子的供体或受体，起递氢、递电子的作用。

**（四）论述题**

**47.** 答：维生素是机体维持正常功能所必需，但在体内不能合成，或合成量很少，必须由食物供给的一组低分子量有机化合物。水溶性维生素：B 族维生素（维生素 $B_1$、维生素 $B_2$、泛酸、维生素 PP、维生素 $B_6$、生物素、叶酸、维生素 $B_{12}$）和维生素 C 等。脂溶性维生素：维生素 A、维生素 D、维生素 E、维生素 K 等。

**48.** 答：患维生素缺乏症的主要原因：①摄入量不足，可因维生素供给量不足、食物储存不当、膳食烹调不合理、偏食等而造成；②吸收障碍，长期慢性腹泻或肝胆疾病患者，常伴有维生素吸收不良；③需要量增加，儿童、孕妇、乳母、重体力劳动者及慢性消耗性疾病患者，未予足够补充；④长期服用抗生素，一些肠道细菌合成的维生素，如维生素 K、维生素 PP、维生素 $B_6$、生物素、叶酸等发生缺乏。

**49.** 答：维生素 C 能预防坏血病，所以称其为抗坏血酸。生理功能：①在体内参与氧化还原反应；②可促进叶酸还原为四氢叶酸；③促进高铁血红蛋白还原为血红蛋白；④能促进胶原蛋白和黏多糖的合成，降低血管的通透性和脆性；⑤参与体内胆固醇、儿茶酚胺、脯氨酸的羟化反应。

（罗德生）

# 第 6 章 聚糖的结构与功能

## 一、教学目的与教学要求

**教学目的** 通过本章学习使学生掌握糖蛋白和蛋白聚糖的基本概念及重要糖胺聚糖的组成特点。通过本章学习使学生能够加深对生物大分子聚糖的理解和认识。

**教学要求** 掌握糖蛋白和蛋白聚糖的概念，糖蛋白的 *N*-连接和 *O*-连接，糖基化位点（序列子）。熟悉糖蛋白中糖链对蛋白质构象、活性及分子间识别的影响，糖胺聚糖的概念，重要糖胺聚糖的种类及组成，胶原氨基酸组成特点。了解其余内容。

## 二、思 维 导 图

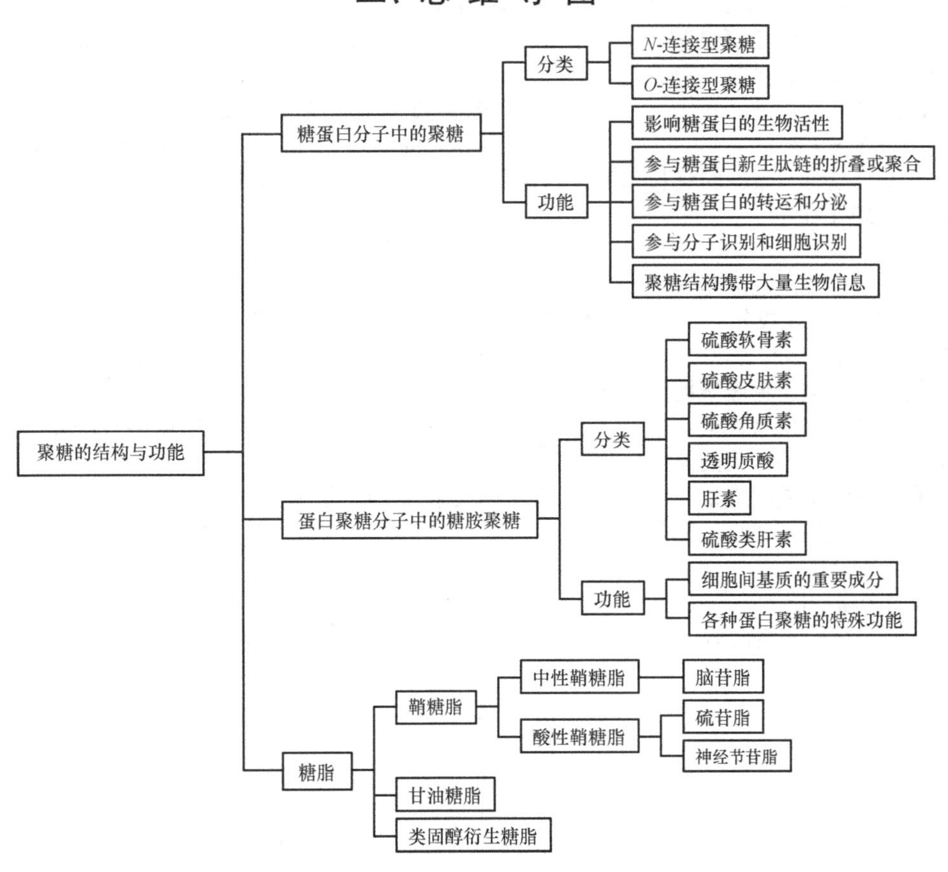


## 三、汉英名词对照

| 中文 | 英文 | 中文 | 英文 |
|---|---|---|---|
| 蛋白聚糖 | proteoglycan | 聚糖 | glycan |
| *O*-连接型聚糖 | *O*-linked glycan | 糖胺聚糖 | glycosaminoglycan |
| 糖蛋白 | glycoprotein | 糖基化 | glycosylation |
| 糖基化位点 | glycosylation site | 糖密码 | sugar code |
| 糖生物学 | glycobiology | 糖形 | glycoform |
| 糖脂 | glycolipid | 糖组 | glycome |
| 糖组学 | glycomics | | |

## 四、复习思考题

### （一）名词解释

**1.** 聚糖（glycan） **2.** 糖形（glycoform）
**3.** 糖基化 **4.** 糖脂（glycolipid）
**5.** 糖基化位点（glycosylation site） **6.** 糖蛋白（glycoprotein）

### （二）选择题

**A1 型题，以下每一道题下面有 A、B、C、D、E 五个备选答案，请从中选择一个最佳答案。**

**7.** 糖蛋白中的蛋白质与聚糖的连接方式是（　　）
A. *P*-连接　B. *N*-连接　C. *S*-连接　D. *H*-连接　E. *C*-连接

**8.** *N*-连接型聚糖是指糖蛋白分子的聚糖与蛋白质中的（　）相连接。
A. 天冬酰胺　B. 谷氨酰胺　C. 天冬氨酸　D. 谷氨酸　E. 丝氨酸

**9.** *O*-连接型聚糖是指糖蛋白分子的聚糖与蛋白质中的（　　）相连接。
A. 天冬酰胺　B. 谷氨酰胺　C. 天冬氨酸　D. 谷氨酸　E. 丝氨酸或苏氨酸

**10.** *N*-连接型糖蛋白的糖基化位点是（　　）
A. Asn-X-Ser/Thr　B. 丝氨酸和苏氨酸比较集中且周围常有脯氨酸的序列
C. Asp-X-Ser/Thr　D. Ser/Thr-X-Asn　E. Ser/Thr-X-Asp

**11.** 蛋白聚糖合成时，聚糖的延长和加工修饰是以（　　）作为糖基的供体。
A. 单糖的 UDP 衍生物　B. 二糖单位　C. 单糖
D. 寡糖　E. 多糖

**12.** 蛋白聚糖最主要的功能是（　　）
A. 细胞间基质的重要成分　B. 参与糖蛋白新生肽链的折叠或聚合
C. 参与糖蛋白的转运和分泌　D. 参与分子识别　E. 细胞识别

**13.** 下列物质中不属于糖胺聚糖的是（　　）
A. 果胶　B. 硫酸软骨素　C. 透明质酸　D. 肝素　E. 硫酸皮肤素

**14.** 下列糖胺聚糖中不含硫的是（　　）
A. 透明质酸　B. 硫酸软骨素　C. 硫酸角质素　D. 肝素　E. 硫酸皮肤素

**15.** 关于蛋白聚糖的叙述正确的是（　　）
A. 蛋白聚糖是一类糖蛋白，由一条或多条糖胺聚糖和一个核心蛋白共价连接而成
B. 蛋白聚糖中蛋白质的含量比糖高　C. 蛋白聚糖中糖的含量高于蛋白质
D. 参与分子识别和细胞识别　E. 蛋白聚糖可分为 *N*-连接型和 *O*-连接型

**16.** 糖蛋白糖链合成场所为（　　）
A. 细胞膜　B. 细胞核　C. 细胞质
D. 高尔基体与内质网　E. 溶酶体

**A2 型题，以下每一道题都有 A、B、C、D、E 五个选项，请从中选择一个最佳答案。**

**17.** 患儿，男性，9 个月。父母非近亲结婚，出生后六个月内状态良好，六个月后发现发育迟缓，抬头不稳，不能翻身，不会坐，之后出现进展性的恶化。父母口述入院前 20 天患儿出现低热，并伴有抽搐、口吐白沫。
体征：患儿肌张力减退，不能抓到自己的脖子，听觉敏锐，稍闻声响即出现惊跳现象。角膜知觉减退，屈光间质清晰，双目对强光及威吓动作无反射性，双侧黄斑区中央为一小樱桃红点。
辅助检查：实验室检查血清氨基己糖苷酶 A 的活性显著减小（其活性少于血清氨基己糖苷酶 A 总活性的 10%）。超声检查未见腹部器官巨大症。CT 检查双侧丘脑出现对称性高密度影（病灶），在双侧基底核有少许低密度影。MRI 检查在 T2 加权像上可见双侧基底核对称的异常高信号，脑白质胼胝体正常信号。双侧丘脑也见对称的异常信号，在 T2 加权像上呈低信号，T1 加权像上呈高信号。
初步诊断：根据临床和影像学结果，该患儿初步诊断为 GM2 神经节苷脂贮积病，结合血清学检查结果明确诊断为 Tay-Sachs 病。请问该病的分子机制是（　　）
A. 先天性缺乏氨基己糖苷酶 A　B. 先天性缺乏苯丙氨酸羟化酶
C. 先天性缺乏酪氨酸酶　D. 先天性缺乏葡萄糖 6-磷酸脱氢酶

E. 先天性缺乏次黄嘌呤-鸟嘌呤磷酸核糖转移酶

**B 型题，请从以下 5 个备选项中，选出最适合下列题目的选项。**

（18～21 题共用备选答案）

A. 糖蛋白　B. 蛋白聚糖　C. 神经节苷脂　D. 糖胺聚糖　E. 核心蛋白质

**18.** 上述复合物中蛋白质重量大于聚糖的是（　　）

**19.** 上述复合物中聚糖的重量大于蛋白质的是（　　）

**20.** 上述复合物中属于糖脂的是（　　）

**21.** 蛋白聚糖中的聚糖称为（　　）

（22～24 题共用备选答案）

A. 五糖核心　B. 核心蛋白　C. 核心二糖

D. 由葡萄糖和半乳糖构成的二糖单位　E. 磷酸甘油醛

**22.** *N*-连接聚糖含有（　　）

**23.** *O*-连接聚糖含有（　　）

**24.** 蛋白聚糖中含有（　　）

**X 型题，以下每一道题下面有 A、B、C、D 四个备选答案，请从中选择 2～4 个不等答案。**

**25.** 糖蛋白中的蛋白质与聚糖的连接方式有（　　）

A. *P*-连接　B. *N*-连接　C. *O*-连接　D. *H*-连接

**26.** 根据聚糖结构不同可将 *N*-连接型聚糖分为（　　）

A. 高甘露糖型　B. 复杂型　C. 杂合型　D. 复合型

**27.** 有关糖胺聚糖的叙述正确的是（　　）

A. 包括透明质酸、肝素和硫酸软骨素等　B. 由二糖单位重复连接而成

C. 与核心蛋白共价连接　D. 含有糖醛酸

**28.** 下列关于蛋白聚糖的叙述正确的是（　　）

A. 蛋白聚糖由糖胺聚糖和核心蛋白共价连接形成的糖复合体

B. 蛋白聚糖分子中蛋白百分比小于聚糖

C. 蛋白聚糖分子中也含有 *N*-连接或 *O*-连接型聚糖

D. 聚糖为直链型不分支

**29.** 组成糖蛋白分子聚糖的单糖包括（　　）

A. 葡萄糖　B. 半乳糖　C. 甘露糖　D. 岩藻糖

**30.** 下面序列可能是 *N*-连接聚糖糖基化位点的有（　　）

A. Asn-Gly-Ser/Thr　B. Asn-Ala-Ser/Thr

C. Asn-Val-Ser/Thr　D. Asn-Leu-Ser/Thr

**（三）问答题**

**31.** 简述糖蛋白分子中聚糖的功能。

**32.** 简述糖胺聚糖的概念及体内主要的糖胺聚糖。

**（四）论述题**

**33.** 简述糖蛋白聚糖的分类及 *N*-连接型聚糖和 *O*-连接型聚糖的合成过程。

## 五、复习思考题答案及解析

**（一）名词解释**

**1.** 聚糖（glycan）：组成复合糖类中的糖组分是由单糖通过糖苷键聚合而成的寡糖或多糖。

**2.** 糖形（glycoform）：糖蛋白聚糖结构的不均一性称为糖形。

**3.** 糖基化：蛋白质等非糖生物分子与糖形成共价结合的反应过程称为糖基化。

**4.** 糖脂（glycolipid）：糖脂是一种携有一个或多个以共价键连接糖基的复合脂质。

**5.** 糖基化位点（glycosylation site）：是指糖蛋白分子中的特定氨基酸序列，即 Asn-X-Ser/Thr（X 为脯氨酸以外的任何氨基酸）3 个氨基酸残基组成的序列子，但只能视为潜在的糖基化位点。

**6.** 糖蛋白（glycoprotein）：糖类分子与蛋白质分子共价结合形成的蛋白质称为糖蛋白。

**（二）选择题**

**7.** B：糖蛋白中的蛋白质与聚糖的连接方式有两种，即*N*-连接型和*O*-连接型，故B正确。

**8.** A：*N*-连接型聚糖是指与蛋白质分子中天冬酰胺残基的酰胺氮相连的聚糖，故选A。

**9.** E：*O*-连接型聚糖是指与蛋白质分子中丝氨酸或苏氨酸羟基相连的聚糖，故选E。

**10.** A：聚糖中的*N*-乙酰葡糖胺与蛋白质中天冬酰胺残基的酰胺氮以共价键连接，形成*N*-连接型糖蛋白。但是并非糖蛋白分子中所有天冬酰胺残基都可连接聚糖，只有糖蛋白分子中与糖形成共价结合的特定氨基酸序列，即Asn-X-Ser/Thr（其中X为脯氨酸以外的任何氨基酸）3个氨基酸残基组成的序列子（sequon）才有可能。

**11.** A：聚糖的延长和加工修饰主要是在高尔基体内进行，以单糖的UDP衍生物为供体，在多肽链上逐一加上单糖基，而不是先合成二糖单位，故选A。

**12.** A：蛋白聚糖最主要功能是构成细胞间基质。在细胞基质中各种蛋白聚糖以特异的方式与弹性蛋白、胶原蛋白相连，赋予基质特殊的结构，故选A。

**13.** A：体内重要的糖胺聚糖有6种：硫酸软骨素、硫酸皮肤素、硫酸角质素、透明质酸、肝素和硫酸类肝素，故选A。

**14.** A：体内重要的糖胺聚糖有6种：硫酸软骨素、硫酸皮肤素、硫酸角质素、透明质酸、肝素和硫酸类肝素，这些糖胺聚糖都是由重复的二糖单位组成。除透明质酸外，其他的糖胺聚糖都带有硫酸，故选A。

**15.** C：蛋白聚糖（proteoglycan）是一类非常复杂的复合糖类，以聚糖含量为主，A、B错，糖蛋白可分为*N*-连接型和*O*-连接型，糖蛋白中的聚糖参与分子识别和细胞识别，D、E错，故选C。

**16.** C：*N*-连接型聚糖的合成可与蛋白质肽链的合成同时进行，合成场所是粗面内质网和高尔基体，*O*-连接型聚糖的合成在内质网开始，到高尔基体内完成。故选C。

**17.** A：Tay-Sachs病（Tay-Sachs disease）即家族性黑矇性痴呆，是一种与神经鞘脂代谢相关的常染色体隐性遗传病，溶酶体内先天性缺乏氨基己糖苷酶A，故血清氨基己糖苷酶A活性显著降低，不能水解神经节苷脂极性部分GalNac和Gal残基之间的糖苷键而导致皮质和小脑的神经细胞及神经轴索内神经节苷脂GM2积聚、沉淀，因此影像学检查可见双侧丘脑高密度影。

**18.** A，**19.** B，**20.** C，**21.** D：糖蛋白分子中蛋白质重量百分比大于聚糖，而蛋白聚糖中聚糖所占重量在一半以上，甚至高达95%，故18题选A。蛋白分子中蛋白质重量百分比大于聚糖，而蛋白聚糖中聚糖所占重量在一半以上，甚至高达95%，故19题选B。神经节苷脂是不含唾液酸的中性鞘糖脂，故20题选C。蛋白聚糖（proteoglycan）是一类非常复杂的复合糖类，以聚糖含量为主，由糖胺聚糖共价连接于不同核心蛋白质形成的糖复合体，故21题选D。

**22.** A，**23.** C，**24.** B：根据聚糖结构不同可将*N*-连接型聚糖分为3型：高甘露糖型、复杂型和杂合型。这3型*N*-连接型聚糖都有一个由2个*N*-GlcNAc和3个Man形成的五糖核心，故22题选A。*O*-连接型聚糖常由*N*-乙酰半乳糖胺与半乳糖构成核心二糖，核心二糖可重复延长及分支，故23题选C。蛋白聚糖（proteoglycan）是一类非常复杂的复合糖类，以聚糖含量为主，由糖胺聚糖共价连接于不同核心蛋白质形成的糖复合体，故24题选B。

**25.** BC：糖蛋白中的蛋白质与聚糖的连接方式有两种，即*N*-连接和*O*-连接，故BC正确。

**26.** ABC：根据聚糖结构不同可将*N*-连接型聚糖分为3型：高甘露糖型、复杂型和杂合型。故选ABC。

**27.** ABCD：蛋白聚糖是一类非常复杂的复合糖类，以聚糖含量为主，由糖胺聚糖共价连接于不同核心蛋白质形成的糖复合体。糖胺聚糖是由己糖醛酸和己糖胺组成的二糖单位重复连接而成的杂多糖，不分支。二糖单位中一个是糖胺（*N*-乙酰葡糖胺或*N*-乙酰半乳糖胺），另一个是糖醛酸（葡糖醛酸或艾杜糖醛酸）。体内重要的糖胺聚糖有6种：硫酸软骨素、硫酸皮肤素、硫酸角质素、透明质酸、肝素和硫酸类肝素。故选ABCD。

**28.** ABCD：蛋白聚糖是一类非常复杂的复合糖类，以聚糖含量为主，由糖胺聚糖（glycosaminoglycan，GAG）共价连接于不同核心蛋白质形成的糖复合体。一种蛋白聚糖可含有一种或多种糖胺聚糖。除糖胺聚糖外，蛋白聚糖还含有一些*N*-或*O*-连接型聚糖。聚糖的延长和加工修饰主要是在高尔基体内进行，以单糖的UDP衍生物为供体，在多肽链上逐一加上单糖基，而不是先合成二糖单位。糖胺聚糖是由己糖醛酸和己糖胺组成的二糖单位重复连接而成的杂多糖，不分支。故ABCD均正确。

**29.** ABCD：组成糖蛋白分子中聚糖的单糖有7种：葡萄糖、半乳糖、甘露糖、*N*-乙酰半乳糖胺、*N*-乙酰葡糖胺、岩藻糖和*N*-乙酰神经氨酸，故选ABCD。

**30.** ABCD：聚糖中的*N*-乙酰葡糖胺与蛋白质中天冬酰胺残基的酰胺氮以共价键连接，形成*N*-连接型糖蛋白，这种蛋白质等非糖生物分子与糖形成共价结合的反应过程称为糖基化。糖蛋白分子中与糖形成共价结合的特定氨基酸序列为Asn-X-Ser/Thr（其中X为脯氨酸以外的任何氨基酸）。

**（三）问答题**

**31.** 答：①聚糖影响糖蛋白的生物活性；②聚糖参与糖蛋白新生肽链的折叠或聚合；③聚糖参与糖蛋白的转运和分泌；④聚糖参与分子识别和细胞识别；⑤聚糖结构携带大量生物信息。

**32.** 答：糖胺聚糖是由己糖醛酸和己糖胺组成的二糖单位重复连接而成的杂多糖，不分支。二糖单位中一个是糖胺（*N*-乙酰葡糖胺或*N*-乙酰半乳糖胺），另一个是糖醛酸（葡糖醛酸或艾杜糖醛酸）。由于糖胺聚糖的二糖单位含有糖胺故而得名。体内重要的糖胺聚糖有6种：硫酸软骨素、硫酸皮肤素、硫酸角质素、透明质酸、肝素和硫酸类肝素。

**（四）论述题**

**33.** 答：糖蛋白聚糖可分为*N*-连接型聚糖、*O*-连接型聚糖和单糖基化修饰。

*N*-连接型聚糖的合成过程：可与蛋白质肽链的合成同时进行，合成场所是粗面内质网和高尔基体。在内质网内以长萜醇（dolichol，dol）作为聚糖载体，在糖基转移酶（一种催化糖基从糖基供体转移到受体化合物的酶）的作用下先将UDP-GlcNAc分子中的GlcNAc转移至长萜醇，然后再逐个加上糖基，糖基必须先活化成UDP或GDP的衍生物，才能作为糖基供体底物参与反应，直至形成含有14个糖基的长萜醇焦磷酸聚糖结构，后者作为一个整体被转移至肽链的糖基化位点中的天冬酰胺的酰胺氮上。然后聚糖链依次在内质网和高尔基体进行加工，先由糖苷水解酶除去葡萄糖和部分甘露糖，然后再加上不同的单糖，成熟为各型*N*-连接型聚糖。

*O*-连接型聚糖的合成过程：与*N*-连接型聚糖合成不同，*O*-连接型聚糖合成是在多肽链合成后进行的，而且不需聚糖载体。在GalNAc转移酶的作用下，将UDP-GalNAc中的GalNAc基转移至多肽链的丝/苏氨酸的羟基上，形成*O*-连接，然后逐个加上糖基，每一种糖基都有其相应的专一性糖基转移酶。整个过程在内质网开始，到高尔基体内完成。

（肖建英　张秀梅）

# 第7章 糖 代 谢

## 一、教学目的与教学要求

**教学目的** 通过本章学习使学生掌握体内葡萄糖的各种代谢过程，理解糖代谢为机体提供能量和众多代谢中间物的生理作用，清楚血糖调节的方式及重要意义。

**教学要求** 掌握糖酵解、有氧氧化、磷酸戊糖途径、糖异生和糖原合成与分解的概念、基本反应过程、关键酶及其调节，掌握血糖的概念、血糖的来源去路及胰岛素对血糖的调节机制，并熟悉糖的消化吸收过程，各代谢途径的生理意义，血糖稳定的机制等。了解肌糖原和肝糖原代谢的异同及血糖水平异常的原因。

## 二、思 维 导 图

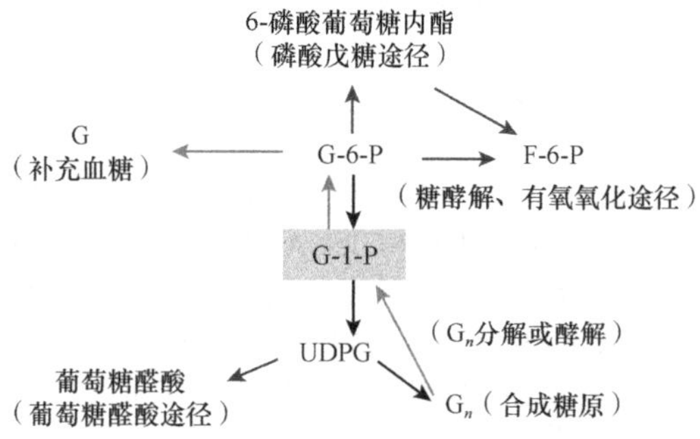


## 三、汉英名词对照

| 中文 | 英文 | 中文 | 英文 |
|---|---|---|---|
| 淀粉 | starch | 糖酵解 | glycolysis |
| 葡萄糖 | glucose | 无氧分解 | anaerobic degradation |
| 糖原 | glycogen | 有氧氧化 | aerobic oxidation |
| 糖蛋白 | glycoprotein | 己糖激酶 | hexokinase，HK |
| 糖脂 | glycolipid | 葡萄糖激酶 | glucokinase，GK |
| $Na^+$依赖型葡萄糖转运蛋白 | sodium-dependent glucose transporter，SGLT | 磷酸葡萄糖变位酶 | phosphoglucose mutase |
| 葡萄糖转运蛋白 | glucose transporter，GLUT | 丙酮酸激酶 | pyruvate kinase，PK |
| 果糖-6-磷酸 | fructose-6-phosphate，F-6-P | 乳酸脱氢酶 | lactate dehydrogenase，LD |
| 磷酸果糖激酶-1 | phosphofructokinase-1，PFK-1 | 琥珀酰 CoA 合成酶 | succinyl CoA synthetase |
| 3-磷酸甘油醛脱氢酶 | glyceraldehyde-3-phosphate dehydrogenase | 巴斯德效应 | Pasteur effect |
| 底物水平磷酸化 | substrate-level phosphorylation | 糖原 | glycogen |
| 磷酸烯醇式丙酮酸 | phosphoenolpyruvate，PEP | 尿苷二磷酸葡萄糖 | uridine diphosphoglucose，UDPG |
| 三羧酸循环 | tricarboxylic acid cycle，TAC | 糖原合酶 | glycogen synthase |
| 柠檬酸循环 | citric acid cycle | 分支酶 | branching enzyme |
| 磷酸戊糖途径 | pentose phosphate pathway | 磷酸化酶 | phosphorylase |
| 己糖单磷酸旁路 | hexose monophosphate shunt，HMS | 糖原贮积症 | glycogen storage disease |
| 葡萄糖-6-磷酸脱氢酶 | glucose-6-phosphate dehydrogenase，G6PD | 血糖 | blood sugar |

续表

| 中文 | 英文 | 中文 | 英文 |
| --- | --- | --- | --- |
| 糖异生 | gluconeogenesis | 空腹血糖 | fasting plasma glucose，FPG |
| 底物循环 | substrate cycle | 口服葡萄糖耐量试验 | oral glucose tolerance test，OGTT |
| 果糖-1,6-二磷酸酶 | fructose-1,6-bisphosphatase | 糖耐量减低 | impaired glucose tolerance，IGT |
| 丙酮酸羧化酶 | pyruvate carboxylase | 空腹血糖调节受损 | impaired fasting plasma glucose，IFG |
| 磷酸烯醇式丙酮酸羧激酶 | phosphoenolpyruvate carboxykinase，PEPCK | 高血糖 | hyperglycemia |
| 乳酸循环 | lactate cycle | 低血糖 | hypoglycemia |
| 胰岛素 | insulin | | |

## 四、复习思考题

### （一）名词解释

**1.** 糖酵解（glycolysis）
**2.** 三羧酸循环（tricarboxylic acid cycle，TAC）
**3.** 糖有氧氧化
**4.** 磷酸戊糖途径（或磷酸戊糖旁路）
**5.** 糖异生（gluconeogenesis）
**6.** 糖原合成
**7.** 乳酸循环
**8.** 三碳途径
**9.** 巴斯德效应（Pasteur effect）
**10.** 糖原贮积症
**11.** 蚕豆病

### （二）选择题

**A1 型题，以下每一道题下面有 A、B、C、D、E 五个选项，请从中选择一个最佳答案。**

**12.** 淀粉经 $\alpha$-淀粉酶作用后的主要产物是（　　）
A. 麦芽糖及异麦芽糖　B. 葡萄糖及麦芽糖　C. 葡萄糖
D. 麦芽糖及临界糊精　E. 异麦芽糖及临界糊精

**13.** 糖酵解时下列哪一对代谢物提供～P 使 ADP 生成 ATP（　　）
A. 3-磷酸甘油醛及果糖-6-磷酸　B. 1,3-二磷酸甘油酸及磷酸烯醇式丙酮酸
C. 3-磷酸甘油酸及葡萄糖-6-磷酸　D. 葡萄糖-1-磷酸及磷酸烯醇式丙酮酸
E. 果糖-1,6-二磷酸及 1,3-二磷酸甘油酸

**14.** 下列哪个酶直接参与底物水平磷酸化（　　）
A. 3-磷酸甘油酸脱氢酶　B. $\alpha$-酮戊二酸脱氢酶　C. 琥珀酸脱氢酶
D. 磷酸甘油酸激酶　E. 葡萄糖-6-磷酸脱氢酶

**15.** 1 分子葡萄糖酵解时可生成的 ATP 分子数是（　　）
A. 1　B. 2　C. 3　D. 4　E. 5

**16.** 糖酵解时丙酮酸不会堆积的原因是（　　）
A. 乳酸脱氢酶活性很强　B. 丙酮酸可氧化脱羧生成乙酰 CoA
C. NADH / $NAD^+$比例太低　D. 乳酸脱氢酶对丙酮酸的 $K_m$ 值很高
E. 丙酮酸作为 3-磷酸甘油酸脱氢反应中生成的 NADH 的氢接受者

**17.** 下列关于三羧酸循环的叙述中，正确的是（　　）
A. 循环一周可生成 4 分子 NADH　B. 循环一周可使 2 个 ADP 磷酸化成 ATP
C. 乙酰 CoA 可经草酰乙酸进行糖异生　D. 丙二酸可抑制延胡索酸转变成苹果酸
E. 琥珀酰 CoA 是 $\alpha$-酮戊二酸氧化脱羧的产物

**18.** 1 分子乙酰 CoA 经三羧酸循环氧化后的产物是（　　）
A. 草酰乙酸　B. 草酰乙酸和 $CO_2$　C. $CO_2$+$H_2O$
D. 草酰乙酸+$CO_2$+$H_2O$　E. 2$CO_2$+4 分子还原当量

**19.** 1mol 丙酮酸在线粒体内氧化成 $CO_2$ 及 $H_2O$，可生成（　　）mol ATP。
A. 4　B. 5　C. 11　D. 12.5　E. 13.5

**20.** 下列有关肝脏摄取葡萄糖的能力的叙述中，哪一项是正确的（　　）
A. 因肝脏有专一的葡萄糖激酶，肝脏摄取葡萄糖的能力很强
B. 因葡萄糖可自由通过肝细胞膜，肝脏摄取葡萄糖的能力很强
C. 因肝细胞膜有葡萄糖载体，肝脏摄取葡萄糖的能力很强
D. 因葡萄糖-6-磷酸酶活性相对较弱，肝脏摄取葡萄糖的能力很强
E. 因葡萄糖激酶的 $K_m$ 值太大，肝脏摄取葡萄糖的能力很弱
**21.** 合成糖原时，葡萄糖基的直接供体是（　　）
A. CDPG　B. UDPG　C. 葡萄糖-1-磷酸
D. GDPG　E. 葡萄糖-6-磷酸
**22.** 糖原分解所得到的初产物有（　　）
A. 葡萄糖　B. UDPG　C. 葡萄糖-1-磷酸
D. 葡萄糖-6-磷酸　E. 葡萄糖-1-磷酸及葡萄糖
**23.** 丙酮酸羧化酶的活性依赖哪种变构激活剂（　　）
A. ATP　B. AMP　C. 乙酰 CoA　D. 柠檬酸　E. 异柠檬酸
**24.** 2 分子丙氨酸异生为葡萄糖需消耗的～P 数量是（　　）
A. 2　B. 3　C. 4　D. 5　E. 6
**25.** 与糖异生无关的酶是（　　）
A. 醛缩酶　B. 烯酸化酶　C. 果糖二磷酸酶-1
D. 丙酮酸激酶　E. 磷酸己糖异构醇
**26.** Cori 循环是指（　　）
A. 肌肉内葡萄糖酵解成乳酸，有氧时乳酸重新合成糖原
B. 肌肉从丙酮酸生成丙氨酸，肝内丙氨酸重新变成丙酮酸
C. 肌肉内蛋白质降解生成丙氨酸，经血液循环至肝内异生为糖原
D. 肌肉内葡萄糖酵解成乳酸，经血液循环至肝内异生为葡萄糖，供外周组织利用
E. 肌肉内蛋白质降解生成氨基酸，经氨基转移酶与腺苷酸脱氢酶偶联脱氨基的循环
**27.** 1 分子葡萄糖有氧氧化时共有（　　）次底物水平磷酸化。
A. 2　B. 3　C. 4　D. 5　E. 6
**28.** 1 分子葡萄糖经磷酸戊糖途径代谢时可生成（　　）
A. 1 分子 NADH＋$H^+$　B. 2 分子 NADH＋$H^+$　C. 1 分子 NADPH＋$H^+$
D. 2 分子 NADPH＋$H^+$　E. 2 分子 $CO_2$
**29.** 磷酸戊糖途径（　　）
A. 是体内产生 $CO_2$ 的主要来源　B. 可生成 NADPH 供合成代谢需要
C. 是体内生成糖醛酸的途径　D. 饥饿时葡萄糖经此途径代谢增加
E. 可生成 NADPH，后者经电子传递链可生成 ATP
**30.** 在血糖偏低时，大脑仍可摄取葡萄糖而肝脏则不能，其原因是（　　）
A. 胰岛素的作用　B. 己糖激酶的 $K_m$ 小　C. 葡萄糖激酶的 $K_m$ 大
D. 血脑屏障在血糖低时不起作用 E. 血糖低时，肝糖原自发分解为葡萄糖
**31.** 下列有关糖异生的叙述中，哪项是正确的（　　）
A. 糖异生过程中有一次底物水平磷酸化
B. 乙酰 CoA 能抑制丙酮酸羧化酶
C. 果糖-2,6-二磷酸是丙酮酸羧化酶的激活剂
D. 磷酸烯醇式丙酮酸羧激酶受 ATP 的别构调节
E. 胰高血糖素因降低丙酮酸激酶的活性而加强糖异生
**32.** 下列哪条途径与核酸合成密切相关（　　）
A. 糖酵解　B. 糖异生　C. 糖原合成　D. 三羧酸循环　E. 磷酸戊糖途径
**33.** 下列哪种酶在糖酵解和糖异生中都有催化作用（　　）
A. 丙酮酸激酶　B. 丙酮酸羧化酶　C. 果糖二磷酸酶-1

D. 己糖激酶　　E. 3-磷酸甘油醛脱氢酶

**34.** 下列哪种物质缺乏可引起血液丙酮酸含量升高（　　）

A. 硫胺素　　B. 叶酸　　C. 吡哆醛　　D. 维生素 $B_{12}$　　E. $NAD^+$

**35.** 糖异生的途径是（　　）

A. 可逆反应的过程　　B. 没有“膜障”　　C. 不需耗能

D. 在肾线粒体和胞质中进行　　E. 肌细胞缺乏果糖二磷酸酶-1 而不能糖异生

**36.** 下列哪种酶缺乏可引起蚕豆病（　　）

A. 内酯酶　　B. 磷酸戊糖异构酶　　C. 磷酸戊糖差向酶

D. 转酮基酶　　E. 葡萄糖-6-磷酸脱氢酶

**37.** 下列有关葡萄糖磷酸化的叙述中，错误的是（　　）

A. 己糖激酶有四种同工酶　　B. 己糖激酶催化葡萄糖转变成葡萄糖-6-磷酸

C. 磷酸化反应受到激素的调节　　D. 磷酸化后的葡萄糖能自由通过细胞膜

E. 葡萄糖激酶只存在于肝脏和胰腺 B 细胞

**38.** 下列有关糖有氧氧化的叙述中哪一项是错误的（　　）

A. 糖有氧氧化的终产物包括 $CO_2$ 及 $H_2O$

B. 糖有氧氧化可抑制糖酵解

C. 糖有氧氧化是细胞获取能量的主要方式

D. 三羧酸循环是在糖有氧氧化时三大营养素相互转变的途径

E. 1 分子葡萄糖氧化成 $CO_2$ 及 $H_2O$ 时可生成 30 或 32 分子 ATP

**39.** 丙酮酸脱氢酶复合体中不包括（　　）

A. FAD　　B. $NAD^+$　　C. 生物素　　D. 辅酶 A　　E. 硫辛酸

**40.** 下列关于三羧酸循环的叙述中，错误的是（　　）

A. 是三大营养素分解的共同途径

B. 乙酰 CoA 进入三羧酸循环后只能被氧化

C. 生糖氨基酸可通过三羧酸循环的反应转变成葡萄糖

D. 乙酸 CoA 经三羧酸循环氧化时，可提供 4 分子还原当量

E. 三羧酸循环还有合成功能，可为其他代谢提供小分子原料

**41.** 关于糖原合成的叙述中，错误的是（　　）

A. 糖原合成过程中有焦磷酸生成　　B. $\alpha$-1,6-葡萄糖苷酶催化形成分支

C. 从葡萄糖-1-磷酸合成糖原要消耗～P　　D. 葡萄糖的直接供体是 UDPG

E. 葡萄糖基连接在糖链末端葡萄糖的 C4 上

**42.** 下列有关草酰乙酸的叙述中，哪项是错误的（　　）

A. 草酰乙酸参与脂酸的合成

B. 草酰乙酸是三羧酸循环的重要中间产物

C. 在糖异生过程中，草酰乙酸是在线粒体内产生的

D. 草酰乙酸可自由通过线粒体膜，完成还原当量的转移

E. 在体内有一部分草酰乙酸可在线粒体内转变成磷酸烯醇式丙酮酸

**43.** 丙酮酸不参与下列哪种代谢过程（　　）

A. 转变为丙氨酸　　B. 异生成葡萄糖　　C. 进入线粒体氧化供能

D. 还原成乳酸　　E. 经异构酶催化生成丙酮

**44.** 胰岛素降低血糖是多方面作用的结果，但不包括（　　）

A. 促进葡萄糖的转运　　B. 加强糖原的合成　　C. 加速糖的有氧氧化

D. 抑制糖原的分解　　E. 加强脂肪动员

**B 型题，请从以下 5 个备选项中，选出最适合下列题目的选项。**

（45～49 题共用备选答案）

A. 丙酮酸激酶　　B. 丙酮酸脱氢酶　　C. 丙酮酸羧化酶

D. 苹果酸酶　　E. 磷酸烯醇式丙酮酸羧激酶

**45.** 以生物素为辅酶的是（　　）
**46.** 催化反应时需要 GTP 参与的是（　　）
**47.** 催化反应的底物或产物中都没有辅酶的是（　　）
**48.** 以 $NAD^+$为辅酶的是（　　）
**49.** 催化反应的底物中有与磷酸无关的高能键的是（　　）
（50～54 题共用备选答案）
A. 丙酰 CoA　　B. 丙二酰 CoA　　C. 丙酮　　D. 丙二酸　　E. 丙酮酸
**50.** 脂肪酸合成的中间产物是（　　）
**51.** 奇数脂肪酸 $\beta$-氧化的终产物是（　　）
**52.** 饥饿时由脂肪酸转变为糖的中间产物是（　　）
**53.** 三羧酸循环的抑制物是（　　）
**54.** 糖酵解途径的终产物是（　　）
（55～59 题共用备选答案）
A. 甘油　　B. $\alpha$-磷酸甘油　　C. 3-磷酸甘油醛
D. 1,3-二磷酸甘油酸　　E. 2,3-二磷酸甘油酸
**55.** 含有高能磷酸键的是（　　）
**56.** 为磷酸二羟丙酮的异构物的是（　　）
**57.** 能调节血红蛋白与 $O_2$ 亲和力的是（　　）
**58.** 为脂肪动员产物的是（　　）
**59.** 为脂肪组织中合成甘油三酯的原料的是（　　）
（60～64 题共用备选答案）
A. FMN　　B. FAD　　C. $NAD^+$　　D. $NADP^+$　　E. $NADPH+H^+$
**60.** 乳酸→丙酮酸，需要参与的物质是（　　）
**61.** 琥珀酸→延胡索酸，需要参与的物质是（　　）
**62.** 丙酮酸+$CO_2$→苹果酸，需要参与的物质是（　　）
**63.** 葡萄糖-6-磷酸→6-磷酸葡萄糖酸，需要参与的物质是（　　）
**64.** 参与 NADH 氧化呼吸链组成的物质是（　　）
**X 型题，以下每一道题下面有 A、B、C、D 四个备选答案，请从中选择 2～4 个不等答案。**
**65.** 从葡萄糖直接酵解与糖原的葡萄糖基进行糖酵解相比，下列哪些正确（　　）
A. 葡萄糖直接酵解多净生成 1 个 ATP　　B. 葡萄糖直接酵解少净生成 1 个 ATP
C. 两者生成的 ATP 相等　　D. 葡萄糖直接酵解多净生成 2 个 ATP
**66.** 体内的底物水平磷酸化反应有（　　）
A. 磷酸烯醇式丙酮酸→丙酮酸　　B. 草酰乙酸→磷酸烯醇式丙酮酸
C. 琥珀酰 CoA→琥珀酸　　D. 1,3-二磷酸甘油酸→3-磷酸甘油酸
**67.** 葡萄糖进行糖酵解与有氧氧化相比，两者净生成的 ATP 数之比为（　　）
A. 1∶9　　B. 1∶12　　C. 1∶15　　D. 1∶16
**68.** 催化糖酵解中不可逆反应的酶有（　　）
A. 己糖激酶　　B. 磷酸果糖激酶-1　　C. 磷酸甘油酸激酶　　D. 丙酮酸激酶
**69.** 三羧酸循环中的关键酶有（　　）
A. 柠檬酸合酶　　B. 丙酮酸脱氢酶　　C. 异柠檬酸脱氢酶　　D. $\alpha$-酮戊二酸脱氢酶
**70.** 醛缩酶催化的底物有（　　）
A. 磷酸二羟丙酮　　B. 3-磷酸甘油醛　　C. 果糖-1,6-二磷酸　　D. 3-磷酸甘油
**71.** 糖酵解途径的关键酶有（　　）
A. 丙酮酸激酶　　B. 磷酸甘油酸激酶　　C. 果糖磷酸激酶-1　　D. 3-磷酸甘油醛脱氢酶
**72.** 糖异生的原料有（　　）
A. 油酸　　B. 甘油　　C. 丙氨酸　　D. 亮氨酸

**73.** 糖异生途径的关键酶有（　　）
A. 葡萄糖-6-磷酸酶　B. 丙酮酸羧化酶
C. 果糖二磷酸酶-1　D. 磷酸烯酸式丙酮酸羧激酶
**74.** 磷酸戊糖途径的生理功能包括（　　）
A. 氧化供能　B. 提供四碳糖及七碳糖
C. 提供磷酸戊糖，是体内戊糖的主要来源　D. 生成 NADPH，是合成代谢中氢原子的主要来源
**75.** 三羧酸循环中不可逆的反应有（　　）
A. 异柠檬酸→$\alpha$-酮戊二酸　B. 乙酸 CoA+草酸乙酸→柠檬酸
C. 琥珀酸 CoA→琥珀酸　D. $\alpha$-酮戊二酸→琥珀酸 CoA
**76.** 以 $NADP^+$为辅酶的酶有（　　）
A. 苹果酸酶　B. 6-磷酸葡萄糖酸脱氢酶
C. 异柠檬酸脱氢酶　D. 葡萄糖-6-磷酸脱氢酶
**77.** 丙酮酸在线粒体内氧化时，3 个碳原子生成 $CO_2$ 的反应是（　　）
A. 苹果酸酶反应　B. 异柠檬酸脱氢酶反应 C. 丙酮酸脱氢酶反应　D. $\alpha$-酮戊二酸脱氢酶反应
**78.** 糖有氧氧化中进行氧化反应的步骤是（　　）
A. 异柠檬酸→$\alpha$-酮戊二酸　B. $\alpha$-酮戊二酸→琥珀 CoA
C. 琥珀酸→延胡索酸　D. 丙酮酸→乙酰 CoA
**79.** 在下列物质中哪些既是糖分解的产物又是糖异生的原料（　　）
A. 丙酮酸　B. 谷氨酸　C. 乳酸　D. 3-磷酸甘油醛
**80.** 在下列哪些酶催化的反应中，$CO_2$ 是反应的产物或底物（　　）
A. 丙酮酸羧化酶　B. 异柠檬酸脱氢酶　C. 丙酮酸脱氢酶系　D. 磷酸烯醇式丙酮酸羧激酶
**81.** 在糖酵解中直接产生 ATP 的反应是由哪些酶催化的（　　）
A. 已糖激酶　B. 丙酮酸激酶　C. 磷酸果糖激酶-1　D. 磷酸甘油酸激酶

**（三）问答题**

**82.** 糖的有氧氧化包括哪几个阶段？
**83.** 试述三羧酸循环的要点及生理意义。
**84.** 试列表比较糖酵解与有氧氧化进行的部位、反应条件、关键酶、产物、能量生成及生理意义。
**85.** 试述磷酸戊糖途径的生理意义。
**86.** 试述丙氨酸异生为葡萄糖的主要反应过程及其酶。
**87.** 糖异生过程是否为糖酵解的逆反应？为什么？
**88.** 简述乳酸循环形成的原因及其生理意义。
**89.** 简述肝糖原合成代谢的直接途径与间接途径。
**90.** 简述血糖的来源和去路。
**91.** 简述葡萄糖-6-磷酸的代谢途径及其在糖代谢中的重要作用。

**（四）论述题**

**92.** 在糖代谢过程中生成的丙酮酸可进入哪些代谢途径？

## 五、复习思考题答案及解析

**（一）名词解释**

**1.** 糖酵解（glycolysis）：在缺氧条件下葡萄糖分解为乳酸，产生少量 ATP 的过程称为糖酵解。
**2.** 三羧酸循环（tricarboxylic acid cycle，TAC）：又称为柠檬酸循环（citric acid cycle），指由乙酰 CoA 与草酰乙酸缩合成柠檬酸开始，经反复脱氢、脱羧再生成草酰乙酸的循环反应过程。是糖、脂、蛋白质氧化分解的共同通路。
**3.** 糖有氧氧化：葡萄糖在有氧条件下彻底氧化生成 $CO_2$ 和 $H_2O$ 并释放能量的反应过程。
**4.** 磷酸戊糖途径（或磷酸戊糖旁路）：葡萄糖-6-磷酸经氧化反应及一系列基团转移反应，生成 NADPH、$CO_2$、核糖及果糖-6-磷酸和 3-磷酸甘油醛而重新进入酵解途径。
**5.** 糖异生（gluconeogenesis）：由甘油、乳酸、生糖氨基酸等非糖物质转变为葡萄糖或糖原的过程

称为糖异生。

**6.** 糖原合成：由葡萄糖合成糖原的过程称为糖原合成。

**7.** 乳酸循环：在肌肉中葡萄糖经糖酵解生成乳酸，乳酸经血液循环运到肝脏，肝脏将乳酸异生成葡萄糖。葡萄糖释放入血液后又被肌肉摄取，这种代谢循环途径称为乳酸循环。

**8.** 三碳途径：葡萄糖先分解成丙酮酸、乳酸等三碳化合物，再运至肝脏异生成糖原的过程称为三碳途径或间接途径。

**9.** 巴斯德效应（Pasteur effect）：糖有氧氧化抑制糖酵解的现象。

**10.** 糖原贮积症：由于先天性缺乏与糖原代谢有关的酶类，使体内有大量糖原堆积的遗传性代谢病。

**11.** 蚕豆病：由于缺乏葡萄糖-6-磷酸脱氢酶，不能经磷酸戊糖途径得到充足的 $NADPH+H^+$，使谷胱甘肽保持在还原状态，常在进食蚕豆后诱发溶血性黄疸称为蚕豆病。

**（二）选择题**

**12.** D：$\alpha$-淀粉酶作用后淀粉还不能彻底水解成葡萄糖，最主要的产物是麦芽糖及临界糊精，还有一定量的麦芽三糖和少量的异麦芽糖。

**13.** B：提供～P 即是糖酵解过程中的底物水平磷酸化的反应，是以 1,3-二磷酸甘油酸及磷酸烯醇式丙酮酸为底物进行的反应。

**14.** D：糖代谢过程中的底物水平磷酸化反应有 3 个，分别是磷酸甘油酸激酶催化的 1,3-二磷酸甘油酸→3-二磷酸甘油酸，磷酸烯醇式丙酮酸→丙酮酸，以及琥珀酰辅酶 A→琥珀酸，后面两个反应的酶分别是丙酮酸激酶和琥珀酰辅酶 A 合成酶。

**15.** D：1 分子葡萄糖发生裂解后生成 2 分子的 3C 物质，分别后续各自发生 2 次底物水平磷酸化，共生成 4 分子 ATP，若是问净生成则需要减掉其中 2 步反应消耗的 2 分子 ATP；从糖原开始则减 1 净生成 3 分子 ATP。

**16.** E：细胞质中生成的丙酮酸能被同样酵解过程中 3-磷酸甘油酸脱氢反应生成的 NADH 还原，转变成乳酸。

**17.** E：循环一周可生成 3 分子 NADH 和 1 分子 $FADH_2$，发生一次底物水平磷酸化直接生成 1 分子。只有琥珀酰 CoA 是 $\alpha$-酮戊二酸氧化脱羧的产物描述正确。

**18.** E：乙酰 CoA 经三羧酸循环氧化后属于被彻底氧化分解，产物是 $2CO_2$+3 分子 NADH 和 1 分子 $FADH_2$。

**19.** D：4 分子 NADH 和 1 分子 $FADH_2$ 产生 ATP 数量为 11.5，加上一次底物水平磷酸化直接生成的 1 分子 ATP，共 12.5。

**20.** E：肝脏的能量来源主要是分解脂肪酸，摄取葡萄糖的能力很弱，且葡萄糖激酶的 $K_m$ 值太大，分解能力也弱。但糖异生能力强，可以利用三碳途径合成葡萄糖及糖原。

**21.** B：UDPG 又称为活性葡萄糖，是葡萄糖基合成糖原的直接供体。

**22.** C：糖原分解的第一步反应是在磷酸化酶的催化下分解产生少一个葡萄糖分子的糖原和葡萄糖-1-磷酸，后者再由变位酶催化成为葡萄糖-6-磷酸。

**23.** C：乙酰 CoA 能激活丙酮酸羧化酶。

**24.** E：丙氨酸脱氨基成为丙酮酸，从丙酮酸到 3-磷酸甘油醛的步骤需要消耗 3 分子 ATP，翻倍就是 6。

**25.** D：丙酮酸激酶催化磷酸烯醇式丙酮酸转变为烯醇式丙酮酸，再成为丙酮酸，是糖酵解的关键酶，而反向过程由丙酮酸羧化酶和磷酸烯醇式丙酮酸羧激酶催化完成，其他均是糖异生步骤中的相关酶类。

**26.** D：Cori 循环即乳酸循环，肌肉内葡萄糖酵解成乳酸，经血液循环至肝，经过糖异生重新成为葡萄糖，又随血液运送至外周组织（包括肌肉）被利用的过程。

**27.** E：有氧氧化过程包括酵解时 2 次，TAC 中 1 次底物水平磷酸化，且 1 分子葡萄糖会裂解成 2 分子 3 碳化合物，因此共发生 6 次。

**28.** D：磷酸戊糖途径代谢会发生 2 次脱氢反应，因此产生 2 分子 $NADPH+H^+$。

**29.** B：磷酸戊糖途径的主要意义在于可生成 NADPH 和 5-磷酸核糖，均可供合成代谢需要。NADPH 不进入呼吸链产生 ATP。

**30.** C：肝脏摄取葡萄糖的能力弱，不以葡萄糖为主要能源，且葡萄糖激酶的 $K_m$ 大，分解能力也弱。
**31.** E：丙酮酸激酶是糖酵解的关键酶，在糖异生时被抑制，受胰高血糖素影响。
**32.** E：磷酸戊糖途径的主要意义在于可生成 NADPH 和 5-磷酸核糖，后者是核苷酸合成代谢原料。
**33.** E：糖酵解和糖异生中都有催化作用的酶主要是那些催化可逆反应的酶类，只有 3-磷酸甘油醛脱氢酶催化的反应参与两种途径。其他酶类均催化单向反应。
**34.** A：TPP 是丙酮酸脱氢酶复合体中的辅酶，缺乏会抑制丙酮酸的氧化脱羧。
**35.** D：糖异生途径指丙酮酸到葡萄糖的过程，存在膜障，丙酮酸到草酰乙酸的过程在线粒体，其他多数步骤在胞质中进行。
**36.** E：蚕豆病是由于 G6PD 缺乏，还原性产物 NADPH 不足，导致 GSH 减少，进食新鲜蚕豆或接触蚕豆花粉或服用抗疟药或磺胺类药物等引起的急性溶血性贫血。
**37.** D：磷酸化后的葡萄糖能级升高，容易参与代谢反应，因存在带负电荷的磷酸基团导致不能自由通过细胞膜，是一种保糖机制。
**38.** D：三羧酸循环是体内糖分解代谢的重要途径，也是三大营养素糖、脂肪、蛋白质彻底氧化供能的共同通路。也是体内三大营养物质互相转变的重要枢纽，但不能说是相互转变的途径，如氨基酸的生成可以利用三羧酸循环中间物，但需要发生转氨基作用。
**39.** C：丙酮酸脱氢酶复合体的包含 3 种酶，辅酶中没有生物素，其他均包含。
**40.** B：乙酰 CoA 进入三羧酸循环后，生成的中间物可以参与其他代谢，如柠檬酸可以出线粒体参与脂酸合成。琥珀酰 CoA 参与血红素合成。
**41.** B：分支酶催化形成新分支，$\alpha$-1,6-葡萄糖苷酶是脱支酶的活性之一。
**42.** D：草酰乙酸不能自由通过线粒体膜，需转变成苹果酸或天冬氨酸才能完成跨线粒体膜转移。
**43.** E：丙酮酸不能直接经异构酶催化生成丙酮，其他反应都可以参与。
**44.** E：胰岛素促进脂肪合成，减少脂肪动员，是抑制 HSL 活性的激素。
**45.** C：生物素参与 $CO_2$ 的固定，是丙酮酸羧化酶的辅酶。
**46.** E：磷酸烯醇式丙酮酸羧激酶的辅酶是 GTP。
**47.** A：丙酮酸激酶催化反应只有磷酸基团的转移，不需辅酶参与。
**48.** D：苹果酸酶催化反应为苹果酸裂解生成丙酮酸，需要 $NADP^+$为辅酶。
**49.** B：丙酮酸脱氢酶催化丙酮酸脱氢脱羧，生成乙酰 CoA，其中含有高能硫酯键的生成。
**50.** B：丙二酰 CoA 是由乙酰 CoA 羧化而来，参与脂肪酸合成。
**51.** A：脂肪酸 $\beta$-氧化每次断裂 2 个碳，最后一次分解产生含 3 碳的丙酰 CoA。
**52.** C：饥饿时由脂肪酸大量氧化，一般以酮体的形式转运，部分能转变为丙酮。
**53.** D：丙二酸与琥珀酸结构相似，可竞争性抑制琥珀酸脱氢酶的活性，从而影响三羧酸循环的进程。
**54.** E：糖酵解途径一般是指葡萄糖到丙酮酸的整个反应过程，因而终产物为丙酮酸。
**55.** D：1,3-二磷酸甘油酸在磷酸甘油酸激酶的催化下形成 3-磷酸甘油酸是一次底物水平磷酸化，其中一个高能磷酸键断裂能合成 ATP。
**56.** C：3-磷酸甘油醛与磷酸二羟丙酮互为同分异构体。
**57.** E：红细胞中存在 2,3-二磷酸甘油酸之路，产生的 2,3-二磷酸甘油酸能调节血红蛋白与 $O_2$ 的结合。
**58.** A：脂肪动员指的是脂肪在激素敏感性脂肪酶的催化下分解生成甘油和脂肪酸的过程。
**59.** B：$\alpha$-磷酸甘油能参与甘油三酯的合成。
**60.** C：乳酸脱氢酶催化，辅酶是 $NAD^+$。
**61.** B：琥珀酸脱氢酶催化，辅酶是 FAD。
**62.** E：苹果酸酶催化，其辅酶是 $NADPH+H^+$。
**63.** D：葡萄糖-6-磷酸脱氢酶催化，辅酶是 $NADP^+$。
**64.** A：NADH 氧化呼吸链复合体Ⅰ组成的物质包括 FMN、铁硫蛋白。
**65.** BC：葡萄糖直接酵解多了葡萄糖→葡萄糖-6-磷酸的活化步骤消耗的 ATP，从而净生成 ATP 数少 1 个。但直接生成的 ATP 数量相同，均为 4 个。
**66.** ACD：底物水平磷酸化是指底物的去磷酸作用直接相偶联 ADP（或其他核苷二磷酸）的磷酸化生成 ATP 的反应过程，糖有氧氧化过程中包括 3 个这样的反应。

**67.** CD：葡萄糖酵解净生成的 ATP 数为 2，而有氧氧化净生成的 ATP 数为 30 或 32。
**68.** ABD：糖酵解中催化不可逆反应的关键酶，有 3 个，分别为己糖激酶、磷酸果糖激酶-1、丙酮酸激酶。
**69.** ACD：三羧酸循环中的关键酶包括柠檬酸合酶、异柠檬酸脱氢酶、*α*-酮戊二酸脱氢酶。丙酮酸羧化酶不属于三羧酸循环中的酶，参与糖异生。
**70.** ABC：醛缩酶催化反应是可逆反应，因此底物包括磷酸二羟丙酮、3-磷酸甘油醛、果糖-1,6-二磷酸。
**71.** AC：糖酵解途径指从葡萄糖到丙酮酸的反应过程，关键酶有 3 个，除了丙酮酸激酶、果糖磷酸激酶-1 以外，还有己糖激酶。若从糖原开始，则不包括己糖激酶。
**72.** BC：糖异生的原料指的是非糖物质，可以合成葡萄糖，包括甘油、生糖氨基酸、乳酸等。丙氨酸属于生糖氨基酸，而赖氨酸和亮氨酸是生酮氨基酸。
**73.** ABCD：4 个选项均是糖异生的关键酶。
**74.** BCD：磷酸戊糖途径重要的生理功能是产生磷酸戊糖和 NADPH，参与合成反应，其中的基团转移反应也能产生四碳糖及七碳糖供机体利用。
**75.** ABD：不可逆的反应即关键酶催化的反应，包括异柠檬酸及 *α*-酮戊二酸的脱氢脱羧反应，以及柠檬酸的合成反应。
**76.** ABD：葡萄糖-6-磷酸脱氢酶和葡萄糖-6-磷酸脱氢酶是磷酸戊糖途径中的酶，以 $NADP^+$为辅酶，苹果酸酶在胞质中催化苹果酸氧化脱羧生成丙酮酸，也是以 $NADP^+$为辅酶，参与柠檬酸-丙酮酸循环。
**77.** BCD：即有氧氧化中 3 个脱羧反应生成 $CO_2$，是丙酮酸、异柠檬酸和 *α*-酮戊二酸脱氢脱羧的反应。而苹果酸酶是在胞质中催化苹果酸氧化脱羧生成丙酮酸。苹果酸脱氢的反应不生成 $CO_2$。
**78.** ABCD：脱氢属于被氧化，有氧氧化中的氧化反应主要是指其中的脱氢反应。上述反应均包含脱氢的过程，因此均属于氧化反应步骤。
**79.** ACD：糖异生的原料包括生糖氨基酸、乳酸和甘油，具体从丙酮酸到葡萄糖的中间产物均可以包括。
**80.** ABCD：所有的酶催化反应中均包含 $CO_2$ 的利用和生成。
**81.** BD：糖酵解中直接产生 ATP 的反应即是底物水平磷酸化的反应，由丙酮酸激酶和磷酸甘油酸激酶催化。

**（三）问答题**

**82.** 答：包括四个阶段：①第一阶段为糖酵解途径：在胞质内葡萄糖分解为丙酮酸；②第二阶段为丙酮酸进入线粒体并氧化脱羧成乙酸 CoA；③乙酰 CoA 进入三羧酸循环被彻底分解；④循环脱下的成对氢经呼吸链发生氧化磷酸化并生成 $H_2O$。
**83.** 答：三羧酸循环的要点：①TAC 中有 4 次脱氢、2 次脱羧及 1 次底物水平磷酸化。②TAC 中有 3 个不可逆反应、3 个关键酶（异柠檬酸脱氢酶、*α*-酮戊二酸脱氢酶系、柠檬酸合酶）。③TAC 的中间产物包括草酸乙酸在内起着催化剂的作用。草酰乙酸的回补反应是丙酮酸的直接羧化或者经苹果酸生成。

三羧酸循环的生理意义：①TAC 是三大营养素彻底氧化的最终代谢通路。②TAC 是三大营养素代谢联系的枢纽。③TAC 为其他合成代谢提供小分子前体。④TAC 为氧化磷酸化提供还原当量。
**84.** 答：

| | 糖酵解 | 糖有氧氧化 |
|---|---|---|
| 反应条件 | 供氧不足 | 有氧情况 |
| 进行部位 | 胞质 | 胞质和线粒体 |
| 关键酶 | 己糖激酶（或葡萄糖激酶）、磷酸果糖激酶-1、丙酮酸激酶 | 有糖酵解 3 个关键酶及丙酮酸脱氢酶系、异柠檬酸脱氢酶、*α*-酮戊二酸脱氢酶系、柠檬酸合酶 |
| 产物 | 乳酸、ATP | $H_2O$，$CO_2$，ATP |
| 能量生成 | 1mol 葡萄糖净得 2mol ATP | 1mol 葡萄糖净得 30 或 32molATP |
| 生理意义 | 迅速供能；某些组织依赖糖酵解供能 | 是机体获取能量的主要方式 |

**85.** 答：①提供5-磷酸核糖，为合成核苷酸提供原料。②提供NADPH，参与合成代谢（作为供氢体）、生物转化反应及维持谷胱甘肽的还原性。

**86.** 答：①丙氨酸经ALT催化生成丙酮酸。②丙酮酸在线粒体内经丙酮酸羧化酶催化生成草酸乙酸，后者经苹果酸脱氢酶催化生成苹果酸出线粒体，在胞质中经苹果酸脱氢酶催化生成草酰乙酸，后者在磷酸烯醇式丙酮酸羧激酶作用下生成磷酸烯醇式丙酮酸。③磷酸烯醇式丙酮酸循糖酵解途径至果糖-1,6-二磷酸。④果糖-1,6-二磷酸经果糖二磷酸酶-1催化生成果糖-6-磷酸，再异构为葡萄糖-6-磷酸。⑤葡萄糖-6-磷酸在葡萄糖-6-磷酸酶的作用下生成葡萄糖。

**87.** 答：糖异生过程不是糖酵解的逆过程，因为糖酵解中己糖激酶、果糖-6-磷酸激酶-1、丙酮酸激酶催化的反应是不可逆的，所以非糖物质必须依赖葡萄糖-6-磷酸酶、果糖二磷酸酶-1、丙酮酸羧化酶和磷酸烯醇式丙酮酸羧激酶的催化才能异生为糖，亦即酶促反应需要绕过三个能障以及线粒体膜的膜障。

**88.** 答：乳酸循环的形成是由于肝脏和肌肉组织中酶的特点所致。肝内糖异生很活跃，又有葡萄糖-6-磷酸酶可水解葡萄糖-6-磷酸，释出葡萄糖。肌肉组织中除糖异生的活性很低外，又没有葡萄糖-6-磷酸酶；肌肉组织内生成的乳酸既不能异生成糖，更不能释放出葡萄糖。乳酸循环的生理意义在于避免损失乳酸（能源物质）以及防止因乳酸堆积引起酸中毒。

**89.** 答：肝糖原合成时由葡萄糖经UDPG合成糖原的过程称为直接途径。由葡萄糖先分解成三碳化合物如乳酸、丙酮酸，再运至肝脏异生成糖原的过程称为三碳途径或间接途径。

**90.** 答：血糖的来源：①食物经消化吸收的葡萄糖；②肝糖原分解；③糖异生。血糖的去路：①氧化供能；②合成糖原；③转变为脂肪及某些非必需氨基酸；④转变为其他糖类物质。

**91.** 答：葡萄糖-6-磷酸的来源：①己糖激酶或葡萄糖激酶催化葡萄糖磷酸化生成葡萄糖-6-磷酸。②糖原分解产生的葡萄糖-1-磷酸，异构转变为葡萄糖-6-磷酸。③非糖物质经糖异生由果糖-6-磷酸异构成葡萄糖-6-磷酸。

葡萄糖-6-磷酸的去路：①经糖酵解生成乳酸；②经糖有氧氧化彻底氧化生成$CO_2$、$H_2O$和ATP；③通过变位酶催化生成葡萄糖-1-磷酸，合成糖原；④在葡萄糖-6-磷酸脱氢酶的催化下进入磷酸戊糖途径。

由上可知，葡萄糖-6-磷酸是糖代谢各个代谢途径的交叉点，是各代谢途径的共同中间产物，如己糖激酶或变位酶的活性降低，可使葡萄糖-6-磷酸的生成减少，上述各条代谢途径不能顺利进行。因此，葡萄糖-6-磷酸的代谢方向取决于各条代谢途径中相关酶的活性大小。

**（四）论述题**

**92.** 答：丙酮酸参与的代谢途径包括：①无氧条件下由乳酸脱氢酶催化，丙酮酸接受NADH的氢原子还原生成乳酸。②在供氧充足时，丙酮酸进入线粒体，在丙酮酸脱氢酶复合体的催化下，氧化脱羧生成乙酰CoA，再经三羧酸循环和氧化磷酸化，彻底氧化生成$CO_2$、$H_2O$和ATP。③丙酮酸循环糖异生途径生成葡萄糖，线粒体在丙酮酸羧化酶的催化下生成草酸乙酸，出线粒体后经磷酸烯醇式丙酮酸羧激酶催化生成磷酸烯醇式丙酮酸，进一步异生为糖。④丙酮酸可以氧化脱羧生成乙酰CoA，也可在羧化酶催化下生成草酸乙酸，两者缩合成柠檬酸，柠檬酸出线粒体在胞质中经柠檬酸裂解酶催化生成乙酰CoA，参与脂肪酸、胆固醇等的合成。⑤丙酮酸可经还原性氨基化生成丙氨酸等非必需氨基酸。决定丙酮酸代谢的方向是各条代谢途径中关键酶的活性，这些酶受到别构效应剂与激素的调节。

（刘新光）

# 第 8 章 生 物 氧 化

## 一、教学目的与教学要求

**教学目的** 通过本章学习使学生掌握体内能量生成的方式和过程，掌握体内营养物质在代谢过程中如何储存能量。

**教学要求** 掌握生物氧化的概念及意义，呼吸链的概念、分类、组成成分和排列顺序，氧化磷酸化的概念及偶联部位，线粒体内膜对各种物质进行选择性转运。熟悉线粒体氧化呼吸链可产生反应活性氧，抗氧化酶体系有清除反应活性氧类的功能，微粒体细胞色素 P450 单加氧酶催化底物分子羟基化。了解生物氧化知识在生产生活中的应用。

## 二、思 维 导 图

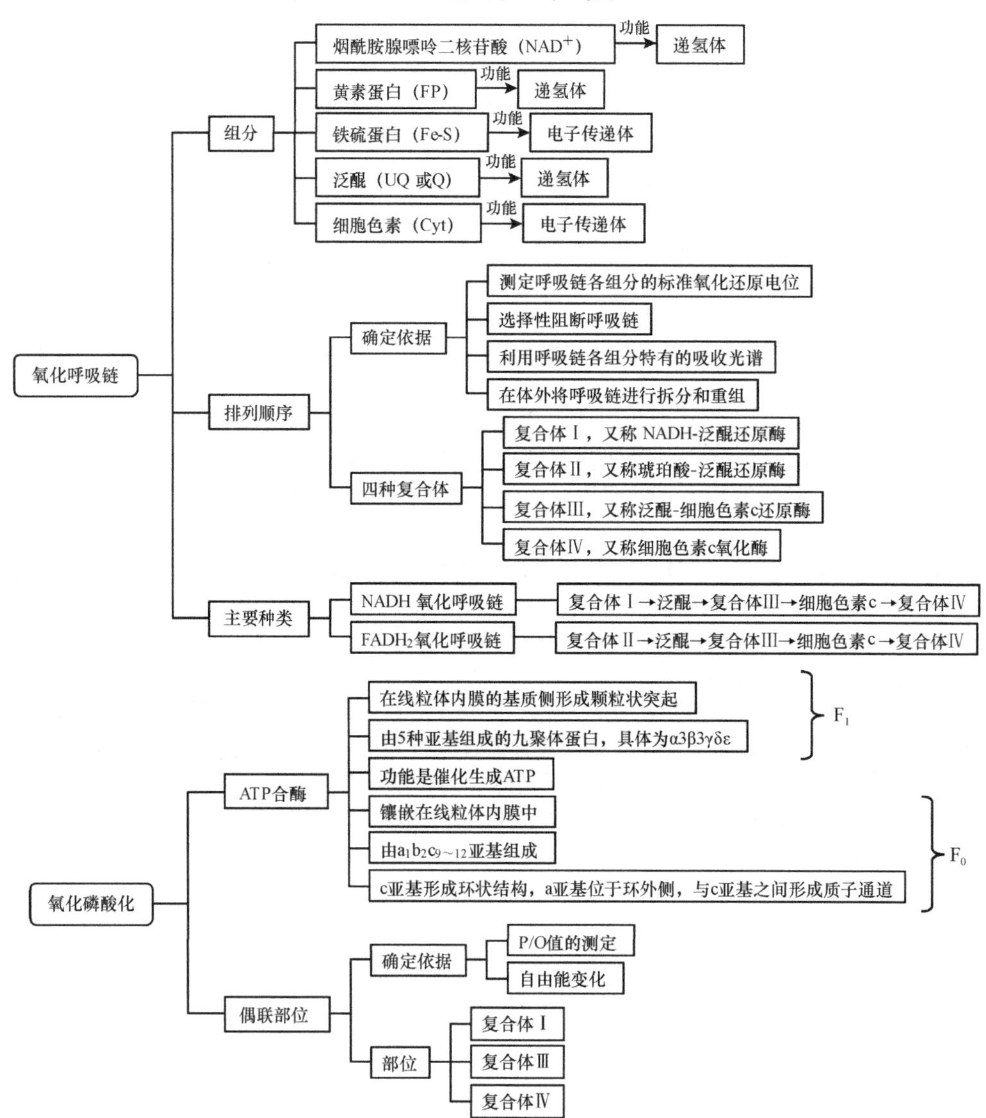

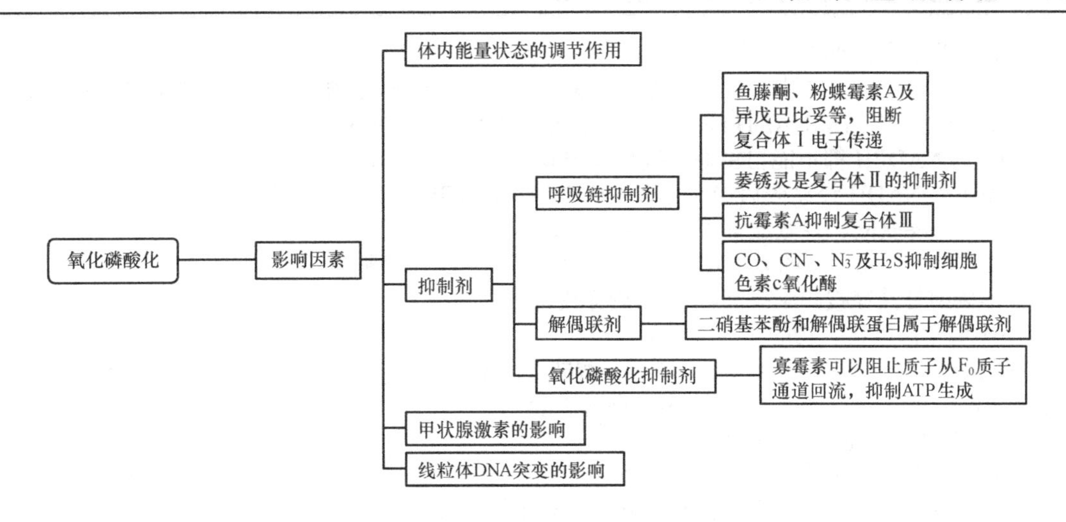


## 三、汉英名词对照

| 中文 | 英文 | 中文 | 英文 |
|---|---|---|---|
| 生物氧化 | biological oxidation | 氧化呼吸链 | oxidative respiratory chain |
| 电子传递链 | electron transfer chain | 黄素蛋白 | flavoprotein |
| 铁硫蛋白 | iron-sulfur protein | 泛醌 | ubiquinone |
| 异戊二烯 | isoprene | 细胞色素 | cytochromes |
| 细胞色素氧化酶 | cytochrome oxidase | 氧化磷酸化 | oxidative phosphorylation |
| 化学渗透假说 | chemiosmotic hypothesis | ATP 合酶 | ATP synthase |
| 解偶联剂 | uncoupler | 高能磷酸键 | energy-rich phosphate bond |
| 肌酸激酶 | creatine kinase | $\alpha$-磷酸甘油穿梭 | $\alpha$-glycerophosphate shuttle |
| 苹果酸-天冬氨酸穿梭 | malate-aspartate shuttle | 过氧化物酶体 | peroxisome |
| 过氧化氢酶 | catalase | 超氧化物歧化酶 | superoxide dismutase |
| 过氧化物酶 | peroxidase | 单加氧酶 | monooxygenase |

## 四、复习思考题

### （一）名词解释

**1.** 氧化呼吸链

**2.** 电子传递链

**3.** oxidative phosphorylation

**4.** P/O 值

**5.** $\alpha$-磷酸甘油穿梭

**6.** 高能磷酸键

### （二）选择题

**A1 型题，以下每一道题下面有 A、B、C、D、E 五个选项，请从中选择一个最佳答案。**

**7.** 以下是关于呼吸链的叙述，正确的是（　　）

A. 呼吸链中各组分是按标准氧化还原电位由高到低的顺序排列的

B. 抑制细胞色素 $aa_3$ 后呼吸链中各组分都呈还原态

C. NADH 呼吸链的组成中不包括复合体Ⅰ

D. 通过呼吸链传递一对氢原子都可产生 1.5 分子的 ATP

E. 呼吸链中的各个组分都是递氢体

**8.** 在呼吸链中 FMN 之所以能传递氢是因为其分子中含有（　　）

A. 吡啶环　　B. 铁硫簇　　C. 异咯嗪环　　D. 苯醌结构　　E. 铁卟啉

**9.** 下列不属于呼吸链抑制剂的是（　　）

A. 抗霉素 A　B. 异戊巴比妥　C. 鱼藤酮　D. 氰化物　E. 2,4-二硝基苯酚

**10.** 关于胞质中还原当量 NADH 经过穿梭作用入线粒体，错误的是（　　）

A. NADH 和 NADPH 都不能自由通过线粒体内膜

B. 在骨骼肌中 NADH 经穿梭后绝大多数生成 2.5 分子 ATP

C. 苹果酸、天冬氨酸、谷氨酸都可参与穿梭系统

D. *α*-磷酸甘油脱氢酶，有的以 $NAD^+$为辅酶，有的以 FAD 为辅酶

E. 可有 *α*-磷酸甘油穿梭和苹果酸-天冬氨酸穿梭两种机制

**11.** 以下不属于高能化合物的是（　　）

A. 磷酸肌酸　B. 磷酸烯醇式丙酮酸　C. 1,3-二磷酸甘油酸

D. 乙酰 CoA　E. 3-磷酸甘油酸

**12.** 关于 P/O 值的描述不正确的是（　　）

A. 每消耗一摩尔氧原子消耗无机磷摩尔数　B. 每消耗一摩尔氧原子所消耗 ADP 摩尔数

C. 测定某底物的 P/O 值，可用来推断其氧化磷酸化的偶联部位

D. 每消耗一摩尔氧分子所产生的 ATP 的摩尔数

E. 维生素 C 通过细胞色素 C 进入呼吸链，其 P/O 值为 1

**13.** 关于生物氧化时能量的释放，错误的是（　　）

A. 生物氧化过程中总能量的释放与反应途径无关　B. 生物氧化是机体生成 ATP 的主要方式

C. 线粒体是生物氧化及产生能量的主要部位　D. 机体只能通过氧化磷酸化产生 ATP

E. 生物氧化释放的能量只有一部分用于 ADP 的磷酸化

**14.** 关于呼吸链叙述正确的是（　　）

A. 两条呼吸链都含有复合体Ⅰ　B. 两条呼吸链的会合点是细胞色素 C

C. CoQ 既包含在复合体Ⅰ中又包含在复合体Ⅱ中

D. 寡霉素既阻断了呼吸链的电子传递又阻断了 ADP 的磷酸化

E. 一对氢原子经两条呼吸链传递都可产生 2.5 分子 ATP

**15.** 以下哪步反应伴随着底物水平磷酸化（　　）

A. 苹果酸→草酰乙酸　B. 1,3-二磷酸甘油酸→3-磷酸甘油酸

C. 柠檬酸→*α*-酮戊二酸　D. 琥珀酸→延胡索酸

E. 3-磷酸甘油醛→1,3-二磷酸甘油酸

**16.** 胞质中一分子乳酸彻底氧化后，生成 ATP 的分子数是（　　）

A. 9 或 10　B. 11 或 12　C. 13 或 14　D. 14 或 15　E. 15 或 16

**17.** 关于单加氧酶的叙述，错误的是（　　）

A. 反应过程需要细胞色素参与　B. 发挥催化作用时需要氧分子

C. 该酶催化的反应中有 NADPH　D. 产物中常有 $H_2O_2$　E. 此酶又称羟化酶

**A2 型题，以下每一道题下面有 A、B、C、D、E 五个选项，请从中选择一个最佳答案。**

**18.** 患儿，女孩，7 天，因少哭少动，拒奶 2 天入院。患儿于 2 天前开始出现少哭、少动，伴拒奶，四肢冷，四肢肌张力低，双下肢及臀部硬性水肿，呈暗紫色。四肢末端微发绀。该患儿是因为缺乏以下哪种组织导致的（　　）

A. 结缔组织　B. 上皮组织　C. 毛发　D. 棕色脂肪组织　E. 黏膜组织

**19.** 城市火灾事故中，由于装饰材料中的 N 和 C 经高温可形成 HCN，因此，伤员除因燃烧不完全造成 CO 中毒外，还存在 $CN^-$中毒。此类抑制剂可使细胞内呼吸停止，导致人迅速死亡。此类抑制剂属于（　　）

A. 呼吸链抑制剂　B. 解偶联剂　C. 氧化磷酸化抑制剂

D. 微生物抑制剂　E. 解毒剂

**B 型题，请从以下 5 个备选项中，选出最适合下列题目的选项。**

（20～22 题共用备选答案）

A. 铁硫簇　B. 苯醌结构　C. 异咯嗪环　D. 烟酰胺环　E. 铁卟啉环

**20.** $NAD^+$能传递氢是因为分子中含有（　　）
**21.** 细胞色素类能传递电子是依靠其分子中的（　　）
**22.** CoQ 分子中传递氢的功能部位是（　　）
（23～24 题共用备选答案）
A. 鱼藤酮　B. 抗霉素 A　C. CO　D. 寡霉素　E. 解偶联蛋白
**23.** 能特异性抑制细胞色素 c 氧化酶的是（　　）
**24.** 抑制 ADP 磷酸化，但不抑制呼吸链电子传递的是（　　）
**X 型题，以下每一道题下面有 A、B、C、D 四个备选答案，请从中选择 2～4 个不等答案。**
**25.** 生物氧化的特点是（　　）
A. 反应方式以脱氢为主　B. 能量是逐步释放的
C. 反应环境较温和　D. 可发生在线粒体内，也可发生在线粒体外
**26.** 电子传递链的下列描述哪些是正确的（　　）
A. 电子连续传递有赖于 ADP 的磷酸化　B. 泛醌不属于四种复合体的组分
C. 所有的组分既能递氢，又能递电子　D. 卟啉环中的铁经历了 $Fe^{3+}\rightarrow Fe^{2+}$的变化
**27.** 呼吸链中能够偶联磷酸化的部位是（　　）
A. 复合体Ⅰ　B. 复合体Ⅱ　C. 复合体Ⅲ　D. 复合体Ⅳ
**28.** 胞质中的 NADH 以何种机制转移至线粒体（　　）
A. *α*-磷酸甘油穿梭　B. 柠檬酸-丙酮酸穿梭
C. 苹果酸-天冬氨酸穿梭　D. 草酰乙酸-丙酮酸穿梭
**29.** 以下能传递电子的物质有（　　）
A. $NAD^+$　B. Cyt $aa_3$　C. FAD　D. Fe-S
**30.** 抑制电子传递链传递电子的物质是（　　）
A. CO　B. $CN^-$　C. $CO_2$　D. 鱼藤酮

**（三）问答题**

**31.** 什么叫呼吸链？组成呼吸链的主要成员有哪些？
**32.** 试说明物质在体内氧化和体外氧化有哪些主要异同点？

**（四）论述题**

**33.** 糖酵解过程中唯一的一步氧化反应是什么？反应中代谢物所脱下的氢在有氧和无氧的情况下分别是如何代谢的？

## 五、复习思考题答案及解析

**（一）名词解释**

**1.** 氧化呼吸链：线粒体的生物氧化有赖于多种酶和辅酶的作用，代谢物脱下的成对氢原子（2H）通过多种酶和辅酶所催化的连锁反应逐步传递，最终与氧结合生成水。由于此过程与细胞呼吸有关，所以将这一含多种氧化还原组分的传递链称为氧化呼吸链。
**2.** 电子传递链：在氧化呼吸链中，酶和辅酶按一定顺序排列在线粒体内膜上，其中传递氢的酶或辅酶称为递氢体，传递电子的酶或辅酶称为电子传递体。不论递氢体还是电子传递体都起传递电子的作用（$2H \rightleftharpoons 2H^+ + 2e$），称电子传递链。
**3.** oxidative phosphorylation：代谢物氧化脱氢经呼吸链传递给氧生成水的同时，释放能量使 ADP 磷酸化生成为 ATP，由于是代谢物的氧化反应与 ADP 磷酸化反应偶联发生，故称为氧化磷酸化，又称偶联磷酸化。
**4.** P/O 值：是指物质氧化时，每消耗 1/2mol $O_2$ 所需磷酸的摩尔数，即所能合成 ATP 的摩尔数。
**5.** *α*-磷酸甘油穿梭：线粒体外的 NADH，在胞质中磷酸甘油脱氢酶催化下，使磷酸二羟丙酮还原成 *α*-磷酸甘油，后者通过线粒体外膜，再经位于线粒体内膜近胞质侧的磷酸甘油脱氢酶催化，氧化生成磷酸二羟丙酮和 $FADH_2$。磷酸二羟丙酮可穿出线粒体外膜至胞质，继续进行穿梭，而 $FADH_2$ 则进入琥珀酸氧化呼吸链进行氧化磷酸化，生成 1.5 分子 ATP。*α*-磷酸甘油穿梭主要存在于脑和骨骼肌中。

**6.** 高能磷酸键：是在水解时释放能量较多（大于 25kJ/mol）的磷酸酯或磷酸酐一类的化学键，常用～P 表示。

**（二）选择题**

**7.** B：呼吸链中各组分是按标准氧化还原电位由低到高的顺序排列的。NADH 呼吸链的组成中包括复合体Ⅰ、Ⅲ、Ⅳ。通过呼吸链传递一对氢原子都产生 1.5 或 2.5 分子的 ATP。呼吸链中的各个组分有的是递氢体，有的是电子传递体，故 B 是正确的。

**8.** C：FMN 或 FAD 分子中的异咯嗪环，在可逆的氧化还原反应中显示 3 种分子状态，氧化型 FMN（或 FAD）可接受 1 个质子和 1 个电子形成不稳定的 FMNH·（或 FADH·），再接受 1 个质子和 1 个电子转变为还原型 $FMNH_2$，故 C 是正确的。

**9.** E：鱼藤酮、粉蝶霉素 A 及异戊巴比妥等，它们与复合体Ⅰ中的铁硫蛋白结合，从而阻断电子传递。萎锈灵是复合体Ⅱ的抑制剂。抗霉素 A 抑制复合体Ⅲ中 Cyt b 与 Cyt $c_1$ 间的电子传递。CO、$CN^-$、$N_3^-$及 $H_2S$ 抑制细胞色素 c 氧化酶，使电子不能传给氧。脂溶性物质二硝基苯酚，在线粒体内膜中可自由移动，进入基质侧时释出 $H^+$，返回胞质侧时结合 $H^+$，从而破坏了电化学梯度，属于解偶联剂。故 E 是正确的。

**10.** B：*α*-磷酸甘油穿梭主要存在于脑和骨骼肌中。因此，在这些组织糖分解过程中 3-磷酸甘油醛脱氢产生的 NADH 要通过 *α*-磷酸甘油穿梭进入线粒体，生成 1.5 分子 ATP。故 B 是正确答案。

**11.** E：将化合物水解时释出的自由能大于 25kJ/mol 者称为高能化合物，包括高能磷酸化合物和高能硫酯化合物，而其所含的磷酸键称为高能磷酸键，以～P 表示。所含的硫酯键称为高能硫酯键。

**12.** D：P/O 值是指物质氧化时，每消耗 1/2mol $O_2$ 所需磷酸的摩尔数，即所能合成 ATP 的摩尔数。通过测定离体线粒体内几种物质氧化时的 P/O 值，可以大体推测出偶联部位及 ATP 的生成数。在氧化磷酸化过程中，无机磷酸是用于 ADP 磷酸化生成 ATP 的，所以消耗无机磷的摩尔数可反映 ATP 的生成数。

**13.** D：细胞内的 ATP 有两种生成方式：一种是底物水平磷酸化，能够生成少量的 ATP；另一种是氧化磷酸化，是人体内生成 ATP 的主要方式，人体 90%的 ATP 是由线粒体中的氧化磷酸化产生的，而产生 ATP 所需的能量由线粒体氧化体系提供。

**14.** D：两条呼吸链都含有的是复合体Ⅲ和复合体Ⅳ；两条呼吸链的会合点在泛醌；CoQ 和细胞色素 c 不包括在 4 种复合体的组成中；一对氢原子经两条呼吸链传递可产生 1.5 分子或 2.5 分子 ATP。故正确答案是 D。

**15.** B：1,3-二磷酸甘油酸→3-磷酸甘油酸，该步反应中伴随着 1 分子 GTP 的生成，故选 B。

**16.** D：胞质中一分子乳酸脱氢生成 NADH+$H^+$，进入线粒体氧化时有两条不同的穿梭途径，分别可以生成 1.5 或 2.5 分子 ATP。此外，丙酮酸脱羧在线粒体内生成 NADH+$H^+$，可生成 2.5 分子 ATP，一分子乙酰辅酶 A 通过三羧酸循环生成 10 分子 ATP。故生成 ATP 的分子数是 14 或 15，选 D。

**17.** D：单加氧酶催化氧分子中一个氧原子加到底物分子上，而另一个氧原子被氢（来自 NADPH ＋$H^+$）还原成 $H_2O$，故 D 是错误的。

**18.** D：正常新生儿体内存在含有大量线粒体的棕色脂肪组织，该组织线粒体内膜中存在的解偶联蛋白可以在线粒体内膜上形成质子通道，$H^+$可经此通道返回线粒体基质中，同时释放热能，维持体温。新生儿寒冷损伤综合征就是因为缺乏棕色脂肪组织，导致不能维持正常体温而使皮下脂肪凝固。

**19.** A：CO、$CN^-$等可抑制细胞色素 c 氧化酶，使电子不能传给氧，抑制电子传递过程，故属于呼吸链抑制剂，正确选项为 A。

**20.** D，**21.** E，**22.** B：烟酰胺中的吡啶氮为五价氮，它能可逆地接受电子而成为三价氮，与氮对位的碳也较活泼，能可逆地加氢还原，故可将 $NAD^+$视为递氢体。细胞色素主要是通过辅基铁卟啉中 $Fe^{3+}+e \rightleftharpoons Fe^{2+}$的互变起传递电子的作用，因此是单电子传递体。泛醌的醌型结构可以结合 2 个电子和 2 个质子而被还原为氢醌型，故它是一种双递氢体。

**23.** C，**24.** E：CO、$CN^-$及 $H_2S$ 抑制细胞色素 c 氧化酶，使电子不能传给氧。解偶联蛋白为内源性解偶联剂，它在内膜上形成质子通道，$H^+$可经此通道返回线粒体基质中，同时释放热能。

**25.** ABCD：生物氧化是在细胞内温和的环境中（体温，pH 接近中性），在一系列酶的催化下逐步进行的，因此物质中的能量得以逐步释放，有利于机体捕获能量，提高 ATP 生成的效率。生物氧化过程中进行广泛的加水脱氢反应使物质能间接获得氧，并增加脱氢的机会。

**26.** ABD：电子传递链的组分中，有的只能传递电子，不属于递氢体，故 C 不正确。

**27.** ACD：通过 P/O 值测定以及计算自由能的变化，结果均表明在复合体Ⅰ、Ⅲ、Ⅳ存在 ADP 磷酸化的偶联部位。

**28.** AC：有些物质的脱氢反应生成的 NADH 在胞质中进行。例如，3-磷酸甘油醛和乳酸脱氢时，脱氢酶的辅酶也是 $NAD^+$，$NAD^+$接受电子和质子形成的 NADH 不能自由透过线粒体内膜进入线粒体，因此线粒体外 NADH 所携带的氢必须通过某种转运机制才能进入线粒体，然后再经呼吸链进行氧化磷酸化过程。胞质中 NADH 转运进入线粒体的机制主要有两种：*α*-磷酸甘油穿梭和苹果酸-天冬氨酸穿梭。

**29.** ABCD：在氧化呼吸链中，酶和辅酶按一定顺序排列在线粒体内膜上，其中传递氢的酶或辅酶称为递氢体，传递电子的酶或辅酶称为电子传递体。不论递氢体还是电子传递体都起传递电子的作用（$2H \rightleftharpoons 2H^+ + 2e$）。

**30.** ABD：鱼藤酮、粉蝶霉素 A 及异戊巴比妥等，它们与复合体Ⅰ中的铁硫蛋白结合，从而阻断电子传递。萎锈灵是复合体Ⅱ的抑制剂。抗霉素 A 抑制复合体Ⅲ中 Cyt b 与 Cyt $c_1$ 间的电子传递。CO、$CN^-$、$N_3^-$及 $H_2S$ 抑制细胞色素 c 氧化酶，使电子不能传给氧。

**（三）问答题**

**31.** 答：所谓呼吸链，是指在生物氧化过程中，代谢物脱下的 2H，经过多种酶和辅酶催化的连锁反应逐步传递，最终与氧结合成水。由于该过程与细胞呼吸有关，故将此传递链称为呼吸链。

组成呼吸链的主要成员有：复合体Ⅰ，NADH-泛醌还原酶；复合体Ⅱ，琥珀酸-泛醌还原酶；复合体Ⅲ，泛醌-细胞色素 c 还原酶；复合体Ⅳ，细胞色素 c 氧化酶。

**32.** 答：相同点：①生物氧化中物质的氧化方式有加氧、脱氢、失电子，遵循氧化还原反应的一般规律。②物质在体内外氧化时所消耗的氧量、最终产物（$CO_2$、$H_2O$）和释放能量均相同。

不同点：①生物氧化在体内温和条件下进行，温度是体温、pH 近中性、有水参加、能量逐步释放；体外氧化则是在高温下进行。②生物氧化在体内以有机酸脱羧方式生成 $CO_2$，体外则是碳和氧直接化合生成 $CO_2$。生物氧化以呼吸链氧化为主使氢和氧结合成水，体外则是氢和氧直接化合生成水。

**（四）论述题**

**33.** 答：糖酵解过程中的氧化反应是：3-磷酸甘油醛→1,3-二磷酸甘油酸。反应脱下的氢由 $NAD^+$ 接受生成 NADH，脱下的 2H 在有氧和无氧的条件下分别进行如下代谢：

有氧条件下，2H 经 *α*-磷酸甘油穿梭或苹果酸-天冬氨酸穿梭由胞质进入线粒体，若经 *α*-磷酸甘油穿梭则进入琥珀酸氧化呼吸链，最终与氧结合成水，生成 1.5 分子 ATP；若经苹果酸-天冬氨酸穿梭则进入 NADH 氧化呼吸链，最终与氧结合成水生成 2.5 分子 ATP。

无氧条件下，NADH 使丙酮酸还原生成乳酸。

（李有杰）

# 第9章 脂质代谢

## 一、教学目的与教学要求

**教学目的** 通过本章学习使学生掌握脂质在体内的分解代谢与合成代谢的特点和规律，了解脂质代谢异常在医学上的意义。

**教学要求** 掌握必需脂肪酸的概念和种类、脂肪动员及酮体的概念、酮体生成与利用的生理意义、血浆脂蛋白的概念、分类、化学组成特点及其功能。熟悉脂肪酸β-氧化反应过程及能量生成、甘油氧化途径、参与脂肪酸合成的酶作用、脂肪酸及甘油三酯、甘油磷脂及胆固醇合成的部位及原料、甘油磷脂的分类、胆固醇合成限速酶及胆固醇在体内的转变产物、血脂的概念、来源与去路。了解脂质的分布、生理功能及消化吸收、脂肪酸的其他氧化方式、酮体生成与利用的反应过程及调节、乙酰辅酶 A 进入胞质的机制、脂肪酸、甘油三酯以及胆固醇和甘油磷脂的合成部位、合成过程及调节、甘油磷脂的结构与功能、甘油磷脂的降解、鞘磷脂的代谢、载脂蛋白的概念、分类及功能、血浆脂蛋白代谢去向及血浆脂蛋白代谢异常引起的疾病。

## 二、思维导图

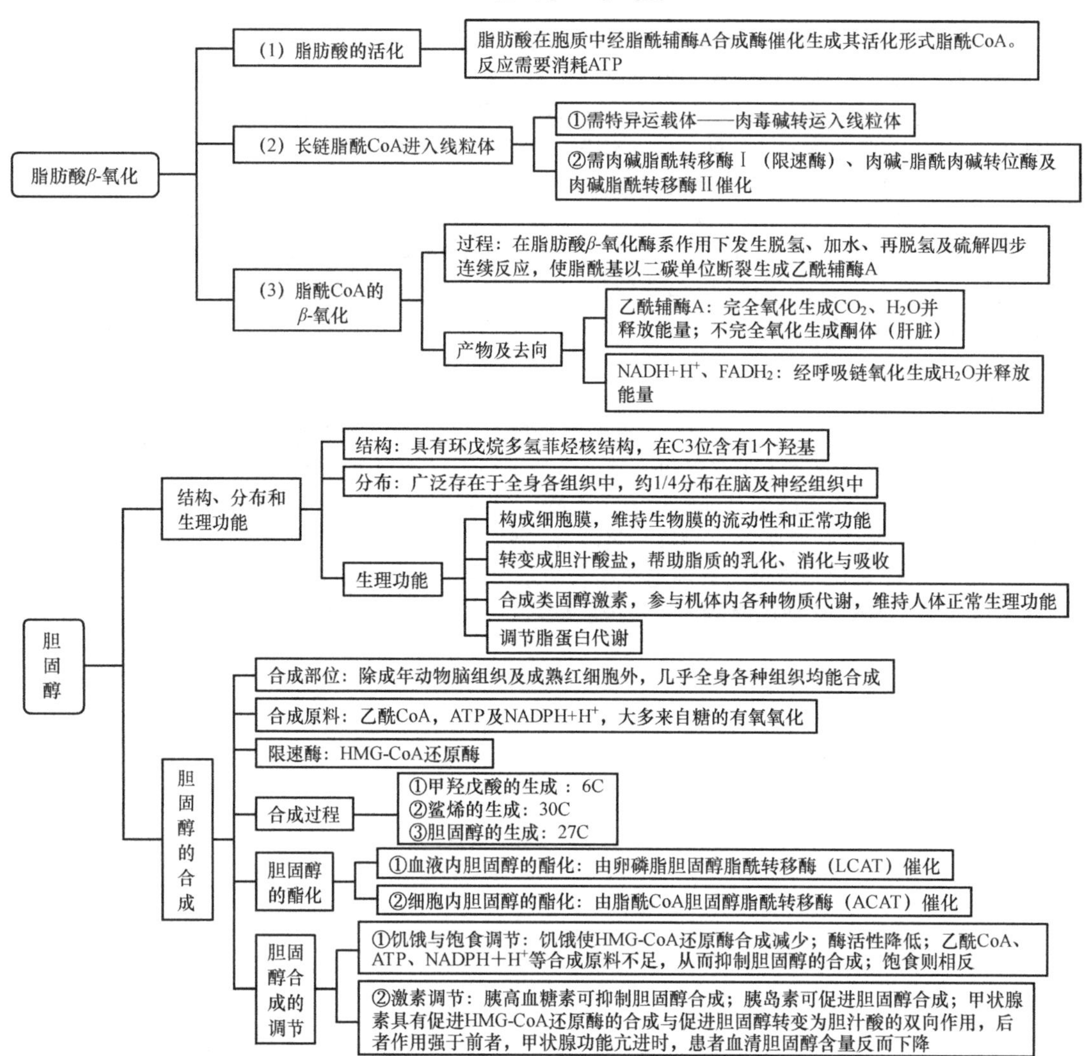

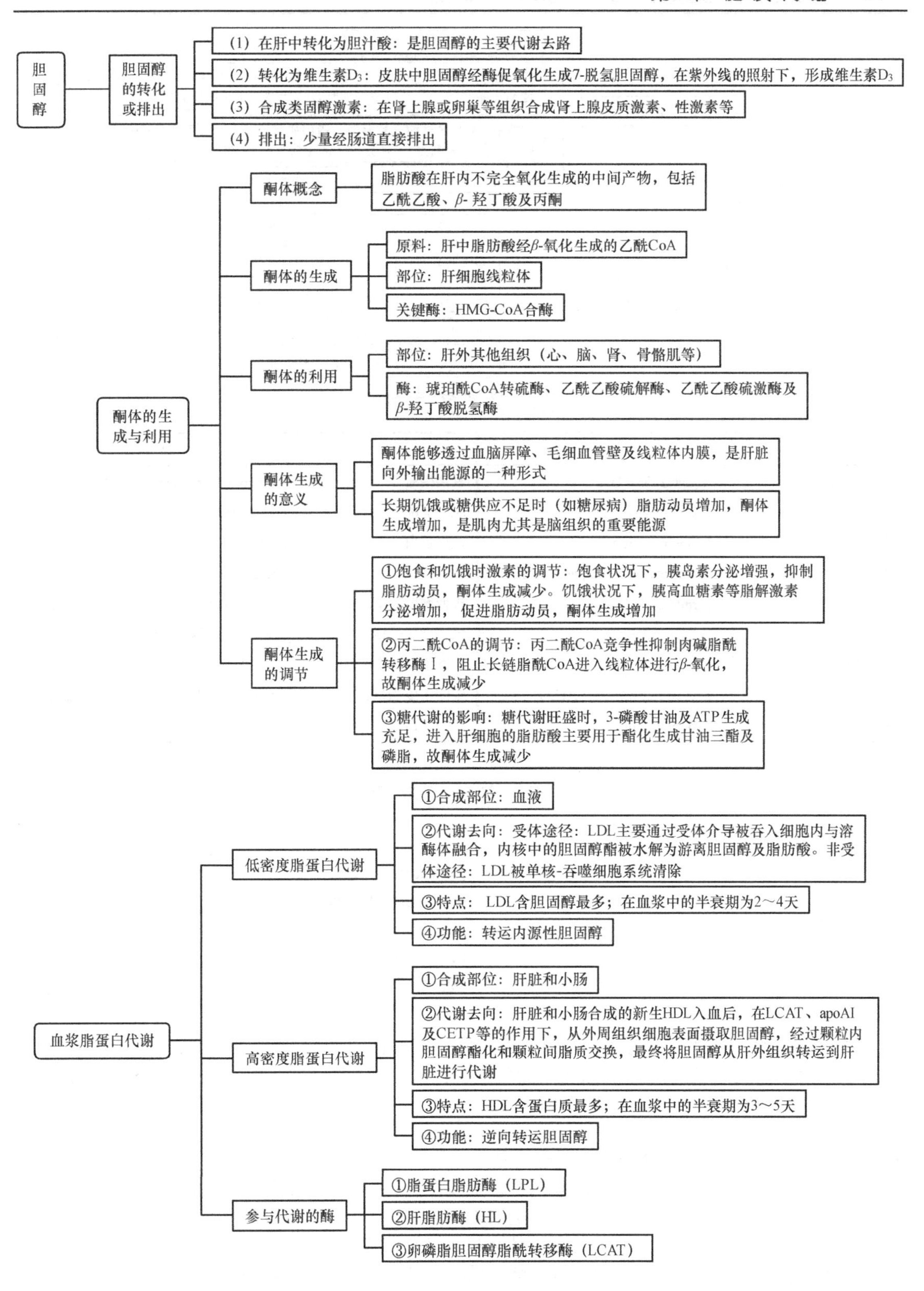
胆固醇
胆固醇的转化或排出
(1) 在肝中转化为胆汁酸：是胆固醇的主要代谢去路
(2) 转化为维生素D3：皮肤中胆固醇经酶促氧化生成7-脱氢胆固醇，在紫外线的照射下，形成维生素D3
(3) 合成类固醇激素：在肾上腺或卵巢等组织合成肾上腺皮质激素、性激素等
(4) 排出：少量经肠道直接排出
酮体的生成与利用
酮体概念
脂肪酸在肝内不完全氧化生成的中间产物，包括乙酰乙酸、β-羟丁酸及丙酮
酮体的生成
原料：肝中脂肪酸经β-氧化生成的乙酰CoA
部位：肝细胞线粒体
关键酶：HMG-CoA合酶
酮体的利用
部位：肝外其他组织（心、脑、肾、骨骼肌等）
酶：琥珀酰CoA转硫酶、乙酰乙酸硫解酶、乙酰乙酸硫激酶及β-羟丁酸脱氢酶
酮体生成的意义
酮体能够透过血脑屏障、毛细血管壁及线粒体内膜，是肝脏向外输出能源的一种形式
长期饥饿或糖供应不足时（如糖尿病）脂肪动员增加，酮体生成增加，是肌肉尤其是脑组织的重要能源
酮体生成的调节
①饱食和饥饿时激素的调节：饱食状况下，胰岛素分泌增强，抑制脂肪动员，酮体生成减少。饥饿状况下，胰高血糖素等脂解激素分泌增加，促进脂肪动员，酮体生成增加
②丙二酰CoA的调节：丙二酰CoA竞争性抑制肉碱脂酰转移酶Ⅰ，阻止长链脂酰CoA进入线粒体进行β-氧化，故酮体生成减少
③糖代谢的影响：糖代谢旺盛时，3-磷酸甘油及ATP生成充足，进入肝细胞的脂肪酸主要用于酯化生成甘油三酯及磷脂，故酮体生成减少
血浆脂蛋白代谢
低密度脂蛋白代谢
①合成部位：血液
②代谢去向：受体途径：LDL主要通过受体介导被吞入细胞内与溶酶体融合，内核中的胆固醇酯被水解为游离胆固醇及脂肪酸。非受体途径：LDL被单核-吞噬细胞系统清除
③特点：LDL含胆固醇最多；在血浆中的半衰期为2～4天
④功能：转运内源性胆固醇
高密度脂蛋白代谢
①合成部位：肝脏和小肠
②代谢去向：肝脏和小肠合成的新生HDL入血后，在LCAT、apoAI及CETP等的作用下，从外周组织细胞表面摄取胆固醇，经过颗粒内胆固醇酯化和颗粒间脂质交换，最终将胆固醇从肝外组织转运到肝脏进行代谢
③特点：HDL含蛋白质最多；在血浆中的半衰期为3～5天
④功能：逆向转运胆固醇
参与代谢的酶
①脂蛋白脂肪酶（LPL）
②肝脂肪酶（HL）
③卵磷脂胆固醇脂酰转移酶（LCAT）

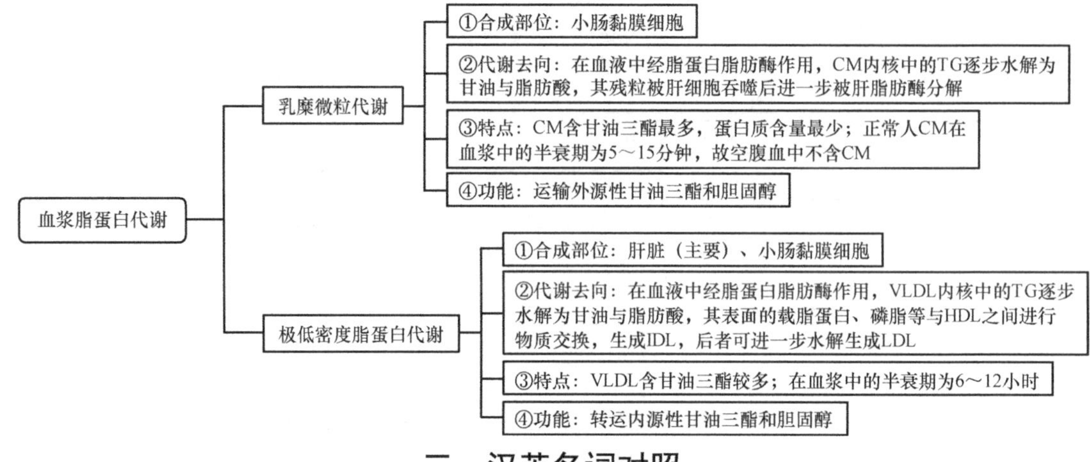


## 三、汉英名词对照

| 中文 | 英文 | 中文 | 英文 |
|---|---|---|---|
| 甘油三酯 | triglyceride（TG） | 甘油磷脂 | glycerophospholipids |
| 必需脂肪酸 | essential fatty acids | 胆固醇酯 | cholesteryl ester（CE） |
| 脂肪动员 | fat mobilization | 载脂蛋白 | apoprotein（apo） |
| 激素敏感性脂肪酶 | hormone sensitive lipase（HSL） | 乳糜微粒 | chylomicron（CM） |
| 肉碱 | carnitine | 极低密度脂蛋白 | very low density lipoprotein（VLDL） |
| 酮体 | ketone bodies | 低密度脂蛋白 | low density lipoprotein（LDL） |
| 柠檬酸-丙酮酸循环 | citrate-pyruvate cycle | 高密度脂蛋白 | high density lipoprotein（HDL） |
| 酰基载体蛋白 | acyl carrier protein（ACP） | 中间密度脂蛋白 | intermediate density lipoprotein（IDL） |
| 高脂血症 | hyperlipidemia | 高脂蛋白血症 | hyperlipoproteinemia |

## 四、复习思考题

### （一）名词解释

**1.** 脂肪动员
**2.** ketone bodies
**3.** 血脂
**4.** essential fatty acids
**5.** 脂肪酸 $\beta$-氧化
**6.** 血浆脂蛋白
**7.** apoprotein
**8.** 胆固醇
**9.** 磷脂
**10.** 脂类

### （二）选择题

**A1 型题，以下每一道题下面有 A、B、C、D、E 五个选项，请从中选择一个最佳答案。**

**11.** 饥饿时体内脂肪大量动员，释放出的脂肪酸在肝内生成乙酰 CoA 氧化供能，此外产生的乙酰 CoA 还可在肝内转变为下列哪种物质（　　）

A. 葡萄糖　B. 蛋白质　C. 酮体　D. 胆固醇　E. 甘油三酯

**12.** 下列关于脂肪酸 $\beta$-氧化的叙述，正确的是（　　）

A. 主要在胞质中进行　B. 有两次加氢反应　C. 每次断裂生成一个二碳化合物　D. 可产生 $CO_2$　E. 可产生 $H_2O$

**13.** 合成脂肪酸及胆固醇时乙酰 CoA 通过什么机制穿过线粒体膜进入胞质（　　）

A. 丙氨酸-葡萄糖循环　B. 柠檬酸-丙酮酸循环　C. Cori's 循环　D. 三羧酸循环　E. 肉碱转运

**14.** 乳糜微粒的作用是（　　）

A. 运输外源性甘油三酯　B. 运输内源性甘油三酯　C. 运输内源性胆固醇

D. 逆向转运胆固醇　　E. 逆向转运外源性甘油三酯

**15.** 下列哪种物质是胆固醇合成的中间物（　　）

A. MVA　　B. 乙酰乙酸　　C. 磷酸二羟丙酮　　D. 丙二酰 CoA　　E. 琥珀酸

**16.** 下述哪组物质是胆固醇的转化产物（　　）

a. 维生素 D　　b. 类固醇激素　　c. 胆红素　　d. 胆汁酸　　e. 维生素 A

A. a，b，c　　B. b，c，d　　C. a，b，d　　D. a，b，e　　E. b，c，e

**17.** 胰高血糖素通过增加下列哪种酶活性促进脂肪动员（　　）

A. 脂蛋白脂肪酶　　B. 甘油三酯脂肪酶　　C. 乙酰辅酶 A 羧化酶

D. 甘油一酯脂肪酶　　E. 激素敏感性脂肪酶

**18.** 由乙酰 CoA 生成酮体或胆固醇的共同中间物是（　　）

A. 甲羟戊酸　　B. 鲨烯　　C. $\beta$-羟丁酰 CoA

D. $\beta$-羟基-$\beta$-甲基戊二酸单酰 CoA　　E. 乙酰乙酸

**19.** 脑磷脂是指（　　）

A. 磷脂酰胆碱　　B. 磷脂酰乙醇胺　　C. 磷脂酰甘油　　D. 二磷脂酰甘油　　E. 三磷酸肌醇

**20.** 血浆脂蛋白组成中不包括下列哪一种化合物（　　）

A. 胆固醇及其酯　　B. 载脂蛋白　　C. 磷脂　　D. 脂肪酸　　E. 甘油三酯

**21.** 能在体内转变为脂肪的物质是（　　）

A. 葡萄糖　　B. 胆固醇　　C. 血红素　　D. 维生素 A　　E. 维生素 C

**22.** 关于肉碱功能的叙述下列哪一项是正确的（　　）

A. 转运中链脂肪酸进入肠上皮细胞　　B. 参与脂酰转运酶促反应

C. 参与视网膜的暗适应　　D. 转运中链脂肪酸进入内质网

E. 为脂肪酸生物合成所需的一种辅酶

**23.** 磷脂酶 A1 水解磷脂后得到的产物是（　　）

A. 溶血磷脂 1 和脂肪酸　　B. 溶血磷脂 2 和脂肪酸　　C. 脂肪酸和甘油

D. 磷脂酸和含氮碱　　E. 甘油二酯和磷酰化合物

**24.** 合成卵磷脂时所需的活性胆碱是（　　）

A. ADP-胆碱　　B. GDP-胆碱　　C. TDP-胆碱　　D. CDP-胆碱　　E. UDP-胆碱

**25.** 含蛋白质最多的血浆脂蛋白是（　　）

A. CM　　B. VLDL　　C. LDL　　D. HDL　　E. VHDL

**26.** 下列哪一种化合物在体内可直接作为胆固醇合成的碳源（　　）

A. 丙酮酸　　B. 草酸　　C. 苹果酸　　D. 乙酰 CoA　　E. 葡萄糖

**27.** 肝细胞可利用乙酰 CoA 为原料生成酮体供肝外组织利用，在此过程中每生成 1mol 乙酰乙酸，需多少 mol 乙酰 CoA 参与反应（　　）

A. 1　　B. 2　　C. 3　　D. 4　　E. 5

**28.** 下列哪个代谢过程主要在线粒体进行（　　）

A. 脂肪酸合成　　B. 胆固醇合成　　C. 磷脂合成

D. 脂肪酸的 $\beta$-氧化　　E. 脂肪合成

**29.** 控制长链脂肪酰基进入线粒体氧化的关键因素是（　　）

A. 脂酰 CoA 合成酶活性　　B. ATP 含量　　C. 脂酰 CoA 脱氢酶活性

D. 肉碱脂酰转移酶 I 活性　　E. 脂酰 CoA 的含量

**30.** 不属于甘油磷脂的是（　　）

A. 卵磷脂　　B. 脑磷脂　　C. 磷脂酰丝氨酸　　D. 磷脂酰肌醇　　E. 神经鞘磷脂

**31.** 脂酰 CoA 进行 $\beta$-氧化反应的顺序为（　　）

A. 脱氢、再脱氢、加水、硫解　　B. 硫解、脱氢、加水、再脱氢

C. 脱氢、加水、再脱氢、硫解　　D. 脱氢、脱水、再脱氢、硫解

E. 脱氢、加水、硫解、再脱水

**32.** 人体内 LDL 的生成部位是（　　）

A. 肝　B. 肠黏膜　C. 血浆　D. 红细胞　E. 脑

**A2 型题，以下每一道题下面有 A、B、C、D、E 五个选项，请从中选择一个最佳答案。**

**33.** 张大爷因胆结石做了胆囊切除术，但因胆汁分泌异常，常在吃了油腻饮食后出现腹泻。胆汁中可促进食物脂类消化吸收的是下列哪种成分（　　）

A. 胆色素　B. 胆固醇　C. 磷脂　D. 黏蛋白　E. 胆汁酸盐

**34.** 左旋肉碱能加速脂肪分解是因为它促进脂肪分解的环节与下列哪个有关（　　）

A. 脂肪动员　B. 脂肪酸的活化　C. 协助将脂酰 CoA 转运入线粒体

D. 脂酰 CoA $\beta$-氧化　E. 不饱和脂肪酸的氧化

**35.** 一岁的小宝晚上睡觉常常哭闹，经检查发现其缺钙，医生叮嘱妈妈除给小宝补钙外，还需多晒太阳。因为紫外线照射可激活皮肤下的维生素 $D_3$ 前体活化为维生素 $D_3$，促进人体对钙的吸收。维生素 $D_3$ 前体是由下列哪种物质转变而来（　　）

A. 胆固醇　B. 脂肪酸　C. 磷脂　D. 脂肪　E. 血浆脂蛋白

**36.** 冠心病系冠状动脉发生动脉粥样硬化，使血管管腔狭窄，引起心肌缺血。动脉粥样硬化主要由于血浆胆固醇含量过高，沉积于大、中动脉内膜，形成粥样斑块所导致。临床发现，血浆中 HDL 含量较高者，冠心病发病率相对较低。主要由于 HDL 的功能是（　　）

A. 转运外源性甘油三酯　B. 转运内源性甘油三酯　C. 转运外源性胆固醇

D. 转运内源性胆固醇　E. 逆向转运胆固醇

**37.** 某患者有糖尿病史 8 年，1 天前因感冒出现意识障碍，呼气带烂苹果味，临床诊断：酮症酸中毒。引起酮症酸中毒的常见原因除糖尿病外，还有（　　）

A. 缺氧　B. 高糖饮食　C. 高脂血症　D. 长期饥饿　E. 高胆固醇血症

**38.** 考来烯胺是临床用来降低血浆胆固醇的药物，此药为一种阴离子交换树脂，口服后不能被吸收，但能结合胆汁酸阻止其吸收、促进其排泄。此药降低血浆胆固醇的主要机制是（　　）

A. 减少了胆固醇的吸收　B. 降低了体内胆固醇的合成　C. 促进胆固醇向胆汁酸的转化

D. 增加了胆固醇的排泄　E. 减少组织细胞摄取胆固醇

**B 型题，请从以下 5 个备选项中，选出最适合下列题目的选项。**

（39～41 题共用备选答案）

A. 胆汁酸　B. 胆红素　C. 乙酰 CoA

D. HMG-CoA 合成酶　E. HMG-CoA 还原酶

**39.** 胆固醇可转变成（　　）

**40.** 合成胆固醇的原料有（　　）

**41.** 合成胆固醇的限速酶是（　　）

（42～44 题共用备选答案）

A. 胰高血糖素　B. 肾上腺素　C. 生长素　D. 胰岛素　E. 甲状腺素

**42.** 抗脂解激素是（　　）

**43.** 降低血糖浓度的激素是（　　）

**44.** 能促进产热的激素是（　　）

（45～47 题共用备选答案）

A. 乳糜微粒　B. 低密度脂蛋白　C. 高密度脂蛋白

D. 极低密度脂蛋白　E. 中间密度脂蛋白

**45.** 胆固醇含量最高的脂蛋白是（　　）

**46.** 甘油三酯含量最高的脂蛋白是（　　）

**47.** 蛋白质含量最高的脂蛋白是（　　）

（48～49 题共用备选答案）

A. 乙酰 CoA　B. 脂酰 CoA　C. 乙酰乙酸、$\beta$-羟丁酸和丙酮酸

D. 草酰乙酸、$\beta$-羟丁酸和丙酮酸　E. 乙酰乙酸、$\beta$-羟丁酸和丙酮

**48.** 酮体包括（　　）

**49.** 生成酮体的原料是（　　）

（50～52 题共用备选答案）

A. 磷脂酰胆碱　　B. 磷脂酰乙醇胺　　C. 磷脂酰丝氨酸
D. 磷脂酰甘油　　E. 二磷脂酰甘油

**50.** 卵磷脂是指（　　）

**51.** 脑磷脂是指（　　）

**52.** 心磷脂是指（　　）

（53～55 题共用备选答案）

A. 激素敏感性脂肪酶（HSL）　　B. 脂蛋白脂肪酶（LPL）　　C. 卵磷脂胆固醇脂酰转移酶（LCAT）
D. 肝脂酶（HL）　　E. 脂酰辅酶 A 胆固醇脂酰转移酶（ACAT）

**53.** 催化细胞内胆固醇酯化的酶（　　）

**54.** 催化血浆内胆固醇酯化的酶（　　）

**55.** 催化脂肪动员的关键酶（　　）

（56～57 题共用备选答案）

A. 溶酶体　　B. 内质网　　C. 线粒体　　D. 细胞质　　E. 高尔基体

**56.** 细胞内脂肪酸 $\beta$-氧化的部位是（　　）

**57.** 胆固醇合成和磷脂合成的共同代谢场所是（　　）

（58～59 题共用备选答案）

A. 甘油　　B. 3-磷酸甘油　　C. 3-磷酸甘油醛
D. 1,3-二磷酸甘油酸　　E. 2,3-二磷酸甘油酸

**58.** 属于脂肪动员产物的是（　　）

**59.** 属于脂肪组织中合成甘油三酯原料的是（　　）

（60～62 题共用备选答案）

A. HMG-CoA 合酶　　B. HMG-CoA 裂解酶　　C. HMG-CoA 还原酶
D. 琥珀酰 CoA 转硫酶　　E. $\beta$-羟丁酸脱氢酶

**60.** 参与酮体和胆固醇合成的酶是（　　）

**61.** 胆固醇合成途径中的关键酶是（　　）

**62.** 酮体不能被肝氧化利用的原因之一是肝中缺乏（　　）

（63～64 题共用备选答案）

A. 胆汁酸　　B. 睾酮　　C. 雄激素　　D. 乙酰 CoA　　E. 维生素 $D_3$

**63.** 胆固醇在体内代谢的主要去路是合成（　　）

**64.** 胆固醇不能转变成（　　）

**X 型题，以下每一道题下面有 A、B、C、D、E 五个备选答案，请从中选择 1～5 个不等答案。**

**65.** 酮体是一种能源物质，它可以在下列哪些组织细胞中氧化供能（　　）

A. 脑　　B. 肝　　C. 心　　D. 骨骼肌　　E. 成熟红细胞

**66.** 下述哪些反应是在线粒体中进行的（　　）

A. 糖酵解　　B. 磷酸戊糖途径　　C. 三羧酸循环
D. 脂肪酸 $\beta$-氧化　　E. 脂肪酸合成

**67.** 脂肪酸合成所需的氢（NADPH）可来源于（　　）

A. 糖酵解　　B. 磷酸戊糖途径　　C. 柠檬酸丙酮酸循环
D. 乳酸循环　　E. 三羧酸循环

**68.** 下列哪些关键酶与脂肪酸合成无关（　　）

A. 丙酮酸激酶　　B. 丙酮酸羧化酶　　C. 乙酰 CoA 羧化酶
D. 磷酸烯醇式丙酮酸羧激酶　　E. HMG-CoA 还原酶

**69.** 脂肪酸 $\beta$-氧化的过程包括（　　）

A. 脱氢　　B. 加氢　　C. 加水　　D. 再脱氢　　E. 硫解

**70.** 乙酰 CoA 羧化酶活性可受下列哪些物质调节（　　）

A. 柠檬酸　B. 异柠檬酸　C. 脂酰 CoA　D. 胰岛素　E. 胰高血糖素

**71.** 下列哪些脂肪酸是人体不能合成，需要从食物中摄取的（　　）

A. 软脂酸　B. 硬脂酸　C. 亚麻酸　D. 亚油酸　E. 花生四烯酸

### （三）问答题

**72.** 简述酮体生成和利用的简要过程及生理意义。

**73.** 简述载脂蛋白的主要分类和作用。

**74.** 用超速离心法将血浆脂蛋白分为哪几类？简述各类脂蛋白的来源和主要功用。

**75.** 简述乙酰 CoA 的来源及去路。

**76.** 试述体内胆固醇的来源、去路、合成原料、限速酶及简要步骤。

**77.** 计算 1mol 20C 饱和脂肪酸在机体内彻底氧化净生成的 ATP 摩尔数（写出计算依据）。

**78.** 试比较脂肪酸 $\beta$-氧化与生物合成的主要区别。

### （四）论述题

**79.** 小明今年 19 岁，体重 90kg，近一个月出现口渴、多饮、多尿，且体重减轻了 12kg，1 天前突发恶心、呕吐，呼吸急促并有"烂苹果"味，同时出现意识障碍被送入院。经实验室检查：血糖 20.4mmol/L，尿酮体（++），尿糖（+++）。初步诊断：1 型糖尿病，糖尿病高渗性昏迷，糖尿病酮症酸中毒。

请从生物化学角度分析小明出现酮症酸中毒的机制。

**80.** 临床检查中发现很多患者都有脂肪肝，请从生物化学角度分析脂肪肝的成因。

**81.** 甘油的来源有哪些？试述进入肝细胞的甘油：①怎样彻底氧化成 $CO_2$ 和 $H_2O$?在此过程中每摩尔甘油能产生多少 ATP？净生成多少 ATP？其中经氧化磷酸化及底物水平磷酸化生成多少个？②甘油如何转变为糖、脂肪及非必需氨基酸？

## 五、复习思考题答案及解析

### （一）名词解释

**1.** 脂肪动员：储存在脂肪组织中的脂肪被脂肪酶水解为游离脂肪酸和甘油并释放入血供其他组织氧化利用的过程。

**2.** ketone bodies：即酮体，是脂肪酸在肝脏线粒体内分解时产生的特有的中间产物，包括乙酰乙酸、$\beta$-羟丁酸和丙酮。

**3.** 血脂：是血浆中脂类物质的总称，主要包括甘油三酯、胆固醇、胆固醇酯、磷脂和游离脂肪酸。

**4.** essential fatty acids：即必需脂肪酸，机体必需但自身不能合成或合成量不足，必须由食物提供的脂肪酸称为必需脂肪酸。包括亚油酸、亚麻酸和花生四烯酸。

**5.** 脂肪酸 $\beta$-氧化：脂酰 CoA 进入线粒体基质后，在脂肪酸 $\beta$-氧化酶复合体的催化下，从脂酰基的 $\beta$-碳原子开始，进行脱氢、加水、再脱氢及硫解等四步连续反应，脂酰基断裂生成 1mol 比原来少 2 个碳原子的脂酰 CoA 及 1mol 乙酰 CoA 的过程。

**6.** 血浆脂蛋白：血浆中血脂与蛋白质的结合物称为血浆脂蛋白。

**7.** apoprotein：即载脂蛋白，脂蛋白中的蛋白质部分称载脂蛋白。

**8.** 胆固醇：是一种具有羟基的固体醇类化合物，最早从动物胆石中分离而获得，其基本结构为环戊烷多氢菲。

**9.** 磷脂：是指分子中含有磷酸的脂类，主要由甘油或鞘氨醇、脂肪酸、磷酸和含氮化合物组成，磷脂是构成生物膜等的重要成分。

**10.** 脂类：包括脂肪和类脂，是一类存在于生物体内，易溶于有机溶剂而不易溶于水的有机化合物，能被生物体所利用。

### （二）选择题

**11.** C：因肝细胞有活性很强的酮体合成酶系，故脂肪动员释放的脂肪酸在肝细胞线粒体经氧化产生的乙酰 CoA 除氧化供能外，主要合成酮体。合成胆固醇或甘油三酯的乙酰 CoA 主要来自糖代谢，饥饿时不合成，乙酰 CoA 不能合成葡萄糖和蛋白质。

**12.** C：脂肪酸$\beta$-氧化的反应过程主要是脱氢、加水、再脱氢、硫解四步连续反应的反复进行，每进行一次$\beta$-氧化，脂肪酸碳链可断裂一个二碳化合物——乙酰 CoA，故$\beta$-氧化的产物有 $FADH_2$、$NADH+H^+$和乙酰 CoA。

**13.** B：乙酰 CoA 是脂肪酸及胆固醇合成的主要原料，脂肪酸及胆固醇合成的过程在胞质和内质网进行。而乙酰 CoA 全部在线粒体内生成，因线粒体膜对酰基不敏感，乙酰 CoA 需要其他物质携带才能透过线粒体膜进入胞质参加脂肪酸的合成，这一过程由柠檬酸-丙酮酸循环来完成。丙氨酸-葡萄糖循环主要参与血氨的转运；Cori's 循环即乳酸循环，主要参与骨骼肌中乳酸的再利用；三羧酸循环是三大营养物分解代谢的最终通路；肉碱转运参与胞质中脂酰 CoA 转运入线粒体氧化的过程。

**14.** A：乳糜微粒代谢的主要功能是将外源性甘油三酯转运至心、肌肉和脂肪组织等组织利用；VLDL 的功能是将肝脏合成的内源性脂肪转运入血液中代谢；LDL 的功能是将肝脏合成的内源性胆固醇转运入血液中代谢；HDL 的功能是将外周组织释放入血的胆固醇转运入肝脏代谢。

**15.** A：MVA 即甲羟戊酸，是胆固醇合成第一阶段的产物。乙酰乙酸是酮体中的一种化合物；磷酸二羟丙酮是糖酵解的中间物质；丙二酰 CoA 是脂肪酸合成碳链延长的碳源；琥珀酸是三羧酸循环的中间物质。

**16.** C：胆固醇的主要代谢去路是在肝中转化为胆汁酸；皮肤中的胆固醇经酶促氧化生成 7-脱氢胆固醇，在紫外线的照射下，形成维生素 $D_3$；胆固醇是体内合成肾上腺皮质激素、性激素等类固醇激素的原料。

**17.** E：脂肪动员的限速酶是激素敏感性脂肪酶（HSL），其活性受多种激素的调控。其中能提高 HSL 活性、促进脂肪动员的激素称为脂解激素，包括胰高血糖素、肾上腺素和去甲肾上腺素等，能降低 HSL 活性、抑制脂肪动员的激素称为抗脂解激素，如胰岛素。甘油三酯脂肪酶及甘油一酯脂肪酶参与脂肪动员过程；脂蛋白脂肪酶参与血浆脂蛋白代谢；乙酰辅酶 A 羧化酶是脂肪酸合成的限速酶。

**18.** D：酮体或胆固醇合成均以乙酰 CoA 为原料，三分子乙酰 CoA 在$\beta$-羟基-$\beta$-甲基戊二酸单酰 CoA 合成酶作用下缩合生成$\beta$-羟基-$\beta$-甲基戊二酸单酰 CoA（HMG-CoA）。在酮体合成中 HMG-CoA 裂解为乙酰乙酸，在胆固醇合成中 HMG-CoA 经还原酶作用生成甲羟戊酸；鲨烯是胆固醇合成中间产物；$\beta$-羟丁酰 CoA 是脂肪酸合成的中间产物。

**19.** B：脑磷脂即为磷脂酰乙醇胺，磷脂酰胆碱即为卵磷脂，二者均为磷脂中含量较丰富的化合物；磷脂酰甘油、二磷脂酰甘油、三磷酸肌醇也属磷脂的分类产物。

**20.** D：血浆脂蛋白的主要组成是载脂蛋白及脂质（甘油三酯、磷脂、胆固醇及胆固醇酯）。脂肪酸是与血浆中的清蛋白形成复合物进行转运。

**21.** A：葡萄糖的分解代谢产物乙酰 CoA、$NADPH+H^+$是合成脂肪酸的原料，脂肪酸再进一步与磷酸甘油酯化为脂肪。胆固醇在体内不能分解，只能转变为胆汁酸、维生素 D 和类固醇激素；血红素、维生素 A 及维生素 C 都不能转变为脂肪。

**22.** B：肉碱也称肉毒碱，是长链脂酰 CoA 进入线粒体内膜氧化的特异运载体。此转运过程需肉碱脂酰转移酶Ⅰ、肉碱-脂酰肉碱转位酶、肉碱脂酰转移酶Ⅱ催化进行。

**23.** B：磷脂酶 A1 特异性水解甘油磷脂分子中 C1 位酯键，产物一般为饱和脂肪酸和溶血磷脂 2。磷脂酶 A2 水解磷脂后得到的产物是溶血磷脂 1 和脂肪酸；磷脂酶 C 催化甘油磷脂分子中 C3 位上的磷酸酯键水解，产物为甘油二酯和磷酰化合物；磷脂酶 D 催化磷脂分子中磷酸与取代基团（如胆碱、乙醇胺等）间的酯键断裂，释放出磷脂酸及取代基团。

**24.** D：合成卵磷脂时，需要 CTP 与胆碱结合生成活化中间物 CDP-胆碱，后者再与甘油二酯结合生成卵磷脂。

**25.** D：HDL 中的载脂蛋白含量很多，包括 apoA、apoC、apoD 和 apoE 等，占血浆脂蛋白组成的50%左右。CM 及 VLDL 含甘油三酯较多，LDL 含胆固醇及胆固醇酯较多。

**26.** D：胆固醇合成的碳源是乙酰 CoA，葡萄糖需分解为乙酰 CoA 后才能作为合成胆固醇的原料，其余化合物均不能直接作为胆固醇合成的碳源。

**27.** C：2 分子乙酰 CoA 在乙酰乙酰 CoA 硫解酶的催化下，缩合生成 1 分子乙酰乙酰 CoA，释放出 1 分子 HSCoA。乙酰乙酰 CoA 在关键酶 HMG-CoA 合酶的催化下，再与 1 分子乙酰 CoA 缩合生成 HMG-CoA，释放出 1 分子 HSCoA。在 HMG-CoA 裂解酶的催化下，HMG-CoA 分解成 1 分子乙酰乙酸和 1 分子乙酰 CoA。

**28.** D：脂肪酸的 $\beta$-氧化过程主要在线粒体内进行，脂肪酸及脂肪合成过程在胞质中进行；胆固醇合成在胞质和内质网中进行；磷脂合成在内质网中进行。

**29.** D：长链脂酰 CoA 进入线粒体内膜氧化的过程需肉碱脂酰转移酶Ⅰ、肉碱-脂酰肉碱转位酶、肉碱脂酰转移酶Ⅱ催化进行，其中肉碱脂酰转移酶Ⅰ是控制长链脂肪酰基进入线粒体氧化的关键酶。

**30.** E：神经鞘磷脂的基本骨架为鞘氨醇，而卵磷脂、脑磷脂、磷脂酰丝氨酸、磷脂酰肌醇的基本骨架为甘油，故神经鞘磷脂不属于甘油磷脂。

**31.** C：脂酰 CoA 进行 $\beta$-氧化反应的顺序依次为脱氢、加水、再脱氢、硫解四步连续反应，产物为 $FADH_2$、$NADH+H^+$和乙酰 CoA。

**32.** C：LDL 由 VLDL 在血浆中转变而来。

**33.** E：胆汁中的主要成分是胆汁酸盐，胆汁酸盐是双性分子，具有较强的乳化作用，可降低脂质表面张力，将不溶于水的脂质分散成细小的水包油的乳化微团，增加了消化酶对脂质的作用面积，有利于脂肪和类脂的消化吸收。

**34.** C：脂肪的分解代谢过程需要进入线粒体膜，但是长链脂肪酸通不过这道障碍。左旋肉碱就起到了搬运工的作用，把长链脂酰 CoA 从胞质侧转运入线粒体以进一步氧化。

**35.** A：皮肤下的胆固醇可转化为 7-脱氢胆固醇，即维生素 $D_3$ 前体，后者在紫外线照射下可活化为维生素 $D_3$。

**36.** E：因为 HDL 能将外周细胞过多的胆固醇转变为胆固醇酯，并将其转运到肝脏，转变成胆汁酸或促使其直接由胆道排出。因此 HDL 含量较高者，冠心病发病率相对较低。

**37.** D：酮症酸中毒系血浆酮体含量升高所致，这是因为酮体是由脂肪动员释放的脂肪酸，在肝脏线粒体中氧化后产生的乙酰 CoA 所生成。糖尿病因体内糖代谢利用障碍，使脂肪动员增加，从而产生酮体增多；长期饥饿时脂肪动员也增加，导致酮体产生增多，二者均可引起酮症酸中毒。

**38.** C：考来烯胺能结合胆汁酸阻止其吸收、促进其排泄，使肝中胆汁酸减少，肝微粒体内 7α-羟化酶（限速酶）处于激活状态，促使胆固醇转化为胆汁酸，从而降低血浆胆固醇。

**39.** A，**40.** C，**41.** E：胆固醇在体内可转变成胆汁酸、类固醇激素、维生素 $D_3$；合成胆固醇的原料有乙酰 CoA、$NADPH+H^+$，胆固醇合成的限速酶是 HMG-CoA 还原酶。HMG-CoA 合成酶参与胆固醇及酮体的合成，是酮体合成的限速酶；胆红素是铁卟啉化合物的代谢产物。

**42.** D，**43.** D，**44.** E：胰高血糖素、肾上腺素和去甲肾上腺素等能提高脂肪动员的限速酶 HSL 活性，促进脂肪动员，称为脂解激素；胰岛素能降低 HSL 活性，抑制脂肪动员，称为抗脂解激素。同时胰岛素也是体内唯一能降低血糖浓度的激素。胰高血糖素、肾上腺素、生长素等是升高血糖的激素；甲状腺素的主要作用是提高氧化磷酸化的速率，促进能量代谢。

**45.** B，**46.** A，**47.** C：血浆脂蛋白的主要组成是载脂蛋白及脂质（甘油三酯、磷脂、胆固醇及胆固醇酯），其中乳糜微粒的组成中以甘油三酯含量最高，蛋白质含量最少，故乳糜微粒的密度最小；低密度脂蛋白的组成中以胆固醇及其酯含量最高；高密度脂蛋白的组成中以蛋白质含量最高。

**48.** E，**49.** A：酮体是脂肪酸在肝脏进行正常分解代谢所产生的特殊中间产物，包括乙酰乙酸、$\beta$-羟丁酸及丙酮。生成酮体的原料是脂肪酸在肝脏进行分解代谢所产生的乙酰 CoA。

**50.** A，**51.** B，**52.** E：卵磷脂、脑磷脂、心磷脂均属甘油磷脂，其中卵磷脂含胆碱，脑磷脂含乙醇胺，心磷脂是由两分子磷脂酰甘油缩合形成。

**53.** E，**54.** C，**55.** A：ACAT 可催化组织细胞内的游离胆固醇分子中的 C3-OH 接受脂酰 CoA 的脂酰基，酯化生成胆固醇酯。LCAT 的主要功能是催化 HDL 中的卵磷脂 C2 位上的不饱和脂肪酸转移到胆固醇的 C3 位羟基上，生成胆固醇酯和溶血卵磷脂。催化脂肪动员的脂肪酶有甘油三酯脂肪酶、激素敏感脂肪酶、甘油一酯脂肪酶，其中激素敏感脂肪酶的活性受多种激素的影响，是脂肪动员的关键酶。

**56.** C，**57.** B：催化脂肪酸 $\beta$-氧化的酶系位于线粒体，故 56 题选 C。胆固醇合成和磷脂合成的共同代谢场所在内质网。

**58.** A，**59.** B：脂肪动员是指储存在脂肪组织中的甘油三酯在脂肪酶作用下逐步分解成甘油和游离脂肪酸，并释放入血供其他组织利用的过程。脂肪组织中合成甘油三酯原料的是由活化的甘油即3-磷酸甘油与脂肪酸酯化生成。

**60.** A，**61.** C，**62.** D：参与酮体和胆固醇合成的酶是 HMG-CoA 合酶；胆固醇合成途径中的关键酶是 HMG-CoA 还原酶；酮体利用的酶类主要有琥珀酰 CoA 转硫酶、乙酰乙酸硫激酶、*β*-羟丁酸脱氢酶等。酮体中的 *β*-羟丁酸在 *β*-羟丁酸脱氢酶的作用下，脱氢生成乙酰乙酸。乙酰乙酸的活化可经乙酰乙酸硫激酶或琥珀酰 CoA 转硫酶催化，生成乙酰乙酰 CoA，这两个酶都分布于脑、心、肾和骨骼肌等肝外组织细胞的线粒体中。

**63.** A，**64.** D：人体内没有降解胆固醇母核—— 环戊烷多氢菲的酶类，而是在胆固醇的侧链经氧化、还原转变成含环戊烷多氢菲母核的其他化合物，故胆固醇在体内可转变成胆汁酸、类固醇激素（如性激素、肾上腺皮质激素等）、维生素 $D_3$，不能转变成乙酰 CoA。其中主要代谢去路是在肝中转化为胆汁酸，正常成人每天合成胆固醇 1.0～1.5g，其中 0.4～0.6g 在肝内转变为胆汁酸，随胆汁排入肠道。

**65.** ACD：心、脑、骨骼肌的线粒体中具有活性很高的利用酮体的酶系，因此可以利用酮体供能。肝细胞线粒体中有活性很高的合成酮体的酶，但缺乏利用酮体的酶；成熟红细胞无线粒体，不能利用酮体供能。

**66.** CD：三羧酸循环在体内多种组织细胞的线粒体中进行。脂肪酸氧化时，其活化是在线粒体外进行的，而活化后的脂酰 CoA 必须进入线粒体才能进行 *β*-氧化。糖酵解和磷酸戊糖途径反应均在胞质中进行；脂肪酸合成酶系存在于肝、肾、脑、肺等组织的胞质中，因此脂肪酸合成位于胞质中。

**67.** BD：脂肪酸合成所需的氢全部由 NADPH 提供。NADPH 的来源为：①葡萄糖的磷酸戊糖途径为其主要来源；②柠檬酸丙酮酸循环中产生的少量 NADPH。在此循环中，苹果酸在苹果酸酶的作用下氧化脱羧产生 $CO_2$ 和丙酮酸，脱下的氢将 $NADP^+$ 还原成 NADPH。

**68.** ABDE：丙酮酸激酶是催化糖酵解过程中磷酸烯醇式丙酮酸转变为丙酮酸的关键酶。丙酮酸羧化酶是糖异生的关键酶。乙酰 CoA 羧化酶是脂肪酸合成的关键酶，催化乙酰 CoA 羧化成丙二酸单酰 CoA。磷酸烯醇式丙酮酸羧激酶是糖异生的关键酶，催化草酰乙酸转化为磷酸烯醇式丙酮酸。HMG-CoA 还原酶是胆固醇合成的关键酶，催化 HMG-CoA 还原为甲羟戊酸。

**69.** ACDE：脂肪酸 *β*-氧化是指脂酰 CoA 在线粒体基质中经脂肪酸 *β*-氧化多酶复合体的催化，首先从羧基端 *β*-碳原子开始氧化，经过脱氢、加水、再脱氢、硫解四步连续反应，每循环一次生成 1 分子乙酰 CoA 和 1 分子少两个碳原子的新的脂酰 CoA。

**70.** ABCDE：乙酰 CoA 羧化酶活性可受变构调节和化学修饰及激素的调节。柠檬酸和异柠檬酸可促使乙酰 CoA 羧化酶从无活性单体变构激活成有活性的多聚体，促进脂肪酸的合成；而脂酰 CoA 则是乙酰 CoA 羧化酶的变构抑制剂，可使其由活性的多聚体解聚而失活，抑制脂肪酸的合成。同时，乙酰 CoA 羧化酶还受到化学修饰调节：乙酰 CoA 羧化酶的第 79 位丝氨酸被蛋白激酶磷酸化而失去活性；而蛋白质磷酸酶可移去乙酰 CoA 羧化酶的磷酸基，从而使它恢复活性。胰高血糖素及肾上腺素可激活蛋白激酶使脂肪酸合成受到抑制；而胰岛素则可激活蛋白磷酸酶而促进脂肪酸合成。

**71.** CDE：必需脂肪酸是人体不能合成需要从食物中补充的脂肪酸，主要包括亚麻酸、亚油酸和花生四烯酸等多不饱和脂肪酸。

**（三）问答题**

**72.** 答：（1）酮体是脂肪酸在肝细胞内分解代谢产生的乙酰 CoA，经 HMG-CoA 合酶催化生成 HMG-CoA，再由 HMG-CoA 裂解催化生成乙酰乙酸，乙酰乙酸可加氢还原生成 *β*-羟丁酸，也可脱羧生成丙酮。但肝脏不能利用酮体，酮体需在肝外组织经乙酰乙酸硫激酶或琥珀酰 CoA 转硫酶催化后，转变成乙酰 CoA 并进入三羧酸循环而被氧化利用。

（2）酮体生成的生理意义：①酮体是脂肪酸在肝内正常的中间代谢物，是肝输出能源的一种形式。②长期饥饿、糖供应不足时可以代替葡萄糖，成为脑组织及肌肉的主要能源。

**73.** 答：载脂蛋白是脂蛋白中的蛋白质部分，按发现的先后主要分为 A、B、C、D、E 等五类。其主要作用有：①结合和转运脂质及稳定脂蛋白的结构。②识别脂蛋白受体。③调节血浆脂蛋白代谢关键酶的活性。

**74.** 答：用超速离心法将血浆脂蛋白分为四类，分别是 CM（乳糜微粒）、VLDL（极低密度脂蛋白）、LDL（低密度脂蛋白）、HDL（高密度脂蛋白）。

其来源和功能分别是：CM（乳糜微粒）由小肠黏膜上皮细胞合成，运输外源性甘油三酯及胆固醇；VLDL（极低密度脂蛋白）由肝细胞合成，运输内源性甘油三酯及胆固醇；LDL（低密度脂蛋白）由 VLDL 在血浆中生成，转运内源性胆固醇；HDL（高密度脂蛋白）主要由肝细胞合成，逆向向肝内运送胆固醇。

**75.** 答：来源：糖的氧化分解，脂肪酸的氧化分解，酮体的分解，氨基酸的氧化分解；去路：氧化供能，合成脂肪酸，合成胆固醇，转化成酮体，参与乙酰化反应。

**76.** 答：人体胆固醇的来源有：①从食物中摄取；②机体细胞自身合成。去路有：①用于构成细胞膜；②在肝脏转变为胆汁酸；③转变为类固醇激素，如肾上腺皮质激素、性激素等；④在皮肤可转变为维生素 $D_3$；⑤可酯化为胆固醇酯储存在胞质中。

合成原料：①乙酰 CoA，来源于葡萄糖、氨基酸及脂肪酸在线粒体的分解代谢；②$NADPH+H^+$，来源于磷酸戊糖途径。

限速酶：HMG-CoA 还原酶。

简要步骤：①甲羟戊酸的生成；②鲨烯的生成；③胆固醇的生成。

**77.** 答：1mol 20C 的饱和脂肪酸彻底氧化时需经 9 次 $\beta$-氧化，生成 9mol 的 $NADH+H^+$、9mol 的 $FADH_2$ 和 10mol 的乙酰 CoA。1mol $NADH+H^+$ 和 1mol $FADH_2$ 进入呼吸链分别生成 2.5mol 和 1.5mol 的 ATP，1mol 乙酰 CoA 经 TAC 可生成 10mol ATP，脂肪酸活化时需消耗 2mol 的 ATP，故 1mol 20C 的饱和脂肪酸彻底氧化时净生成 ATP 数为 $9\times2.5+9\times1.5+10\times10-2=134$mol ATP。

**78.** 答：见下表

| | $\beta$-氧化 | 生物合成 |
|---|---|---|
| 部位 | 线粒体 | 胞质 |
| 主要中间代谢物 | 乙酰 CoA | 乙酰 CoA，丙二酰 CoA |
| 脂酰基载体 | CoA | ACP |
| 辅酶 | FAD，$NAD^+$ | $NADPH+H^+$ |
| $HCO_3^-$ | 不需要 | 需要 |
| ADP/ATP 值 | 增高时发生 | 降低时发生 |
| 柠檬酸的作用 | 无激活作用 | 有激活作用 |
| 脂酰 CoA 的作用 | 无抑制作用 | 有抑制作用 |
| 所处膳食状况 | 常为禁食或饥饿 | 常为高糖膳食 |

## （四）论述题

**79.** 答：小明患有 1 型糖尿病，胰岛素严重缺乏，体内糖利用障碍，致使机体脂肪动员加强，释放的脂肪酸在组织细胞中分解氧化生成乙酰 CoA 增多，其中在肝脏中产生的乙酰 CoA 可转化生成酮体增多，当酮体生成超过体内利用和排出的限度时，血中酮体就在体内积聚起来。同时，酮体的利用需转变成乙酰 CoA 后与糖代谢的产物草酰乙酸结合形成柠檬酸，然后进入三羧酸循环。糖尿病患者糖代谢障碍，无充足的糖代谢产物草酰乙酸，酮体的消除亦受到障碍。当患者酮体来源过多和利用分解受阻时，酮体便蓄积，体内产生酮血症，酮体可从肾脏随尿排泄，产生酮尿症。因酮体包括乙酰乙酸、$\beta$-羟丁酸和丙酮，前两者为酸性物质，占酮体含量的 99%以上，故可诱发患者出现酮症酸中毒。

**80.** 答：正常人肝脏中脂类含量约占肝重的 5%，其中磷脂约占 3%，甘油三酯约占 2%。肝脏中合成的脂类，以脂蛋白的形式被转运出肝脏，其中所含的磷脂是合成脂蛋白不可缺少的材料。当肝脏中合成的脂肪不能顺利地被运出，引起脂肪在肝脏中堆积，称为“脂肪肝”。脂肪肝是一种常见的临床现象，而非一种独立的疾病。形成脂肪肝的主要原因有：①肝脏中脂肪来源太多，如高脂肪及高糖膳食；②肝功能障碍，肝脏合成脂蛋白能力降低；③合成磷脂原料不足，特别是胆碱或胆碱合成的原料（如甲硫氨酸）缺乏及缺少必需脂肪酸。因此，胆碱、胆胺、甲硫氨酸、维生素 $B_{12}$、CTP和卵磷脂等促进磷脂合成的物质可作为抗脂肪肝药物。

**81.** 答：甘油的来源有：①葡萄糖经过糖酵解途径生成磷酸二羟丙酮，后者在磷酸甘油脱氢酶的作用下还原转变成3-磷酸甘油，再经甘油磷酸酶催化脱去磷酸生成甘油。②脂肪动员生成的甘油。

进入肝细胞甘油的代谢：

（1）脂肪动员时的另一产物甘油在细胞内甘油激酶的催化下，与ATP作用生成3-磷酸甘油，后者在甘油磷酸脱氢酶的催化下生成磷酸二羟丙酮。磷酸二羟丙酮可循糖分解代谢途径继续氧化分解，释放能量。肝细胞中磷酸二羟丙酮也可经糖异生途径转变为葡萄糖或糖原。肝、肾及小肠黏膜细胞富含甘油激酶，而肌肉及脂肪细胞中这种激酶活性很低，利用甘油的能力很弱。脂肪组织中产生的甘油主要经血液运输进入肝脏进行氧化分解。

在此过程中每摩尔甘油能产生19.5或17.5分子ATP，净生成18.5或16.5分子ATP。计算依据：甘油在胞质中活化为3-磷酸甘油消耗1分子ATP；然后脱氢变成磷酸二羟丙酮，在异构酶的作用下转变为3-磷酸甘油醛，此过程中产生1分子NADH。3-磷酸甘油醛脱氢变成1,3-二磷酸甘油酸，再产生1分子NADH。1,3-二磷酸甘油酸及磷酸烯醇式丙酮酸通过底物水平磷酸化产生2分子ATP及丙酮酸。因此胞质中 2NADH+2ATP－1ATP，产生的总能量是 $2\times2.5+1=6$（苹果酸-天冬氨酸穿梭），或 $2\times1.5+1=4$（$\alpha$-磷酸甘油穿梭）。丙酮酸从胞质进入线粒体后，脱氢脱羧生成乙酰CoA（产生1分子NADH），后者进入三羧酸循环彻底氧化（每分子乙酰CoA经三羧酸循环可产生10ATP）。经过4次脱氢反应生成3分子NADH、1分子 $FADH_2$，并发生一次底物水平磷酸化，生成1分子GTP。依据生物氧化时每1分子NADH和 $FADH_2$ 分别生成2.5和1.5 ATP，1分子丙酮酸可产生12.5ATP。

因此，1分子甘油彻底氧化成 $CO_2$ 和 $H_2O$ 生成ATP为6（或4）+12.5=18.5（或16.5）ATP。其中经氧化磷酸化生成16.5或14.5个，经底物水平磷酸化生成3个。

（2）甘油可经糖异生途径生成葡萄糖或糖原；甘油经甘油激酶的作用生成甘油磷酸，与脂肪酸酯化即可生成脂肪；甘油可经糖酵解途径生成丙酮酸，后者作为生成非必需氨基酸的碳骨架，可氨基化转变成丙氨酸。

（陆红玲）

# 第 10 章　氨基酸代谢

## 一、教学目的与教学要求

**教学目的**　通过本章学习使学生掌握氨基酸的一般代谢及个别氨基酸代谢特点；让学生明白氨基酸代谢与糖代谢、脂代谢之间的相互联系；从而从整体上认识三大物质代谢的联系与转变。

**教学要求**　掌握氨基酸脱氨基作用方式：转氨基作用、氧化脱氨基作用、联合脱氨基作用；氨的来源和去路；氨的转运过程；丙氨酸-葡萄糖循环；尿素生成的鸟氨酸循环过程、部位及调节。熟悉氮平衡及必需氨基酸的概念、蛋白质的生理功能；蛋白质消化中各种酶的作用及氨基酸的吸收；氨基酸脱羧基作用及生成的生理活性物质；一碳单位的概念、载体及生理功能；熟悉活性甲基的形式。了解蛋白质的腐败作用及腐败产物、甲硫氨酸循环和肌酸合成、苯丙氨酸和酪氨酸生成的生理活性物质。

## 二、思 维 导 图

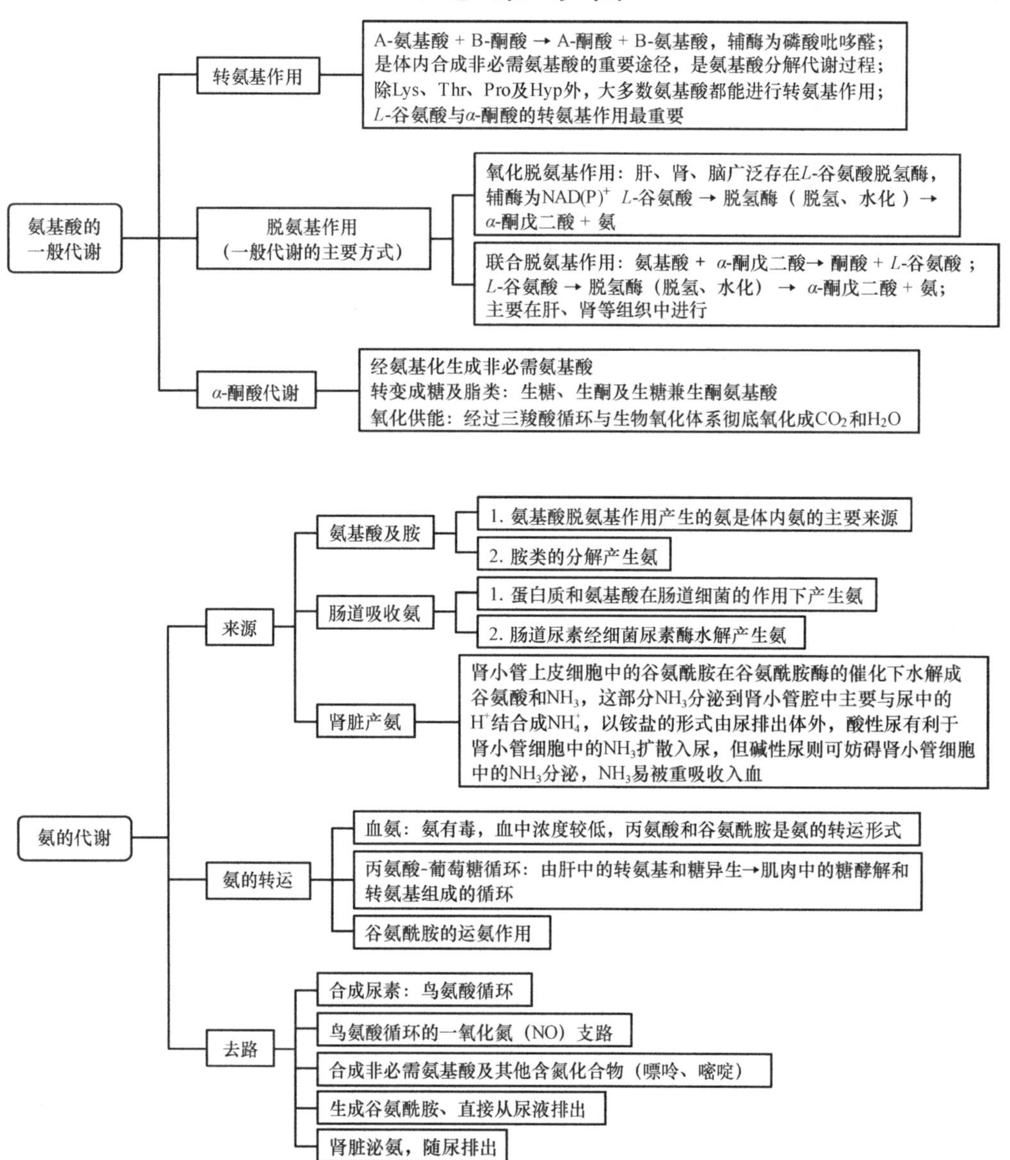

## 三、汉英名词对照

| 中文 | 英文 | 中文 | 英文 |
|---|---|---|---|
| 氮平衡 | nitrogen balance | 必需氨基酸 | essential amino acid |
| 自身催化作用 | autocatalysis | 泛素介导的蛋白质降解 | ubiquitin-mediated protein degradation |
| 蛋白酶体 | proteasome | 转氨基作用 | transamination |
| | | 氨基转移酶 | transaminase |
| 丙氨酸氨基转移酶 | alanine aminotransferase，ALT | 天冬氨酸氨基转移酶 | aspartate aminotransferase，AST |
| 氧化脱氨基作用 | oxidative deamination | 转氨脱氨作用 | transdeamination |
| 丙氨酸-葡萄糖循环 | alanine-glucose cycle | 鸟氨酸循环 | ornithine cycle |
| | | 尿素循环 | urea cycle |
| 一碳单位 | one carbon unit | 甲硫氨酸循环 | methionine cycle |
| 3′-磷酸腺苷-5′-磷酸硫酸 | 3′-phospho-adenosine-5′-phospho-sulfate，PAPS | 苯丙酮尿症 | phenyl ketonuria，PKU |

## 四、复习思考题

### （一）名词解释

**1.** 常见氨基酸（编码氨基酸）
**2.** 氮平衡（nitrogen balance）
**3.** 总氮平衡
**4.** 正氮平衡
**5.** 负氮平衡
**6.** 必需氨基酸（essential amino acid）
**7.** 食物蛋白质的互补作用（complementation of diet protein）
**8.** 蛋白质的腐败作用
**9.** 丙氨酸-葡萄糖循环（alanine-glucose cycle）
**10.** 一碳单位（one carbon unit）

### （二）选择题

**A1 型题，以下每一道题下面有 A、B、C、D、E 五个选项，请从中选择一个最佳答案。**

**11.** 正常成人进食富含精氨酸的蛋白质后，其尿液中哪项会增加（　　）
A. 精氨酸　B. 尿素　C. 尿酸　D. 肌酐　E. 肌酸

**12.** 下列关于氨基甲酰磷酸合成酶Ⅰ（CPS-Ⅰ）叙述正确的是（　　）
A. 存在于细胞质中　B. 要利用谷氨酰胺中的氨作底物
C. 参与嘧啶核苷酸的合成　D. 受 ATP 的抑制
E. 在线粒体中由 *N*-乙酰谷氨酸（AGA）激活

**13.** 人体内氨的最主要去路是（　　）
A. 生成谷氨酰胺　B. 从尿排出　C. 渗入肠道
D. 合成氨基酸　E. 合成尿素

**14.** 氨基转移酶的辅酶与下列哪项有关（　　）
A. 维生素 PP　B. 维生素 $B_1$　C. 维生素 $B_2$　D. 维生素 $B_6$　E. 维生素 $B_{12}$

**15.** 下列哪项不能进行转氨基作用（　　）
A. 缬氨酸　B. 亮氨酸　C. 苏氨酸　D. 苯丙氨酸　E. 色氨酸

**16.** 白化病患者是由于先天缺乏下列哪项（　　）
A. 酪氨酸脱氨酶　B. 酪氨酸酶　C. 对羟苯丙氨酸氧化酶
D. 苯丙氨酸羟化酶　E. 尿黑酸氧化酶

**17.** 苯丙酮尿症是由于先天缺乏下列哪项（　　）
A. 酪氨酸脱氨酶　B. 酪氨酸酶　C. 对羟苯丙氨酸氧化酶
D. 苯丙氨酸羟化酶　E. 尿黑酸氧化酶

**18.** 酪氨酸经下列哪项作用后可以生成多巴（　　）
A. 酪氨酸羟化酶　B. 酪氨酸酶　C. 对羟苯丙氨酸氧化酶

D. 苯丙氨酸羟化酶　　E. 尿黑酸氧化酶

**19.** 帕金森病（Parkinson disease）患者下列哪项物质生成减少（　　）

A. 多巴　　B. 多巴胺　　C. 去甲肾上腺素

D. 肾上腺素　　E. 以上选项都不是

**20.** 下列哪种氨基酸的代谢与体内转甲基作用有关（　　）

A. 半胱氨酸　　B. 胱氨酸　　C. 蛋氨酸　　D. 色氨酸　　E. 脯氨酸

**B 型，请从以下 5 个备选项中，选出最适合下列题目的选项。**

（21～22 题共用选项）

A. Thr　　B. Val　　C. Lys　　D. Pro　　E. Phe

**21.** 不是必需氨基酸的是（　　）

**22.** 常为蛋白质磷酸化位点的是（　　）

（23～25 题共用选项）

A. 26S 蛋白酶体　　B. 线粒体　　C. 内质网　　D. 溶酶体　　E. 细胞核

**23.** 降解外源性蛋白、膜蛋白和长寿命蛋白的是（　　）

**24.** 降解异常蛋白和短寿命蛋白是（　　）

**25.** DNA 位于（　　）

（26～28 题共用选项）

A. 甘氨酸　　B. 半胱氨酸　　C. 色氨酸　　D. 异亮氨酸　　E. 细胞核

**26.** 人体内含硫的氨基酸（　　）

**27.** 人体内带支链的氨基酸（　　）

**28.** 人体内芳香族氨基酸（　　）

**X 型题，以下每一道题下面有 A、B、C、D、E 五个备选答案，请从中选择 1～5 个不等答案。**

**29.** 转氨脱氨作用需要下列哪些酶参与（　　）

A. 谷氨酰胺合成酶　　B. *L*-氨基酸氧化酶　　C. *L*-谷氨酸脱氢酶

D. 氨基转移酶　　E. 胺氧化酶

**30.** 能产生一碳单位的氨基酸主要有下列哪些（　　）

A. 丝氨酸　　B. 甘氨酸　　C. 组氨酸　　D. 色氨酸　　E. 以上都不是

**31.** 下列哪些选项是一碳单位（　　）

A. CO　　B. $—CH_3$　　C. $—CH_2—$　　D. —CHO　　E. $CO_2$

**32.** 下列哪些选项是牛磺酸的生物学功能（　　）

A. 调节中枢神经系统的兴奋性　　B. 维持正常的视觉和视网膜结构

C. 抗心律失常、降血压和保护心肌　　D. 维持血液、免疫和生殖系统正常功能

E. 促进婴幼儿的生长发育

**33.** 高氨血症引起的肝性脑病（肝昏迷），一般认为的作用机制有哪些（　　）

A. 氨进入脑组织，由于与 *α*-酮戊二酸生成 Glu，再进一步生成 Gln，消耗 $NADH+H^+$和 ATP，使脑细胞中的 *α*-酮戊二酸减少，导致三羧酸循环和氧化磷酸化减弱，从而使脑组织中 ATP 生成减少，引起大脑功能障碍

B. 由于谷氨酸、谷氨酰胺增多，渗透压增高引起脑水肿

C. 血氨浓度过高影响 *α*-酮戊二酸脱氢酶系的活性，使 *α*-酮戊二酸氧化脱羧生成琥珀酰 CoA 受抑制，从而影响三羧酸循环

D. 血氨浓度过高影响丙酮酸脱氢酶系的活性，使丙酮酸不能正常进行氧化脱羧生成乙酰 CoA，进入三羧酸循环彻底氧化

E. 以上选项都不是

**34.** 人体内氨在血液的运输形式有下列哪些选项（　　）

A. 甘氨酸　　B. 丙氨酸　　C. 蛋氨酸　　D. 谷氨酰胺　　E. 赖氨酸

**35.** 人体内氨的来源主要有下列哪些选项（　　）

A. 氨基酸脱氨基作用产生的氨

B. 蛋白质和氨基酸在肠道细菌作用下产生的氨
C. 肠道尿素经细菌尿素酶水解产生的氨
D. 肾小管上皮细胞中的谷氨酰胺在谷氨酰胺酶的催化下水解成谷氨酸和氨
E. 以上选项都不是

**36.** 下列哪些选项可以促进体内尿素的合成（ ）
A. 膳食中蛋白质的含量增加
B. *N*-乙酰谷氨酸的含量增加
C. 精氨酸的含量增加
D. 膳食中维生素C的含量增加
E. 以上选项都不是

**37.** 下列哪些选项是生糖兼生酮氨基酸（ ）
A. 亮氨酸 B. 赖氨酸 C. 苯丙氨酸 D. 异亮氨酸 E. 苏氨酸

**38.** 尿素合成的调节主要是对下列哪些选项进行调节（ ）
A. 氨基甲酰磷酸合成酶Ⅰ
B. 鸟氨酸氨基甲酰转移酶
C. 精氨酸代琥珀酸合成酶
D. 精氨酸代琥珀酸裂解酶
E. 精氨酸酶

**（三）问答题**

**39.** 为什么高血氨患者宜用弱酸性透析液作结肠透析，而不能用碱性肥皂水灌肠？
**40.** 简述丙氨酸-葡萄糖循环过程及其生理作用。
**41.** 简述人体内氨的主要来源与代谢去路。
**42.** 简述人体内支链氨基酸的分解代谢。

**（四）论述题**

**43.** 目前认为高氨血症引起肝昏迷的作用机制有哪些?
**44.** 试述人体内苯丙氨酸和酪氨酸分解代谢异常时会出现哪些疾病。

## 五、复习思考题答案及解析

**（一）名词解释**

**1.** 常见氨基酸（编码氨基酸）：是指有密码子对应的氨基酸。
**2.** 氮平衡（nitrogen balance）：是反映机体内蛋白质代谢概况的一项指标，是指机体从食物中摄入氮与排泄氮之间的关系。
**3.** 总氮平衡：每日摄入氮=排出氮，反映正常成人的蛋白质代谢情况，即每日体内蛋白质合成的量与分解的量大致相当。
**4.** 正氮平衡：每日摄入氮＞排出氮，体内蛋白质的合成多于分解，见于儿童、孕妇及恢复期的患者。
**5.** 负氮平衡：每日摄入氮＜排出氮，体内蛋白质的分解多于合成，见于蛋白质摄入量不足，如饥饿、消耗性疾病或长期营养不良。
**6.** 必需氨基酸（essential amino acid）：是指机体需要，但体内不能合成或合成的量不能满足机体需要，必须从食物摄取的氨基酸。
**7.** 食物蛋白质的互补作用（complementation of diet protein）：将不同来源的蛋白质混合食用，其所含的必需氨基酸可以互相补充提高营养价值。
**8.** 蛋白质的腐败作用：是指肠道细菌对未被消化和吸收的蛋白质及其产物所起的作用。
**9.** 丙氨酸-葡萄糖循环（alanine-glucose cycle）：是指丙氨酸和葡萄糖反复地在肌肉和肝之间进行氨的转运的过程。
**10.** 一碳单位（one carbon unit）：是指某些氨基酸在分解代谢过程中产生的含有一个碳原子的有机基团。

**（二）选择题**

**11.** B，进食富含精氨酸的蛋白质后，会加速体内鸟氨酸循环的进程，使尿素量增加。
**12.** E，*N*-乙酰谷氨酸（AGA）是CPS-Ⅰ的变构激活剂，CPS-Ⅰ和AGA都存于线粒体中。
**13.** E，合成尿素是人体内氨的最主要去路。
**14.** D，氨基转移酶的辅酶磷酸吡哆醛，它是维生素$B_6$的磷酸酯。

**15.** C，除赖氨酸、苏氨酸、脯氨酸及羟脯氨酸外，大多数氨基酸都能进行转氨基作用。
**16.** B，人体缺乏酪氨酸酶，黑色素合成障碍，导致皮肤、毛发等发白。
**17.** D，当苯丙氨酸羟化酶先天性缺乏时，苯丙氨酸不能正常地转变成酪氨酸，体内的苯丙氨酸蓄积，此时苯丙氨酸可经转氨基作用生成苯丙酮酸，尿中出现大量苯丙酮酸。
**18.** A，酪氨酸经酪氨酸羟化酶作用，生成3,4-二羟苯丙氨酸（多巴）。
**19.** B，多巴胺是脑中的一种神经递质，帕金森病患者，多巴胺生成减少。
**20.** C，蛋氨酸就是甲硫氨酸，甲硫氨酸在转甲基之前，先与ATP作用，生成*S*-腺苷甲硫氨酸（SAM）。SAM中的甲基称为活性甲基，在甲基转移酶的作用下，可将甲基转移至另一种物质，使其甲基化。
**21.** D，**22.** A：D是脯氨酸，不是必需氨基酸；含羟基的氨基酸是蛋白质磷酸化位点，A是苏氨酸，含有羟基。
**23.** D，**24.** A，**25.** E：降解外源性蛋白、膜蛋白和长寿命蛋白的是溶酶体，所以23题选D；降解异常蛋白和短寿命蛋白是26S蛋白酶体，所以24题选A；DNA位于的是细胞核，所以25题选E。
**26.** B，**27.** D，**28.** C：人体内含硫的氨基酸有两种：半胱氨酸和甲硫氨酸，所以26题选B；人体内带支链的氨基酸有三种：亮氨酸、异亮氨酸和缬氨酸，所以27题选D；人体内芳香族氨基酸有三种：酪氨酸、苯丙氨酸和色氨酸，所以28题选C。
**29.** CD：转氨脱氨作用是转氨基作用与谷氨酸的氧化脱氨基作用偶联，需要氨基转移酶与*L*-谷氨酸脱氢酶的协同作用，可达到把氨基酸转变成$NH_3$及相应$\alpha$-酮酸的目的。
**30.** ABCD：能产生一碳单位的氨基酸主要有丝氨酸、甘氨酸、组氨酸及色氨酸。
**31.** BCD：A和E都是分子，而一碳单位都是基团。
**32.** ABCDE：这些都是牛磺酸的生物学功能。
**33.** ABCD：ABCD都被认为是高氨血症引起肝性脑病的作用机制。
**34.** BD：氨在血液中主要是以丙氨酸及谷氨酰胺两种形式转运。
**35.** ABCD：ABCD是人体内氨的主要来源。
**36.** ABC：高蛋白质膳食时尿素的合成速度加快；*N*-乙酰谷氨酸是CPS-Ⅰ的变构激活剂；精氨酸又是*N*-乙酰谷氨酸合成酶的激活剂，所以BC也都可以促进尿素合成。
**37.** CDE：AB是生酮氨基酸，生糖兼生酮氨基酸有异亮氨酸、苯丙氨酸、酪氨酸、苏氨酸和色氨酸共五种。
**38.** AC：因为AC是尿素合成的关键酶，合成的调节主要是对关键酶进行调节。

**（三）问答题**

**39.** 答：在肠道，$NH_3$比$NH_4^+$更易于穿过细胞膜而被肠道吸收；在碱性环境中，$NH_4^+$倾向转变成$NH_3$。当肠道pH偏碱时，氨的吸收加强，血氨浓度会进一步升高，因此临床上对高血氨患者采用弱酸性透析液作结肠透析，禁止用碱性肥皂水灌肠，就是为了减少肠道氨的吸收。
**40.** 答：肌肉中的氨基酸经转氨基作用将氨基转给丙酮酸生成丙氨酸；丙氨酸经血液运到肝。在肝中，丙氨酸通过联合脱氨基作用，释放出氨，用于合成尿素。转氨基后生成的丙酮酸可经糖异生途径生成葡萄糖。葡萄糖由血液输送到肌组织，沿糖酵解途径转变成丙酮酸，后者再接受氨基而生成丙氨酸进行第二次丙氨酸和葡萄糖循环。通过这个循环，既可以使肌肉中的氨以无毒的丙氨酸形式运输到肝，同时，肝又为肌肉提供了生成丙酮酸的葡萄糖。
**41.** 答：人体内氨的主要来源：各组织器官中氨基酸及胺分解产生的氨、肠道吸收的氨和肾小管上皮细胞分泌的氨。主要代谢去路：合成尿素、鸟氨酸循环的NO支路、合成非必需氨基酸、生成谷氨酰胺和肾脏泌氨随尿液排出。
**42.** 答：人体内支链氨基酸包括亮氨酸、异亮氨酸和缬氨酸三种，分解代谢的开始阶段基本相同，先经转氨基作用，生成各自相应的$\alpha$-酮酸，然后分别进行代谢，经过若干步骤，亮氨酸产生乙酰CoA及乙酰乙酰CoA；异亮氨酸产生乙酰CoA及琥珀酸单酰CoA；缬氨酸分解产生琥珀酸单酰辅酶A。

**（四）论述题**

**43.** 答：①氨进入脑组织，可与脑中的$\alpha$-酮戊二酸结合生成谷氨酸，氨还可与脑中的谷氨酸进一步结合生成谷氨酰胺。这两步反应需分别消耗NADH＋$H^+$和ATP，并使脑细胞中的$\alpha$-酮戊二酸减少，导致三羧酸循环和氧化磷酸化减弱，从而使脑组织中 ATP 生成减少，引起大脑功能障碍。②由于谷氨酸、谷氨酰胺增多，渗透压增大引起脑水肿。③血氨浓度过高影响 $\alpha$-酮戊二酸脱氢酶系的活性，使 $\alpha$-酮戊二酸氧化脱羧生成琥珀酰 CoA 受抑制，从而影响三羧酸循环。④血氨浓度过高影响丙酮酸脱氢酶系的活性，使丙酮酸不能正常进行氧化脱羧生成乙酰 CoA，进入三羧酸循环彻底氧化。

**44.** 答：正常苯丙氨酸和酪氨酸分解如下

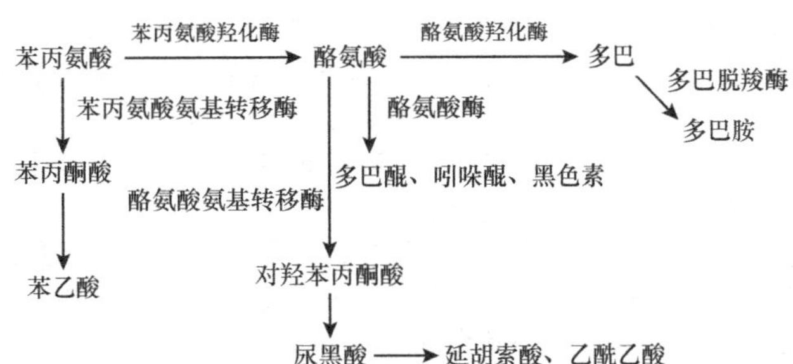


（1）苯丙氨酸羟化酶先天性缺乏：正常情况下苯丙氨酸代谢的主要途径是转变成酪氨酸。苯丙氨酸除能转变为酪氨酸外，少量可经转氨基作用生成苯丙酮酸。当苯丙氨酸羟化酶先天性缺乏时，苯丙氨酸不能正常地转变成酪氨酸，体内的苯丙氨酸蓄积，此时苯丙氨酸可经转氨基作用生成苯丙酮酸，尿中出现大量苯丙酮酸等代谢产物，称为苯丙酮尿症。

（2）酪氨酸羟化酶和多巴脱羧酶缺乏：多巴胺生成会减少，多巴胺是脑中的一种神经递质，可能会患上帕金森病。

（3）酪氨酸酶缺乏：人体缺乏酪氨酸酶，黑色素合成障碍，导致皮肤、毛发等发白，称为白化病。

（4）体内代谢尿黑酸的酶先天缺陷时，尿黑酸分解受阻，可出现尿黑酸尿症。

（刘勇军）

# 第 11 章 核苷酸代谢

## 一、教学目的与教学要求

**教学目的** 通过本章学习让学生明白体内可以利用简单原料从头合成核酸，同时还可以进行补救合成，因此核酸不是人体必需的六大营养要素；掌握核酸的分解代谢及其产物。

**教学要求** 掌握嘌呤核苷酸从头合成途径的概念、元素来源、原料、重要中间产物和关键酶；脱氧核苷酸的生成；嘌呤核苷酸分解代谢终产物。嘧啶核苷酸从头合成途径的概念、元素来源、原料、重要中间产物和关键酶；脱氧胸腺嘧啶核苷酸的生成。

熟悉核酸的消化概况和核苷酸的生理功能、嘌呤核苷酸从头合成途径的调节、嘌呤核苷酸补救合成途径、嘌呤核苷酸的相互转变、催化尿酸生成的关键酶，痛风症的原因及治疗原则、嘧啶核苷酸从头合成途径基本过程、嘧啶核苷酸补救合成途径。

了解嘌呤核苷酸从头合成途径的基本过程、嘌呤核苷酸的抗代谢物、嘧啶核苷酸合成的调节、嘧啶核苷酸抗代谢物、嘧啶核苷酸的分解代谢的基本过程。

## 二、思维导图

嘧啶核苷酸的分解代谢

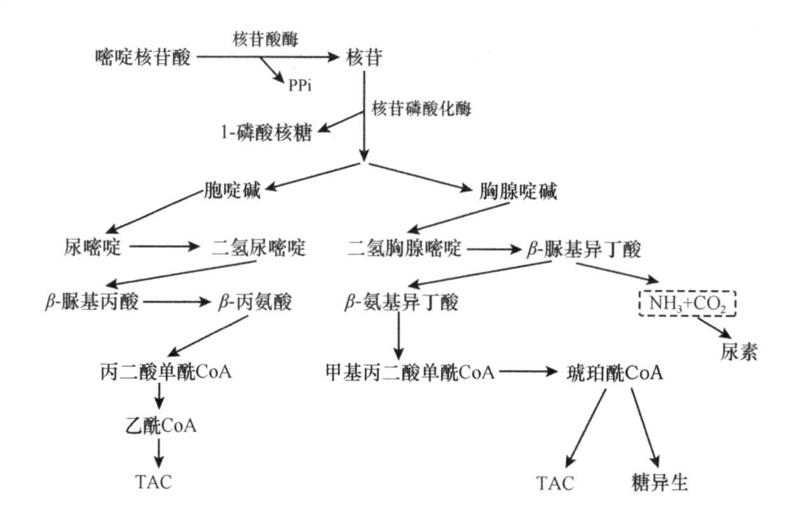


嘌呤核苷酸的分解代谢

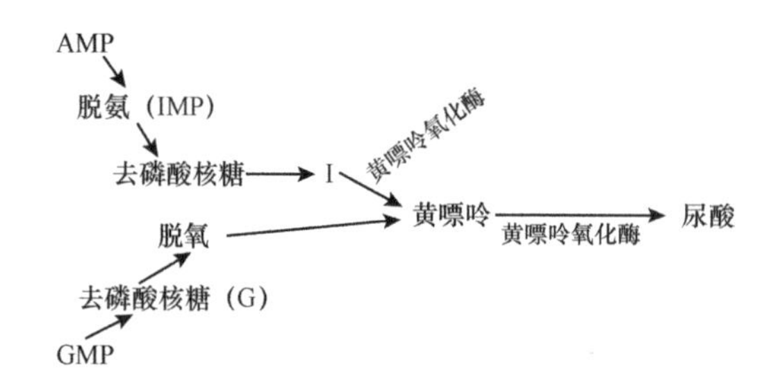

嘌呤核苷酸与嘧啶核苷酸合成的比较

相同点
1. 合成原料基本相同
2. 合成部位主要在肝脏
3. 都有2种合成途径
4. 都是先合成一个前体核苷酸，然后进一步合成相关核苷酸

不同点

| | 嘌呤核苷酸 | 嘧啶核苷酸 |
|---|---|---|
| 1 | 在R-5′-P基础上合成嘌呤环 | 先合成嘧啶环再与R-5′-P结合 |
| 2 | 最先合成IMP | 先合成UMP |
| 3 | 在IMP基础上完成AMP和GMP的合成 | 以UMP为基础，完成CTP、dTMP的合成 |

## 三、汉英名词对照

| 中文 | 英文 | 中文 | 英文 |
|---|---|---|---|
| 核苷酸 | nucleotides | 从头合成途径 | de novo synthesis |
| 补救途径 | salvage pathway | 次黄嘌呤核苷酸 | inosine monophosphate，IMP |
| 磷酸核糖焦磷酸激酶 | phosphoribosyl pyrophosphokinase | 5-磷酸核糖-α-焦磷酸 | 5-phosphoribosyl-α-pyrophosphate，PRPP |
| 黄嘌呤核苷酸 | xanthosine monophosphate，XMP | 痛风 | gout |

## 四、复习思考题

### （一）名词解释

**1.** 核苷酸的从头合成　　**2.** 核苷酸的补救合成

**3.** 核苷酸合成的抗代谢物　　**4.** 核苷酸合成的反馈调节

### （二）选择题

**A1 型题，以下每一道题下面有 A、B、C、D、E 五个选项，请从中选择一个最佳答案。**

**5.** 磷酸戊糖途径为合成核苷酸提供（　　）

A. $NADPH+H^+$　B. 4-磷酸赤藓糖　C. 5-磷酸核酮糖
D. 5-磷酸木酮糖　E. 5-磷酸核糖

**6.** 进行嘌呤核苷酸从头合成最主要的组织是（　　）

A. 胸腺　B. 小肠黏膜　C. 肝　D. 脾　E. 骨髓

**7.** 嘌呤核苷酸从头合成时首先生成的是（　　）

A. GMP　B. AMP　C. IMP　D. ATP　E. GTP

**8.** 氟尿嘧啶的抗癌作用机制是（　　）

A. 合成错误的 DNA　B. 抑制尿嘧啶的合成　C. 抑制胞嘧啶的合成
D. 抑制胸苷酸的合成　E. 抑制二氢叶酸还原酶

**9.** 可抑制磷酸核糖焦磷酸激酶活性的物质是（　　）

A. ADP　B. $Mg^{2+}$　C. PRPP　D. ATP　E. XMP

**10.** GMP 可反馈抑制（　　）

A. 5-磷酸核糖胺生成　B. CPS-Ⅱ催化的反应　C. UMP 生成
D. 氨基甲酰天冬氨酸生成　E. CMP 生成

**11.** 嘧啶从头合成途径的关键酶是（　　）

A. 天冬氨酸氨基甲酰基转移酶　B. PRPP 酰胺转移酶
C. 黄嘌呤氧化酶　D. 二氢乳清酸酶　E. 氨基甲酰磷酸合成酶Ⅰ

**12.** 嘧啶核苷酸合成中，生成氨基甲酰磷酸的部位是（　　）

A. 线粒体　B. 微粒体　C. 胞质　D. 溶酶体　E. 细胞核

**13.** 治疗痛风有效的别嘌呤醇（　　）

A. 可抑制鸟嘌呤脱氨酶　B. 可抑制腺苷酸脱氨酶　C. 可抑制尿酸氧化酶
D. 可抑制黄嘌呤氧化酶　E. 对以上酶都无抑制作用

**14.** 催化 dUMP 转变为 dTMP 的酶是（　　）
A. 核苷酸还原酶　B. 胸苷酸合酶　C. 核苷酸激酶
D. 甲基转移酶　E. 脱氧胸苷激酶

**15.** 嘌呤核苷酸从头合成时，IMP 结构中嘌呤环的 N-1 来自（　　）
A. 谷氨酰胺　B. 天冬酰胺　C. 天冬氨酸　D. 甘氨酸　E. 丙氨酸

**16.** dTMP 合成的直接前体是（　　）
A. dUMP　B. TMP　C. TDP　D. dUDP　E. dCMP

**17.** 能在体内分解产生 $\beta$-氨基异丁酸的核苷酸（　　）
A. CMP　B. AMP　C. TMP　D. UMP　E. IMP

**18.** 在嘧啶核苷酸合成中催化氨基甲酰磷酸合成的酶是（　　）
A. 氨基甲酰磷酸合成酶 Ⅰ　B. 氨基甲酰磷酸合成酶 Ⅱ
C. 天冬氨酸转氨基甲酰酶　D. 乳清酸核苷酸脱羧酶
E. 氨基甲酰磷酸合成酶

**19.** 氨基甲酰磷酸合成酶 Ⅱ 的反馈抑制剂是（　　）
A. UTP　B. CTP　C. AMP　D. UMP　E. GMP

**20.** 人体内嘌呤核苷酸分解代谢的主要终产物是（　　）
A. 尿素　B. 肌酸　C. 肌酸酐　D. 尿酸　E. $\beta$-丙氨酸

**21.** 体内脱氧核苷酸是由下列哪种物质直接还原而成的（　　）
A. 核糖　B. 核糖核苷　C. 一磷酸核苷　D. 二磷酸核苷　E. 三磷酸核苷

**22.** 各种嘌呤核苷酸分解代谢共同的中间产物是（　　）
A. 黄嘌呤　B. 次黄嘌呤　C. 尿酸　D. IMP　E. XMP

**23.** 下列关于嘌呤核苷酸从头合成的叙述，正确的是（　　）
A. 氨基甲酰磷酸为嘌呤环提供氨甲酰基　B. 合成过程中不会产生自由嘌呤碱
C. 嘌呤环的氮原子均来自氨基酸的 $\alpha$-氨基　D. 由 IMP 合成 AMP 和 GMP 均由 ATP 供能
E. 次黄嘌呤鸟嘌呤磷酸核糖转移酶催化 IMP 转变成 GMP

**24.** 参加腺嘌呤核苷酸补救合成途径的酶有（　　）
A. 磷酸核糖二磷酸转移酶　B. 磷酸核糖氨基转移酶　C. 腺嘌呤磷酸核糖转移酶
D. 鸟嘌呤脱氨酶　E. 腺苷酸脱氨酶

**A2 型题，以下每一道题下面有 A、B、C、D、E 五个选项，请从中选择一个最佳答案。**

**25.** 6-巯基嘌呤核苷酸不抑制（　　）
A. IMP→AMP　B. IMP→GMP　C. PRPP 酰胺转移酶
D. 嘌呤磷酸核糖转移酶　E. 嘧啶磷酸核糖转移酶

**26.** 不是嘌呤核苷酸从头合成的直接原料的是（　　）
A. $CO_2$　B. 天冬氨酸　C. 谷氨酸　D. 甘氨酸　E. 一碳单位

**27.** 对嘌呤核苷酸的生物合成不产生直接反馈抑制作用的是（　　）
A. TMP　B. IMP　C. AMP　D. GMP　E. ADP

**28.** PRPP 不参与的反应是（　　）
A. 1-氨基-5-磷酸核苷的生成　B. 次黄嘌呤核苷转变为次黄嘌呤
C. 乳清酸核苷酸的生成　D. 腺苷转变为 AMP
E. 嘧啶转变为一磷酸嘧啶核苷

**29.** 下列关于天冬氨酸氨基甲酰基转移酶的说法，错误的是（　　）
A. CTP 是其反馈抑制剂　B. 是嘧啶核苷酸从头合成的调节酶
C. 由多个亚基组成　D. 是变构酶　E. 服从米-曼方程

**X 型题，以下每一道题下面有 A、B、C、D、E 五个备选答案，请从中选择 2 ~ 5 个不等答案。**

**30.** 嘌呤核苷酸与嘧啶核苷酸合成共同需要的物质是（　　）

A. 天冬氨酸　　B. 1′-焦磷酸-5′-磷酸核酸　　C. 谷氨酰胺
D. $FH_4$　　E. $CO_2$

**31.** PRPP 参与的代谢途径有（　　）
A. 嘧啶核苷酸的从头合成　　B. 嘌呤核苷酸的从头合成　　C. 嘧啶核苷酸的补救合成
D. NMP→NDP→NTP　　E. 嘌呤核苷酸的补救合成

**32.** 嘌呤环中的氮原子来自（　　）
A. 丙氨酸　　B. 谷氨酰胺　　C. 谷氨酸　　D. 甘氨酸　　E. 天冬氨酸

**33.** 由 IMP 转变为 GMP，需要的物质有（　　）
A. 谷氨酸　　B. 天冬氨酸　　C. 天冬酰胺　　D. 谷氨酰胺　　E. $NAD^+$

**34.** 下列关于由核糖核苷酸还原成脱氧核糖核苷酸的叙述，正确的有（　　）
A. 4 种核苷酸都涉及相同的还原酶体　　B. 多发生在二磷酸核苷水平上
C. 还原酶系包括氧化还原蛋白和硫氧化蛋白还原酶　　D. 与 $NADPH+H^+$有关
E. 由相应的三磷酸核苷还原

**35.** 嘧啶核苷酸分解代谢产物有（　　）
A. $NH_3$　　B. 尿酸　　C. $CO_2$　　D. $\beta$-氨基酸　　E. $H_2O$

**36.** 叶酸类似物抑制的反应有（　　）
A. 嘌呤核苷酸的从头合成　　B. 嘧啶核苷酸的补救合成　　C. 嘧啶核苷酸的从头合成
D. 嘌呤核苷酸的补救合成　　E. 胸腺嘧啶核苷酸的生成

**37.** 尿酸是下列哪些化合物分解代谢的终产物（　　）
A. AMP　　B. UMP　　C. IMP　　D. TMP　　E. CMP

**38.** 痛风症患者的血中可能升高的物质有（　　）
A. $\beta$-丙氨酸　　B. 尿酸　　C. 1′-焦磷酸-5′-磷酸核酸
D. 非蛋白氮　　E. 肌酸

**39.** 核苷酸的抗代谢物中包括（　　）
A. 嘌呤类似物　　B. 嘧啶类似物　　C. 氨基酸类似物
D. 甘油类似物　　E. 叶酸类似物

**（三）问答题**

**40.** 简述核苷酸在体内的主要生理功能。
**41.** 讨论 PRPP（磷酸核糖焦磷酸）在核苷酸代谢中的重要性。
**42.** 比较氨基甲酰磷酸合成酶Ⅰ和氨基甲酰磷酸合成酶Ⅱ在合成代谢中的异同。
**43.** 比较嘌呤核苷酸与嘧啶核苷酸从头合成的异同点。
**44.** 简单说明别嘌醇用于治疗痛风的生化机制。
**45.** Lesch-Nyhan 综合征的发病机制是什么？

## 五、复习思考题答案及解析

**（一）名词解释**

**1.** 核苷酸的从头合成：指由磷酸核糖、甘氨酸、天冬氨酸、谷氨酰胺、一碳单位及 $CO_2$ 等简单物质为原料，经过多步酶促反应合成核苷酸的过程。
**2.** 核苷酸的补救合成：指利用体内现成的碱基或核苷为原料，经过简单反应，合成核苷酸的过程。
**3.** 核苷酸合成的抗代谢物：指某些嘌呤、嘧啶、叶酸及某些氨基酸类似物具有通过竞争性抑制或以假乱真等方式干扰或阻断核苷酸的正常合成代谢，从而进一步抑制核酸、蛋白质合成及细胞增殖的作用。
**4.** 核苷酸合成的反馈调节：指核苷酸的合成过程中，反应产物对反应过程中某些调节酶的抑制作用，反馈调节一方面使核苷酸合成能适应机体的需要，同时又不会过多，以节省营养物质及能量的消耗。

**（二）选择题**

**5.** E：5-磷酸核糖是核苷酸从头合成、补救合成的原料，来自磷酸戊糖途径。

**6.** C：肝组织主要进行嘌呤核苷酸从头合成，在脑、骨髓等部位则是采用补救合成途径。
**7.** C：嘌呤核苷酸从头合成时首先生成 IMP，且不会堆积在细胞内，而是迅速转变为 AMP 和 GMP。
**8.** D：5-FU 本身并无生物学活性，必须在体内转变成一磷酸脱氧核糖氟尿嘧啶核苷（FdUMP）和三磷酸氟尿嘧啶核苷（FUTP）后，才能发挥作用。FdUMP 与 dUMP 结构类似，是胸苷酸合酶的抑制剂，可阻断 dTMP 的合成。
**9.** A：磷酸核糖焦磷酸激酶受 ADP 和 GDP 的反馈抑制。
**10.** A：磷酸核糖酰胺转移酶受到 ADP、AMP 及 GDP、GMP 的反馈抑制。
**11.** A：嘧啶合成的限速步骤是氨基甲酰磷酸转氨甲酰基给天冬氨酸，缩合生成氨甲酰天冬氨酸，由天冬氨酸氨基甲酰基转移酶催化，由氨基甲酰磷酸水解供能，不消耗 ATP。
**12.** C：氨基甲酰磷酸合成酶Ⅱ位于肝细胞的胞质，参与嘧啶核苷酸合成；而氨基甲酰磷酸合成酶Ⅰ位于肝细胞的线粒体，参与尿素合成。
**13.** D：别嘌醇与次黄嘌呤结构类似，可抑制黄嘌呤氧化酶，从而抑制尿酸的生成。也能生成别嘌呤核苷酸反馈抑制酰胺转移酶，阻断嘌呤核苷酸的从头合成。
**14.** B：dTMP 是由 dUMP 经甲基化而生成，由 dTMP 合酶催化。
**15.** C：获得 N-1 原子，由天冬氨酸与 5-氨基咪唑核苷酸（AIR）缩合，生成 *N*-琥珀酰-5-氨基咪唑-4-酰胺核苷酸（SAICAR）。
**16.** A：dTMP 是由 dUMP 经甲基化而生成，由 dTMP 合酶催化。
**17.** C：尿嘧啶和胸腺嘧啶分解产物分别是 $\beta$-丙氨酸和 $\beta$-氨基异丁酸。
**18.** B：肝细胞的胞质中的氨基甲酰磷酸合成酶Ⅱ参与嘧啶核苷酸合成；而氨基甲酰磷酸合成酶Ⅰ存在于肝细胞线粒体参与尿素合成。
**19.** D：氨基甲酰磷酸合成酶Ⅱ参与嘧啶核苷酸的合成，其下游产物 UMP 对其反馈抑制。
**20.** D：腺嘌呤核苷、鸟嘌呤核苷均可以转变成黄嘌呤，由黄嘌呤氧化酶催化形成尿酸，排出体外。
**21.** D：脱氧核苷酸均是在相应核糖核苷二磷酸水平被还原，只有 dUTP 来源例外。
**22.** A：腺嘌呤核苷、鸟嘌呤核苷均可以转变成黄嘌呤，由黄嘌呤氧化酶催化形成代谢终产物尿酸。
**23.** B：嘌呤核苷酸从头合成是在 PRPP 的基础上合成嘌呤环，不是预先生成游离嘌呤环再与磷酸核糖连接。而嘧啶核苷酸从头合成则先形成游离嘧啶环。
**24.** C：腺嘌呤核苷酸补救合成途径的酶主要是次黄腺嘌呤-鸟嘌呤磷酸核糖转移酶（HGPRT）和腺嘌呤磷酸核糖转移酶（APRT）。
**25.** E：抗代谢物抑制核苷酸的合成均是通过结构相似竞争酶的结合部位达到抑制效果。6-巯基嘌呤核苷酸只能抑制嘌呤核苷酸的代谢所需酶类及相应反应过程。
**26.** C：嘌呤核苷酸从头合成的直接原料包括 Gln，但没有 Glu。
**27.** A：抗代谢物抑制核苷酸的合成均是通过结构相似竞争酶结合部位达到抑制效果，嘧啶核苷酸 TMP 不能起直接反馈抑制作用，其他均属于嘌呤核苷酸。
**28.** B：PRPP 参与从头、补救合成诸多反应，但次黄嘌呤核苷转变为次黄嘌呤的反应不包括 PRPP。
**29.** E：CPS-Ⅱ、天冬氨酸氨基甲酰基转移酶和二氢乳清酸酶是多功能酶，位于一条多肽链上，催化的反应连续进行，因此天冬氨酸氨基甲酰基转移酶的底物和产物均与酶偶联没有游离存在状态，只有中间复合物形式，因此不符合米-曼方程。
**30.** ABCDE：嘌呤核苷酸与嘧啶核苷酸合成材料均包含上述几类物质。其中的 $FH_4$ 参与一碳单位转移，合成过程都涉及。
**31.** ABCE：PRPP 广泛参与嘌呤核苷酸、嘧啶核苷酸的从头合成和补救合成，但 NMP→NDP→NTP 的反应只是激酶催化的磷酸化反应，与 PRPP 无关。
**32.** BDE：嘌呤环中的氮原子两个来自谷氨酰胺，另两个分别由甘氨酸、天冬氨酸提供。
**33.** DE：IMP 脱氢酶需要 $NAD^+$作为辅酶，GMP 合成酶需要谷氨酰胺提供氨基，并需要 ATP 参与。
**34.** ABCD：核糖核苷酸还原成脱氧核糖核苷酸是在相应的二磷酸核苷水平还原，只有 E 不对，其他情况均包含。
**35.** ACDE：嘧啶核苷酸分解代谢产物是 $\beta$-氨基酸，可直接排出体外，也可以继续分解参与三羧酸循环而被彻底氧化生成 $NH_3$、$CO_2$、$H_2O$。

**36.** AE：叶酸类似物抑制的反应是有一碳单位参与的反应，只有嘌呤核苷酸的从头合成、胸腺嘧啶核苷酸的生成过程中包含。
**37.** AC：尿酸是嘌呤核苷酸代谢的终产物，只有 AMP、IMP 属于嘌呤核苷酸。
**38.** BD：痛风是血尿酸升高形成尿酸盐结晶所致，尿酸又是血液非蛋白氮的重要贡献者之一。
**39.** ABCE：核苷酸的抗代谢物的主要类别是嘌呤类似物、嘧啶类似物、氨基酸类似物、叶酸类似物。

**（三）问答题**

**40.** 答：①作为 DNA、RNA 合成的基本原料；②体内的主要能源物质，如 ATP、GTP 等；③参与代谢和生理性调节作用，如 cAMP 是细胞内第二信号分子，参与细胞内信号传递；④作为许多辅酶组成部分，如腺苷酸是构成 $NAD^+$、$NADP^+$、FAD、CoA 等的重要部分；⑤活化中间代谢物的载体，如 UDPG 是合成糖原等的活性原料，CDP-甘油二酯是合成磷脂的活性原料，PAPS 是活性硫酸的形式，SAM 是活性甲基的载体等。
**41.** 答：PRPP 能参与核苷酸代谢各主要途径，包括：①在补救合成中，PRPP 与游离碱基直接生成各种一磷酸核苷；②嘌呤核苷酸从头合成过程中，PRPP 作为起始原料与 Gln 生成 PRA，然后逐步合成各种嘌呤核苷酸；③嘧啶核苷酸从头合成过程中，PRPP 参与乳清酸核苷酸的生成，再逐渐合成尿嘧啶一磷酸核苷等。
**42.** 答：氨基甲酰磷酸合成酶Ⅰ和氨基甲酰磷酸合成酶Ⅱ在合成代谢中的异同：

| | 氨基甲酰磷酸合成酶Ⅰ（CPS-Ⅰ） | 氨基甲酰磷酸合成酶Ⅱ（CPS-Ⅱ） |
|---|---|---|
| 部位 | 肝线粒体 | 胞质 |
| 底物 | 氨、$CO_2$ | Gln、$CO_2$ |
| 能量 | 消耗 2ATP | 消耗 2ATP |
| 产物 | 氨基甲酰磷酸 | 氨基甲酰磷酸 |
| 调节 | *N*-乙酰谷氨酸 | 无 |
| 抑制 | 无 | 受 UMP 的反馈抑制 |
| 作用 | 参与尿素合成 | 参与嘧啶合成 |

**43.** 答：嘌呤核苷酸与嘧啶核苷酸从头合成的异同点：

| | 嘌呤核苷酸 | 嘧啶核苷酸 |
|---|---|---|
| 原料 | Asp、Gln、Gly、$CO_2$、一碳单位、PRPP | Asp、Gln、$CO_2$、PRPP、一碳单位（胸苷酸合成） |
| 过程 | 在磷酸核糖分子上逐步合成嘌呤环，从而形成嘌呤核苷酸 | 首先形成嘧啶环，再与磷酸核糖结合形成核苷酸 |
| 反馈调节 | 嘌呤核苷酸产物反馈抑制 PRPP 合成酶、酰胺转移酶等起始反应的酶 | 嘧啶核苷酸产物反馈抑制 PRPP 合成酶、天冬氨酸氨基甲酰转移酶等起始反应的酶 |

**44.** 答：①别嘌呤醇与次黄嘌呤结构类似，故可抑制黄嘌呤氧化酶，从而抑制尿酸生成；②别嘌呤醇与 PRPP 反应生成别嘌呤核苷酸，一方面消耗 PRPP 使其含量减少，另一方面别嘌呤醇核苷酸与 IMP 结构相似，又可反馈抑制嘌呤核苷酸从头合成的酶。以上两方面均可以使嘌呤核苷酸合成减少，同时又可减少尿酸产生，达到治疗痛风症的目的。
**45.** 答：一般此病发生在婴幼儿时期，原因是缺乏 *HGPRT* 基因，使得不能合成 HGPRT，而 HGPRT 是参与嘌呤核苷酸补救合成重要的酶，由此造成体内嘌呤含量过多，氧化分解后生成的尿酸进入血液使尿酸含量升高，产生痛风伴大脑瘫痪、智力减退、舞蹈徐动症，身体和精神发育迟缓，有咬指咬唇的强迫性自残行为。

（刘新光）

# 第 12 章　物质代谢的联系与调节

## 一、教学目的与教学要求

**教学目的**　通过本章学习让学生从整体上理解物质代谢的关系与能量依赖的转变，明白物质代谢调节的中心是让机体适应内外环境的变化，以便能继续生存。具体的调节方法都是这个前提下的具体适应之道。

**教学要求**　掌握关键酶、变构调节、化学修饰调节、应激等名词概念；物质代谢调节的三级水平调节。熟悉能量代谢的联系；糖、脂类、氨基酸及核苷酸代谢之间的相互联系。了解物质代谢的主要特点；肝、脑、心等重要组织器官的代谢特点；饥饿时的物质代谢变化。

## 二、思 维 导 图

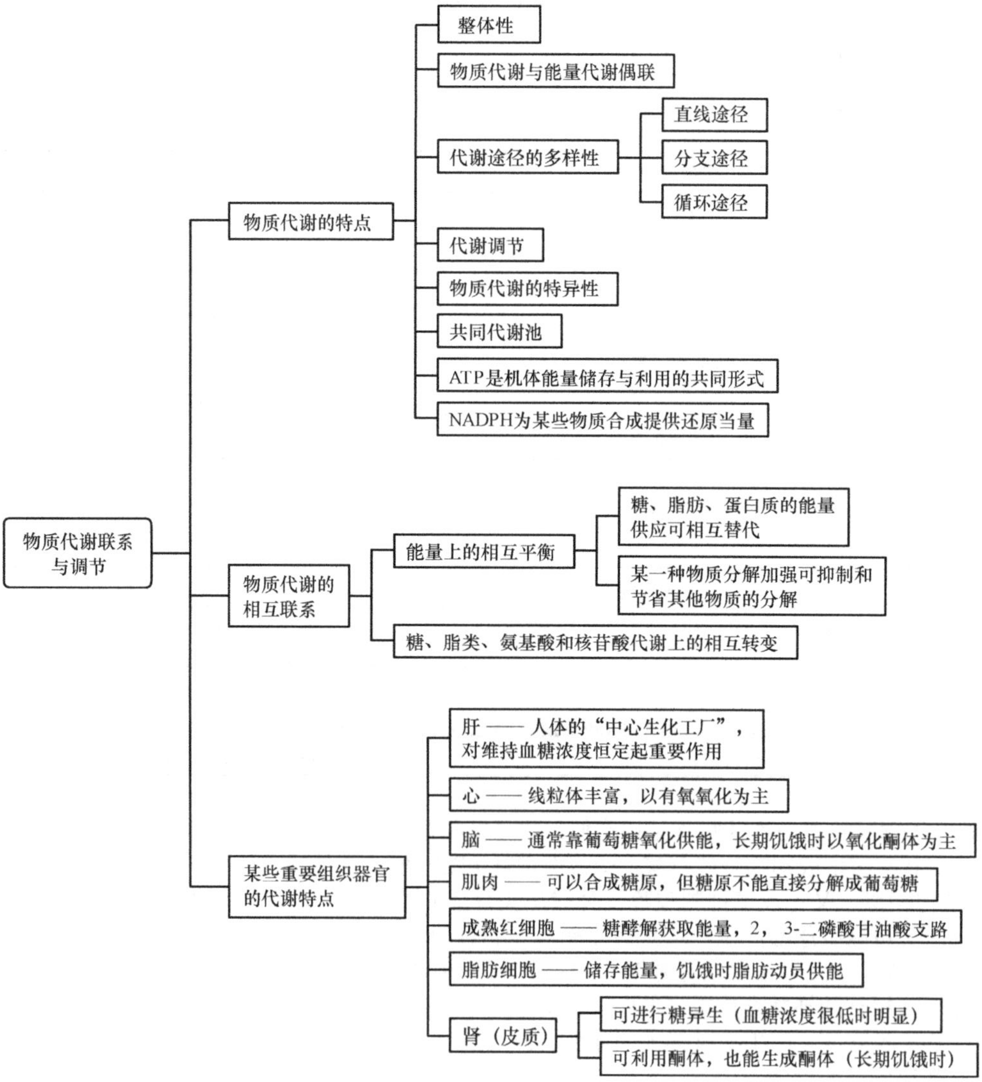

- 物质代谢联系与调节
  - 物质代谢的特点
    - 整体性
    - 物质代谢与能量代谢偶联
    - 代谢途径的多样性
      - 直线途径
      - 分支途径
      - 循环途径
    - 代谢调节
    - 物质代谢的特异性
    - 共同代谢池
    - ATP是机体能量储存与利用的共同形式
    - NADPH为某些物质合成提供还原当量
  - 物质代谢的相互联系
    - 能量上的相互平衡
      - 糖、脂肪、蛋白质的能量供应可相互替代
      - 某一种物质分解加强可抑制和节省其他物质的分解
    - 糖、脂类、氨基酸和核苷酸代谢上的相互转变
  - 某些重要组织器官的代谢特点
    - 肝——人体的“中心生化工厂”，对维持血糖浓度恒定起重要作用
    - 心——线粒体丰富，以有氧氧化为主
    - 脑——通常靠葡萄糖氧化供能，长期饥饿时以氧化酮体为主
    - 肌肉——可以合成糖原，但糖原不能直接分解成葡萄糖
    - 成熟红细胞——糖酵解获取能量，2，3-二磷酸甘油酸支路
    - 脂肪细胞——储存能量，饥饿时脂肪动员供能
    - 肾（皮质）
      - 可进行糖异生（血糖浓度很低时明显）
      - 可利用酮体，也能生成酮体（长期饥饿时）

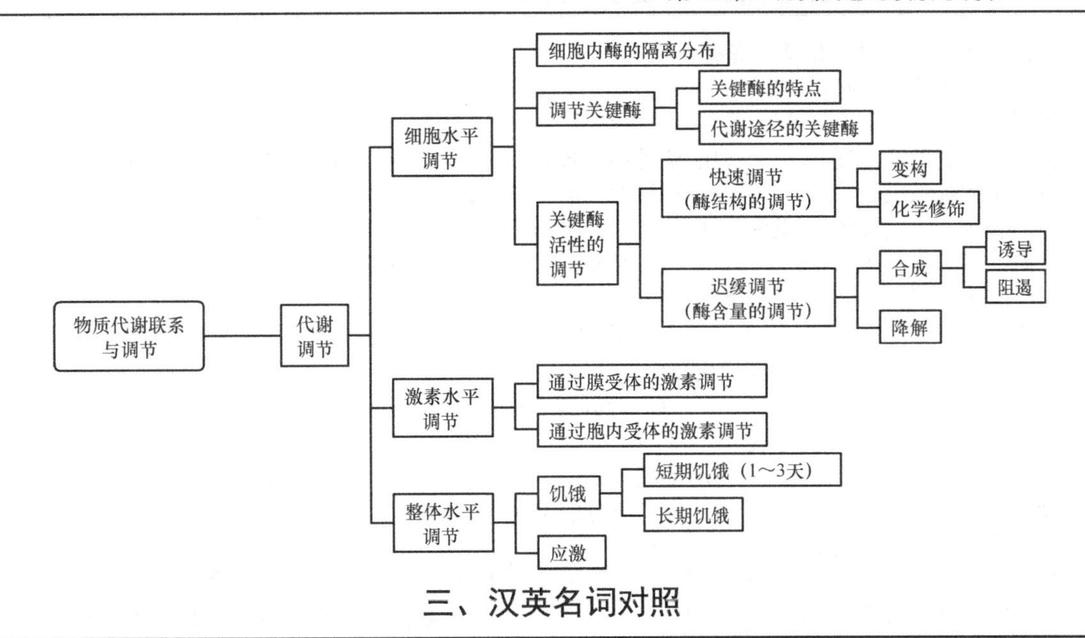


## 三、汉英名词对照

| 中文 | 英文 | 中文 | 英文 |
|---|---|---|---|
| 合成代谢 | anabolism | 分解代谢 | catabolism |
| 同化作用 | assimilation | 异化作用 | dissimilation |
| 关键酶 | key enzyme | 限速酶 | limiting velocity enzyme |
| 调节酶 | regulatory enzyme | 变构酶 | allosteric enzyme |
| 变构调节 | allosteric regulation | 变构效应剂 | allosteric effector |
| 区域化 | compartmentation | 共价修饰 | covalent modification |
| 化学修饰 | chemical modification | 诱导剂 | inducer |
| 阻遏剂 | repressor | 辅阻遏剂 | corepressor |

## 四、复习思考题

### （一）名词解释

**1.** key enzyme
**2.** allosteric enzyme
**3.** allosteric regulation
**4.** chemical modification
**5.** 诱导剂
**6.** 酶的阻遏剂
**7.** 应激

### （二）选择题

**A 型题，以下每一道题下面有 A、B、C、D、E 五个选项，请从中选择一个最佳答案。**

**8.** 下列哪个不是膜受体激素（　　）
A. 肾上腺素　B. 生长激素　C. 胰岛素　D. 去甲肾上腺素　E. 甲状腺素

**9.** 下列关于关键酶的描述中，错误的是（　　）
A. 关键酶催化的反应速度最慢
B. 关键酶常催化非平衡反应
C. 关键酶常位于代谢途径的第一步反应
D. 关键酶一般不受化学修饰调节
E. 常通过变构效应来调节关键酶的活性

**10.** 下列叙述中，正确的是（　　）
A. 糖可以转变为脂肪，因此食物不含脂类物质不会影响健康
B. 三羧酸循环是三大能源物质互变的枢纽。因此，偏食哪种物质都可以
C. 糖供不足时，机体主要依靠蛋白质供能

D. 蛋白质食物完全可代替糖和脂类食物
E. 脂类物质也是营养必需物质

**11.** 变构激活剂与酶的结合部位是（　　）
A. 活性中心的结合基团　B. 活性中心催化基团　C. 酶分子上的咪唑基
D. 酶分子的任意部位　E. 酶蛋白中的调节部位

**12.** 脂肪酸氧化、糖异生、酮体生成都可发生的组织是（　　）
A. 肝脏　B. 心肌　C. 肌肉　D. 胰腺　E. 脑

**13.** 下列哪种代谢途径只在线粒体中进行（　　）
A. 糖酵解　B. 酮体生成　C. 糖的有氧氧化　D. 脂酸合成　E. 尿素合成

**14.** 下列哪种代谢途径在细胞质和线粒体中共同完成（　　）
A. 糖异生　B. 磷脂合成　C. 胆固醇合成　D. 三羧酸循环　E. 糖酵解

**15.** 突然受惊吓时，机体会出现（　　）
A. 脂肪动员减少　B. 血糖升高　C. 血糖降低
D. 糖异生作用减弱　E. 蛋白质分解抑制

**16.** 关于酶化学修饰的叙述，错误的是（　　）
A. 最常见的是磷酸化和去磷酸化修饰　B. 化学修饰有级联放大效应
C. 酶的磷酸化作用常常使酶活性增加　D. 化学修饰可使酶活性发生显著变化
E. 有些酶可通过甲基化修饰以改变活性

**17.** 下列代谢过程与肝脏无关的是（　　）
A. 尿素合成　B. 氧化乙酰乙酸　C. 糖异生作用
D. 药物的羟化反应　E. 合成胆汁酸

**18.** 胰高血糖素对血糖的调节作用中，第二信使是（　　）
A. cAMP　B. cGMP　C. DG　D. $IP_3$　E. $Ca^{2+}$

**19.** 当 ATP/ADP 值降低时，产生的效应为（　　）
A. 抑制已糖激酶　B. 抑制丙酮酸激酶　C. 抑制乙酰 CoA 羧化酶
D. 抑制磷酸果糖激酶-1　E. 抑制异柠檬酸脱氢酶

**20.** 饥饿时，肾脏中哪种代谢途径会增加（　　）
A. 糖原合成　B. 糖的有氧氧化　C. 磷酸戊糖途径
D. 糖异生途径　E. 糖原分解

**21.** 不在细胞质中进行的反应是（　　）
A. 琥珀酸脱氢酶催化的反应　B. 糖原磷酸化酶催化的反应　C. 葡萄糖→UDPG
D. 葡萄糖-6-磷酸脱氢酶催化的反应　E. 苹果酸脱氢酶催化的反应

**22.** 应激状态时，机体发生的代谢变化中，错误的是（　　）
A. 糖原分解加快　B. 脂肪动员减少　C. 肾上腺素分泌增加
D. 血糖升高　E. 蛋白质分解加速

**23.** 三羧酸循环中的草酰乙酸主要来源为（　　）
A. 延胡索酸转化生成　B. 食物直接提供　C. 柠檬酸裂解产生
D. 苹果酸脱氢产生　E.丙酮酸羧化生成

**24.** 下列代谢途径中，不在线粒体内进行的是（　　）
A. 胆固醇合成　B. 乳酸为原料异生成葡萄糖　C. 脂肪酸 $\beta$-氧化
D. 酮体利用　E. 鸟氨酸循环

**25.** 长期饥饿时，脑组织的能量来源主要由下列哪种物质供给（　　）
A. 血中游离脂肪酸　B. 血中葡萄糖　C. 肌糖原
D. 肝糖原　E. 酮体

**26.** 从量上说，餐后肝内葡萄糖去路最多的代谢途径是（　　）
A. 糖原合成　B. 糖酵解　C. 糖有氧氧化　D. 磷酸戊糖途径　E. 转变为其他单糖

**27.** 对于机体各器官物质代谢的叙述，下列哪一项是不正确的（　　）
A. 肝脏不是体内能进行糖异生的唯一器官　B. 心脏细胞不能利用脂肪酸氧化供能
C. 红细胞所需能量主要来自葡萄糖酵解途径　D. 通常情况下大脑主要以葡萄糖供能
E. 进食之后，肝糖原合成增加
**28.** 对于糖、脂肪、氨基酸代谢的叙述不正确的是（　　）
A. 三羧酸循环是糖、脂肪、氨基酸分解代谢的最终途径
B. 乙酰 CoA 是糖、脂肪、氨基酸分解代谢共同的中间代谢物
C. 在能量代谢方面，糖、脂肪、氨基酸都能相互替代
D. 当摄入糖量超过体内消耗时，多余的糖可转变为脂肪
E. 糖可以转变成脂肪，也能转变为氨基酸
**29.** 饥饿可以使肝内哪种代谢途径增强（　　）
A. 脂肪合成　B. 糖原合成　C. 糖酵解　D. 糖异生　E. 磷酸戊糖途径
**30.** 静息状态时，体内耗糖量最多的器官是（　　）
A. 肝　B. 心　C. 脑　D. 骨骼肌　E. 红细胞
**31.** 糖的有氧氧化中，下列哪个酶催化的反应不是限速反应（　　）
A. 己糖激酶　B. 磷酸果糖激酶　C. 丙酮酸激酶
D. 磷酸甘油酸激酶　E. 柠檬酸合酶
**32.** 体内不能直接由草酰乙酸转变而来的化合物是（　　）
A. 乙酰辅酶 A　B. 磷酸烯醇式丙酮酸　C. 苹果酸
D. 柠檬酸　E. 天冬氨酸
**33.** 下列哪种化合物是糖酵解、有氧氧化、磷酸戊糖途径、糖异生、糖原合成及糖原分解各条代谢途径的共同中间代谢物（　　）
A. 葡萄糖-1-磷酸　B. 葡萄糖-6-磷酸　C. 果糖-6-磷酸
D. 果糖-1,6-二磷酸　E. 丙酮酸
**34.** 下列对乙酰辅酶 A 代谢去路的叙述不正确的是（　　）
A. 合成脂肪酸　B. 合成葡萄糖　C. 氧化供能
D. 合成胆固醇　E. 生成酮体
**35.** 下列哪种代谢异常，可引起血中尿酸含量增高（　　）
A. 蛋白质分解代谢增加　B. 脂肪动员增加　C. 鸟氨酸循环增加
D. 嘧啶核苷酸分解代谢增加　E. 嘌呤核苷酸分解代谢增加
**36.** 下列有关体内物质代谢特点的描述，不正确的是（　　）
A. 机体各组织、器官各具有不同的代谢特点　B. 各种物质在代谢过程中是相互联系的
C. 物质的代谢速度和方向决定于生理状态的需要　D. 体内各种代谢物都有共同的代谢库
E. 体内物质合成时的能量都是直接由 ATP 提供
**37.** 下列哪条代谢途径不在细胞液内进行（　　）
A. 磷酸戊糖途径　B. 糖酵解　C. 丙酮酸羧化　D. 脂肪酸合成　E. 糖原合成
**38.** 细胞液内进行的代谢途径有（　　）
A. 三羧酸循环　B. 氧化磷酸化　C. 丙酮酸羧化　D. 脂酸 $\beta$-氧化　E. 糖原合成
**39.** 变构效应剂与酶结合的部位是（　　）
A. 活性中心的催化基团　B. 活性中心的结合基团　C. 酶的巯基
D. 活性中心外的特定部位　E. 酶的羟基
**40.** 丙二酸对于琥珀酸脱氢酶的影响属于（　　）
A. 反馈抑制　B. 底物抑制　C. 竞争性抑制　D. 非竞争性抑制　E. 变构调节
**41.** 短期饥饿时，血糖浓度的维持主要靠（　　）
A. 肝糖原分解　B. 肌糖原分解　C. 肝的糖异生作用　D. 肾的糖异生作用　E. 脂肪动员
**42.** 短期饥饿时体内不会出现的代谢变化是（　　）
A. 蛋白质分解增强　B. 组织氧化葡萄糖增强　C. 肝糖异生增强
D. 脂肪动员加强　E. 酮体生成增加

**43.** 对酶促化学修饰调节特点的叙述，不正确的是（　　）
A. 这类酶大都具有无活性和有活性形式　B. 这种调节是由酶催化引起的共价键变化
C. 这种调节是酶促反应，故有放大效应　D. 酶促化学修饰调节速度较慢，难以应急
E. 磷酸化与去磷酸化是常见的化学修饰方式
**44.** 下列关于关键酶（限速酶）的叙述，不正确的是（　　）
A. 关键酶通常处于代谢途径的起始部位或分支处　B. 关键酶常存在有活性和无活性两种形式
C. 关键酶催化单向反应　D. 在代谢途径中活性最高　E. 催化的反应速率最慢
**45.** 糖、脂肪、蛋白质代谢的共同产物是（　　）
A. 乳酸　B. 丙酮酸　C. 甘油　D. 葡萄糖-6-磷酸　E.乙酰 CoA
**46.** 有关糖、脂肪、蛋白质代谢之间关系的描述中正确的是（　　）
A. 糖可以转变为蛋白质　B. 蛋白质可完全转变成糖　C. 大部分脂肪可以转变为糖
D. 合成脂肪的原料均可由糖提供　E. 糖供应不足时，主要是蛋白质分解
**47.** 在三羧酸循环和尿素循环中存在的共同中间循环物是（　　）
A. 柠檬酸　B. 琥珀酸　C. 延胡索酸　D. 草酰乙酸　E. $\alpha$-酮戊二酸
**48.** 有关变构调节的描述，正确的是（　　）
A. 变构抑制和竞争性抑制相同　B. 变构抑制和非竞争性抑制相同
C. 变构激活和酶原激活的机制相同　D. 所有变构酶都由调节亚基和催化亚基组成
E. 变构酶的动力学特点是酶促反应与底物浓度的关系呈“S”形曲线
**49.** 不同激素具有不同的生理效应主要取决于（　　）
A. 激素浓度　B. 特异性受体　C. 蛋白激酶作用不同
D. 细胞内第二信使水平不同　E. 激素作用于不同的细胞器
**50.** 在无细胞胞浆悬液中，加入下列哪种物质后可降低 cAMP 含量（　　）
A. AC　B. AMP　C. ADP　D. ATP　E. PDE
**51.** 长期饥饿时脑组织的主要能源是（　　）
A. 酮体　B. 核苷酸　C. 氨基酸　D. 脂肪酸　E. 葡萄糖
**52.** 下列哪一项不是变构调节的特点（　　）
A. 由效应剂引起　B. 可改变代谢方向　C. 可改变代谢速度
D. 可改变代谢途径　E. 具有级联放大效应
**53.** 在细胞液中进行反应又可产能的是（　　）
A. 糖异生　B. 糖酵解　C. 糖原合成　D. 三羧酸循环　E. 脂肪酸 $\beta$-氧化
**54.** 三羧酸循环中的 $\alpha$-酮戊二酸可由下列哪种氨基酸直接转变生成（　　）
A. 精氨酸　B. 组氨酸　C. 脯氨酸　D. 谷氨酰胺　E. 谷氨酸

**B 型题，请从以下 5 个备选项中，选出最适合下列题目的选项。**

（48～52 题共用选项）
A. 糖酵解　B. 脂肪酸 $\beta$-氧化　C. 核酸合成　D. 蛋白质合成　E. 尿素合成
**55.** 在线粒体内进行的是（　　）
**56.** 在细胞液中进行的是（　　）
**57.** 在细胞液和线粒体进行的是（　　）
**58.** 在核糖体中进行的是（　　）
**59.** 在细胞核内进行的是（　　）

（53～57 题共用选项）
A. 葡萄糖-6-磷酸　B. 乙酰 CoA　C. 柠檬酸　D. PRRR　E. $N$-乙酰谷氨酸
**60.** 糖原合酶的变构激活剂是（　　）
**61.** 磷酸果糖激酶-1 的变构抑制剂是（　　）
**62.** 丙酮酸羧化酶的变构激活剂是（　　）
**63.** 氨基甲酰磷酸合成酶 I 的变构激活剂是（　　）
**64.** 氨基甲酰磷酸合成酶 II 的变构激活剂是（　　）

（58～62 题共用选项）
A. ATP/ADP 值增大　B. ATP/ADP 值减少　C. 乙酰 CoA/CoA 值减少
D. 乙酰 CoA/CoA 值增大　E. 与以上无关

**65.** 使丙酮酸羧化酶活性降低（　　）

**66.** 使丙酮酸脱氢酶活性降低（　　）

**67.** 使磷酸烯醇式丙酮酸羧激酶活性升高的是（　　）

**68.** 加速氧化磷酸化的是（　　）

**69.** 使糖的有氧化减弱的是（　　）

（63～67 题共用选项）
A. 生长激素　B. 胰岛素　C. 肾上腺素　D. 前列腺素　E. 类固醇激素

**70.** 与胞内受体结合的激素是（　　）

**71.** 可以降低血糖浓度的激素是（　　）

**72.** 属于氨基酸衍生物的激素是（　　）

**73.** 属于花生四烯酸衍生物的激素是（　　）

**74.** 在胞内以激素-受体复合物传递信息的是（　　）

（68～72 题共用选项）
A. 肝糖输出　B. 甘油　C. 氨基酸　D. 脂肪酸　E. 酮体

**75.** 空腹过夜时，血糖来自（　　）

**76.** 饥饿 2～3 天，血糖主要来自（　　）

**77.** 随着饥饿进程用作糖异生原料增加的是（　　）

**78.** 长期饥饿时，肌肉的主要能源来自（　　）

**79.** 长期饥饿时，脑组织的主要能源来自（　　）

**X 型题，以下每一道题下面有 A、B、C、D、E 五个备选答案，请从中选择 2～5 个不等答案。**

**80.** 类固醇激素（　　）
A. 通过促进转录而发挥调节效应　B. 与受体结合后进入细胞核　C. 其受体分布在细胞膜
D. 属于疏水性激素　E. 对关键酶的调节属迟缓调节

**81.** 酶促化学修饰的特点是（　　）
A. 消耗能量较多　B. 受其调节的酶具有高活性和低活性两种形式
C. 有放大效应　D. 引起酶蛋白的共价修饰
E. 是对关键酶结构改变的调节，属快速调节

**82.** 机体在应激反应时（　　）
A. 糖异生作用加强　B. 肾上腺素分泌增加　C. 胰岛素分泌减少
D. 脂肪动员增加　E. 血糖水平降低

**83.** 在线粒体中进行的物质代谢有（　　）
A. 氧化磷酸化　B. 三羧酸循环　C. 脂酰基 $\beta$-氧化　D. 酮体生成　E. 尿素生成

**84.** 关键酶所催化的反应应具有哪些特点（　　）
A. 该酶催化单向反应　B. 它催化的反应速度最慢
C. 该酶的活性不决定代谢的方向　D. 该酶活性受体代谢物或效应剂的调节
E. 关键酶的调节属快速调节

**85.** 关于物质代谢调节的叙述中，正确的是（　　）
A. 细胞水平调节是对酶结构、含量的调节
B. 物质代谢调节是高等生物的特点
C. 调节限速酶的活性是物质代谢调节的主要方式
D. 激素的调节作用是通过改变酶活性而实现的
E. 细胞水平的调节是实现代谢调节的基础

**86.** 属于酶的化学修饰调节的方式有（　　）
A. 甲基化与去甲基化　B. 腺苷化与去腺苷化　C. 磷酸化与去磷酸化

D. 糖苷化与去糖苷化　　E. 乙酰化与去乙酰化

**87.** 变构酶的特点有（　　）

A. 变构效应剂与底物结构相似　　B. 变构酶常由偶数亚基构成

C. 大多数变构酶是代谢途径的关键酶　　D. 只有少数变构酶是代谢途径的关键酶

E. 变构效应剂与酶的催化基团结合

**88.** 变构调节与化学修饰调节的共同点是（　　）

A. 调节均是可逆的　　B. 调节后酶的含量均增加　　C. 均为共价变化

D. 均是快速调节　　E. 均属细胞水平的调节

**（三）问答题**

**89.** 比较别构调节和化学修饰的特点。

**90.** 举例说明酶反馈抑制及其意义。

**91.** 简述机体细胞水平的调节有哪些方式。

**92.** 简述酶变构调节的生理意义。

**93.** 简述酶化学修饰调节的方式及特点。

**94.** 草酰乙酸在哪些反应中生成?在哪些反应中被利用?

**95.** 写出草酰乙酸参加的代谢循环的名称和意义。

**（四）论述题**

**96.** 丙氨酸在体内是如何转变为脂肪的?

**97.** 试列举5种肝脏特有的代谢途径，并分别说明其生理意义。

**98.** 试述饥饿48小时之后，体内物质代谢的特点。

**99.** 试比较脑、肝、骨骼肌在糖、脂和能量代谢上的特点。

**100.** 试述糖、脂肪和蛋白质在能量代谢上的相互联系。

**101.** 给动物饲以丙酮酸，它在体内可通过哪些代谢途径转变成哪些物质？

**102.** 以乙酰CoA为中心，说明体内糖、脂肪、氨基酸在代谢中的重要作用。

## 五、复习思考题答案及解析

**（一）名词解释**

**1.** key enzyme：关键酶，指在一个代谢途径中，往往只有一个或几个酶控制着整个途径的速度和方向，这些酶就称为这个途径的关键酶。

**2.** allosteric enzyme：变构酶，具有变构调节作用的酶。

**3.** allosteric regulation：变构调节，指一些小分子物质通过与酶蛋白的调节亚基或调节部位非共价结合，引起酶蛋白分子的构象改变，从而改变酶的活性，这种现象称为变构现象，具有这种变构现象的酶称为变构酶，使酶发生变构效应的物质称为变构效应物。

**4.** chemical modification：化学修饰，指酶蛋白肽链上某些残基上的某个基团在酶的催化下发生可逆的共价键结合或解离，从而改变酶的活性，这种快速调节称为化学修饰调节，又称共价调节。

**5.** 诱导剂：能促进酶蛋白合成的化合物称为酶的诱导剂。

**6.** 酶的阻遏剂：抑制酶蛋白合成的化合物称为酶的阻遏剂。

**7.** 应激：一些异乎寻常的刺激（如创伤、剧痛、冻伤、缺氧、中毒、感染及剧烈情绪激动等）作用于机体后所作出的一系列反应的“应激状态”，如交感神经兴奋、血压升高、蛋白质分解增强、脂肪动员增强、糖异生增强、血糖增高等。

**（二）选择题**

**8.** E：甲状腺素是胞内受体的激素，而生长激素是蛋白质类激素，肾上腺素和去甲肾上腺素是儿茶酚胺类激素，它们都是膜受体的激素。故正确选项为E。

**9.** D：关键酶中也有受化学修饰调节，如糖原合酶、糖原磷酸化酶就受化学修饰调节。故正确选项为D。

**10.** E：因为脂类物质中的脂肪、磷脂分子里往往含有必需脂肪酸。故正确选项为E。

**11.** E：变构激活剂是与变构酶分子上的调节亚基或调节部位结合。故正确选项为E。

**12.** A：肝脏既能氧化脂肪酸，又能生成酮体，还能进行糖异生作用。故正确选项为A。
**13.** B：酮体的生成和利用都是在线粒体内进行，糖酵解和脂肪酸合成是在细胞质中进行，糖的有氧氧化是在细胞质和线粒体中进行，尿素合成是线粒体和细胞质中进行。故正确选项为B。
**14.** A：磷脂合成是在内质网，胆固醇合成在细胞质和内质网，三羧酸循环是在线粒体，糖酵解是在细胞质。故正确选项为A。
**15.** B：突然受惊吓属应激反应，肾上腺素分泌增加导致脂肪动员、蛋白质分解加强，糖异生作用加强，因而血糖升高。故正确选项为B。
**16.** C：酶促化学修饰方式有几种，其中包括甲基化修饰，主要是磷酸化去磷酸化，因为是酶促反应，所以有放大效应，酶活性发生显著变化，但酶的磷酸化修饰也可以是抑制。故正确选项为C。
**17.** B：乙酰乙酸是酮体中的一种，而酮体代谢的特点是“肝内生酮肝外用”。故正确选项为B。
**18.** A：胰高血糖素与靶细胞膜上受体作用后，通过G蛋白介导激活AC，后者催化ATP转变为cAMP，故cAMP是胰高血糖素的第二信使。故正确选项为A。
**19.** C：乙酰CoA羧化酶是脂肪酸合成的关键酶，ATP/ADP值降低，提示机体能量不足，此时分解代谢增强，而合成代谢被抑制。故正确选项为C。
**20.** D：饥饿时，血糖降低，糖的分解代谢降低，糖原合成抑制而糖异生作用加强。故正确选项为D。
**21.** A：琥珀酸脱氢酶催化的反应是在线粒体，苹果酸脱氢酶可以在线粒体也可以在细胞质，而糖原代谢的酶均在细胞质。故正确选项为D。
**22.** B：应激状态时，肾上腺素分泌增加，脂肪动员是加强的。故正确选项为B。
**23.** E：三羧酸循环中的延胡索酸加水转变成苹果酸，后者脱氢回到草酰乙酸；由食物直接提供的草酰乙酸不多，而柠檬酸裂解是在细胞液中进行。故正确选项为E。
**24.** A：乳酸为原料异生为糖和鸟氨酸循环是在线粒体和细胞质，脂肪酸$\beta$-氧化和酮体代谢是在线粒体，胆固醇的合成是在细胞质和内质网上进行的。故正确选项为A。
**25.** E：长期饥饿时，血糖浓度很低，脑细胞既没糖原储存，也不能氧化脂肪酸。故正确选项为E。
**26.** A：餐后血糖浓度很高，此时糖的分解代谢是加强的，但主要是合成糖原以储存能量。故正确选项为A。
**27.** B：能进行糖异生的组织器官除肝外还有肾，进食后，肝糖原合成是增加的，红细胞的能量主要来自糖酵解，脑细胞在通常情况下以氧化葡萄糖为主。故正确选项为B。
**28.** E：糖可以转变为脂肪，氨基酸包括必需氨基酸和非必需氨基酸，糖不能转变为必需氨基酸。故正确选项为E。
**29.** D：饥饿时，血糖浓度降低，此时糖原分解，脂肪动员，磷酸戊糖途径也是减慢的，只有糖异生加强。故正确选项为D。
**30.** C：静息状态时，肝、心、骨骼肌和红细胞等组织器官的能量代谢都是低下的，此时脑组织的耗糖量最多。故正确选项为C。
**31.** D：糖的有氧氧化中，己糖激酶、磷酸果糖激酶-1、丙酮酸激酶和柠檬酸合酶都是糖有氧氧化的限速酶，磷酸甘油酸激酶是催化可逆的酶。故正确选项为D。
**32.** A：磷酸烯醇式丙酮酸是草酰乙酸经磷酸烯醇式丙酮酸羧激酶催化生成，草酰乙酸加氢生成苹果酸，草酰乙酸与乙酰CoA缩合形成柠檬酸，草酰乙酸转氨基生成天冬氨酸。草酰乙酸不能直接转变成乙酰CoA。故正确选项为A。
**33.** B：葡萄糖-1-磷酸是糖原代谢的中间产物，果糖-6-磷酸、果糖-1,6-二磷酸和丙酮酸是糖分解代谢及糖异生的中间产物，只有葡萄糖-6-磷酸是所有糖各条代谢途径的共同中间产物。故正确选项为B。
**34.** B：由于乙酰CoA不能逆转变为丙酮酸，因而不能合成葡萄糖。故正确选项为B。
**35.** E：人体内的尿酸是嘌呤分解的代谢产物，当嘌呤核苷酸分解代谢加强时，血中尿酸的含量会增加。故正确选项为E。
**36.** E：ATP是能量利用的共同形式，但也有些代谢需要其他三磷酸核苷提供能量。如糖原合成需要UTP，甘油磷脂合成需要CTP，蛋白质合成需要GTP等。故正确选项为E。
**37.** C：丙酮酸羧化反应是在线粒体内进行的，其他选项都在细胞液中进行的。故正确选项是C。

**38.** E：糖原合成过程在细胞液中进行，其他选项均在线粒体。故正确选项为 E。
**39.** D：变构效应剂是与变构酶的调节亚基或调节部位结合。故正确选项为 D。
**40.** C：由于丙二酸的结构与琥珀酸结构相似，它可和琥珀酸竞争结合酶的活性中心，从而抑制酶的活性。故正确选项为 C。
**41.** C：短期饥饿时，糖原已耗竭，为维持血糖浓度的恒定，在胰高血糖素的作用下，脂肪动员加强，但不能直接转变成葡萄糖，主要靠肝的糖异生作用，此时肾的糖异生作用不明显。故正确选项为 C。
**42.** B：短期饥饿时，血糖降低，胰高血糖素分泌增加，导致脂肪动员加强，蛋白质分解，酮体生成增加，肝的糖异生增强，而组织氧化葡萄糖是降低的。故正确选项为 B。
**43.** D：修饰酶都存在无活性和有活性两种形式，它们之间的互变都是由酶催化的，以磷酸化、去磷酸化的方式最常见，磷酸化修饰有放大效应，化学修饰属一种快速调节方式。故正确选项为 D。
**44.** D：在代谢途径中，关键酶活性最低，催化的反应速度最慢，它的活性大小决定着该条途径的总速度，故又称为限速酶。故正确选项为 D。
**45.** E：糖、脂肪和蛋白质分解代谢的共同中间产物是乙酰 CoA。故正确选项为 E。
**46.** D：糖可以转变为非必需氨基酸；蛋白质分解的氨基酸中，亮氨酸和赖氨酸不能转变为糖；脂肪中的甘油可以异生为糖，脂肪酸不能转变为糖；糖供应不足时，主要靠脂肪分解；合成脂肪所需的甘油、乙酰 CoA 及 NADPH 均可由糖分解提供。故正确选项为 D。
**47.** D：三羧酸循环和鸟氨酸循环的共同中间循环物是草酰乙酸，其他选项均为三羧酸循环的中间代谢物。故正确选项为 D。
**48.** E：变构抑制是由变构效应剂引起的，竞争性抑制和非竞争性抑制都是由抑制剂引起的；酶原激活涉及肽键断裂；有些变构酶分子上是调节部位与效应剂结合；变构酶的动力学特点是酶促反应与底物浓度的关系呈“S”形曲线。故正确选项为 E。
**49.** B：不同的激素与靶细胞特异受体结合后产生不同的生理效应。故正确选项为 B。
**50.** E：AC 是腺苷酸环化酶的缩写符号，它催化 ATP 转变为 cAMP，PDE 为磷酸二酯酶的缩写符号，它催化 cAMP 转变为 AMP，AMP 磷酸化为 ADP，ADP 再磷酸化为 ATP。故正确选项为 E。
**51.** A：长期饥饿时，血糖浓度很低，葡萄糖不能满足脑的能量供应，此时脑组织的主要能源是酮体。故正确选项为 A。
**52.** E：变构调节是变构效应剂引起的一种快速调节，但不产生级联放大效应。故正确选项为 E。
**53.** B：糖异生是在线粒体和细胞液中进行，但要消耗能量而不是产能；糖原合成是在细胞液进行，也是耗能反应；三羧酸循环和脂肪酸 $\beta$-氧化都在线粒体内进行。故正确选项为 B。
**54.** E：谷氨酸经氧化脱氨基作用或经转氨基作用可直接生成 $\alpha$-酮戊二酸。故正确选项为 E。
**55.** B，**56.** A，**57.** E，**58.** D，**59.** C：脂肪酸 $\beta$-氧化在线粒体内进行；糖酵解在细胞液中进行；尿素合成在线粒体和细胞液中进行；蛋白质合成在核糖体中进行；核酸合成在细胞核内进行。
**60.** A，**61.** C，**62.** B，**63.** E，**64.** D：葡萄糖-6-磷酸是糖原合酶的变构激活剂；磷酸果糖激酶-1的变构抑制剂是柠檬酸；乙酰 CoA 是丙酮酸羧化酶的变构激活剂；PRPP 是氨基甲酰磷酸合成酶Ⅱ的变构激活剂；氨基甲酰磷酸合成酶Ⅰ的变构激活剂是 *N*-乙酰谷氨酸。
**65.** C，**66.** D，**67.** E，**68.** B，**69.** A：ATP/ADP 值增大使糖的有氧氧化减弱；ATP/ADP 值减小，会加速氧化磷酸化；乙酰 CoA/CoA 值减小使丙酮酸羧化酶活性降低；乙酰 CoA/CoA 值增大使丙酮酸脱氢酶活性降低；磷酸烯醇式丙酮酸羧激酶活性升高与以上无关。
**70.** E，**71.** B，**72.** C，**73.** D，**74.** E：与胞内受体结合的激素是类固醇激素，是在胞内以激素-受体复合物传递信息；胰岛素可降低血糖；肾上腺素属于氨基酸衍生物的激素；前列腺素属于花生四烯酸衍生物的激素。
**75.** A，**76.** C，**77.** B，**78.** D，**79.** E：空腹过夜时，血糖来自肝糖输出；短期饥饿时，血糖主要来自蛋白质分解产生的氨基酸的糖异生；随着饥饿进程的延长，蛋白质分解减少，脂肪动员加强，甘油是主要糖异生原料，而脂肪酸是肌肉的主要能源物质，脑组织此时以氧化酮体为主。
**80.** BDE：类固醇激素属于疏水性激素，属于胞内受体而不是膜受体的激素，与受体结合后进入细胞核，通过调节基因的转录而发挥调节效应，但不一定是促进转录，也可能是抑制，都属于迟缓调节。

**81.** BCDE：酶促化学修饰的酶具有高活性和低活性两种形式，在上级酶的催化下进行共价修饰，引起酶结构改变，属快速调节，具有放大效应，耗能较少而不是多。
**82.** ABCD：机体在应激反应时，肾上腺素分泌增加，而胰岛素分泌减少，脂肪动员增加，糖异生作用加强，血糖水平升高而不是降低。
**83.** ABCD：因为三羧酸循环和氧化磷酸化、脂酰基$\beta$-氧化及酮体生成的酶系均分布在线粒体内，而尿素生成是在肝细胞的线粒体和细胞液中进行的。
**84.** ABD：关键酶所催化反应是单向反应，所以，其活性决定着代谢途径的反应方向，关键酶催化的反应速度最慢，酶的活性大小还决定整条代谢途径的总速度；关键酶活性受代谢物或效应剂的调节；关键酶的调节既可以是快速调节也可以是迟缓调节。
**85.** ACE：从单细胞生物到高等生物都存在物质代谢调节，不只是高等动物才具有；调节限速酶活性是物质代谢调节的主要方式；细胞水平调节是对酶活性和含量的调节，是实现代谢调节的基础；激素的调节作用既可以直接改变酶活性，也可以通过调节酶含量而实现对物质代谢的调节。
**86.** ABCE：酶化学修饰调节的方式有磷酸化与去磷酸化、甲基化与去甲基化、腺苷化与脱腺苷化、乙酰化与脱乙酰化等，但不包括糖苷化。
**87.** BC：变构酶通常是由偶数亚基构成的，大多数变构酶是代谢途径的关键酶；变构效应剂与底物结构不相似，是与酶的调节亚基或调节部位结合而不是和酶的催化基团结合。
**88.** ADE：变构调节与化学修饰调节都属于快速调节，只改变酶的结构，不影响酶的含量，是属于细胞水平的调节；变构调节是非共价结合，而化学修饰调节是共价键结合，但都是可逆的。

**（三）问答题**

**89.** 答：①相同点：两者均属于细胞水平的物质代谢调节，主要通过代谢途径的关键酶或限速酶进行调节，同属快速调节；都存在两种酶形式，在一定条件下，两种酶形式会发生相互转变。②不同点：变构调节是通过小分子变构剂与酶的调节亚基或调节部位进行非共价结合，使酶分子发生构象改变而影响酶活性的升高或降低，由于是变构效应剂引起的调节，故没有级联放大效应。化学修饰是一种酶蛋白催化另一种酶蛋白进行的共价修饰，使酶空间构象改变而改变酶的活性，有放大效应。
**90.** 答：代谢途径的终产物作为变构抑制剂反馈抑制该途径的起始反应的酶，使代谢产物的生成既满足机体的需要又可使代谢产物的生成不致过多，也避免原材料的浪费。例如，长链脂酰 CoA 可反馈抑制脂肪酸合成的关键酶——乙酰 CoA 羧化酶，从而抑制脂肪酸的合成，这样既可减少原料乙酰 CoA 和能量 ATP 的消耗，同时也避免了产物脂肪酸的堆积。
**91.** 答：细胞水平的调节是物质代谢调节的基础，细胞内某代谢物含量发生改变时会要求某个或某些代谢途径中的关键酶活性或含量的改变，从而实现对物质代谢的调节。细胞内关键酶的隔离分布是细胞水平调节的基础。根据关键酶活性变化的快、慢和持续时间的长、短分快速调节和迟缓调节两个方面。快速调节是直接改变原有酶的结构，使酶活性即刻改变，但持续的时间短；迟缓调节是改变酶的含量，所以产生生物学效应慢，但持续的时间长。快速调节又有变构调节和化学修饰两种方式：①变构调节：代谢途径中的关键酶大多是变构酶，通过变构调节实现在细胞水平的快速调节。②酶的化学修饰调节：通过酶蛋白肽链上某些残基的磷酸化与去磷酸化、乙酰化与去乙酰化、甲基化与去甲基化等改变酶的活性，进而实现对物质代谢的快速调节。迟缓调节是酶量的调节：通过对酶蛋白合成的诱导与阻遏和酶蛋白的降解调节细胞内酶的含量，从而调节代谢的速度和强度。
**92.** 答：①变构调节是细胞水平代谢调节中的一种常见的快速调节，能迅速改变代谢途径的反应速度和方向，使机体迅速适应环境的变化。②代谢终产物常可使催化该途径起始反应的酶受到反馈抑制，这类抑制多为变构抑制，可使代谢产物的生成不致过多，同时也减少原料的不必要消耗。③变构调节可使能量得到有效利用，不致浪费。④还可使不同代谢途径相互协调。
**93.** 答：酶化学修饰的方式有磷酸化与去磷酸化、乙酰化与去乙酰化、甲基化与去甲基化、腺苷化与去腺苷化及—SH 与—S—S—互变等，其中磷酸化与去磷酸化在共价修饰调节中最为常见。其特点有：①受这种调节的酶均具有无活性（或低活性）和有活性（或高活性）两种形式，这两种酶形式之间的互变是由不同的酶催化，如酶蛋白的磷酸化由蛋白激酶催化，而去磷酸化是由磷蛋白磷酸酶催化。②催化酶修饰的酶又受其他因素如激素的调节。③化学修饰是酶所催化的反应，具有放大效应，调节效率比变构调节更高。④磷酸化与去磷酸化是最常见的化学修饰反应，作用迅速，是体内调节酶活性经济有效的方式。

**94.** 答：草酰乙酸的生成：①苹果酸在苹果酸脱氢酶的催化下脱氢生成草酰乙酸；②天冬氨酸经天冬氨酸氨基转移酶催化转氨基生成草酰乙酸；③丙酮酸羧化酶催化丙酮酸羧化生成草酰乙酸；④柠檬酸在柠檬酸裂解酶催化下裂解生成草酰乙酸。草酰乙酸的利用：①草酰乙酸经苹果酸脱氢酶可还原为苹果酸；②丙酮酸羧激酶催化草酰乙酸脱羧生成磷酸烯醇式丙酮酸，进而转变成丙酮酸或转变成磷酸二羟丙酮，进行糖异生；③草酰乙酸由天冬氨酸氨基转移酶催化可氨基化为天冬氨酸；④草酰乙酸与乙酰 CoA 在柠檬酸合酶催化下缩合为柠檬酸。

**95.** 答：草酰乙酸参加的代谢循环及其意义：①三羧酸循环，它既是糖、脂肪、蛋白质代谢为 $CO_2$ 和 $H_2O$，并释放出能量的主要途径，也是三大物质相互转变的枢纽；②草酰乙酸经转氨基作用生成天冬氨酸，参与鸟氨酸循环，合成尿素排出体外，解除氨的毒性；③草酰乙酸转变为天冬氨酸后参与肌肉的嘌呤核苷酸循环，是肌肉脱氨基的主要途径。

**（四）论述题**

**96.** 答：脂肪合成的原料是脂肪酸和甘油。①脂肪酸的生成：在线粒体内，丙氨酸经丙氨酸氨基转移酶催化生成丙酮酸，后者经丙酮酸脱氢酶复合体催化生成乙酰 CoA，乙酰 CoA 与草酰乙酸在柠檬酸合酶催化下生成柠檬酸出线粒体。在细胞液，柠檬酸裂解出草酰乙酸和乙酰 CoA，乙酰 CoA 由乙酰 CoA 羧化酶催化生成丙二酰 CoA，后者经过一系列酶促反应合成脂肪酸。②磷酸甘油的生成：在线粒体内，丙氨酸经转氨基作用生成丙酮酸，丙酮酸经丙酮酸羧化酶催化生成草酰乙酸出线粒体。在细胞液，草酰乙酸经磷酸烯醇式丙酮酸羧激酶催化生成磷酸烯醇式丙酮酸，后者循糖异生途径转变成磷酸二羟丙酮，磷酸二羟丙酮还原为 3-磷酸甘油。③在细胞液，脂肪酸活化为脂酰 CoA。④脂酰 CoA 与 3-磷酸甘油经转酰基作用合成脂肪。

**97.** 答：①糖原合成与分解：当进食之后，血糖水平升高，此时肝脏可将葡萄糖转变成糖原，糖原是能量的一种储存形式，以便需要之用，同时也避免血糖浓度过高；当饥饿或其他原因导致血糖降低时，肝糖原分解为葡萄糖，迅速提供血糖，保证心、脑等重要组织的能量供应。所以，肝糖原的合成与分解是机体调节血糖的一种重要而又快速的机制。②糖异生：是在空腹或饥饿时补充血糖，以维持血糖浓度的恒定；糖异生作用也是肝脏补充或恢复糖原储备的重要途径；有利于体内乳酸的再利用，防止乳酸酸中毒；还能调节酸碱平衡。③生成酮体：酮体是肝向肝外组织输出能源的一种方式，尤其是长期饥饿时，酮体是脑的主要能量来源。④合成尿素：使体内氨基酸代谢生成的氨以无毒的形式排出，防止血氨升高而出现氨中毒。⑤将胆固醇转化为胆汁酸：是肝清除胆固醇的主要方式，胆汁酸对肠道脂类的消化吸收具有重要作用。

**98.** 答：饥饿 48 小时属于短期饥饿，此时肝糖原显著减少，血糖趋于降低，引起胰岛素分泌减少，胰高血糖素分泌增加。由于激素分泌的平衡变化，体内物质代谢出现“三增强一减弱”的特点：①蛋白质分解加强，释放的氨基酸量增加，此时血液中氨基酸增加，尤其是丙氨酸浓度增加，为糖异生提供主要原料。由于组织的蛋白质分解加强，此时的负氮平衡明显。②脂肪动员加强，血糖低，能量来源不足，胰高血糖素促进脂肪动员，脂肪酸分解提供能量，同时释放出的甘油在肝异生为糖。③糖异生加强，蛋白质分解，脂肪动员，都能为糖异生提供原料。④组织对葡萄糖的利用降低，节省葡萄糖。在饥饿的早期，脑依然以氧化葡萄糖为主。

**99.** 答：①脑是人体的神经中枢，能量需求和耗氧量大，而脑组织既无糖原储存，又不能直接氧化脂肪酸，主要靠葡萄糖供能，糖供应不足时可以酮体作为能源物质。②肝是人体的“中心生化工厂”，能量和物质代谢极为活跃，是糖、脂代谢的主要器官，独具特色。在糖代谢方面，它既能合成糖原，又能分解糖原，还能进行糖异生，是维持血糖浓度恒定的重要器官。在脂类代谢方面，它能将糖转变成脂肪、磷脂、胆固醇，并将合成的这些脂类物质以 VLDL 形式运输到其他组织储存或代谢，合成的 HDL 可逆向转运胆固醇，并将胆固醇转变成胆汁酸，从而降低血胆固醇水平，同时可通过合成大量酮体来输出能源供肝外组织利用。③骨骼肌能合成糖原，但肌糖原不能直接分解为葡萄糖以补充血糖，肌肉富含脂蛋白脂酶和呼吸链，通常以氧化脂肪酸供能，也能氧化酮体，剧烈运动时能量来自糖酵解。

**100.** 答：从能量供应上，糖、脂肪和蛋白质可以相互代替，并相互制约。一般情况下，糖和脂肪为主要供能物质，蛋白质的主要功能是维持组织细胞的生长、更新与修补和执行生命活动，蛋白质的氧化供能作用可以完全由糖、脂肪所替代。当任一供能物质的分解代谢占优时，常能抑制其他供能物质的分解，如脂肪分解增强、ATP 增多时，ATP/ADP 值升高，可变构抑制糖分解代谢中的关键酶——磷酸果糖激酶-1，从而抑制糖分解代谢。相反，若供能物质不足，ADP 积存增多，则可变构激活磷酸果糖激酶-1，从而加速体内糖的分解。又如短期饥饿时，为维持血糖恒定以保证脑组织对糖的需要，则肝糖异生加强，脂肪动员，蛋白质分解加强，如果饥饿时间延长，长期的糖异生使蛋白质大量分解，会危及生命，此时机体的调节机制是脂肪代谢进一步加强，脂肪酸和酮体增多，心肌、骨骼肌和肾等组织以氧化脂肪酸为主，同时，肾皮质还能生成酮体，确保脑的能量供应，蛋白质分解明显降低，负氮平衡有所改善。

**101.** 答：①丙酮酸可通过糖酵解途径中的丙酮酸脱氢酶催化还原为乳酸。②丙酮酸在线粒体内氧化脱羧变成乙酰 CoA 进行三羧酸循环可生成 ATP、$CO_2$ 和 $H_2O$。③丙酮酸可通过糖异生作用转变为葡萄糖或糖原。④丙酮酸可通过转氨基作用变成丙氨酸，参与蛋白质合成。⑤丙酮酸氧化脱羧转变为乙酰 CoA，通过脂肪酸合成途径转变为脂肪酸。⑥丙酮酸氧化脱羧转变为乙酰 CoA，通过酮体合成途径可转变为酮体。⑦丙酮酸氧化脱羧转变为乙酰 CoA，通过胆固醇合成途径转变为胆固醇。⑧丙酮酸异生成糖途径中产生的中间物磷酸二羟丙酮可转变为 3-磷酸甘油，后者与脂肪酸活化生成的脂酰 CoA 一起合成脂肪。⑨丙酮酸可羧化为草酰乙酸，草酰乙酸经转氨基作用生成天冬氨酸，进而参与蛋白质合成，还可参与嘌呤核苷酸循环、鸟氨酸循环过程。

**102.** 答：①乙酰 CoA 是糖、脂肪、氨基酸三大物质代谢共有的中间代谢物，也是三大营养物代谢相互联系的枢纽。②乙酰 CoA 联系糖代谢与脂代谢：当摄入大量糖时，糖分解代谢产生的乙酰 CoA 以柠檬酸的形式进入胞质，为脂肪酸的合成提供原料，同时激活脂酸合成的关键酶。脂酸合成所需的 NADPH 也可通过糖代谢得到充分供应。乙酰 CoA 也可作为胆固醇合成的原料，为磷脂的合成提供基本骨架。脂肪在体内难以转变为糖，仅脂肪分解产生的少量甘油可作为糖异生的原料。③乙酰 CoA 联系糖代谢与蛋白质代谢：蛋白质分解产生的氨基酸，除生酮氨基酸外，均可转变成相应的 $\alpha$-酮酸并异生成糖。糖代谢的一些中间物如丙酮酸、$\alpha$-酮戊二酸、草酰乙酸等可转化为某些非必需氨基酸。④乙酰 CoA 联系脂代谢与氨基酸代谢：氨基酸分解产生的乙酰 CoA 可用于合成脂肪酸、胆固醇等，部分氨基酸还可作为合成磷脂的原料。脂类不能转变为氨基酸，但脂肪的甘油可通过磷酸甘油醛循糖酵解途径生成丙酮酸，再转变为某些非必需氨基酸。

（罗德生）

# 第 13 章 DNA 生物合成

## 一、教学目的与教学要求

**教学目的** 通过本章学习使学生能够对基因信息传递有总体认识，理解生物体内 DNA 复制的基本规律、体系与过程，可为后面学习 PCR 技术的原理打下良好的基础；通过进一步学习生物体内 DNA 损伤（突变）与修复的基本原理及过程，学生能够理解遗传与变异的相对统一性，并且能够分析相关临床疾病的分子机制，如着色性干皮病。

**教学要求** 掌握中心法则的概念、DNA 复制的基本规律、DNA 复制体系的组成，DNA 聚合酶的类型及功能特点、DNA 损伤的修复途径。熟悉 DNA 复制的过程，原核生物 DNA 复制和真核生物 DNA 复制的主要区别，端粒的功能及端粒酶的作用机制。了解逆转录和其他复制方式、引发 DNA 损伤的因素、DNA 损伤的类型、DNA 损伤和修复的意义。

## 二、思 维 导 图

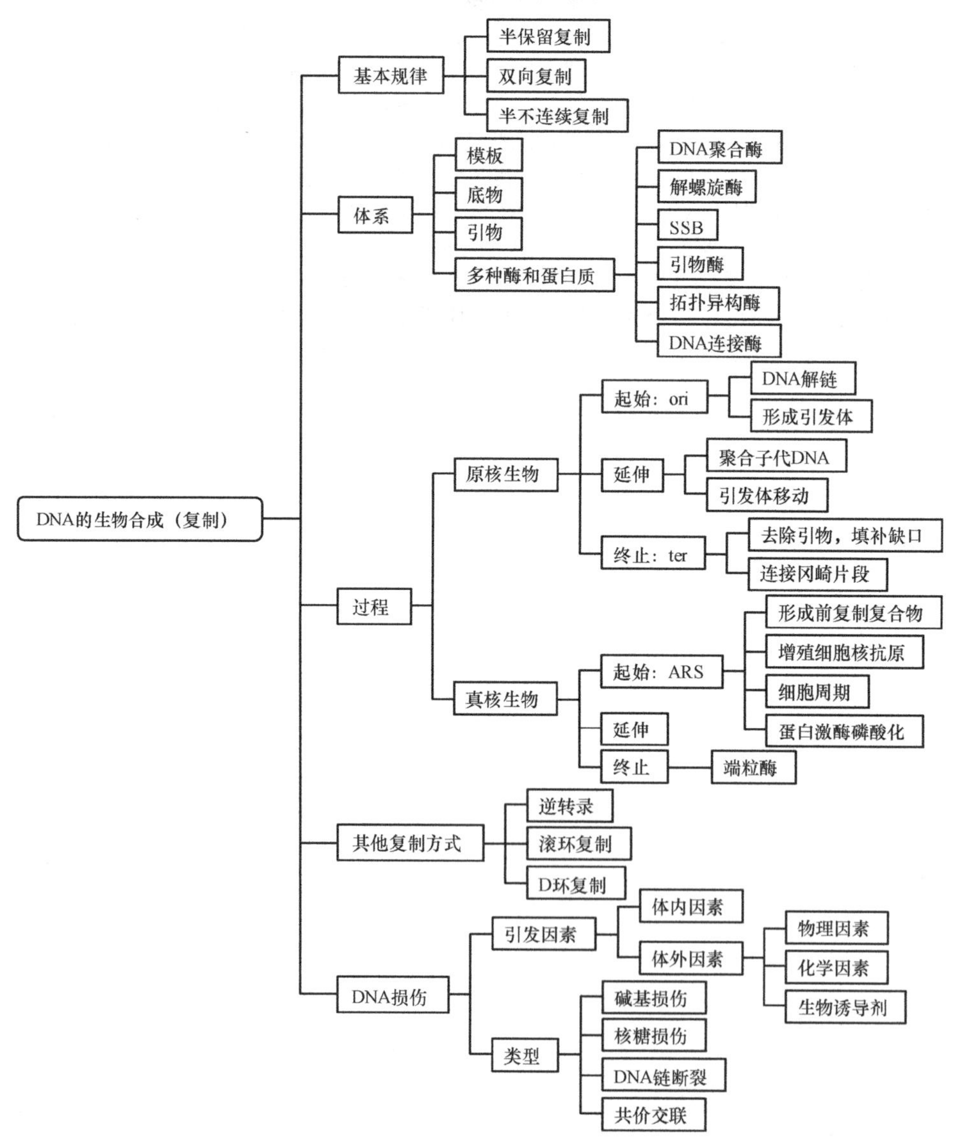

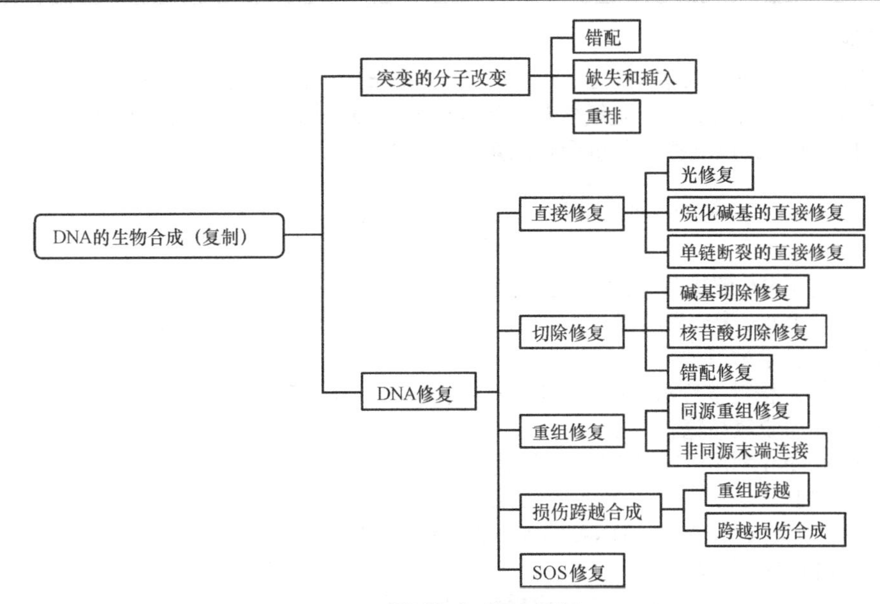


## 三、汉英名词对照

| 中文 | 英文 | 中文 | 英文 |
|---|---|---|---|
| 逆转录 | reverse transcription | 端粒酶 | telomerase |
| 半保留式复制 | semi-conservative replication | DNA 互补链 | complement DNA |
| 双向复制 | bidirectional replication | 突变 | mutation |
| 半不连续复制 | semi-discontinuous replication | 碱基切除修复 | base excision repair |
| 复制叉 | replication fork | 核苷酸切除修复 | nucleotide excision |
| 前导链 | leading strand | 着色性干皮病 | xeroderma pigmentosum |
| 后随链 | lagging strand | 错配修复 | mismatch repair，MMR |
| 冈崎片段 | Okazaki fragment | 同源重组 | homologous recombination，HR |
| 引物 | primer | 非同源末端连接 | non-homologous end joining，NHEJ |
| 单链 DNA 结合蛋白 | single strand binding protein，SSB | 复制子 | replicon |
| 引物酶 | primase | 终止子 | terminator，ter |
| DNA 拓扑异构酶 | DNA topoisomerase | 滚环复制 | rolling circle replication |
| DNA 连接酶 | DNA ligase | 顺反子 | cistron |

## 四、复习思考题

### （一）名词解释

**1.** 逆转录（reverse transcription）
**2.** 半保留复制（semi-conservative replication）
**3.** 复制叉（replication fork）
**4.** 半不连续复制（semi-discontinuous replication）
**5.** 冈崎片段（Okazaki fragment）
**6.** 引物（primer）
**7.** 单链结合蛋白（single strand binding protein，SSB）
**8.** DNA 拓扑异构酶（DNA topoisomerase）
**9.** DNA 连接酶（DNA ligase）
**10.** 端粒酶（telomerase）
**11.** 互补 DNA（complementary DNA，cDNA）
**12.** 突变（mutation）
**13.** 碱基切除修复（base excision repair，BER）
**14.** 核苷酸切除修复（nucleotide excision repair，NER）
**15.** 着色性干皮病（xeroderma pigmentosum，XP）
**16.** 错配修复（mismatch repair，MMR）

**（二）选择题**

**A1 型题，以下每一道题下面有 A、B、C、D、E 五个选项，请从中选择一个最佳答案。**

**17.** 乙肝病毒是一种约由3200个脱氧核苷酸组成的双链DNA病毒，这种病毒的复制方式比较特殊，具体过程如下图所示。以下相关分析合理的是（　　）

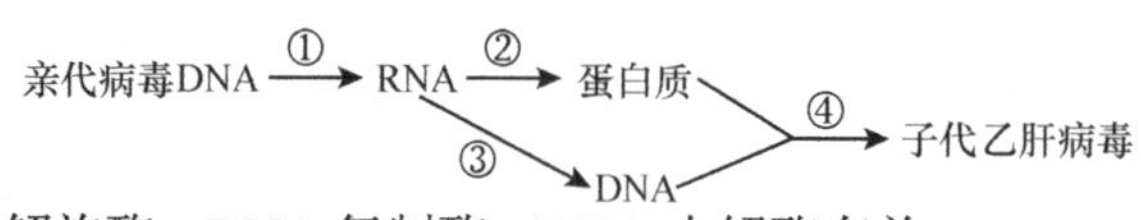


A. ①为复制，与 DNA 解旋酶、DNA 复制酶、DNA 水解酶有关

B. ②为表达，与 RNA 聚合酶有关

C. ③为转录，与转录酶有关

D. ①需要的材料为核糖核苷酸，③需要的材料为脱氧核糖核苷酸

E. ②需要的材料为脱氧核糖核苷酸

**18.** Meselson 和 Stahl 利用 $^{15}$N 及 $^{14}$N 标记大肠埃希菌的实验证明了（　　）

A. DNA 能被复制　　B. DNA 可转录为 mRNA

C. DNA 可表达为蛋白质　　D. DNA 的半保留复制方式

E. DNA 的全保留复制方式

**19.** DNA 复制时，以序列 5′-TAGC-3′为模板将合成的互补结构是（　　）

A. 5′-GCTA-3′　　B. 5′-ATCG-3′　　C. 5′-UCUC-3′　　D. 5′-GCGA-3′　　E. 3′-GCTA-5′

**20.** DNA 复制需要①DNA 聚合酶Ⅲ，②解链酶，③DNA 聚合酶Ⅰ，④DNA 指导的 RNA 聚合酶，⑤DNA 连接酶。其作用的顺序是（　　）

A. ④③①②⑤　　B. ②③④①⑤　　C. ④②①⑤③　　D. ④②①③⑤　　E. ②④①③⑤

**21.** 关于 DNA 的半不连续合成，错误的说法是（　　）

A. 前导链是连续合成的　　B. 后随链是不连续合成的　　C. 不连续合成的片段是冈崎片段

D. 前导链和后随链合成中有一半是不连续合成的　　E. 后随链的合成迟于前导链的合成

**22.** 下列关于哺乳动物 DNA 复制特点的描述，哪一项是错误的（　　）

A. RNA 引物较小　　B. 冈崎片段较小　　C. DNA 聚合酶 α、β、γ 参与

D. 仅有一个复制起点　　E. 片段连接时，由 ATP 供给能量

**23.** 下列哪种酶或者蛋白质与 DNA 复制过程中的 DNA 解链无关（　　）

A. 拓扑异构酶　　B. DNA 单链结合蛋白　　C. 引物酶

D. 解螺旋酶　　E. SSB

**24.** 如果大肠埃希菌基因突变导致 DNA 聚合酶Ⅰ的活性严重下降，由此而引发的后果，以下哪一项叙述是正确的（　　）

A. 细菌将可能死亡　　B. 细菌生长速率提高　　C. 对细菌几乎没有影响

D. 显著降低细菌产生突变的概率　　E. 显著增加细菌产生突变的概率

**25.** 端粒酶可看作是一种（　　）

A. 依赖于 DNA 的 DNA 聚合酶　　B. 依赖于 DNA 的 RNA 聚合酶

C. 核酸内切酶　　D. 逆转录酶　　E. DNA 连接酶

**26.** 下列哪项相关研究成果获得了诺贝尔奖（　　）

A. 冈崎片段　　B. 端粒　　C. D 环复制　　D. 滚环复制　　E. Klenow 片段

**27.** 放疗可用来治疗许多癌症，如白血病。你认为高剂量的射线摧毁快速分裂细胞的原理是它导致（　　）

A. DNA 交联　　B. DNA 去甲基化　　C. DNA 双链发生断裂

D. DNA-RNA 转录复合物遭到破坏　　E. DNA 分子上的嘌呤脱落

**28.** 以下哪种修复机制不需要 DNA 聚合酶活性（　　）

A. SOS 修复　　B. 核苷酸切除修复　　C. 碱基切除修复

D. 光修复　　E. 错配修复

**A2型题，以下每一道题下面有A、B、C、D、E五个选项，请从中选择一个最佳答案。**

**29.** 有一位8岁女孩因颈部皮肤肿瘤来皮肤科就诊，体检发现皮肤散在色素沉着，其他部位轻度萎缩，诊断为着色性干皮病。导致该患者皮肤色素沉着即产生肿瘤的最可能的原因是（　　）

A. 紫外线照射　B. 电离辐射　C. 维生素A摄入不足
D. 维生素D摄入不足　E. 食物中亚硝酸盐摄入过多

**30.** 患儿，男性，10岁，畏光，发育迟缓。该患儿出生时即具有光敏现象，随后出现日晒后产生水疱，网状红斑即弥漫性褐色色素。染色体检查可见断裂和重新排列。与该修复系统相关的分子是（　　）

A. MSH2　B. RecA　C. XPA　D. XRCC4　E. BRCA1

**31.** 一位13岁非洲女患者到急诊室就诊，主诉双侧大腿和臀部疼痛，服用布洛芬不能解除疼痛症状。检查结果显示其血红蛋白含量仅为正常人的一半，红细胞数量少且呈镰刀形。导致该患者红细胞形态异常的机制是血红蛋白的（　　）

A. α链发生异常折叠　B. β链发生异常折叠　C. α链编码基因发生点突变
D. β链发生点突变　E. α链和β链发生交联

**B型题，请从以下5个备选项中，选出最适合下列题目的选项。**

（16～18题共用备选答案）

A. 冈崎片段　B. Klenow片段　C. 引物　D. 前导链　E. 后随链

**32.** DNA复制过程中解链方向与复制方向相反的一条链是（　　）

**33.** DNA聚合酶Ⅰ水解的大片段，它具有DNA聚合酶活性，被称为（　　）

**34.** DNA复制起始时提供3′-OH的寡核苷酸片段是（　　）

（19～21题共用备选答案）

A. 嘧啶多聚体　B. 碱基烷基化　C. DNA双链断裂
D. 碱基位点异常　E. DNA双螺旋结构的扭曲

**35.** 以碱基切除方式修复的损伤是（　　）

**36.** 以同源重组方式进行修复的损伤是（　　）

**37.** 以核苷酸切除方式进行修复的损伤是（　　）

**X型题，以下每一道题下面有A、B、C、D、E五个备选答案，请从中选择2～5个不等答案。**

**38.** RNA引物是指（　　）

A. 用于转录的起始过程　B. 使DNA聚合酶Ⅲ活化
C. 提供3′-OH端作合成新DNA链起点　D. 提供5′-OH端作合成新RNA链起点
E. 复制终止阶段被水解切除

**39.** DNA复制的保真性所依赖的机制是（　　）

A. 复制中出错时有即时的校读功能　B. G-C配对代替A-T配对增加稳定性
C. 聚合酶在复制延长中对碱基的选择功能　D. 严格遵守碱基配对规律
E. 出现摆动现象，碱基不严格互补也能互相辨认

**40.** 下列叙述与逆转录正确的是（　　）

A. 以RNA为模板合成DNA的过程　B. 以RNA为模板合成RNA的过程
C. 需DNA聚合酶催化　D. 不需要引物
E. dNTP是合成原料

**41.** DNA聚合酶Ⅲ具有（　　）

A. 3′→5′外切酶活性　B. 5′→3′外切酶活性　C. 5′→3′聚合酶活性
D. 3′→5′聚合酶活性　E. 切除引物功能

**42.** 冈崎片段（　　）

A. 具有3′→5′外切酶活性　B. 是一段小的RNA片段，用于引发DNA合成
C. 每一个都具有各自的引物　D. 复制起始之前形成，作为复制的准备
E. 复制完成时，相互连接成连续的DNA链

**43.** 原核生物和真核生物的 DNA 聚合酶（　　）
A. 都用 dNTP 作底物　B. 都需 RNA 引物　C. 都沿 5′至 3′方向延长
D. 都具有切除引物的功能　E. 都是多个亚基组成的聚合体

**44.** DNA 损伤修复的意义包括（　　）
A. 保护细胞基因组的完整性　B. 防止细胞发生癌变
C. DNA 修复基因缺陷会大大增加突变率　D. DNA 损伤修复会引发细胞凋亡
E. DNA 修复基因缺陷会引发某些常染色体隐性遗传病或诱发癌症

**45.** 以下有关 D 环复制的说法错误的是（　　）
A. 两条链的复制是从两个独立的起点先后起始的
B. 两条链的复制都是从同一个起点先后开始的　C. 不需要 RNA 引物的形成
D. 不属于半不连续复制　E. 需切断环状 DNA 才进行复制

**46.** 端粒酶活性较高的细胞有（　　）
A. 生殖细胞　B. 红细胞　C. 大肠埃希菌细胞
D. 肿瘤细胞　E. 干细胞

**47.** DNA 拓扑异构酶在复制中的作用是（　　）
A. 能切断 DNA 双链的某一部位造成缺口　B. 通过 3′→5′外切酶活性提高复制的保真性
C. 使超螺旋结构变松弛　D. 合成冈崎片段
E. 合成 RNA 引物

**48.** DNA 损伤修复机制包括（　　）
A. 切除修复　B. 电离修复　C. 光修复　D. 重组修复　E. 酶修复

**（三）问答题**

**49.** 简述 DNA 的半保留复制。
**50.** 解释在 DNA 复制过程中，后随链是怎样合成的。
**51.** 简述大肠埃希菌 DNA 聚合酶的种类和功能。
**52.** 简述 DNA 复制的过程。

**（四）论述题**

**53.** 描述 Matthew 和 Franklin 所做的证明 DNA 半保留复制的实验。
**54.** 大肠埃希菌的某一基因发生突变后，在 37℃条件下能够开始 DNA 的复制，但是其中一条链的复制产物是几百到几千个核苷酸的片段，而且发现该基因所编码蛋白质的活性依赖于 $NAD^+$。请问哪种基因最有可能发生了突变，为什么？

## 五、复习思考题答案及解析

**（一）名词解释**

**1.** 逆转录（reverse transcription）：以 RNA 为模板，依靠逆转录酶的作用，以四种脱氧核苷三磷酸（dNTP）为底物，产生 DNA 链。常见于逆转录病毒的复制中。
**2.** 半保留复制（semi-conservative replication）：沃森-克里克根据 DNA 的双螺旋结构模型提出的 DNA 复制方式。即 DNA 复制时亲代 DNA 的两条链解开，每条链作为新链的模板，从而形成两个子代 DNA 分子，每一个子代 DNA 分子包含一条亲代链和一条新合成的链。
**3.** 复制叉（replication fork）：正在进行复制的双链 DNA 分子所形成的 Y 形区域，其中，已解旋的两条模板单链以及正在进行合成的新链构成了 Y 形的头部，尚未解旋的 DNA 模板双链构成了 Y 形的尾部。
**4.** 半不连续复制（semi-discontinuous replication）：DNA 复制时，一条链（前导链）是连续合成的，而另一条链（后随链）的合成却是不连续的。
**5.** 冈崎片段（Okazaki fragment）：在 DNA 不连续复制过程中，沿着后随链的模板链合成的新 DNA 片段，其长度在真核与原核生物当中存在差别，真核生物的冈崎片段长度为 100～200 核苷酸残基，而原核生物的为 1000～2000 核苷酸残基。
**6.** 引物（primer）：所有细胞和多数病毒的 DNA 复制会首先利用模板合成一段由短链 RNA 组成的

序列，长度为几个到几十个核苷酸，作用为DNA-pol提供游离3′端来延伸DNA。体外人工设计的引物一般是DNA。

**7.** 单链结合蛋白（single strand binding protein，SSB）：DNA复制过程中，在DNA分叉处与单链DNA结合的蛋白质。防止已解链的双链还原、退火，使复制得以进行。

**8.** DNA拓扑异构酶（DNA topoisomerase）：调控DNA的拓扑状态和催化拓扑异构体相互转换的一类酶。所有DNA的拓扑性相互转换均需DNA链暂时断裂和再连接。分为Ⅰ型和Ⅱ型。

**9.** DNA连接酶（DNA ligase）：催化双链DNA或RNA中并列的5′-磷酸和3′-羟基之间形成磷酸二酯键的酶。

**10.** 端粒酶（telomerase）：一种自身携带模板的逆转录酶，由RNA和蛋白质组成，RNA组分中含有一段短的模板序列与端粒DNA的重复序列互补，而其蛋白质组分具有逆转录酶活性，以RNA为模板催化端粒DNA的合成，将其加到端粒的3′端，以维持端粒长度及功能。

**11.** 互补DNA（complementary DNA，cDNA）：两条通过碱基配对相连接的多核苷酸链。在双链核酸中，一条多核苷酸链是另一条多核苷酸链的互补链。

**12.** 突变（mutation）：由于某一基因发生改变而导致细胞、病毒或细菌的基因型发生稳定的、可遗传的变化过程。

**13.** 碱基切除修复（base excision repair，BER）：DNA碱基修复机制的一种。受损DNA通过不同酶的作用切除错误碱基后，由一系列的酶加工进行正确填补而恢复功能。

**14.** 核苷酸切除修复（nucleotide excision repair，NER）：DNA修复的一种。在一系列酶的作用下，将DNA分子中受损伤部分切除，并以完好的那条链为模板，合成和连接得到正常序列，使DNA恢复原来的正常结构。

**15.** 着色性干皮病（xeroderma pigmentosum，XP）：一种常染色体隐性遗传性疾病。主要表现为患者对暴露于太阳光非常敏感，紫外线对其DNA造成损伤，患者来源细胞缺乏核苷酸切除修复能力，因此造成患者对太阳光的敏感性、肿瘤易感性增加。

**16.** 错配修复（mismatch repair，MMR）：一种纠正DNA复制过程中错配碱基的机制。核酸外切酶识别不能形成氢键的错配碱基，并切除一段多核苷酸，缺口由DNA聚合酶Ⅰ修补及DNA连接酶封口。

**（二）选择题**

**17.** D：①为转录，由RNA聚合酶催化，以脱氧核糖核酸为模板；②为翻译，需要mRNA、tRNA及核糖体等材料，以核糖核酸为模板；③为逆转录，由逆转录酶催化，以核糖核酸为模板。

**18.** D：Meselson和Stahl先将*E.coli*放入以$^{15}NH_4Cl$为唯一氮源的培养基中连续培养十几代，使所有DNA分子标记上$^{15}N$；然后将$^{15}N$标记的*E.coli*再放入普通的$^{14}NH_4Cl$培养基中继续培养，在细胞生长一代、二代……几代的时间间隔内采样；利用氯化铯密度梯度离心法分离采集到的样品DNA，并用紫外照相技术检测DNA所在位置；对照样品DNA与对照DNA的位置，确切地证明了DNA是以半保留方式进行复制。

**19.** A：模板链和合成的互补链关系如下图，将合成的互补链按5′→3′的方向书写，即为5′—GCTA—3′。

模板链：5′—TAGC—3′

合成的互补链：3′—ATCG—5′

**20.** E：DNA复制时，首先是DNA双链分解成单链才具有模板功能，这一步需要解链酶的作用；然后引物酶根据模板合成RNA引物，该引物酶是以DNA单链作为模板催化合成RNA小分子，即DNA指导的RNA聚合酶；DNA聚合酶Ⅲ是原核生物中延伸DNA分子的主要酶，而DNA聚合酶Ⅰ主要是用于DNA合成完成后切除引物及修复出现问题的DNA分子；最后，DNA连接酶催化切除引物后的缺口形成磷酸二酯键而形成完整的DNA分子。

**21.** D：DNA复制的过程中，两条母链是反向平行的，合成的两条链都是按5′→3′的方向进行复制。其中，前导链是以3′→5′方向的母链为模板，所以前导链可以按5′→3′方向连续复制，完成复制较早；而后随链以5′→3′方向的母链为模板，所以只能其母链打开一部分合成一部分，产生不连续的小片段，称为冈崎片段，完成复制较迟。如下图所示：

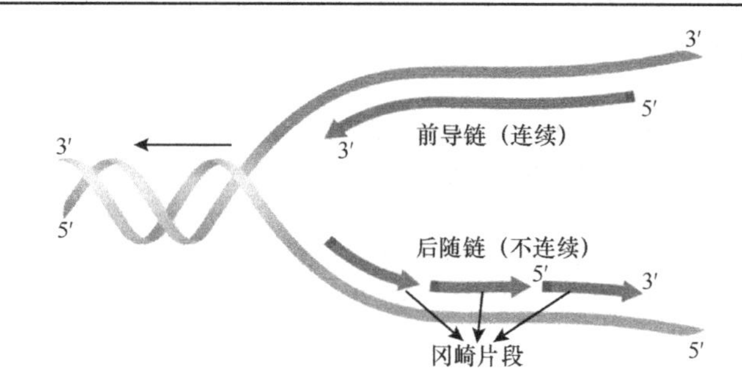


**22.** D：真核生物基因组是线状，有多个复制起点；连接 DNA 片段的 DNA 连接酶发挥作用时需消耗 ATP。

**23.** C：解螺旋酶可利用水解 ATP 提供能量打断氢键，使 DNA 的两条链分开；单链结合蛋白，即 SSB（single strand binding protein），可迅速地与单链 DNA 结合，起到维持、稳定 DNA 单链模板的作用，参与了解链过程；拓扑异构酶有利于消除正超螺旋，克服解链过程中 DNA 打结、缠绕等现象，有利于解链正常进行；引物酶只是合成引物，没有参与解链。

**24.** A：大肠埃希菌的 DNA 聚合酶 I 参与填充 DNA 复制中的 RNA 引物切除后留下的切口，以及 DNA 修复。当 DNA 聚合酶活性严重下降后，DNA 无法正常复制，细菌就无法生存。

**25.** D：端粒酶利用自身的 RNA 作为模板，在端粒上合成 DNA 产物。而逆转录酶是依赖于 RNA 的 DNA 合成酶，所以，端粒酶可看作是一种逆转录酶。

**26.** B：2009 年诺贝尔生理学或医学奖授予了 UCSF（加州大学旧金山分校）的 Elizabeth H. Blackburn，Johns Hopkins University（约翰·霍普金斯大学）的 Carol W. Greider，以及 Howard Medical School（哈佛医学院）的 Jack W. Szostak，他们获奖的原因是揭示了"how chromosomes are protected by telomeres and the enzyme telomerase"（染色体是如何被端粒和端粒酶保护的）。

**27.** C：电离辐射（如 X 射线、γ 射线等）不仅直接对 DNA 分子中原子产生电离效应，还可以通过水在电离时所形成的自由基起作用（间接效应），DNA 链可出现双链或单链断裂，甚至碱基破坏的情况。

**28.** D：光修复中只有光修复酶参与，而其他修复方式都须先切除受损 DNA，然后通过 DNA 聚合酶合成正确的 DNA 序列。

**29.** A：着色性干皮病是由于核苷酸切除修复的相关基因受损所导致。核苷酸切除修复主要识别 DNA 受损后产生的双螺旋扭曲结构，特别是紫外线照射产生的嘧啶二聚体。

**30.** C：根据患儿症状，鉴定为着色性干皮病，该病是由一套 XP 相关基因（XPA、XPB、XPC、XPD、XPF、XPG 等）突变导致的，这套 XP 基因的表达产物共同作用于损伤的 DNA，进行核苷酸切除修复，任何一个 XP 基因突变造成细胞受损的 DNA 修复缺陷，都可引起着色性干皮病。

**31.** D：根据患者症状，鉴定为镰状细胞贫血，该病是由于编码 β 链的基因发生点突变造成。正常 β 的第 6 位密码子为 GAG，编码亲水的谷氨酸，突变后变成 GTG，编码疏水的缬氨酸。缬氨酸使血红蛋白聚集成丝，相互黏着，导致红细胞变形成为镰刀状而极易破碎，产生贫血。

**B 型题**

**32.** E，**33.** B，**34.** C：在 DNA 复制过程中，前导链复制方向与复制叉前进方向一致，即与解链方向一致，而后随链正好相反。DNA 聚合酶 I 被蛋白酶水解后，大的 C 端片段（76 kDa）具有 DNA 聚合酶活性和 3′→5′外切酶的校对活性，被称为大片段或 Klenow 片段，这是实验室合成 DNA 和进行分子生物学研究中常用的工具酶。所有细胞和多数病毒的 DNA 复制会首先利用模板合成一段由短链 RNA 序列组成的引物，为 DNA 聚合酶提供游离 3′-OH 端来延伸 DNA。

**35.** D，**36.** C，**37.** E：碱基切除修复由 DNA 糖苷酶识别受损的碱基，并通过水解糖苷键切除。重组修复，包括同源重组修复和非同源末端连接修复，都是针对双链断裂的 DNA 片段，在这种情况下，无相应的无损互补链作为模板进行修复。核苷酸切除修复识别 DNA 受损后产生的双螺旋扭曲结构，可修复紫外线照射产生的嘧啶二聚体，以及致癌化学物质导致的 DNA 分子共价交联。

**38.** CE：RNA 引物是一小段单链 RNA，在复制中提供游离的 3′-OH，以作为新 DNA 链的起点，并且在合成终止后，被水解切除。

**39.** ACD：复制过程中严格遵守 A-T、G-C 配对规律。所以 B 和 E 是错误的。

**40.** ACE：逆转录是以 RNA 为模板，以 dNTP 为原料，在逆转录酶的作用下，合成 DNA 产物，该过程需要引物，逆转录酶是一种特殊的 DNA 聚合酶，以 RNA 为模板合成 DNA 分子。

**41.** AC：DNA-polⅢ是大肠埃希菌 DNA 复制延长中真正起催化作用的复制酶，具有 5′→3′聚合酶活性及 3′→5′外切酶活性，而切除引物功能是由 DNA 聚合酶Ⅰ执行的。

**42.** CE：冈崎片段是 DNA 半不连续复制的表现，是后随链合成过程中产生的小的 DNA 片段，每一个片段都有引物，这些引物最后会被 DNA 聚合酶Ⅰ切除，然后连接酶进行连接形成连续的 DNA 链。

**43.** ABC：原核生物 DNA 聚合酶Ⅰ可切除引物，但是真核生物 DNA 聚合酶不具有切除引物功能，其 RNA 引物被 RNaseH 和 FEN1（MF1）核酸酶水解。原核生物 DNA 聚合酶Ⅰ和Ⅱ都是单体。

**44.** ABCE：损伤修复缺陷会引起细胞凋亡。

**45.** BCDE：线粒体 DNA 为双链 DNA，采用 D 环复制。复制时需合成引物在特异的复制起点解开进行复制，但两条链的合成是高度不对称的，第一个引物以内环为模板延伸，待链复制到全环的 2/3 时，暴露出另一链的第二个复制起点，再合成另一个反向引物，才以外环为模板开始进行反向的延伸。内环的合成是连续的，外环的合成是不连续的，所以也是半不连续的合成方式。这种合成方式无须切断环状 DNA。

**46.** ADE：端粒酶是真核生物所特有的，特别是在生长迅速的生殖细胞、干细胞和肿瘤细胞中，端粒酶活性比较高，而在体细胞或分化完全的细胞中，端粒酶活性较低。红细胞属于分化完全的细胞，而大肠埃希菌是原核生物，所以不具有较高活性的端粒酶。

**47.** AC：DNA 拓扑异构酶通过水解 DNA 分子中的某一部位的磷酸二酯键在 DNA 双链的某一部位造成切口，使超螺旋释放，然后再催化形成磷酸二酯键，从而改变超螺旋状态。

**48.** ACD：DNA 损伤修复机制主要包括直接修复、切除修复、重组修复、损伤跨越修复和 SOS 修复，而光修复属于直接修复的一种。

**（三）问答题**

**49.** 答：DNA 在复制时，两条链解开分别作为模板，在 DNA 聚合酶的催化下按碱基互补配对原则合成两条与模板链互补的新链，组成新的 DNA 分子。这样新形成的两个 DNA 分子与亲代 DNA 分子的碱基顺序完全一样。由于子代 DNA 分子中一条链来自亲代，另一条链是新合成的，这种复制方式称为半保留复制。

**50.** 答：DNA 聚合酶只能沿 5′→3′方向合成 DNA，后随链不能像前导链一样连续进行合成。后随链是以大量独立片段（冈崎片段）方式进行合成的，每个片段都以 5′→3′方向合成，每个片段独立引发、聚合、连接，最后由连接酶连接在一起。

**51.** 答：大肠埃希菌 DNA 聚合酶的种类有三种，分别为 DNA 聚合酶Ⅰ、DNA 聚合酶Ⅱ和 DNA 聚合酶Ⅲ。DNA 聚合酶Ⅰ的功能是填补空隙，切除引物，修复 DNA，DNA 聚合酶Ⅱ主要参与 DNA 修复，DNA 聚合酶Ⅲ是复制时的主要复制酶。

**52.** 答：①合成起始（引发）：包括起始点的辨认，模板 DNA 解链，RNA 引物的合成。②DNA 片段的合成及链的延伸：在 RNA 引物上由 DNA 聚合酶催化，按照模板 5′→3′链上的顺序在引物的 3′-OH 端接上相应的核苷酸，新链合成按 5′→3′方向进行，另一条 5′→3′的模板链先合成冈崎片段再连接。③合成终止：包括引物的切除，空缺部位的填补和最后由连接酶进行连接。

**（四）论述题**

**53.** 答：（1）将大肠埃希菌在 $^{15}NH_4Cl$ 培养基中培养多代，得到的 DNA 两条链都被 $^{15}N$ 所标记，形成重链。

（2）细胞移到 $^{14}NH_4Cl$ 培养基中培养，提取 DNA。

（3）将 DNA 进行氯化铯密度梯度离心，DNA 在离心管聚集成带，每个带的密度均与该点的氯化铯溶液的密度相同。

（4）鉴定每条带的位置和所含的 DNA 量：①在第 0 代，经 $^{15}NH_4Cl$ 培养基，所有 DNA 都聚集在一条重密度带；②经 $^{14}NH_4Cl$ 培养基培养一代后，所有的 DNA 形成一条中间密度带；③经

$^{14}NH_4Cl$ 培养基继续培养一代，DNA 一半是中间密度带，另一半是轻密度带；④最后，他们证明第一代的分子是双链，且为半保留复制。

**54.** 答：最有可能的是编码 DNA 连接酶的基因发生了突变。DNA 复制过程中后随链的合成是不连续的，众多冈崎片段依次合成后由 DNA 连接酶将它们连接成为一条 DNA 链。DNA 连接酶突变后其活性受到抑制，使后随链中的冈崎片段无法连接成为一条连续的完整的 DNA 链。并且，大肠埃希菌 DNA 连接酶的活性依赖于 $NAD^+$，进一步增加了编码 DNA 连接酶的基因发生突变的可能性。

（费小雯）

# 第 14 章　RNA 的生物合成

## 一、教学目的与教学要求

**教学目的**　通过本章学习使学生掌握 RNA 生物合成相关的概念，熟悉 RNA 生物合成的基本过程；清楚真核与原核生物中 RNA 生物合成的异同点。

**教学要求**　掌握转录、启动子、断裂基因、RNA 编辑、选择性剪接、hnRNA 和转录因子的概念；转录与复制的异同点；真核生物 mRNA 前体的加工形式。熟悉 RNA 聚合酶亚基的功能；转录的基本过程；了解 RNA 复制及其复制方式；tRNA 和 rRNA 前体的加工。

## 二、思 维 导 图

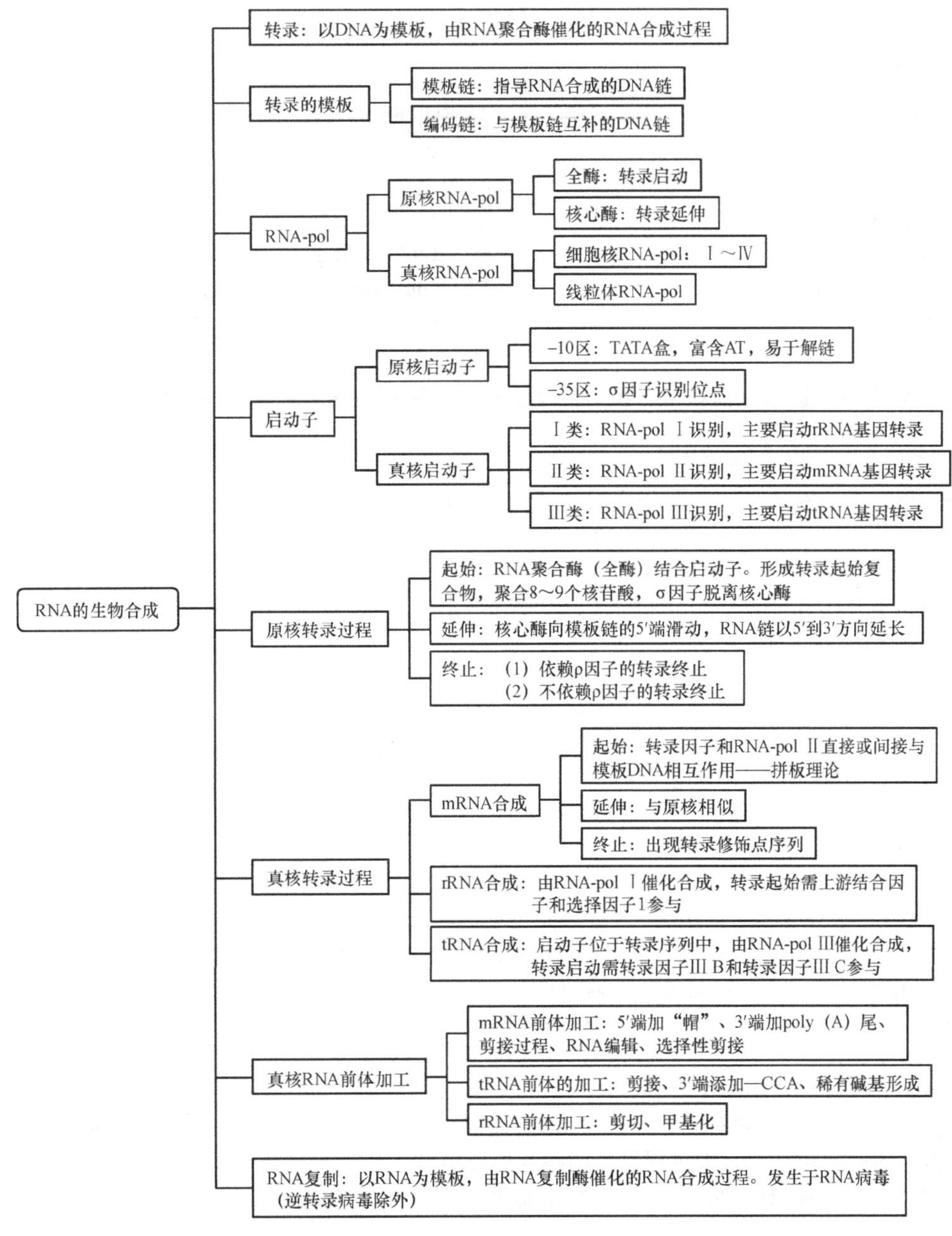

## 三、汉英名词对照

| 中文 | 英文 | 中文 | 英文 |
|---|---|---|---|
| 转录 | transcription | 模板链 | template strand |
| 编码链 | coding strand | 启动子 | promoter |
| TATA 盒 | TATA box | 转录泡 | transcription bubble |
| 顺式作用元件 | *cis*-acting element | 反式作用因子 | *trans*-acting factor |
| 断裂基因 | split gene | RNA 编辑 | RNA editing |
| 选择性剪接 | alternative splicing | 核内不均一 RNA | heterogeneous nuclear RNA，hnRNA |
| 外显子 | exon | 增强子 | enhancer |
| 内含子 | intron | | |

## 四、复习思考题

### （一）名词解释

**1.** transcription
**2.** 模板链
**3.** 编码链
**4.** promoter
**5.** TATA 盒
**6.** 转录泡
**7.** *cis*-acting element
**8.** *trans*-acting factor
**9.** 断裂基因
**10.** RNA editing
**11.** alternative splicing
**12.** heterogeneous nuclear RNA
**13.** 外显子
**14.** 增强子

### （二）选择题

**A1 型题，以下每一道题下面有 A、B、C、D、E 五个选项，请从中选择一个最佳答案。**

**15.** 具有启动转录的 DNA 序列是（　　）
A. 沉默子　B. 增强子　C. 启动子　D. 终止子　E. 绝缘子

**16.** 原核 RNA 聚合酶中能识别与结合启动子的亚基是（　　）
A. α 亚基　B. β 亚基　C. β′亚基　D. σ 亚基　E. ω 亚基

**17.** 真核生物负责转录生成 hnRNA 的聚合酶是（　　）
A. RNA-pol Ⅰ　B. RNA-pol Ⅱ　C. RNA-pol Ⅲ　D. RNA-pol Ⅳ　E. RNA-pol Mt

**18.** 富含 AT 的序列是（　　）
A. TATA 盒　B. CAAT 盒　C. GC 盒　D. 起始元件　E. 激素应答元件

**19.** 原核 RNA 聚合酶中能催化 3′,5′-磷酸二酯键形成的亚基是（　　）
A. α 亚基　B. β 亚基　C. β′亚基　D. σ 亚基　E. ω 亚基

**20.** 具有增强转录的 DNA 序列是（　　）
A. 沉默子　B. 增强子　C. 启动子　D. 终止子　E. 绝缘子

**21.** 具有终止转录功能的因子是（　　）
A. σ 因子　B. TFⅡD　C. ρ 因子　D. 选择因子　E. 上游结合因子

**22.** 真核生物的结构基因通常是（　　）
A. 假基因　B. 重叠基因　C. 印记基因　D. 移动基因　E. 断裂基因

**23.** 关于 hnRNA 加工过程的说法，正确的是（　　）
A. 剪接过程　B. 3′端需加“帽”　C. 5′端需加 poly（A）尾
D. 均需 RNA 编辑　E. 均需选择性剪接

**24.** hnRNA 剪接过程发生在（　　）
A. 线粒体　B. 核糖体　C. 溶酶体　D. 剪接体　E. 高尔基体

**25.** hnRNA 的剪接和首尾修饰过程发生的细胞内场所是（　　）
A. 线粒体　B. 核糖体　C. 溶酶体　D. 细胞核　E. 高尔基体

**26.** 关于 tRNA 前体的加工错误的是（　　）
A. 甲基化反应　B. 切除插入序列　C. 5′端添加—CCA
D. 产生假尿嘧啶核苷酸　E. 产生次黄嘌呤核苷酸
**27.** 转录启动后，脱离 RNA 聚合酶核心酶的亚基是（　　）
A. α 亚基　B. β 亚基　C. β′亚基　D. σ 亚基　E. ω 亚基
**28.** 抗结核药物利福平抑制细菌 RNA-pol，是因为其结合（　　）
A. α 亚基　B. β 亚基　C. β′亚基　D. σ 亚基　E. ω 亚基
**29.** 转录产物的第一个核苷酸最常见的是（　　）
A. ATP　B. GTP　C. CTP　D. UTP　E. TTP
**A2 型题，以下每一道题下面有 A、B、C、D、E 五个选项，请从中选择一个最佳答案。**
**30.** 患者，男，27 岁，出现咯血并有颈部包块，来院就诊，医院拍胸部 X 线片示：右上肺结核，用异烟肼、利福平、链霉素治疗 6 个月，病情痊愈。2 年后病情复发，再次就医，服用利福定和对氨基水杨酸治疗。上述药物中能够抑制结核杆菌 RNA 合成的是（　　）
A. 异烟肼/利福平　B. 异烟肼/利福定　C. 链霉素/利福平
D. 利福平/利福定　E. 对氨基水杨酸/利福平
**31.** 患儿，女，18 个月，因面色苍白，少动，精神状态不佳，患肺炎而就医。查体发现患儿头颅较普通孩子大，有额头隆起、眼距宽、颧骨高、扁鼻梁、肝脾肿大等体征。实验室血常规检查：血红蛋白浓度为 53g/L，红细胞计数为 $6.32\times10^{12}$/L，平均红细胞体积为 60.1fl，HbF 为 0.45。该患儿初步诊断为重型β地中海贫血。此病发生的分子机制是β珠蛋白基因突变，其中最多见的突变是(　　)
A. 点突变　B. 插入突变　C. 缺失突变
D. 无义突变　E. 移码突变
**B 型题，请从以下 5 个备选项中，选出最适合下列题目的选项。**
（32～34 题共用备选答案）
A. 启动子　B. 增强子　C. 沉默子　D. 终止子　E. 绝缘子
**32.** 抑制基因转录的序列是（　　）
**33.** 增强基因转录的序列是（　　）
**34.** 启动基因转录的序列是（　　）
（35～37 题共用备选答案）
A. α 亚基　B. β 亚基　C. β′亚基　D. ω 亚基　E. σ 亚基
**35.** 控制转录速率的亚基是（　　）
**36.** 催化 NTPs 聚合反应的亚基是（　　）
**37.** 辨认启动子的亚基是（　　）
（38～40 题共用备选答案）
A. RNA-pol Ⅰ　B. RNA-pol Ⅱ　C. RNA-pol Ⅲ　D. RNA-pol Ⅳ　E. RNA-pol Mt
**38.** 转录产物为 hnRNA 的是（　　）
**39.** 转录产物为线粒体 RNA 的是（　　）
**40.** 转录产物为 45S rRNA 的是（　　）
（41～43 题共用备选答案）
A. TATA 盒　B. GC 盒　C. CAAT 盒　D. A 盒和 B 盒　E. 起始元件
**41.** 富含 AT 的序列是（　　）
**42.** 富含 GC 的序列是（　　）
**43.** 内启动子序列是（　　）
**X 型题，以下每一道题下面有 A、B、C、D、E 五个备选答案，请从中选择 2～5 个不等答案。**
**44.** 真核 mRNA 前体的加工过程包括（　　）
A. 甲基化　B. 5′端加“帽”和 3′端加 poly（A）尾
C. 切除内含子　D. 连接外显子　E. RNA 编辑

**45.** 真核 tRNA 前体的加工过程包括（　　）
A. 剪接　B. 3′端加—CCA　C. 稀有碱基形成　D. 甲基化　E. 5′端加“帽”
**46.** 真核 rRNA 前体的加工过程包括（　　）
A. 剪切　B. 剪接　C. 3′端加－CCA　D. 甲基化　E. 切除内含子，连接外显子
**47.** 顺式作用元件包括（　　）
A. 启动子　B. 增强子　C. 沉默子　D. 激素应答元件　E. cAMP 反应元件
**48.** 关于 hnRNA 的剪接过程，正确的描述有（　　）
A. 发生在内质网　B. 发生在高尔基体　C. 发生在细胞核
D. 发生两次转酯反应　E. 在剪接体上进行
**49.** 参与 hnRNA 成熟的酶有（　　）
A. 鸟嘌呤-7-甲基转移酶　B. 加帽酶　C. poly（A）聚合酶
D. RNA 复制酶　E. 2′-*O*-甲基转移酶
**50.** 原核生物的转录延伸过程需要（　　）
A. $\alpha_2\beta\beta'\omega\sigma$　B. $\alpha_2\beta\beta'\omega$　C. NTPs　D. DNA 模板　E. dNTPs
**51.** 原核生物的转录起始过程需要（　　）
A. $\alpha_2\beta\beta'\omega$　B. $\alpha_2\beta\beta'\omega\sigma$　C. 二价金属离子　D. ρ 因子　E. 启动子
**52.** ρ 因子具有（　　）
A. GTP 酶活性　B. ATP 酶活性　C. 解旋酶活性　D. 内切酶活性　E. 外切酶活性
**53.** 转录空泡上的组分有（　　）
A. RNA　B. RNA-pol（核心酶）　C. σ 因子　D. DNA　E. RNA-pol（全酶）

**（三）问答题**

**54.** 请叙述编码链的意义。
**55.** 真核生物转录的拼板理论是什么？
**56.** 简述原核生物转录的起始过程。
**57.** 内含子真的是“垃圾”序列吗？

**（四）论述题**

**58.** 请叙述原核转录终止机制。
**59.** 试述剪接体的装配和剪接过程。
**60.** 列表比较 DNA 复制与转录的异同点。

## 五、复习思考题答案及解析

**（一）名词解释**

**1.** transcription：转录。以 DNA 为模板，由 RNA 聚合酶催化的 RNA 合成。
**2.** 模板链：指导 RNA 合成的那股 DNA 链称为模板链。
**3.** 编码链：与模板链对应的那股 DNA 链称为编码链。
**4.** promoter：启动子。供 RNA-pol 辨认结合并启动转录的一段模板 DNA 序列。
**5.** TATA 盒：启动子的核心序列，富含 AT，转录时易于解链。
**6.** 转录泡：转录延伸过程中由核心酶-DNA-RNA 形成的转录复合物。
**7.** *cis*-acting element：顺式作用元件。与转录有关的 DNA 序列，它们通常位于基因的上游，可影响或调控基因转录。
**8.** *trans*-acting factor：反式作用因子。能直接或间接辨认与结合顺式作用元件的蛋白质因子。
**9.** 断裂基因：真核生物结构基因是由若干个编码区（外显子）和非编码区（内含子）互相间隔而成，这样的基因称为断裂基因。
**10.** RNA editing：RNA 编辑。同一基因转录产生的 mRNA 前体，由于核苷酸的缺失、插入或替换，产生不同的 mRNA 分子，它们的序列与基因编码序列不完全对应，因而导致同一基因可以产生多种氨基酸序列不同、功能不同的蛋白质分子。
**11.** alternative splicing：选择性剪接，自一个 mRNA 前体中选择不同的剪接位点，可产生由不同外

显子组合而成的 mRNA 剪接异构体。

**12.** heterogeneous nuclear RNA：不均一核 RNA。mRNA 的前体。

**13.** 外显子：基因中的编码序列。

**14.** 增强子：增强转录的 DNA 序列。

**（二）选择题**

**15.** C：沉默子抑制基因转录，增强子增强基因转录，启动子启动基因转录，终止子终止基因转录；绝缘子阻断其他调控元件的功能。故正确选项为 C。

**16.** D：α 亚基与核心酶亚基的正确聚合有关，β 亚基催化聚合反应，β′亚基结合 DNA 模板，σ 亚基辨认与结合启动子−35 区序列，ω 亚基募集σ因子。故正确选项为 D。

**17.** B：RNA-pol Ⅰ的转录产物为 rRNA 前体，RNA-pol Ⅱ转录产物为 mRNA 前体，RNA-pol Ⅲ转录产物为 tRNA 前体，RNA-pol Ⅳ转录产物为 siRNA，RNA-pol Mt 转录产物为线粒体 RNAs。故正确选项为 B。

**18.** A：各选项中只有 TATA 盒具有富含 AT 的特征，转录起始时此处易于解链。故正确选项为 A。

**19.** B：α 亚基与核心酶亚基的正确聚合有关，β 亚基催化聚合反应，β′亚基结合 DNA 模板，σ 亚基辨认与结合启动子−35 区序列，ω 亚基募集σ因子。故正确选项为 B。

**20.** B：沉默子抑制基因转录，增强子增强基因转录，启动子启动基因转录，终止子终止基因转录；绝缘子具有阻断其他调控元件的功能。故正确选项为 B。

**21.** C：ρ 因子具有终止转录的作用，其他选项的因子都是参与转录启动的因子。故正确选项为 C。

**22.** E：假基因是非功能性基因，一般不被转录；重叠基因是指两个或两个以上的基因共用一段 DNA 序列；印记基因是指仅一方亲本来源的同源基因表达，而来自另一亲本的不表达；移动基因是染色体 DNA 上可复制和移位的一段 DNA 序列；真核结构基因是由若干个外显子与内含子互相间隔而成，即断裂基因。故正确选项为 E。

**23.** A：hnRNA 的加工包括剪接过程（即切除内含子并连接外显子）、首尾修饰［即 3′端需加 poly（A）尾、5′端需加“帽”］，有些 hnRNA 尚需编辑，还有些 hnRNA 需要进行选择性剪接，但并非所有的 hnRNA 都进行编辑或选择性剪接。故正确选项为 A。

**24.** D：剪接体是由小核核蛋白和 hnRNA 组成的超大分子的复合体，是 hnRNA 剪接过程发生的场所。故正确选项为 D，其他选项均不正确。

**25.** D：hnRNA 的剪接和首尾修饰过程发生在细胞核里。故正确选项为 D，其他选项均不正确。

**26.** C：tRNA 前体的加工包括甲基化反应、切除插入序列、3′端添加—CCA、产生假尿嘧啶核苷酸和次黄嘌呤核苷酸。故答案是 C。

**27.** D：转录启动后，σ 亚基便脱离 RNA 聚合酶核心酶（$\alpha_2\beta\beta'\omega$）。转录延伸过程仅需核心酶来催化。正确选项是 D。

**28.** B：利福平能专一地与结核分枝杆菌 RNA-pol 的 β 亚基结合并抑制其活性，阻断细菌 RNA 合成。正确选项是 B。

**29.** B：转录产物的第一个核苷酸通常是 GTP 或 ATP，以 GTP 最常见。正确选项为 B，其他选项均不正确。

**30.** D：异烟肼抑制结核菌菌壁分枝菌酸的合成；利福平和利福定能与结核菌 RNA 聚合酶 β 亚基结合，抑制细菌 RNA 合成；链霉素可与结核菌核糖体小亚基结合并改变其构象，从而引起读码错误，使毒素类细菌蛋白失活；对氨基水杨酸抑菌的作用类似于磺胺类药物。

**31.** A：β 地中海贫血发生的分子机制多为 β 珠蛋白基因点突变，故正确选项为 A。

**32.** C，**33.** B，**34.** A：启动子启动基因转录，增强子增强基因转录，沉默子抑制基因转录，终止子终止基因转录；绝缘子阻断其他调控元件的功能。

**35.** A，**36.** B，**37.** E：α 亚基控制转录速率，β 亚基催化聚合反应，β′亚基结合 DNA 模板，σ 亚基辨认启动子，ω 亚基募集σ因子。

**38.** B，**39.** E，**40.** A：RNA-pol Ⅰ的转录产物为 rRNA 前体，RNA-pol Ⅱ转录产物为 mRNA 前体，RNA-pol Ⅲ转录产物为 tRNA 前体，RNA-pol Ⅳ转录产物为 siRNA，RNA-pol Mt 转录产物为线粒体 RNAs。

**41.** A，**42.** B，**43.** D：TATA 盒富含 AT，GC 盒富含 GC，内启动子包括 A 盒和 B 盒，CAAT 盒和起始元件在碱基序列上没有特殊的特征。
**44.** ABCDE：真核 mRNA 前体（hnRNA）的加工成熟过程包括：甲基化、5′端加“帽”、3′端加 poly（A）尾、切除内含子、连接外显子和 RNA 编辑。
**45.** ABCD：真核 tRNA 前体的加工过程包括：剪接（切除插入序列，并将余下的部分连接起来）、3′端加－CCA、稀有碱基形成及甲基化，5′端加“帽”是 mRNA 加工过程。
**46.** AD：真核 rRNA 前体是 45S rRNA。45S rRNA 经两次剪切，分别产生 18S rRNA、5.8S 和 28S rRNA，这个过程是剪切而非剪接。rRNA 前体的加工还包括甲基化修饰。3′端加－CCA 是 tRNA 前体的加工。切除内含子连接外显子是 mRNA 的加工过程。
**47.** ABCDE：启动子、增强子、沉默子、激素应答元件和 cAMP 反应元件都属于顺式作用元件。
**48.** CDE：hnRNA 的剪接过程即是切除内含子并连接外显子的过程，这个过程发生在细胞核里的剪接体上，每次剪接过程均需进行两次转酯反应。
**49.** ABCE：hnRNA 加工时的 5′端加“帽”过程需加帽酶、鸟嘌呤-7-甲基转移酶和 2′-*O*-甲基转移酶，3′端添加 poly（A）尾需 poly（A）聚合酶。RNA 复制酶为病毒 RNA 复制时所需。
**50.** BCD：转录的起始过程需 RNA 聚合酶全酶（$\alpha_2\beta\beta'\omega\sigma$），而转录延伸过程仅需 RNA 聚合酶核心酶（$\alpha_2\beta\beta'\omega$）。整个转录过程均需 DNA 模板和 NTPs。DNA 复制时需 dNTPs。
**51.** BCE：转录起始过程需 RNA 聚合酶全酶（$\alpha_2\beta\beta'\omega\sigma$），它是由核心酶（$\alpha_2\beta\beta'\omega$）和 σ 因子所组成。转录时需启动子，因为 RNA 聚合酶能直接催化游离的核苷三磷酸之间形成 3′，5′-磷酸二酯键。RNA 聚合酶催化底物聚合时还需二价金属离子（如 $Mn^{2+}$、$Zn^{2+}$）。转录终止时需 ρ 因子。
**52.** BC：ρ 因子具有终止转录的作用。ρ 因子的解旋酶活性使 RNA/DNA 杂交双链相分离；它的 ATP 酶活性水解 ATP 释能，使产物 RNA 从转录复合物中释放出来。
**53.** ABD：转录延伸时形成的转录空泡是由核心酶、转录产物 RNA 和 DNA 模板三者形成的复合物。

**（三）问答题**

**54.** 答：基因的模板链与编码链互补。模板链用以指导 RNA 合成，因此转录产物 RNA 与其模板链也是互补关系。由此可知，RNA 链上的碱基与编码链上的碱基相比较，除了 U 与 T 不同外，其余与编码链是一致的，所以遗传信息真正蕴藏在编码链上，编码链才是真正的有义链。
**55.** 答：与原核生物不同，真核生物 RNA-pol 不能与模板 DNA 直接结合，而需依靠众多转录因子的帮助才能与 DNA 结合。这些转录因子之间相互作用与结合，形成专一的活性复合物，再与 RNA-pol 搭配而特异性地结合相应的基因并启动转录，此即为拼板理论。
**56.** 答：转录的起始先由 σ 因子辨认启动子的–35 区序列，并与其他亚基相互配合，促进 RNA-pol 全酶结合到启动上，酶向下游移动，到达 TATA 盒，并跨入转录起始点，形成闭合转录复合物；接着启动子–10 区的 TATA 盒局部解链，闭合复合物转变成开放转录复合物，启动 RNA 链 5′端的头两个核苷酸聚合，产生第一个 3′,5′-磷酸二酯键。
**57.** 答：内含子并非“垃圾”序列。有证据表明，前体 mRNA 的内含子具有可移动和转座的功能，内含子很可能参与了 RNA 介导的细胞调节功能。此外，内含子可调节真核生物 mRNA 的选择性剪接，而且还可产生有功能活性的 RNA。高等生物中，内含子还可形成发夹状的 microRNA，利用 RNAi 机制调节影响其他基因的活性。有些内含子还能为酶编码。

**（四）论述题**

**58.** 答：①依赖 ρ 因子的转录终止：转录终止时，ρ 因子与转录产物 RNA 结合，使得 ρ 因子和核心酶都可能发生构象变化，从而使核心酶停顿。ρ 因子的解螺旋酶活性使 RNA/DNA 杂交双链相分离；它的 ATP 酶活性水解 ATP 释能，使产物 RNA 从转录复合物中释放出来。②非依赖 ρ 因子的转录终止：这种终止是由于 DNA 模板上靠近终止区有富含 GC 的反向重复序列，以及其后出现的 6～8 个连续的 A。转录生成的 RNA 形成茎-环或称发夹形式的二级结构。位于核心酶覆盖区域内的 RNA 的茎-环结构与酶的相互作用，可导致核心酶构象的变化，阻止转录继续向下游推进，同时在 RNA 链的茎-环结构之后出现多个连续的 U 与模板链上 A 的配对最不稳定，也有利于 RNA 链从 DNA 上脱落。
**59.** 答：剪接体是由小核核蛋白（snRNP）和 hnRNA 组成的超大分子的复合体。剪接体装配时：

①U1 和 U2 snRNP 中的 snRNA 与内含子 5′端边界序列和 3′端边界序列分别互补，使 U1 和 U2 snRNP 结合到内含子两端。②U4 和 U6 snRNP 中的 snRNA 能碱基互补形成 U4/U6 snRNP 复合体，再加入 U5 snRNP，形成 U4/U5/U6 snRNP 复合体。该复合体与 U1 snRNP-hnRNA-U2 snRNP 装配成完整的无活性的剪接体。此时内含子弯曲成套索状，上、下游的外显子 $E_1$ 和 $E_2$ 靠近。③通过内部重排的结构调整，释放出 U1 和 U4 snRNP，U2 和 U6 snRNP 形成催化中心，活性剪接体形成，再通过催化两次转酯反应完成切除内含子和连接外显子的剪接过程。

**60.** 答：

| | 转录 | 复制 |
|---|---|---|
| 模板 DNA | 不同转录区段的模板链并非总在同一股 DNA 链上 | 双链 DNA 的两股链均作为复制的模板 |
| 底物 | NTPs | dNTPs |
| 碱基配对 | A-U、T-A、G-C | A-T、G-C |
| 聚合酶 | RNA 聚合酶（缺乏校读功能） | DNA 聚合酶（有校读功能） |
| 引物 | 不需要 | 需 RNA 引物 |
| 产物链延长方向 | 5′→3′ | 5′→3′ |
| 产物 | 单链 RNA | 子代双链 DNA |

（田余祥）

# 第 15 章　蛋白质的生物合成

## 一、教学目的与教学要求

**教学目的**　通过本章学习使学生掌握参与蛋白质合成的物质，蛋白质合成的过程、合成后的折叠与加工修饰及靶向运输。能以本章理论为基础解释抗生素和毒素的抑菌机制，提高分析问题和解决问题的能力。

**教学要求**　掌握参与翻译的物质，mRNA、tRNA、rRNA 的作用，遗传密码的特性，氨酰-tRNA 合成酶的作用。遗传密码、SD 序列、信号肽、分子伴侣的概念。熟悉核糖体循环过程，几种促进蛋白质折叠的大分子，分泌性蛋白质的靶向输送过程。了解其余内容。

## 二、思 维 导 图

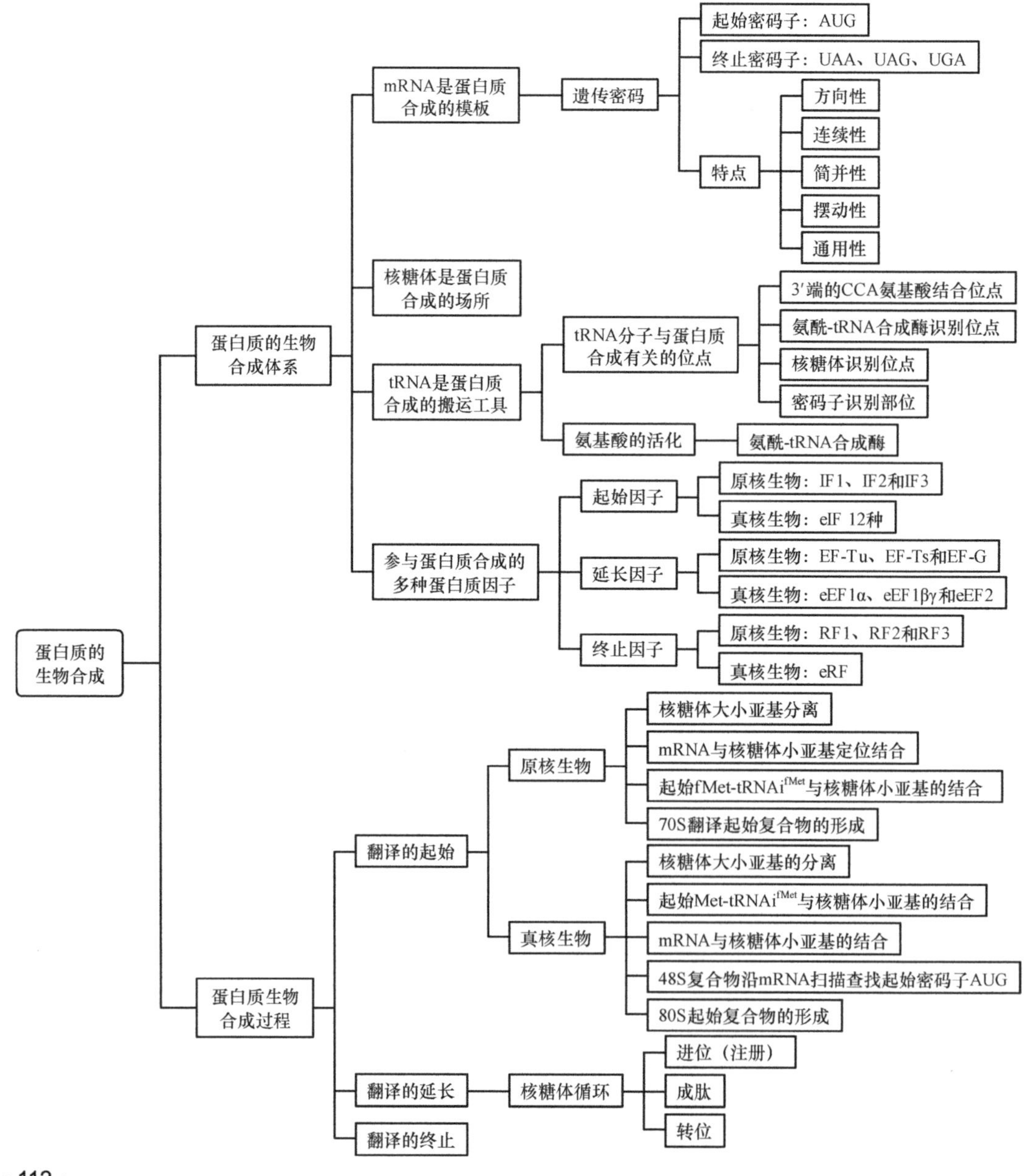

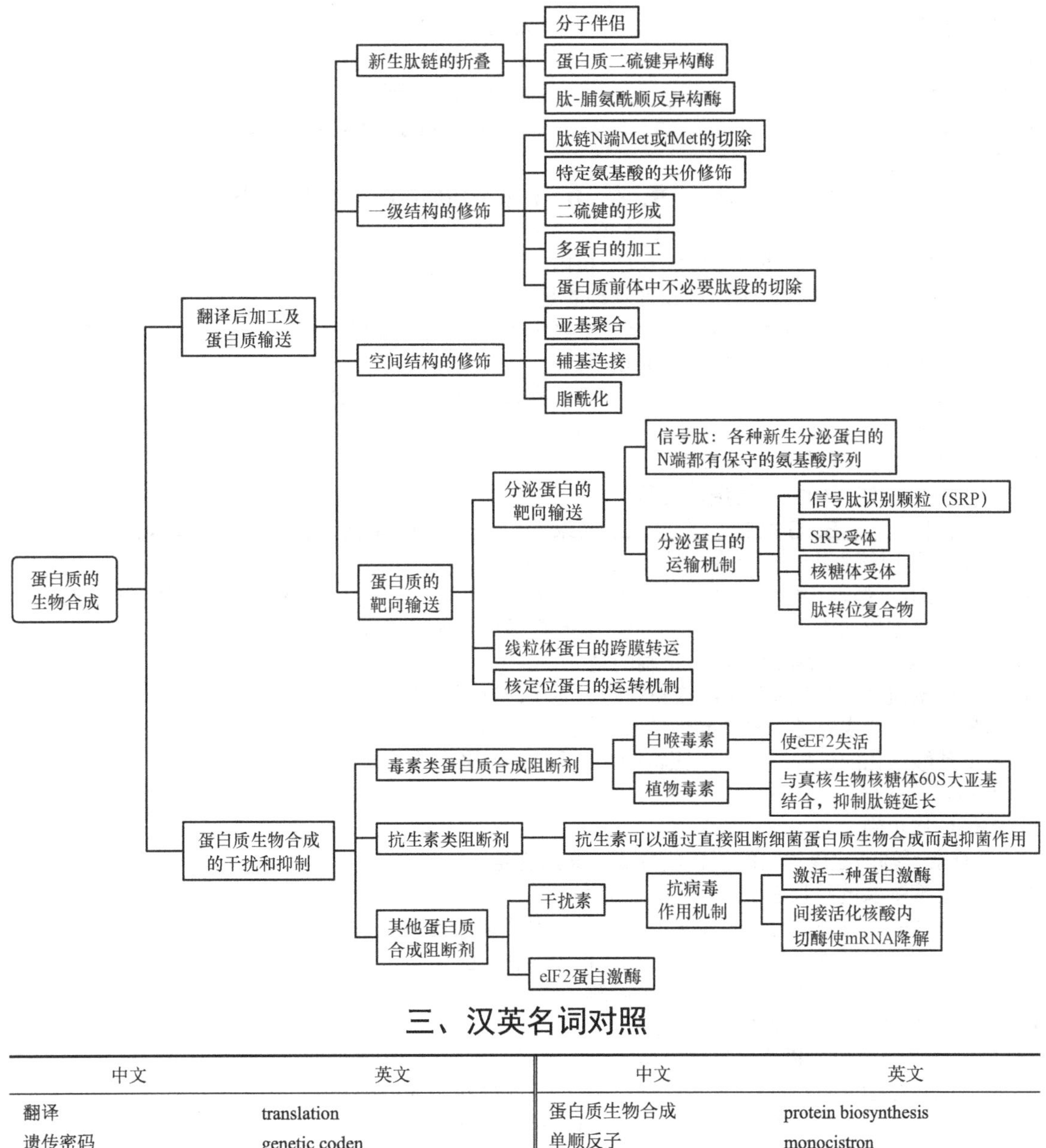


## 三、汉英名词对照

| 中文 | 英文 | 中文 | 英文 |
|---|---|---|---|
| 翻译 | translation | 蛋白质生物合成 | protein biosynthesis |
| 遗传密码 | genetic coden | 单顺反子 | monocistron |
| 氨酰-tRNA | aminoacyl-tRNA | 多顺反子 | polycistron |
| 合成酶 | synthetase | 起始因子 | initiation factor，IF |
| 核糖体循环 | ribosomal cycle | 延长因子 | elongation factor，EF |
| 终止因子 | termination factor | 信号识别颗粒 | signal recognition particles，SRP |
| 信号肽 | signal peptide | 进位 | entrance |
| 帽结合蛋白 | cap binding protein，CBP | 多聚核糖体 | polyribosome，polysome |
| 核定位序列 | nuclear localization sequence，NLS | 翻译后加工 | post-translation processing |
| 肽-脯氨酰顺反异构酶 | peptide prolyl cis-trans isomerase，PPI | 热激蛋白 | heat shock protein，Hsp |

## 四、复习思考题

### （一）名词解释

**1.** 信号肽（signal peptide）

**2.** 分子伴侣（molecular chaperone）

**3.** 核糖体循环
**4.** SD 序列
**5.** 多聚核糖体
**6.** 蛋白质的靶向输送
**7.** 翻译（translation）
**8.** Kozak 序列
**9.** 多顺反子（polycistron）
**10.** 单顺反子（monocistron）

**（二）选择题**

**A1 型题，以下每一道题下面有 A、B、C、D、E 五个备选答案。请从中选择一个最佳答案。**

**11.** 参与构成蛋白质合成场所的 RNA 是（　　）
A. 信使 RNA　B. 核糖体 RNA　C. 核内小 RNA　D. 催化小 RNA　E. 转运 RNA

**12.** 下列选项中属于蛋白质生物合成抑制剂的是（　　）
A. 5-氟尿嘧啶　B. 卡那霉素　C. 甲氨蝶呤　D. 别嘌呤醇　E. 氮杂丝氨酸

**13.** 真核细胞和原核细胞蛋白质合成的相同点是（　　）
A. 模板都是多顺反子
B. 翻译后产物都不需要进行加工修饰
C. 都消耗 ATP 和 GTP
D. 翻译和转录都是偶联进行
E. 甲酰甲硫氨酸都是第一个氨基酸

**14.** 参与新生肽链正确折叠的蛋白质是（　　）
A. 分子伴侣　B. G 蛋白　C. 转录因子　D. 释放因子　E. 延长因子

**15.** 下列关于原核生物蛋白质合成的叙述，正确的是（　　）
A. 一条 mRNA 编码几种蛋白质
B. 释放因子是 eRF
C. 80S 的核糖体参与合成
D. 核内合成胞质加工
E. 需要翻译后的加工过程

**16.** 下列有关氨基酸活化的描述，正确的是（　　）
A. 先形成氨酰-AMP 中间产物，这和脂肪酸活化的过程相似
B. 氨酰-tRNA 合成酶是一种特异性的酶，这和核苷酸还原酶类似
C. 在氨基酸活化的过程中存在校正机制，这和 DNA 聚合酶的作用相类似
D. A 和 C 均正确
E. B 和 C 均正确

**17.** 氯霉素可抑制原核生物的蛋白质合成，其原因是（　　）
A. 特异地抑制肽链延长因子（$EFT_2$）的活性
B. 与核糖体的大亚基结合，抑制转肽酶活性，从而阻断翻译延长过程
C. 活化一种蛋白激酶，从而影响启动因子的 IF 磷酸化
D. 间接活化一种核酸内切酶使 mRNA 降解
E. 阻碍氨酰-tRNA 与核糖体小亚基结合

**18.** 有关蛋白质合成的描述，哪一项是不正确的（　　）
A. 基本原料是 20 种氨基酸
B. 直接模板是 mRNA
C. 合成的方向是从羧基端到氨基端
D. 是一个多因子参与的耗能过程
E. 是多聚核糖体循环

**19.** 反密码子摆动性的生物学意义是（　　）
A. 维持生物表型稳定
B. 有利于遗传变异
C. 生物通用性
D. 遗传变异性
E. 遗传密码的连续性

**20.** 合成蛋白质后才由前体转变而成的氨基酸是（　　）
A. 半胱氨酸　B. 羟脯氨酸　C. 甲硫（蛋）氨酸　D. 丝氨酸　E. 酪氨酸

**21.** tRNA 分子上 3′端序列的功能是（　　）
A. 辨认 mRNA 上的密码子
B. 剪接修饰作用
C. 辨认与核糖体结合的部分
D. 提供—OH 与氨基酸结合
E. 提供—OH 与糖类结合

**22.** 蛋白质生物合成过程中能在核糖体 E 位上发生的反应是（　　）
A. 氨酰-tRNA 的进位
B. 转肽酶催化反应
C. 卸载 tRNA
D. 与释放因子结合
E. 与转位酶结合

**23.** 放线菌素抗肿瘤作用的机制是（ ）
A. 引起 DNA 链间交联，妨碍双链拆开 B. 插入 DNA 双链，破坏模板作用
C. 抑制细胞 DNA 聚合酶活性 D. 抑制细胞 RNA 聚合酶活性
E. 抑制蛋白质生物合成
**24.** 蛋白质分子中氨基酸排列顺序的决定因素是（ ）
A. 氨基酸的种类 B. tRNA C. 转肽酶
D. mRNA 分子中单核苷酸的排列顺序 E. 核糖体
**25.** 干扰素抑制蛋白质生物合成是因为（ ）
A. 活化蛋白激酶，而使 eIF2 磷酸化 B. 抑制肽链延长因子
C. 阻碍氨基酰 tRNA 与小亚基结合 D. 抑制转肽酶
E. 使核糖体 60S 亚基失活
**A2 型题，以下每一道题下面有 A、B、C、D、E 五个选项，请从中选择一个最佳答案。**
**26.** 患者，女，37 岁，妇科体检结果显示：HPV 阳性，HCT 阴性。诊断结果：HPV 感染，用重组干扰素治疗 6 个月，病情痊愈，请问重组干扰素抗病毒的机制是（ ）
A. 抑制病毒 DNA 的合成 B. 抑制病毒 RNA 的合成 C. 抑制病毒蛋白质的生物合成
D. 抑制病毒的繁殖 E. 抑制病毒蛋白质合成后的加工修饰
**27.** 患者，女，31 岁，因患肾结石而服用民间偏方生蓖麻子（13 粒）后出现恶心、呕吐 5 次，10h 后于 2016 年 7 月 30 日入院。呕吐总量不详，呕吐物为胃液及食物残渣，不含咖啡色样物质；伴腹泻，为黄色稀水样便，腹泻总量约 1000ml。伴有乏力、头晕，无发热、畏寒、寒战，其间尿量、尿色正常。为进一步就诊，以“蓖麻子中毒”收入医院。
查体：生命体征平稳，意识清，精神稍差，全身皮肤无出血点及黄染，双瞳孔等大等圆，直径 3mm，对光反射灵敏，心肺腹查体未见异常，四肢肌力（5 级），肌张力无增高，生理反射存在（++），病理反射（–）。
辅助检查：床旁心电图未见异常，随机末梢血糖、血常规、肾功能、电解质正常，肝功能：ALT 53.8U/L、AST 40.2U/L、总胆红素 29.4μmol/L、直接胆红素 11.04μmol/L。
诊断：（1）急性蓖麻子中毒；（2）急性肝损害；（3）急性胃肠炎。请问蓖麻子中毒的机制是（ ）
A. 抑制真核生物 DNA 的合成 B. 抑制真核生物 RNA 的合成
C. 抑制真核生物蛋白质的生物合成 D. 抑制真核生物转录后的加工
E. 抑制真核生物蛋白质合成后的加工修饰
**B 型题**
（28～29 题共用备选答案）
A. 遗传密码的简并性 B. 遗传密码的连续性 C. 遗传密码的通用性
D. 遗传密码的摆动性 E. 遗传密码的方向性
**28.** 大多数氨基酸都有 2～6 个密码子为其编码，这种特性属于（ ）
**29.** 密码子的第三位核苷酸与反密码子的第一位核苷酸配对时，有时会出现不严格遵从常见的碱基配对规律的情况，这种现象属于（ ）
（30～31 题共用备选答案）
A. IF B. RF C. EF-T D. EF-G E. 肽基转移酶
**30.** 参与肽链延伸进位过程的因子是（ ）
**31.** 参与肽链延伸转位过程的因子是（ ）
（32～33 题共用备选答案）
A. AUU B. GUA C. AUG D. UCA E. UGA
**32.** 遗传密码中的起始密码子是（ ）
**33.** 遗传密码中的终止密码子是（ ）
（34～35 题共用备选答案）
A. 分子伴侣 B. 酶原的激活 C. 蛋白质的磷酸化
D. 辅基的连接 E. 阿黑皮素原的水解加工

**34.** 参与新生肽链折叠的是（　　）

**35.** 属于空间结构修饰的是（　　）

（36～37 题共用备选答案）

A. 链霉素　B. 氯霉素　C. 林可霉素　D. 嘌呤霉素　E. 白喉毒素

**36.** 对真核和原核生物的蛋白质合成都有抑制作用的是（　　）

**37.** 主要抑制哺乳动物蛋白质合成的是（　　）

**X 型题，以下每一道题下面有 A、B、C、D、E 五个备选答案。请从中选择 2～5 个不等答案。**

**38.** 关于蛋白质生物合成的描述正确的是（　　）

A. 氨基酸的氨基端被活化　B. 体内所有的氨基酸都有密码子为其编码

C. 需要 GTP　D. 需要 ATP

E. 氨基酸必须活化成活性氨基酸才能用于蛋白质的合成

**39.** 能够影响蛋白质生物合成的物质有（　　）

A. 毒素　B. 泛素　C. 抗生素　D. 干扰素　E. 维生素

**40.** 遗传密码的特性有（　　）

A. 低等生物和人类共用一套密码　B. 读码方向为 5′→3′

C. 密码子和反密码子辨认时不严格的配对称为简并性　D. UAA、UAG、UGA 是终止密码

E. 点突变可引起读码框移

**41.** 蛋白质多肽链生物合成后的加工过程有（　　）

A. 二硫键的形成　B. 氨基端的修饰　C. 多肽链折叠

D. 辅基的结合　E. 蛋白质的糖基化

**42.** 下列关于翻译的叙述，哪些是正确的（　　）

A. 翻译即蛋白质的生物合成　B. 原核生物边转录边翻译

C. 无论原核细胞还是真核细胞都可形成多聚核糖体　D. 翻译过程需要 DNA 参与

E. 肽基转移酶催化肽链延伸

**43.** 参与分泌性蛋白质转运的物质有（　　）

A. 转位酶　B. SRP　C. SRP 对接蛋白　D. 转肽酶　E. 信号肽酶

**44.** DNA 遗传信息通过哪些物质传递到蛋白质分子中（　　）

A. tRNA　B. mRNA　C. DNA　D. rRNA　E. cDNA

**45.** 能促使蛋白质多肽链折叠成天然构象的蛋白质有（　　）

A. 解螺旋酶　B. 拓扑酶　C. 热激蛋白 70　D. 伴侣蛋白　E. 聚合酶

**46.** 下列哪些因子参与蛋白质翻译延长（　　）

A. IF1　B. EF-G　C. EF-T　D. RF　E. IF3

**47.** 能影响细菌翻译起始的抗生素是（　　）

A. 氯霉素　B. 放线菌酮　C. 卡那霉素　D. 伊短菌素　E. 四环素

**（三）问答题**

**48.** 促进蛋白质折叠功能的大分子有哪些？并分别说明其作用机制。

**49.** 在蛋白质生物合成中，三种 RNA（mRNA、tRNA、rRNA）各起什么作用？

**50.** 简要说明真核生物核糖体循环过程。

**51.** 何谓顺反子？原核与真核细胞的结构基因及 mRNA 产物有何不同？

**（四）论述题**

**52.** 何谓信号肽？试述分泌型蛋白质的靶向输送过程。

**53.** 从以下几个方面比较复制、转录、翻译过程：原料、进行部位、主要酶、产物、产物生成方向、配对关系。

## 五、复习思考题答案及解析

**（一）名词解释**

**1.** 信号肽（signal peptide）：各种新生分泌蛋白的 N 端都有保守的氨基酸序列称为信号肽，其作用

是将蛋白质引导进入内质网。
**2.** 分子伴侣（molecular chaperone）：是细胞中一类保守蛋白质，可识别肽链的非天然构象，促进各种功能域和整体蛋白质的正确折叠。
**3.** 核糖体循环：由于肽链延长的过程是在核糖体上连续循环进行的，故称为核糖体循环（ribosomal cycle）。
**4.** SD 序列：在细菌的 mRNA 起始密码子 AUG 上游约 10 个碱基的位置，通常含有一段富含嘌呤核苷酸的六聚体序列（—AGGAGG—），称为 Shine-Dalgarno 序列（SD 序列）。
**5.** 多聚核糖体：多个核糖体与 mRNA 的聚合物称为多聚核糖体（polyribosome 或 polysome）。
**6.** 蛋白质的靶向输送：蛋白质合成后经过复杂机制，定向输送到最终发挥生物功能的目标地点，称为蛋白质的靶向输送。
**7.** 翻译（translation）：是指 DNA 结构基因中贮存的遗传信息，通过转录生成 mRNA，再指导多肽链合成的过程。由于在 mRNA 中的核苷酸排列顺序和蛋白质中的氨基酸排列顺序是两种不同的分子语言，所以蛋白质的生物合成过程也称为翻译。
**8.** Kozak 序列：真核蛋白翻译起始密码子 AUG 的侧翼最适序列为 GCC（A/G）CCAUGG，因为该序列由 Marilyn Kozak 确定的，故称为 Kozak 序列。该序列 AUG 上游的第 3 个嘌呤核苷酸（A 或 G）和紧跟其后的 G 是最为重要的。
**9.** 多顺反子（polycistron）：在原核生物中，数个功能相关的结构基因常串联在一起，构成一个转录单位，转录生成的一段 mRNA 往往编码几种功能相关的蛋白质，这样的 mRNA 称为多顺反子。
**10.** 单顺反子（monocistron）：在大多数真核生物中，结构基因的遗传信息是不连续的，mRNA 转录产物需加工成熟才可作为翻译的模板；真核细胞一个 mRNA 只编码一种蛋白质，这样的 mRNA 称为单顺反子。

**（二）选择题**

**11.** B：核糖体 RNA 和多种蛋白质共同构成核糖体，作为蛋白质合成的场所，故 B 正确。
**12.** B：卡那霉素属于抗生素，能与原核生物 30S 小亚基结合，严重影响翻译的准确性，从而抑制蛋白质的合成，其余选项均为抗核苷酸代谢药物，而不是蛋白质合成的抑制剂，故选 B。
**13.** C：原核细胞的模板是多顺反子，真核细胞的模板是单顺反子，故 A 错；原核细胞蛋白质翻译后不需要加工，真核细胞蛋白质翻译后需要折叠和加工，故 B 错；原核细胞的转录和翻译偶联进行，真核细胞转录在细胞核内进行，翻译在细胞质中进行，不偶联，故 D 错；原核细胞蛋白质合成的第一个氨基酸是甲酰甲硫氨酸，真核细胞第一个氨基酸是甲硫氨酸，故 E 错。
**14.** A：分子伴侣。
**15.** A：原核生物转录生成的 mRNA 可编码几种功能相关的蛋白质，为多顺反子；原核生物有 3 种释放因子，即 RF1、RF2、RF3。eRF 为真核生物释放因子；参与原核生物蛋白质生物合成的是 70S 的核糖体，参与真核生物蛋白质合成的是 80S 的核糖体；蛋白质在胞质中合成后，定向输送至相应部位发挥作用；原核生物蛋白质合成后不需要加工过程。故 A 正确。
**16.** D：氨基酸的活化的第一步是氨酰-tRNA 合成酶催化氨基酸的羧基与 AMP 上磷酸之间形成一个酯键，生成氨酰-AMP-E 的中间复合物，这个过程和脂肪酸的活化相似，故 A 正确；此外，氨酰-tRNA 合成酶还具有校正活性（proof reading activity），即酯酶的活性。它能把错配的氨基酸水解下来，再换上与反密码子相对应的氨基酸，这和 DNA 聚合酶的作用相似，故 C 正确。
**17.** B：氯霉素可与原核生物核糖体的 50S 大亚基结合，阻止由转肽酶催化的肽酰基与氨基酰基之间的肽键形成，从而抑制原核生物蛋白质的合成，故选 B。
**18.** C：蛋白质生物合成的方向是从多肽链的氨基端到羧基端，故 C 错。
**19.** A：在蛋白质生物合成过程中 mRNA 密码子的第一位碱基与 tRNA 反密码子第三位碱基有时并不严格遵守碱基互补配对规律，称为摆动性，摆动配对能使一种 tRNA 识别 mRNA 序列中多种简并性密码子，这样有利于维持生物表型的稳定，避免有害突变的发生；故选 A。
**20.** B：羟脯氨酸没有密码子为其编码，是蛋白质合成后由脯氨酸羟化生成的，故选 B。
**21.** D：tRNA 分子上 3′端具有 CCA 末端，其功能是提供—OH 与氨基酸的羧基结合，携带氨基酸，故选 D。

**22.** C：原核生物核糖体上有三个位点，即结合氨酰-tRNA 的氨基酰位，称 A 位，结合肽酰 tRNA 的肽位，称为 P 位，排出卸载 tRNA 的位点，称为 E 位，故选 C。
**23.** E：放线菌素抑制真核生物肽基转移酶活性、阻断肽链延长，所以是通过抑制蛋白质的生物合成发挥其抗肿瘤作用的，故选 E。
**24.** D：mRNA 作为蛋白质生物合成的直接模板，mRNA 分子中单核苷酸的排列顺序决定了蛋白质分子中氨基酸的排列顺序，故选 D。
**25.** A：干扰素在某些病毒等双链 RNA 存在时，能诱导 eIF2 蛋白激酶活化。该活化的激酶使真核生物 eIF2 磷酸化失活，从而抑制病毒蛋白质合成。故选 A。
**26.** C：干扰素抗病毒的作用机制有如下两点：①激活一种蛋白激酶，干扰素在某些病毒等双链 RNA 存在时，能诱导 eIF2 蛋白激酶活化。该活化的激酶使真核生物 eIF2 磷酸化失活，从而抑制病毒蛋白质合成。②间接活化核酸内切酶使 mRNA 降解，干扰素先与双链 RNA 共同作用活化 2′,5′-寡聚腺苷酸合成酶，使 ATP 以 2′,5′-磷酸二酯键连接，聚合为 2′,5′-寡聚腺苷酸（2′-5′A）。2′-5′A 再活化一种核酸内切酶 RNase L，后者使病毒 mRNA 发生降解，阻断病毒蛋白质合成。
**27.** C：蓖麻子所含的蓖麻毒蛋白（ricin）可与真核生物核糖体 60S 大亚基结合，抑制肽链延长，从而抑制真核生物蛋白质的生物合成。
**28.** A，**29.** D：从遗传密码表中显示，除甲硫氨酸和色氨酸只对应 1 个密码子外，其他氨基酸都有 2、3、4 或 6 个密码子为之编码。同一种氨基酸有两个或更多密码子的现象称为遗传密码的简并性，故 28 题选 A。密码子与反密码子配对时，有时会出现不严格遵从常见的碱基配对规律的情况，这种现象称为遗传密码的摆动性（wobble），故 29 题选 D。
**30.** C，**31.** D：IF 是起始因子，参与肽链合成的起始过程；RF 是释放因子，参与肽链合成的终止过程；EF-T 参与肽链延长的进位过程；EF-G 参与肽链延伸的转位过程；肽基转移酶参与肽链延伸的成肽过程；故 30 题选 C，31 题选 D。
**32.** C，**33.** E：AUG 为起始密码子，UGA 为终止密码子，AUU 为编码异亮氨酸的密码子，GUA 为编码缬氨酸的密码子，UCA 为编码丝氨酸的密码子，故 32 题选 C，33 题选 E。
**34.** A，**35.** D：分子伴侣是细胞内一类可识别肽链非天然构象，促进蛋白质正确折叠的保守蛋白质；其余选项均属于蛋白质合成的加工修饰，故第 34 题选 A。分子伴侣参与的新生肽链的折叠、酶原的激活、蛋白质的磷酸化、阿黑皮素原的水解加工都属于蛋白质一级结构的加工修饰，只有辅基的连接属于空间结构的修饰，故第 35 题选 D。
**36.** D，**37.** E：嘌呤霉素的结构与酪酰-tRNA 相似，在原核和真核生物翻译过程中可取代某些氨酰-tRNA 而进入核糖体 A 位，但延长中的肽酰-嘌呤霉素容易从核糖体脱落，从而阻断肽链合成，故第 36 题选 D。白喉毒素可使 eEF-2 发生 ADP 糖基化共价修饰，使 eEF-2 失活，从而抑制真核生物蛋白质的合成，故第 37 题选 E。
**38.** CDE：蛋白质生物合成时，氨基酸首先被活化，活化的部位是氨基酸的羧基端，蛋白质的合成既消耗 ATP 也消耗 GTP，作为蛋白质合成原料的氨基酸有 20 种，这 20 种氨基酸有密码子为其编码，其他氨基酸如鸟氨酸、羟脯氨酸等没有密码子为其编码，故选 CDE。
**39.** ACD：毒素可影响蛋白质的生物合成，如白喉毒素可阻止真核生物的肽链延长，故 A 正确；抗生素可抑制原核生物蛋白质的合成，而起抑菌作用，故 C 正确；干扰素可活化蛋白激酶，使真核生物起始因子 eIF2 磷酸和失活，从而抑制病毒蛋白质的合成，故 D 正确；泛素只参与体内蛋白质的分解代谢，不影响蛋白质的生物合成，维生素也不影响蛋白质的生物合成。
**40.** ABD：密码子和反密码子辨认时不严格的碱基配对关系称为遗传密码的摆动性，故 C 错；点突变不会引起读码框移，故 E 错。
**41.** ABCDE：翻译后的加工修饰包括多肽链折叠为天然的三维构象，一级结构的修饰和空间结构的修饰。二硫键的形成、氨基端的修饰、蛋白质的糖基化属于一级结构的修饰，辅基的结合属于空间结构的修饰，故 ABCDE 均正确。
**42.** ABCE：翻译过程不需要 DNA 参与，mRNA 是蛋白质合成的直接模板，故 D 错。
**43.** BE：转位酶和转肽酶参与蛋白质的合成，不参与蛋白质的转运；体内不存在 SRP 对接蛋白，故 A、C、D 错。

**44.** ABD：DNA 的遗传信息通过 mRNA、tRNA、rRNA 传递到蛋白质分子中，mRNA 是蛋白质合成的直接模板，tRNA 是氨基酸的搬运工具，rRNA 和蛋白质组成蛋白质合成的场所，故 ABD 正确。
**45.** CD：分子伴侣是细胞内一类可识别肽链非天然构象，促进蛋白质正确折叠的保守蛋白质，分子伴侣包括热休克蛋白 HSP70 和伴侣蛋白；解螺旋酶、拓扑酶和 DNA 聚合酶均参与 DNA 的复制，与蛋白质合成后的加工修饰无关，故选 CD。
**46.** BC：蛋白质翻译过程中的肽链延长也称核糖体循环，EFT 可促进氨酰-tRNA 进入 A 位，EFG 具有转位酶活性，可促进肽酰-tRNA 由 A 位移至 P 位，IF1 和 IF3 是肽链合成的起始因子，RF 是肽链合成的释放因子，故选 BC。
**47.** CD：卡那霉素作用于原核生物小亚基，引起读码错误，抑制翻译起始，伊短菌素阻碍翻译起始复合物的形成。其余选项都是抑制肽链的延长过程。

**（三）问答题**

**48.** 答：参与多肽链折叠的蛋白质有分子伴侣家族、蛋白二硫键异构酶和肽-脯氨酰顺反异构酶。分子伴侣是细胞中一类可识别肽链的非天然构象，促进各功能域和整体蛋白质的正确折叠的保守蛋白质。分子伴侣有以下功能：①封闭待折叠蛋白质暴露的疏水片段；②创建一个隔离的环境，可以使蛋白质的折叠互不干扰；③促进蛋白质折叠和去聚集；④遇到应激刺激，使已折叠的蛋白质去折叠。蛋白二硫键异构酶催化蛋白质形成正确二硫键连接，肽-脯氨酰顺反异构酶促进多肽链在各脯氨酸弯折处形成准确折叠。
**49.** 答：mRNA 是翻译的直接模板，以三联体密码子的方式把遗传信息传递为蛋白质的一级结构信息。tRNA 是氨基酸搬运工具，以氨酰-tRNA 的方式使底物氨基酸进入核糖体生成肽链。rRNA 与核糖体蛋白质组成核糖体，作为翻译的场所。
**50.** 答：肽链延长在核糖体上连续循环式进行，又称为核糖体循环（ribosomal cycle），包括以下三步：①进位/注册，是指一个氨酰-tRNA 按照 mRNA 模板的指令进入并结合到核糖体 A 位的过程。②成肽，是指肽基转移酶（转肽酶）催化两个氨基酸间在 A 位上形成肽键。③转位，指的是核糖体沿着 mRNA 的移位。A 位准确定位在 mRNA 的下一个密码子，以接受一个新的对应的氨基酰 tRNA 进位。每轮循环使多肽链增加一个氨基酸残基。
**51.** 答：遗传学将编码一个多肽的遗传单位称为顺反子。原核细胞中数个结构基因常串联为一个转录单位，转录生成的 mRNA 可编码几种功能相关的蛋白质，为多顺反子 mRNA，而大多数真核结构基因的遗传信息是不连续的，mRNA 转录后需要加工、成熟才成为翻译的模板。真核 mRNA 只编码一种蛋白质，为单顺反子 mRNA。

**（四）论述题**

**52.** 答：信号肽是指在靶向输送的蛋白质中存在分选信号，主要为 N 端特异氨基酸序列，可引导蛋白质转移到细胞的适当靶部位的序列。过程：①细胞质游离核糖体组装，翻译起始，合成出 N 端包括信号肽在内的 70 个氨基酸残基。②SRP 与 GTP 核糖体信号肽结合，暂时中止肽链合成。③SRP 引导复合体识别 ER 膜上的 SRP 受体，之后 SRP 解离，肽链继续延长。④大亚基与受体结合，锚定于 ER 膜上，GTP 水解，诱导复合物开放形成跨 ER 膜通道，N 端信号肽便插入此孔道，肽链边合成边进入内质网腔。⑤信号肽酶将信号肽切下。⑥多肽链合成完毕，全部进入内质网腔中。⑦合成结束，核糖体等各成分解离，循环使用。
**53.** 答：①原料分别是：dNTP，NTP，氨基酸；②进行部位：细胞核，细胞核，胞质；③模板：DNA，DNA，mRNA；④主要酶：DNA 聚合酶，RNA 聚合酶，氨酰-tRNA 合成酶和转肽酶；⑤主要产物：DNA，RNA，蛋白质；⑥配对关系：A-T，G-C；A-U，G-C，T-A，密码子-氨基酸；⑦产物生成方向：5′→3′，5′→3′，N→C。

（张秀梅　肖建英）

# 第 16 章　基因表达调控

## 一、教学目的与教学要求

**教学目的**　通过本章学习让学生掌握基因表达调控的基本概念，很好地理解基因表达调控的机制，特别是真核生物基因表达调控机制。

**教学要求**　掌握基因表达、管家基因、操纵子的概念；乳糖操纵子的调节机制；真核生物基因组的特点。熟悉基因表达的时空特异性；真核生物基因表达调控机制。了解色氨酸操纵子的调节机制、RNA 干扰原理。

## 二、思 维 导 图

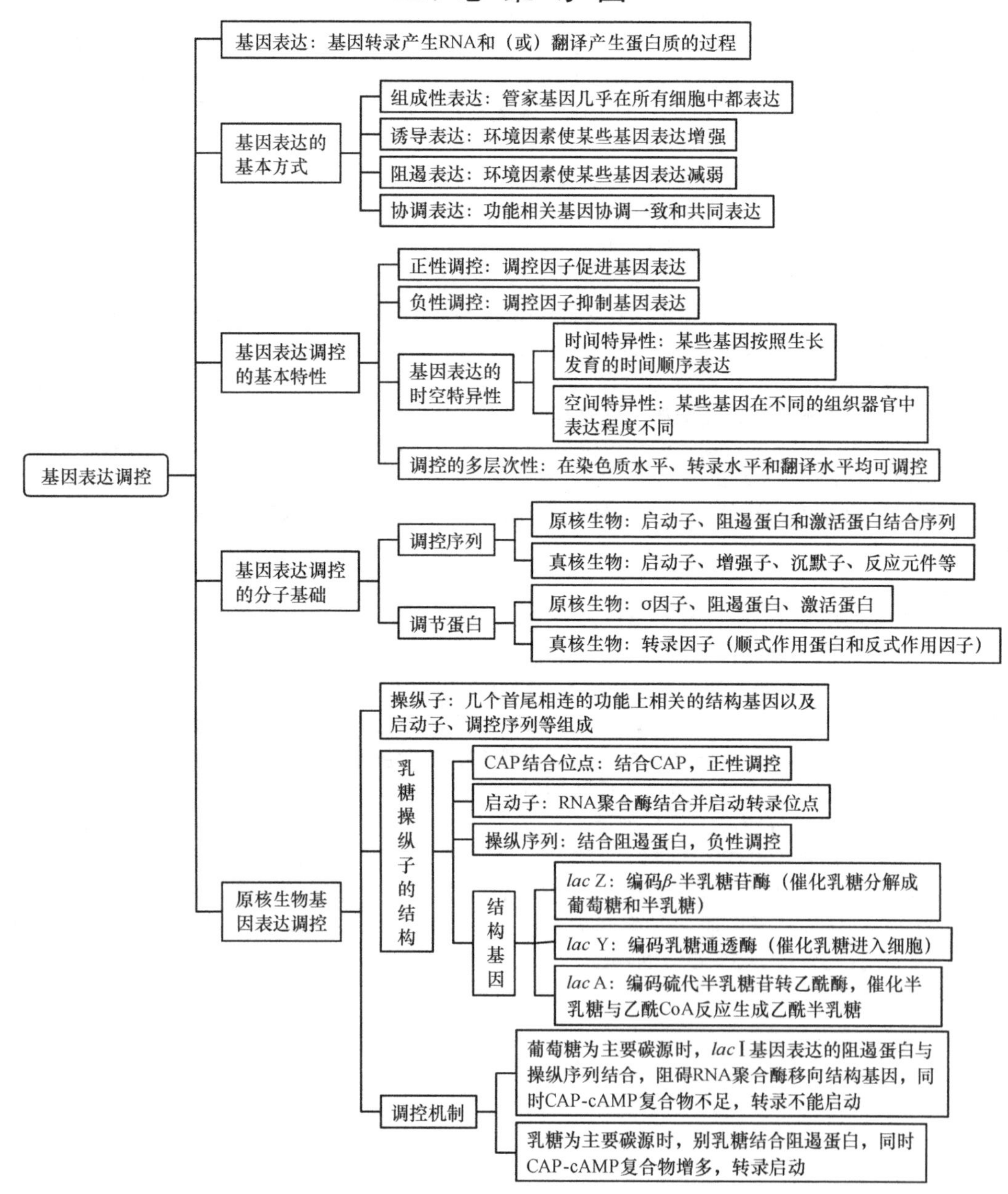

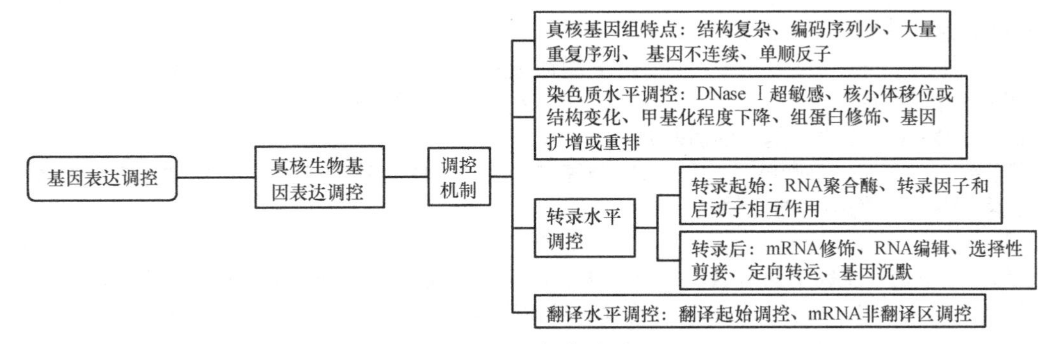


## 三、汉英名词对照

| 中文 | 英文 | 中文 | 英文 |
|---|---|---|---|
| 基因 | gene | 基因表达 | gene expression |
| 组成性表达 | constitutive expression | 管家基因 | housekeeping gene |
| 顺式调节 | *cis* regulation | 反式调节 | *trans* regulation |
| 时间特异性 | temporal specificity | 空间特异性 | spatial specificity |
| 操纵子 | operon | | |
| RNA 干扰 | RNA interference，RNAi | | |

## 四、复习思考题

### （一）名词解释

**1.** gene expression
**2.** housekeeping gene
**3.** 基因表达的时间特异性
**4.** 基因表达的空间特异性
**5.** operon
**6.** *cis*-acting element
**7.** *trans*-acting factor
**8.** 染色质重塑
**9.** RNA interference（RNAi）
**10.** 增强子

### （二）选择题

**A1 型题，以下每一道题下面有 A、B、C、D、E 五个选项，请从中选择一个最佳答案。**

**11.** 乳糖操纵子的真正诱导剂是（　　）
A. 乳糖　B. 果糖　C. 葡萄糖　D. 半乳糖　E. 别乳糖

**12.** 分解乳糖的酶是（　　）
A. 半乳糖激酶　B. 乳糖通透酶　C. $\alpha$-葡萄糖苷酶　D. $\beta$-半乳糖苷酶　E. $\beta$-1,4-糖苷酶

**13.** 催化乳糖进入菌体内的酶是（　　）
A. 己糖激酶　B. 乙酰转移酶　C. 乳糖通透酶　D. 葡萄糖转运体　E. $\gamma$-谷氨酰基转移酶

**14.** 供 RNA 聚合酶识别与结合并启动转录的是（　　）
A. 启动子　B. 增强子　C. 沉默子　D. 终止子　E. 衰减子

**15.** 诊断原发性肝癌最有价值的指标是（　　）
A. ALT　B. AFP　C. $CK_2$　D. PSA　E. AMY

**16.** 关于增强子的阐述，错误的是（　　）
A. 增强基因转录　B. 依赖启动子的存在　C. 效应与其位置无关
D. 效应与其序列的方向性有关　E. 决定基因表达的时空特异性

**17.** 关于真核生物基因组的叙述，不正确的是（　　）
A. 基因大多不连续　B. 含有大量重复序列　C. 基因组庞大且结构复杂
D. 转录生成单顺反子 mRNA　E. 非编码序列远少于编码序列

**18.** 下列只在肝细胞中表达的蛋白质是（　　）
A. 胰岛素　B. 清蛋白　C. 珠蛋白　D. 氨基转移酶　E. 免疫球蛋白

**19.** *lac* I 表达的产物是（　　）

A. 阻遏蛋白　B. 乳糖通透酶　C. $\beta$-半乳糖苷酶　D. $\beta$-葡糖醛酸糖苷酶　E. 硫代半乳糖苷转乙酰酶

**20.** 染色质 DNA 常发生甲基化的碱基是（　　）

A. 腺嘌呤　B. 鸟嘌呤　C. 胞嘧啶　D. 胸腺嘧啶　E. 鸟嘌呤+胞嘧啶

**21.** 激素-受体复合物结合的元件是（　　）

A. 沉默子　B. 增强子　C. 启动子　D. cAMP 反应元件　E. 激素反应元件

**A2 型题，以下每一道题下面有 A、B、C、D、E 五个选项，请从中选择一个最佳答案。**

**22.** 患者，男，56 岁，因右上腹部反复疼痛、身体进行性消瘦、全身乏力、食欲减退 3 个月入院就诊。入院查体：T 36.7℃，P 75 次/分，R 20 次/分，BP 135/80mmHg。肝脏 CT 片显示：肝体积增大，肝叶比例失调，肝右叶第Ⅶ、第Ⅷ段见一低密度块影，大小约 8cm×6cm×6cm，边缘模糊，第Ⅵ段可见一个 2cm 大小的圆形低密度灶，边缘清。问：下述实验室检查指标中用于确诊该病的是（　　）

A. LPS（脂肪酶）　B. AFP（甲胎蛋白）　C. AMY（淀粉酶）　D. PSA（前列腺特异抗原）　E. $CK_2$（肌酸激酶 2）

**B 型题，请从以下 5 个备选项中，选出最适合下列题目的选项。**

（23～24 题共用备选答案）

A. 己糖激酶　B. $\alpha$-葡萄糖苷酶　C. 半乳糖激酶　D. $\beta$-半乳糖苷酶　E. 糖原磷酸化酶

**23.** 催化别乳糖生成的酶是（　　）

**24.** 催化乳糖分解的酶是（　　）

（25～28 题共用备选答案）

A. 融合表达　B. 诱导表达　C. 阻遏表达　D. 协调表达　E. 组成型表达

**25.** 在所有的细胞中都表达属于（　　）

**26.** 环境信号使表达增强属于（　　）

**27.** 环境信号使表达下降属于（　　）

**28.** 融合基因的表达属于（　　）

（29～30 题共用备选答案）

A. 启动子区　B. 操纵序列区　C. CAP 位点　D. 结构基因区　E. 转录起始位点

**29.** 阻遏蛋白结合位点（　　）

**30.** 分解代谢物激活蛋白结合位点（　　）

（31～33 题共用备选答案）

A. *lac* A　B. *trp* B　C. *trp* C　D. *lac* Y　E. *lac* Z

**31.** 编码乳糖通透酶的基因是（　　）

**32.** 编码 $\beta$-半乳糖苷酶的基因是（　　）

**33.** 编码硫代半乳糖苷转乙酰酶的基因是（　　）

**X 型题，以下每一道题下面有 A、B、C、D、E 五个备选答案，请从中选择 2～5 个不等答案。**

**34.** 具有诱导乳糖操纵子表达作用的是（　　）

A. 别乳糖　B. IPTG　C. 葡萄糖　D. 半乳糖　E. 乙酰半乳糖

**35.** 真核生物转录后调控方式涉及（　　）

A. 基因沉默　B. RNA 编辑　C. 选择性剪接　D. mRNA 修饰　E. mRNA 核外输出

**36.** 真核生物基因表达染色质水平调控方式可有（　　）

A. 组蛋白修饰　B. DNA 扩增与重排　C. 对 DNase Ⅰ 超敏感　D. 活化基因的甲基化程度下降　E. 核小体结构或位置发生变化

**37.** 真核生物基因组特点的说法正确的有（　　）

A. 结构简单　B. 编码序列少　C. 基因不连续　D. 单顺反子 mRNA　E. 大量单拷贝序列

**38.** 原核生物基因组特点描述正确的有（　　）

A. 结构简单　B. 基因连续　C. 编码序列多　D. 非编码序列少　E. 多顺反子 mRNA

（三）问答题

**39.** 简述乳糖操纵子结构。

**40.** 简述增强子与启动子的关系。

**41.** 简述真核生物基因组的特点。

**42.** 转录因子 DNA 结合域的主要模体形式有哪些？

（四）论述题

**43.** 试述 RNA 干扰的机制。

**44.** 试述乳糖操纵子调控机制。

**45.** 试述真核生物基因表达转录后水平调控机制。

## 五、复习思考题答案及解析

（一）名词解释

**1.** gene expression：基因表达，是指基因通过转录产生 RNA 和（或）通过翻译产生蛋白质的过程。

**2.** housekeeping gene：管家基因，是指较少受环境因素的影响，几乎在所有的细胞中都表达的那些基因。

**3.** 基因表达的时间特异性：是指某些基因严格按照生物体生长和发育的时间顺序表达的特性。

**4.** 基因表达的空间特异性：是指个体生长发育过程中，某一基因在不同组织中的表达程度不同。

**5.** operon：操纵子。原核生物基因转录的结构基因及其一整套调控单位。

**6.** *cis*-acting element：顺式作用元件。能与反式作用因子相互作用以调节基因表达的那些 DNA 序列。

**7.** *trans*-acting factor：反式作用因子。一个基因表达的蛋白质能直接或间接辨认与结合非己基因的顺式作用元件，从而调节非己基因表达的转录因子。

**8.** 染色质重塑：由染色质重塑复合物介导的染色质核小体的变化和组蛋白修饰及对应的 DNA 结构发生的一系列变化统称为染色质重塑。

**9.** RNA interference（RNAi）：RNA 干扰。通过双链 RNA 分子诱发同源 mRNA 降解而使特异性基因沉默的过程。

**10.** 增强子：增强基因表达的 DNA 序列。

（二）选择题

**11.** E：别乳糖是乳糖操纵子的真正诱导剂，其他选项均没有诱导作用。

**12.** D：半乳糖激酶催化半乳糖磷酸化；乳糖通透酶催化乳糖进入细菌；$\alpha$-葡萄糖苷酶催化麦芽三糖水解；$\beta$-半乳糖苷酶催化乳糖分解成葡萄糖和半乳糖；$\beta$-1,4-糖苷酶催化纤维素水解。故正确选项为 D。

**13.** C：己糖激酶催化己糖磷酸化，乙酰转移酶催化乙酰基转移；乳糖通透酶催化乳糖进入细菌；葡萄糖转运体转运葡萄糖入胞；$\gamma$-谷氨酰基转移酶催化 $\gamma$-谷氨酰基转移到另一个肽或另一个氨基酸上。故正确选项为 C。

**14.** A：RNA 聚合酶识别与结合启动子并启动转录；增强子结合蛋白与增强子结合，增强转录；沉默子结合蛋白与沉默子结合，抑制转录；终止子参与转录终止；衰减子使转录衰减。故正确答案为 A。

**15.** B：ALT（丙氨酸氨基转移酶）：诊断急性肝炎的灵敏指标；AFP（甲胎蛋白）：诊断原发性肝癌最有价值的指标；$CK_2$（肌酸激酶 2）：用于诊断急性心肌梗死；ACP（酸性磷酸酶）：用于诊断前列腺癌；AMY（淀粉酶）：用于诊断急性胰腺炎。故正确选项为 B。

**16.** D：增强子增强转录的作用依赖启动子的存在，它决定基因表达的时空特异性，但它发挥作用时与其在 DNA 上的位置以及其序列的方向性均无关。故 D 选项的叙述是错误的。

**17.** E：与原核生物相比较，真核生物基因组庞大且结构复杂、含有大量重复序列、基因大多不连续、非编码序列远多于编码序列、转录生成单顺反子 mRNA。故 E 选项的叙述不正确。

**18.** B：胰岛素只在胰岛的 B 细胞中表达，清蛋白只在肝细胞中表达，α-和 β-珠蛋白主要在红细胞中表达，氨基转移酶在多种细胞中都表达，免疫球蛋白在浆细胞中表达。故选项 B 为正确答案。

**19.** A：*lac* I 表达阻遏蛋白，*lac* Z 表达 *β*-半乳糖苷酶，*lac* Y 表达乳糖通透酶，*uid* A 表达 *β*-葡糖醛酸糖苷酶，*lac* A 表达硫代半乳糖苷转乙酰酶。故正确选项为 A。

**20.** C：DNA 甲基化常发生在 DNA 链上的胞嘧啶的第 5 位碳原子上（$m^5C$），哺乳动物基因组中的 $m^5C$ 占胞嘧啶总量的 2%～7%，约 70%的 $m^5C$ 存在于 CpG 二联核苷酸上。故正确选项为 C，其他选项均不正确。

**21.** E：沉默子与沉默子蛋白结合；增强子与增强子蛋白结合；启动子与 RNA 聚合酶/转录因子结合；cAMP 反应元件与 cAMP 反应元件结合蛋白结合；激素反应元件与激素-受体复合物结合。故正确选项是 E。

**22.** B：没有列出的实验室测定指标是 AFP（甲胎蛋白），以确诊该患者是否患原发性肝癌。AFP 在胎儿期表达，健康成人血中 AFP＜10μg/L。几乎 80%的肝癌患者 AFP 增高，而且随着病情恶化 AFP 在血清中的含量会急剧增加，因此 AFP 是诊断原发性肝癌的最有价值的指标。LPS（脂肪酶）和 AMY（淀粉酶）用于急性胰腺炎诊断，PSA（前列腺特异抗原）用于诊断前列腺癌，$CK_2$（肌酸激酶 2）用于诊断急性心肌梗死。

**23.** D，**24.** D：*β*-半乳糖苷酶催化乳糖分解成葡萄糖和半乳糖，该酶还能催化乳糖异构为别乳糖；己糖激酶催化葡萄糖产生葡萄糖-6-磷酸；半乳糖激酶催化半乳糖生成半乳糖-1-磷酸；糖原磷酸化酶催化糖原分解产生葡萄糖-1-磷酸。

**25.** E，**26.** B，**27.** C，**28.** A：组成型表达是指在生命的全过程中，某些基因几乎在所有细胞中都表达，管家基因的表达即属于这种类型；环境信号的变化若诱使某些基因表达增强，即为诱导表达；环境信号的变化若使某些基因表达减弱，即为阻遏表达；融合表达是指将两个或多个基因的编码区首尾相连，并置于同一套调控序列下表达，表达产物是融合蛋白。

**29.** B，**30.** C：RNA 聚合酶可以结合启动子区、转录起始位点和结构基因区；阻遏蛋白结合操纵子的操纵序列，阻遏基因操纵子表达；分解代谢物激活蛋白（CAP）结合 CAP 位点，促进操纵子表达。

**31.** D，**32.** E，**33.** A：乳糖操纵子的 *lac* Z 编码 *β*-半乳糖苷酶，*lac* Y 编码乳糖通透酶，*lac* A 编码硫代半乳糖苷转乙酰酶；色氨酸操纵子的 *trp* B 编码色氨酸合酶的 *β*-亚基，*trp* C 编码吲哚-3-甘油磷酸合酶。

**34.** AB：别乳糖和 IPTG 均可诱导乳糖操纵子表达，前者是细菌内的天然诱导剂，后者在实验室中常用。其他选项均无诱导作用。

**35.** ABCDE：所有选项均属于真核生物转录后调控方式。

**36.** ABCDE：所有选项均属于真核生物基因表达染色质水平调控方式。

**37.** BCD：与原核生物相比，真核生物基因组特点包括结构复杂、编码序列少、基因不连续、单顺反子 mRNA、大量重复序列。

**38.** ABCDE：结构简单、基因连续、编码序列多、非编码序列少、多顺反子 mRNA。

**（三）问答题**

**39.** 答：乳糖操纵子的信息区是结构基因 *lac* Z、*lac* Y 和 *lac* A 三个基因，它们转录产生一多顺反子 mRNA，并翻译成 *β*-半乳糖苷酶、乳糖通透酶和硫代半乳糖苷转乙酰酶。乳糖操纵子的调节区包括操纵序列、启动子和分解代谢物激活蛋白（CAP）结合位点。操纵序列与阻遏蛋白结合，阻遏表达；启动子与 RNA 聚合酶结合，启动转录；CAP 结合位点与 CAP-cAMP 复合物结合，促进转录。

**40.** 答：增强子与启动子是相互依赖的关系：①没有启动子的存在，增强子便不能表现活性。没有增强子存在，启动子也不能完全发挥作用；②增强子对启动子没有严格的专一性，同一增强子可以影响不同类型启动子的转录。

**41.** 答：与原核生物相比，真核生物基因组有如下特点：①基因组庞大、结构复杂；②非编码序列远多于编码序列；③含有大量重复序列；④基因大多不连续；⑤编码蛋白基因转录生成单顺反子 mRNA。

**42.** 答：碱性螺旋-环-螺旋模体、锌指模体、螺旋-转角-螺旋模体和亮氨酸拉链模体等。

**（四）论述题**

**43.** 答：RNA 干扰（RNAi）是指通过双链 RNA（dsRNA）分子诱发同源 mRNA 降解而使特异性基因沉默的过程。有两种小 RNA 参与 RNA 干扰，即小干扰 RNA（siRNA）和微小 RNA（miRNA）。内源性或外源性的 dsRNA 进入细胞后，经 Dicer 酶切割产生 21～25bp 的双链 siRNA，Dicer 酶使双链 siRNA 解链，进一步与 Argonaute 等蛋白结合形成 RNA 诱导的沉默复合物（RISC）。RISC 通过 Dicer 酶的解旋酶活性将双链 siRNA 变成两条互补的单链 RNA，然后那条反义的单链 siRNA 与互补的靶 mRNA 分子结合，Dicer 的核酸内切酶活性再降解靶 mRNA，使其不能进行指导蛋白质生物合成。

**44.** 答：在以葡萄糖为主要碳源的环境下（如培养基中只含葡萄糖或葡萄糖+乳糖），细菌利用或优先利用葡萄糖。机制是：一方面由于 *lac* I 基因组成性表达的阻遏蛋白与操纵序列结合，阻止已经结合在启动子上的 RNA-pol 向下游移动，使转录不能启动。另一方面由于乳糖操纵子是弱启动子，其启动转录还需 cAMP-CAP 复合物与 CAP 位点结合，以激活 RNA-pol。葡萄糖能抑制腺苷酸环化酶，使 cAMP 减少，cAMP-CAP 复合物减少。上述两种情况使乳糖操纵子处于关闭状态，乳糖得不到利用。当葡萄糖耗尽后（即乳糖成为主要碳源的情况下），细菌基础表达的乳糖通透酶催化少量乳糖进入细菌，并在基础表达的 $\beta$-半乳糖苷酶的催化下，乳糖异构为别乳糖。别乳糖可以结合阻遏蛋白，使其失去与操纵序列结合的能力，使得 RNA-pol 可以有效地启动转录。同时 cAMP-CAP 复合物也增多，使转录增强，使得细菌利用乳糖。

**45.** 答：①mRNA 的首尾修饰有利于其稳定性和转运，mRNA 的 poly（A）尾的长短影响其稳定性；②通过选择性剪接可产生不同的 mRNA 剪接异构体，最终产生功能相同或不同的蛋白质；③通过 RNA 编辑，使得一个基因可以产生多种氨基酸序列不同、功能不同的蛋白质分子；④调节成熟 mRNA 的核外输出也会影响基因表达；⑤基因沉默是生物体在基因调控水平上的一种自我保护机制。

（田余祥）

# 第 17 章　细胞信号转导

## 一、教学目的与教学要求

**教学目的**　通过本章学习使学生充分了解细胞信号转导途径，理解体内细胞如何在神经、体液的调控下进行正常的生命活动。受体与配体结合后在细胞内产生第二信使，第二信使通过使蛋白发生磷酸化，改变细胞功能或者直接与 DNA 结合影响基因转录。信号转导途径障碍会引起疾病。

**教学要求**　掌握第一信使、第二信使的概念，掌握膜受体信号转导途径，G 蛋白的特点、作用，G 蛋白偶联受体的分类及作用方式。熟悉受体的分类，胞内受体细胞信号转导途径的作用方式及特点，了解信号转导途径的交互联系，细胞信号转导途径异常与疾病的关系。

## 二、思 维 导 图

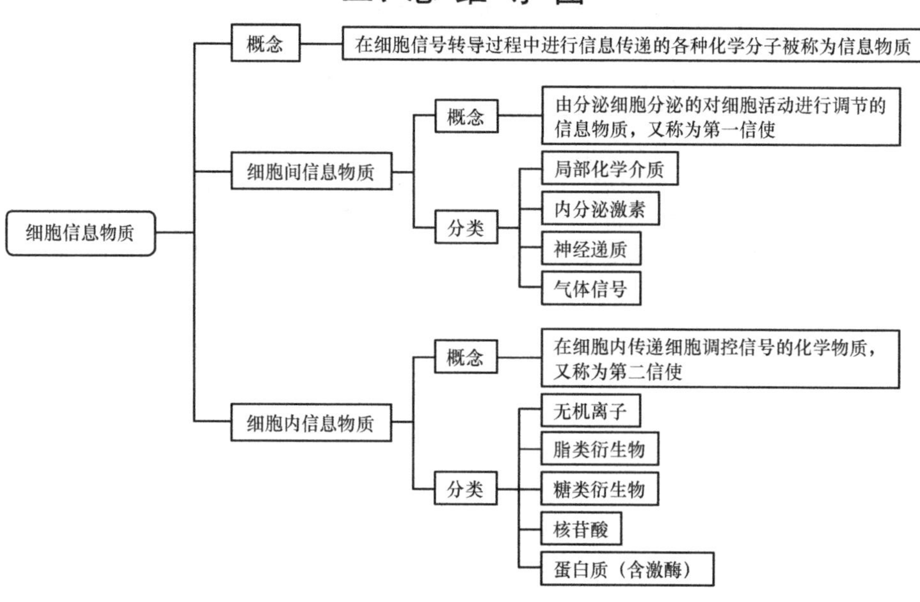


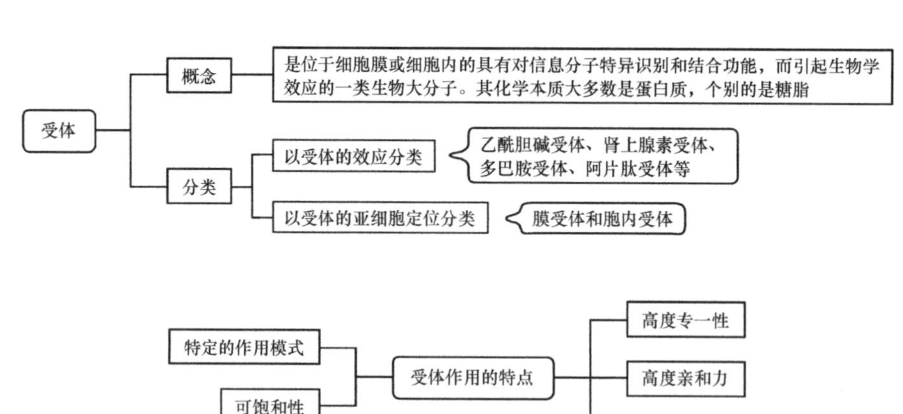

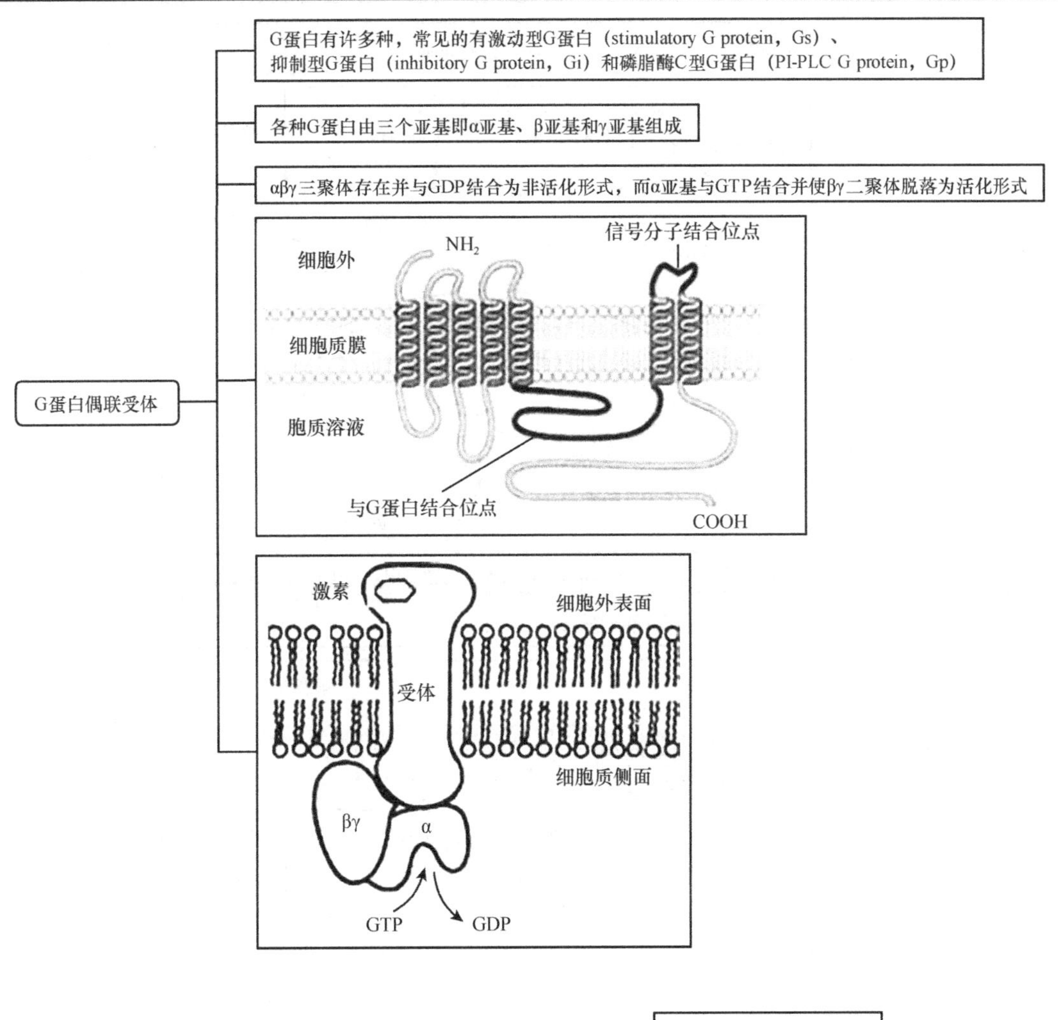
G蛋白偶联受体
G蛋白有许多种，常见的有激动型G蛋白（stimulatory G protein，Gs）、抑制型G蛋白（inhibitory G protein，Gi）和磷脂酶C型G蛋白（PI-PLC G protein，Gp）
各种G蛋白由三个亚基即α亚基、β亚基和γ亚基组成
αβγ三聚体存在并与GDP结合为非活化形式，而α亚基与GTP结合并使βγ二聚体脱落为活化形式
细胞外
NH2
信号分子结合位点
细胞质膜
胞质溶液
与G蛋白结合位点
COOH
激素
细胞外表面
受体
细胞质侧面
βγ
α
GTP
GDP

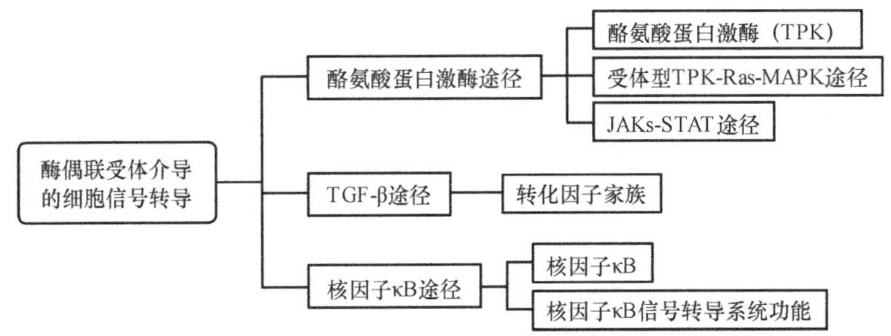
酶偶联受体介导的细胞信号转导
酪氨酸蛋白激酶途径
酪氨酸蛋白激酶（TPK）
受体型TPK-Ras-MAPK途径
JAKs-STAT途径
TGF-β途径
转化因子家族
核因子κB途径
核因子κB
核因子κB信号转导系统功能

酶偶联受体

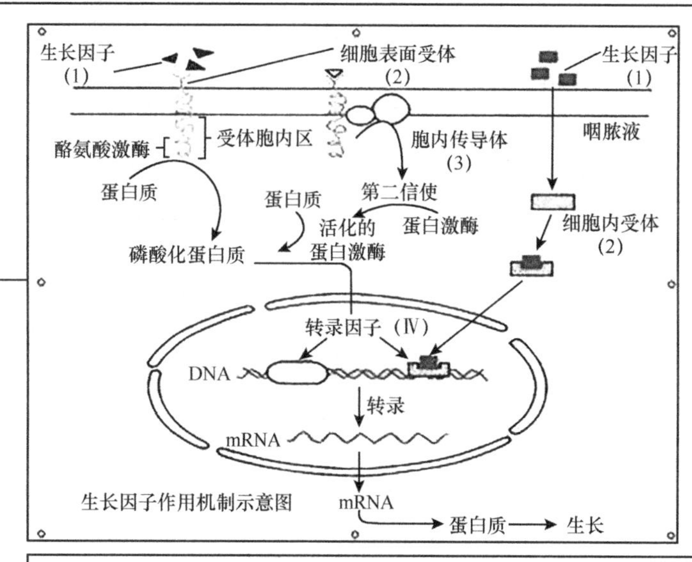


非催化型受体，常位于胞质中，大部分为糖蛋白，当配体与非催化型受体结合后，可与酪氨酸蛋白激酶偶联而发挥作用，从而传递信号。非催化型受体的某些酪氨酸残基被非受体型TPK磷酸化

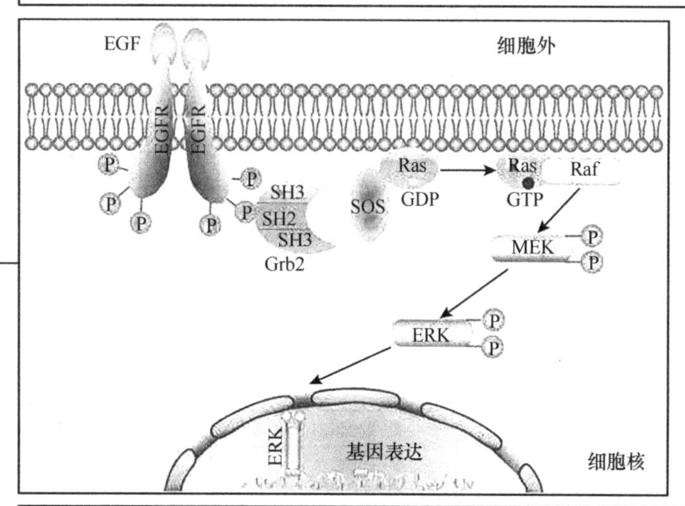


催化型受体由3个部分组成：与配体结合的胞外结构域，为配体结合部位；中段的跨膜结构域，C端为近膜区和功能区，构成酪氨酸激酶活性的胞内结构域。此类受体下游分子常含SH2结构域、SH3结构域和PH结构域

离子通道受体

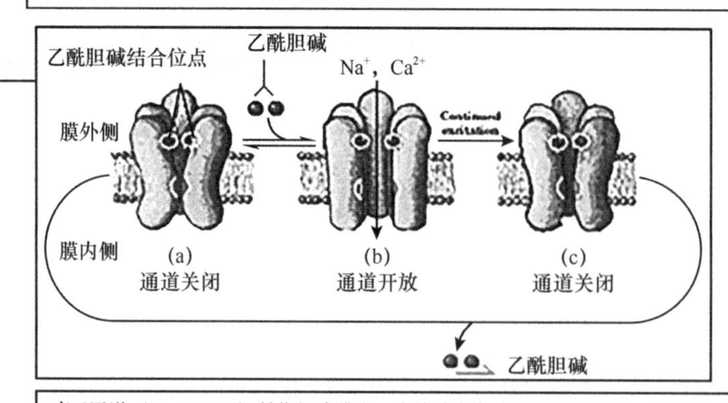


离子通道（ion channel）是指细胞膜上一类特殊亲水性蛋白质微孔道，是神经、肌肉细胞电活动的物质基础，其通道的开放或者关闭受化学配体的控制，称为配体门控受体型离子通道

离子通道分为三类：①电压门控性；②配体门控性；③机械门控性

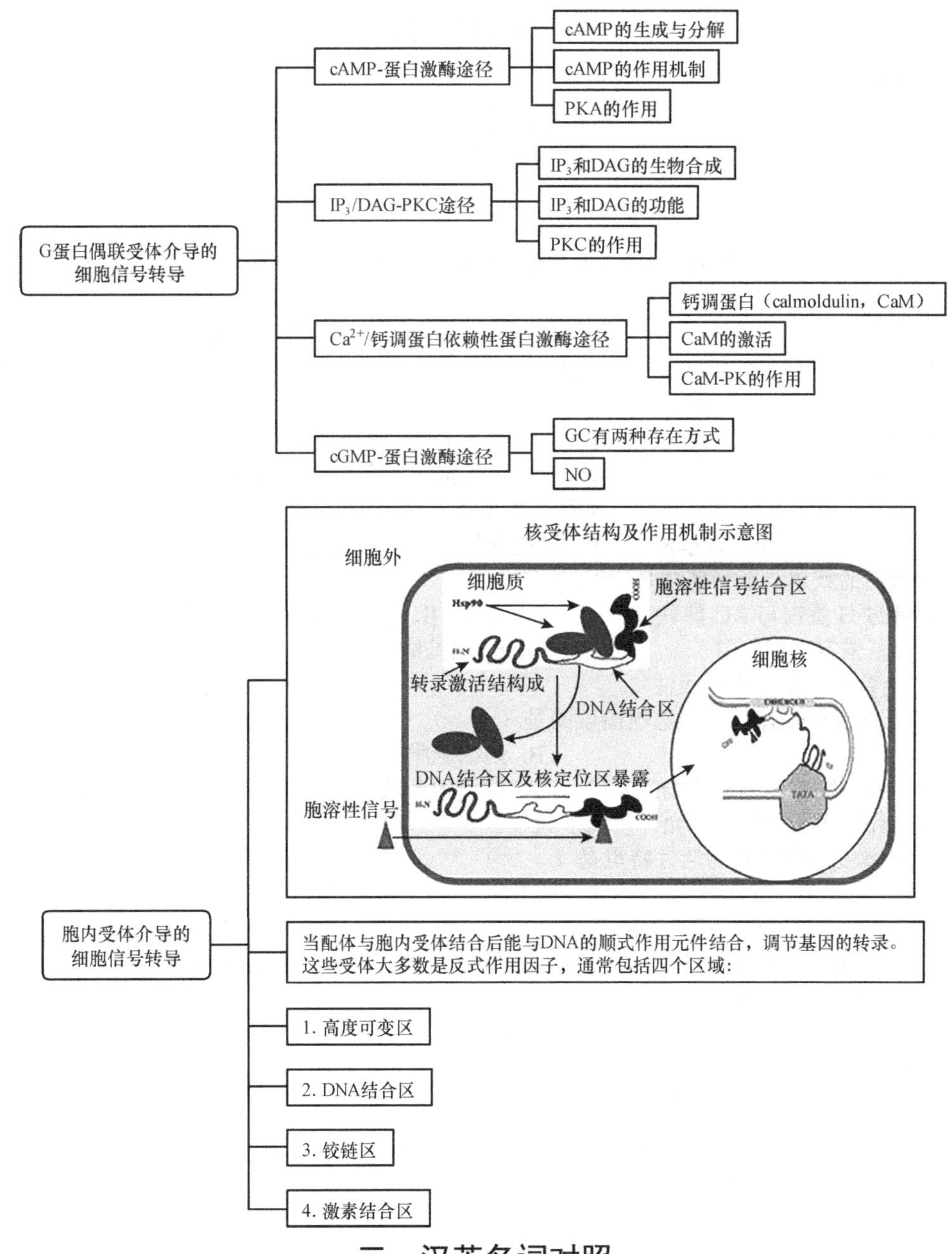


## 三、汉英名词对照

| 中文 | 英文 | 中文 | 英文 |
|---|---|---|---|
| 细胞通讯 | cell communication | 激动型 G 蛋白 | stimulatory G protein，Gs |
| 配体 | ligand | 催化型受体 | catalytic receptor |
| 第二信使 | second messenger | 受体调节 | receptor regulation |
| 受体 | receptor | 跨膜信号转导 | transmembrane signaling |
| 整合膜蛋白 | integral membrane protein | 腺苷酸环化酶 | adenylate cyclase，AC |
| G 蛋白偶联受体 | G-protein coupled receptors，GPCR | 信号转导 | signal transduction |
| 酪氨酸蛋白激酶 | tyrosine protein kinase，TPK | | |

## 四、复习思考题

### （一）名词解释

**1.** 信号转导
**2.** 第二信使
**3.** 受体
**4.** G 蛋白
**5.** 细胞内受体

### （二）选择题

**A1 型题，以下每一道题下面有 A、B、C、D、E 五个选项，请从中选择一个最佳答案。**

**6.** 关于受体的描述，哪些是错误的（ ）
A. 有膜受体和胞内受体之分 B. 化学本质大多数是蛋白质 C. 部分受体为糖脂
D. 受体与配体结合后都会引起 cAMP 的改变 E. 能特异识别生物分子并与之结合

**7.** 有关胞内受体，错误的说法是（ ）
A. 分为细胞质受体和细胞核受体 B. 它们都是 DNA 结合蛋白 C. 都含有锌指结构
D. 可二聚体化 E. 改变锌指结构不会影响受体功能

**8.** 凡有 cAMP 存在的细胞中常常有哪种酶存在（ ）
A. 蛋白激酶 B. 蛋白水解酶 C. 磷酸化酶 D. 脂肪酶 E. 酰化酶

**9.** 关于 G 蛋白的叙述，下列哪项是错误的（ ）
A. 膜受体通过 G 蛋白与 AC 偶联 B. 有 α、β、γ 三种亚基构成
C. 通过 γ 亚基锚定于细胞膜 D. βγ 亚基结合紧密
E. 与 GTP 结合的三聚体才有活性

**10.** 关于离子通道型受体，下列选项错误的是（ ）
A. 又称环状受体 B. 是细胞膜上的蛋白质微孔道
C. 是神经、肌肉细胞电活动的物质基础 D. 通道的开放或者关闭受化学配体的控制
E. 通道只允许阳离子通过，不允许阴离子通过

**11.** G 蛋白的 α 亚基所具有的活性特点是（ ）
A. GTP 酶 B. ATP 酶 C. TTT 酶 D. CTP 酶 E. UTP 酶

**12.** 激活 PKG 所能磷酸化的氨基酸残基是（ ）
A. 酪氨酸/丝氨酸 B. 酪氨酸/苏氨酸 C. 丝氨酸/苏氨酸 D. 丝氨酸/组氨酸 E. 苏氨酸/组氨酸

**13.** 腺苷酸环化酶在靶细胞中的定位是（ ）
A. 细胞核 B. 细胞膜 C. 细胞质 D. 线粒体 E. 高尔基体

**14.** $IP_3$的作用是（ ）
A. 促进肌浆网中内质网 $Ca^{2+}$的释放 B. 直接激活 PKC C. 促进细胞膜 $Ca^{2+}$的释放
D. 使细胞质中 $Ca^{2+}$减少 E. 促进 $Ca^{2+}$与 CAM 结合

**15.** 影响离子通道开放与关闭的配体主要是（ ）
A. 神经递质 B. 旁分泌介质 C. 类固醇激素 D. 多肽类激素 E. 无机离子

**16.** NO 发挥作用的信号转导途径是（ ）
A. cAMP 信号转导途径 B. cGMP 信号转导途径 C. DAG/$IP_3$信号转导途径
D. TPK 信号转导途径 E. PI3K 信号转导途径

**A2 型题，以下每一道题下面有 A、B、C、D、E 五个选项，请从中选择一个最佳答案。**

**17.** 患者，女，68 岁，因“咳嗽、吞咽困难 1 天”来院就诊。2018 年 3 月 12 日上午突发咳嗽不适，自觉喉中痰多，吞咽困难，难以进食，肢体乏力，无胸痛胸闷，无咳粉红色泡沫痰，无尿少、下肢水肿，休息后症状不能缓解，于 12 日 20：20 来医院求诊，经治疗后，患者的症状虽有好转，但反复出现脱机困难及呼吸机的依赖，最后通过追问病史及诊断性治疗，考虑为重症肌无力危象。给予溴吡斯的明和丙种球蛋白诊断性治疗，经治疗 1 周后，再次予以脱机试验，脱机期间复查血气分析无异常，成功拔除气管插管，患者好转出院。
问题：有关重症肌无力，下面哪种说法是错误的（ ）
A. 是一种神经肌肉间传递功能障碍的自身免疫病，主要特征为受累横纹肌稍行活动后即迅速疲乏无力，经休息后肌力有程度不同的恢复

B. 如果患者出现吞咽困难，颈部、颅脑的CT及MR未见相应病灶时，需要排除重症肌无力的可能
C. 如果患者反复出现脱机困难、呼吸机依赖时，需要排除重症肌无力的可能
D. 重症肌无力虽为常见病，但临床表现较为单一，症状较为典型，与其他疾病类似，鉴别诊断较为容易
E. 因重症肌无力可导致全身骨骼肌均可受累，且整个病程缓解与复发交替，少数病例可自然缓解，在临床治疗上应对此引起重视

**18.** 2016年5月31日10时，合肥市多家医院报告称接诊多名以腹泻、呕吐为主要症状的患者，这些患者均来自某高校，合肥市疾控中心接到报告后，立即组织流调、检验等专业人员前往现场调查处置，截至6月1日，共搜集91例病例，罹患率为6.07%，均为学生，共采集样品54份，进行诺如病毒、沙门氏菌、志贺菌、致泻性大肠埃希菌、副溶血性弧菌、霍乱弧菌等病原微生物检测。结果只有霍乱弧菌检测为阳性，进一步检测为非O1/非O139群霍乱弧菌(不带有霍乱毒素基因*ctx*AB)。其阳性检出率为29.63%，后所有病例均痊愈。
问题：以下有关霍乱哪些说法是正确的（　　）
A. 霍乱是由霍乱弧菌分泌的霍乱毒素持续激活$G_{s\alpha}$，使AC持续被激活，cAMP增加导致小肠黏膜上皮细胞蛋白发生变构，氯离子和水分持续进入肠腔，引起严重腹泻和脱水
B. 霍乱是由霍乱弧菌分泌的外毒素持续激活$G_{s\alpha}$，使GC持续被激活，cGMP增加导致小肠黏膜上皮细胞蛋白发生变构，氯离子和水分持续进入肠腔，引起严重腹泻和脱水
C. 霍乱是霍乱弧菌侵袭小肠黏膜，是小肠黏膜坏死引起的腹泻
D. 霍乱弧菌分泌的霍乱毒素直接作用于小肠黏膜上离子通道受体，使离子通道开放，大量的离子和水分进入肠腔，引起腹泻
E. 霍乱弧菌分泌的霍乱毒素激活细胞膜上与受体相偶联的特定G蛋白（Gp），引发磷脂酰肌醇特异性磷脂酶C（PI-PLC）的激活，激活PKC引起腹泻

**19.** 患者，男，19岁，于2015年10月9日因“口干、多饮、多尿15年余”入院。患者5岁时起病，拟诊“尿崩症”，但未予规范治疗。入院时多饮、多尿明显，精神一般，无焦虑烦躁，无尿失禁，无心慌胸闷。否认其他疾病史。其舅舅有“尿崩症”病史，否认其他家族及遗传性病史。监测患者24小时出量15 700ml，入量14 100ml，综合患者病史及检查结果，考虑患者为肾性尿崩症。给予该例患者氢氯噻嗪片治疗，3天后起效，1周后出入量及肾积水明显改善。
问题：有关家族性肾性尿崩症下列哪些说法是错误的（　　）
A. 为X伴性遗传
B. 由于遗传性ADH受体异常，使肾小管对ADH反应性降低
C. 多在一岁以内发病
D. 引起的尿崩症的主要原因是肾小管在ADH的作用下不能产生cAMP
E. 患病人群女性多于男性

**B型题，请从以下5个备选项中，选出最适合下列题目的选项。**

（20～24题共用备选答案）

A. 蛋白激酶A　　B. 蛋白激酶C　　C. 蛋白激酶G
D. $Ca^{2+}$/钙调蛋白依赖性蛋白激酶　　E. 酪氨酸蛋白激酶

**20.** cAMP激活的是（　　）
**21.** cGMP激活的是（　　）
**22.** DAG激活的是（　　）
**23.** $Ca^{2+}$激活的是（　　）
**24.** 生长因子激活的是（　　）

（25～26题共用备选答案）

A. DNA结合蛋白　　B. 磷脂酰胆碱（卵磷脂）　　C. 磷脂酰乙醇胺（脑磷脂）
D. 镶嵌糖蛋白　　E. 胆固醇

**25.** 膜受体绝大多数是（　　）
**26.** 胞内受体为（　　）

**X 型题，以下每一道题下面有 A、B、C、D 四个备选答案，请从中选择 2 ~ 4 个不等答案。**

**27.** 受体与配体结合的特点有（　　）

A. 高度专一性　B. 高度亲和力　C. 可饱和性　D. 可逆性

**28.** 细胞内受体根据同源性可分为以下哪些区域（　　）

A. 高度可变区　B. DNA 结合区　C. 铰链区　D. 激素结合区

**29.** 细胞间信息物质可分为以下哪几大类（　　）

A. 旁分泌信号　B. 内分泌信号　C. 外分泌信号　D. 神经递质

**30.** 细胞膜受体包括（　　）

A. G 蛋白偶联受体　B. 酶偶联受体　C. 离子通道受体　D. DNA 结合受体

**31.** G 蛋白的特性有（　　）

A. 三聚体 G 蛋白具有 ATP 酶活性　B. α 亚基与 GTP 结合具有活性

C. γ 亚基锚定于细胞膜　D. G 蛋白可以与不同受体和不同效应器偶联

**32.** 酶偶联受体（　　）

A. 又称为单个跨膜的 α 螺旋受体　B. 属于胞内受体

C. 包括催化型受体和非催化型受体　D. 催化型受体本身就具有酪氨酸蛋白激酶活性

**33.** 受体型酪氨酸蛋白激酶转导途径包括的物质有（　　）

A. Ras 蛋白　B. Raf 蛋白　C. MAPK　D. MAPKK

**34.** 下列属于第二信使的是（　　）

A. $Ca^{2+}$　B. $PIP_2$　C. DAG　D. cAMP

**35.** 下列哪些信号转导途径与细胞生长、增殖和分化有关（　　）

A. ras-raf-MAPK 途径　B. cGMP-PKG 途径　C. cAMP-PKA 途径　D. JAK-STAT 途径

**36.** 关于 PKA，以下说法哪些是正确的（　　）

A. 含有 4 个亚基，两个催化亚基，两个调节亚基

B. 无 cAMP 存在时呈无活性状态

C. 4 分子的 cAMP 结合到调节亚基，使其与催化亚基分离

D. 游离的催化亚基能使靶蛋白磷酸化

**（三）问答题**

**37.** 受体作用特点有哪些？

**38.** PKA 有哪些作用？

**39.** 什么是离子通道型受体？分几类？

**（四）论述题**

**40.** 什么是膜受体介导的细胞信号转导？分几类？

## 五、复习思考题答案及解析

**（一）名词解释**

**1.** 信号转导：多细胞生物可以对来源于外界的刺激或信号发生反应，在细胞内产生一系列有序反应，以调节细胞的代谢、增殖、分化、凋亡及各种功能活动，这个过程称为信号转导（signal transduction）。

**2.** 第二信使：配体信号经受体转入细胞内，在细胞内传递细胞调控信号的化学物质称为细胞内信息物质，又称为第二信使（second messenger）。

**3.** 受体：是位于细胞膜或细胞内的具有对信息分子（包括内分泌激素、神经递质、毒素、药物等）特异识别和结合功能，而引起生物学效应的一类生物大分子。其化学本质大多数是蛋白质，个别是糖脂。

**4.** G 蛋白：是一类和 GTP 或 GDP 相结合、位于细胞膜胞质面、具有信号传导功能蛋白的总称。各种 G 蛋白由三个亚基即 α 亚基、β 亚基和 γ 亚基组成，有两种不同的构象形式，αβγ 三聚体存在并与 GDP 结合为非活化形式，而 α 亚基与 GTP 结合并使 βγ 二聚体脱落为活化形式。

**5.** 细胞内受体：位于细胞内的受体多为转录因子，分为胞质内受体和胞核内受体。在没有信号分

子存在时，受体往往与具有抑制作用的蛋白质分子（如热激蛋白）形成复合物。阻止受体与 DNA 结合，当信号分子透过细胞膜的脂质双层结构，与细胞内受体结合后，作为反式作用因子，能与 DNA 的顺式作用元件结合，调节基因的转录。

**（二）选择题**

**6.** D：受体是位于细胞膜或细胞内的具有对信息分子特异识别和结合功能，而引起生物学效应的一类生物大分子。其化学本质大多数是蛋白质，个别是糖脂。不是所有受体与配体结合都会引起 cAMP 的改变。

**7.** E：胞内受体分为胞质受体和核受体，它们都是 DNA 结合蛋白，都含有锌指结构，改变锌指结构会导致完全丧失生物学活性。

**8.** A：当配体与膜受体结合后，会引起 G 蛋白偶联受体构象的改变，细胞膜内 G 蛋白 α 亚基与 β 亚基和 γ 亚基分离，α 亚基激活腺苷酸环化酶，产生 cAMP，cAMP 激活蛋白激酶，引起靶蛋白磷酸化而产生生物学效应。

**9.** E：膜受体通过 G 蛋白与 AC 偶联，由 α、β、γ 三种亚基构成，G 蛋白通过 γ 亚基锚定于细胞膜，有两种不同的构象形式，αβγ 三聚体存在并与 GDP 结合为非活化形式，而 α 亚基与 GTP 结合并使 βγ 二聚体脱落为活化形式。

**10.** E：离子通道型受体，即环状受体。它们受神经递质等信息物质的调节。离子通道（ion channel）是指细胞膜上一类特殊亲水性蛋白质微孔道，是神经、肌肉细胞电活动的物质基础，其通道的开放或者关闭受化学配体的控制，称为配体门控受体型离子通道。此类受体的共同结构特点是由均一或不均一的亚基在细胞膜上构成一寡聚体，在细胞膜上形成阴离子或阳离子通道。

**11.** A：G 蛋白的 α 亚基与 β、γ 亚基及 GDP 结合无活性，当 G 蛋白 α 亚基与 β、γ 亚基分离，α 亚基与 GTP 结合具有活性。

**12.** C：cGMP 能激活 cGMP 依赖性蛋白激酶 G（PKG），后者催化有关的蛋白质的丝氨酸/苏氨酸残基磷酸化。

**13.** B：腺苷酸环化酶为膜结合的糖蛋白，分布广泛，除红细胞外，几乎存在于所有的细胞膜上。

**14.** A：$IP_3$ 生成后从膜上迅速扩散到胞质中，通过存在于肌浆网和内质网膜外侧的特异性受体（$IP_3$ 受体），迅速打开钙通道，使 $Ca^{2+}$ 从储存库进入胞质，$Ca^{2+}$ 与胞质中的 PKC 结合并聚集于细胞膜，参与 PKC 的激活。

**15.** A：离子通道是指细胞膜上一类特殊亲水性蛋白质微孔道，是神经、肌肉细胞电活动的物质基础，其通道的开放或者关闭受化学配体的控制，它们受神经递质等信息物质的调节。通过离子通道的打开或关闭，改变膜通透性，引起或切断离子流动。

**16.** B：NO 通过与血红素的相互作用激活具有 GC 活性的可溶性受体，使 cGMP 增加，cGMP 又激活 PKG，导致多种底物蛋白质磷酸化，最终导致细胞功能的改变，如血管平滑肌松弛。

**17.** D：重症肌无力为较常见病，临床表现复杂，症状不典型，鉴别诊断有困难。

**18.** A：霍乱是由霍乱弧菌分泌的霍乱毒素持续激活 $G_{s\alpha}$，使 AC 持续被激活，cAMP 增加导致小肠黏膜上皮细胞蛋白发生变构，氯离子和水分持续进入肠腔，引起严重腹泻和脱水。

**19.** E：家族性肾性尿崩症为 X 伴性遗传，女性携带者一般无症状。

**20.** A，**21.** C，**22.** B，**23.** D，**24.** E：cAMP 能激活蛋白激酶 A，cGMP 激活蛋白激酶 G，$IP_3$ 和 DAG 与 $Ca^{2+}$ 共同激活蛋白激酶 C，$Ca^{2+}$/钙调蛋白依赖性蛋白激酶由 $Ca^{2+}$ 激活，胰岛素、生长因子以及一些细胞因子、生长激素等可激活酪氨酸蛋白激酶。

**25.** D，**26.** A：膜受体本质大多数为跨膜糖蛋白，个别是糖脂。胞内受体全部为 DNA 结合蛋白。

**27.** ABCD：受体与配体的结合特点有高度专一性、高度亲和力、可饱和性、可逆性及特定的作用模式。

**28.** ABCD：位于细胞内的受体多为转录因子，当配体与细胞内受体结合后，作为反式作用因子，能与 DNA 的顺式作用元件结合，调节基因的转录。这类受体通常包括四个区域：高度可变区、DNA 结合区、铰链区和激素结合区。

**29.** ABD：根据信息分子到达靶细胞的距离及作用方式可分为旁分泌信号、内分泌信号和神经递质三大类。

**30.** ABC：膜受体包括 G 蛋白偶联受体、离子通道受体、酶偶联受体三种。胞内受体全部为 DNA 结合蛋白。

**31.** BCD：G 蛋白作用的重要特点是一个细胞内的 G 蛋白可以与不同受体和不同的效应器相偶联。各种 G 蛋白由三个亚基即 α 亚基、β 亚基和 γ 亚基组成，G 蛋白通过 γ 亚基锚定于细胞膜，有两种不同的构象形式，αβγ 三聚体存在并与 GDP 结合为非活化形式，而 α 亚基与 GTP 结合并使 βγ 二聚体脱落为活化形式。

**32.** ACD：与 7 次跨膜受体相对应，酶偶联受体又称为单个跨膜 α 螺旋受体。根据这类受体是否具有催化作用分为催化型受体和非催化型受体。催化型受体与配体结合即具有酪氨酸蛋白激酶活性，可催化自身磷酸化或使其他底物蛋白的酪氨酸残基磷酸化。

**33.** ABCD：该途径又称受体型 TPK-Ras-MAPK 途径，当配体与催化型受体结合后，受体二聚化，通过 GRB 和 SOS 的作用激活 Ras 蛋白。Ras 进一步活化 Raf 蛋白，Raf 具有丝/苏氨酸蛋白激酶活性，可激活有丝分裂原激活蛋白激酶（MAPK）系统，该系统包括 MAPK、MAPK 激酶（MAPKK）和 MAPKK 激活因子（MAPKKK）。活化的 MAPK 可进入细胞核内发挥其广泛的催化活性，催化核内诸多的转录因子磷酸化，调节基因转录，而发挥调节作用。

**34.** ACD：膜受体与配体结合后，在细胞内产生的 cAMP、cGMP 等叫第二信使。$PIP_2$ 在磷脂酰肌醇特异性磷脂酶 C 的作用下产生的 $IP_3$ 和 DAG 为第二信使。

**35.** AD：PKA 可通过调整关键酶的活性，对细胞内不同代谢途径发挥调节作用，调节细胞的物质代谢和基因表达；还可以调节细胞膜电位。PKG 为单体酶，N 端有 cGMP 的结合位点，可发生自身磷酸化，也可以催化酶、通道蛋白等发生磷酸化。受体型 ras-raf-MAPK 途径作用复杂，除调节代谢引起其调节效应外，还在细胞骨架的形成、细胞分化、细胞增殖、细胞生存等方面发挥重要的作用，JAKs-STAT 途径的配体为生长因子和大部分细胞因子，当配体与受体结合后，受体形成二聚体后与 JAK 结合，后者使转录激动子（STAT）结合于受体上发生酪氨酸磷酸化，并形成二聚体进入胞核。二聚体 STAT 分子作为活性转录因子影响相关基因的表达。

**36.** ABCD：PKA 广泛分布在哺乳动物各组织中，2 个调节亚基（R）与 2 个催化亚基（C）组成 PKA 全酶（$C_2R_2$），在无 cAMP 存在时呈无活性状态。在 $Mg^{2+}$存在时，当 4 分子的 cAMP 结合到特异的 R 亚基上，引起构象改变，无活性全酶解离为 2 个二聚体，其中含 2 个 C 亚基的二聚体具有催化活性。

**（三）问答题**

**37.** 答：①高度专一性；②高度亲和力；③可饱和性；④可逆性；⑤特定的作用模式。

**38.** 答：PKA 可通过调整关键酶的活性，对细胞内不同代谢途径发挥调节作用。例如，促进糖原分解，促进脂肪动员，抑制糖原及脂肪的合成；PKA 在 ATP 的存在下，可以催化细胞内多种底物蛋白的特定氨基酸（丝氨酸残基或苏氨酸残基）磷酸化，使多种底物蛋白磷酸化从而调节细胞的物质代谢和基因表达；PKA 还可以通过磷酸化作用激活离子通道，调节细胞膜电位。

**39.** 答：离子通道是指细胞膜上一类特殊亲水性蛋白质微孔道，是神经、肌肉细胞电活动的物质基础，其通道的开放或者关闭受化学配体的控制，称为配体门控受体型离子通道。根据门控机制的不同，可将离子通道分为三大类：①电压门控性离子通道；②配体门控性离子通道；③机械门控性离子通道。

**（四）论述题**

**40.** 答：肽类、儿茶酚胺类以及生长因子等水溶性的信息分子不能透过细胞膜，只能通过膜受体将信息接收、放大并传入细胞内而调节细胞的生理活动，这一过程称为跨膜信号转导。跨膜信号转导从膜受体与配体的结合开始，多数经过 G 蛋白的介导，在细胞内催化第二信使生成，最终引起功能蛋白质或调节蛋白质的激活或失活。第二信使是激素作用于膜受体后，在胞内传递信息的小信号分子。膜受体介导的信息转导存在多种途径：①G 蛋白偶联受体介导的细胞信号转导，包括 cAMP-蛋白激酶途径、$IP_3$/DAG-PKC 途径、$Ca^{2+}$/钙调蛋白依赖性蛋白激酶途径（$Ca^{2+}$-CaM 途径）、cGMP-蛋白激酶途径；②酶偶联受体介导的细胞信号转导，包括受体型 TPK-Ras-MAPK 途径、JAKs-STAT 途径、核因子 κB 途径及 TGF-β 途径等。

（江旭东）

# 第 18 章 血液生物化学

## 一、教学目的与教学要求

**教学目的** 通过本章学习使学生能够了解血液的化学成分，血浆蛋白的分类、性质、功能及血细胞代谢的特点，为今后的学习奠定基础。

**教学要求** 掌握血液的化学成分，血浆蛋白的分类、性质及功能；血红素合成的原料、部位和关键酶；成熟红细胞代谢特点。熟悉血红素合成的特点及调节；叶酸、维生素 $B_{12}$ 对红细胞成熟的影响。了解白细胞及血小板代谢特点。

## 二、思 维 导 图

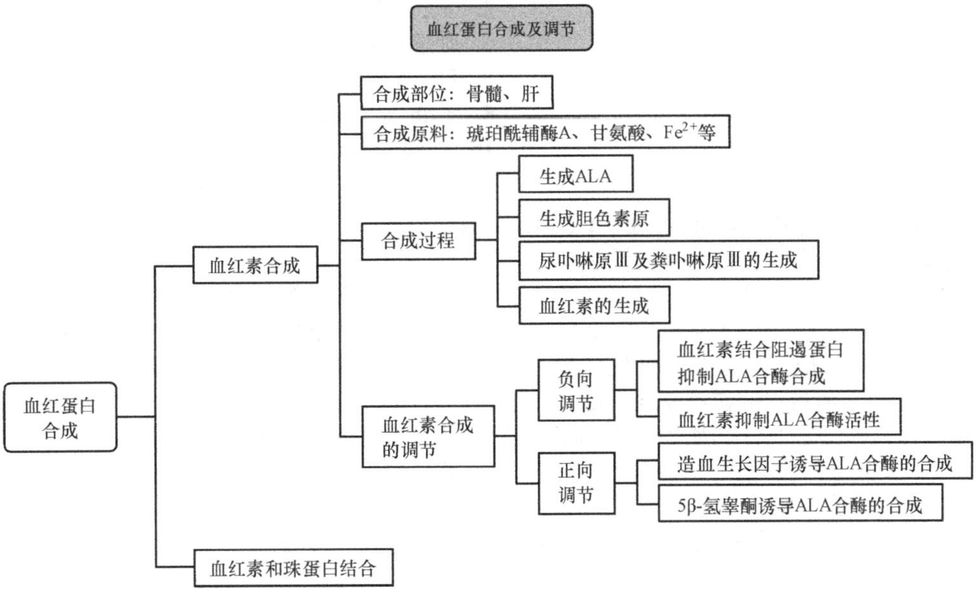

**血红蛋白合成及调节**

- 血红蛋白合成
  - 血红素合成
    - 合成部位：骨髓、肝
    - 合成原料：琥珀酰辅酶A、甘氨酸、$Fe^{2+}$等
    - 合成过程
      - 生成ALA
      - 生成胆色素原
      - 尿卟啉原Ⅲ及粪卟啉原Ⅲ的生成
      - 血红素的生成
    - 血红素合成的调节
      - 负向调节
        - 血红素结合阻遏蛋白抑制ALA合酶合成
        - 血红素抑制ALA合酶活性
      - 正向调节
        - 造血生长因子诱导ALA合酶的合成
        - 5β-氢睾酮诱导ALA合酶的合成
  - 血红素和珠蛋白结合

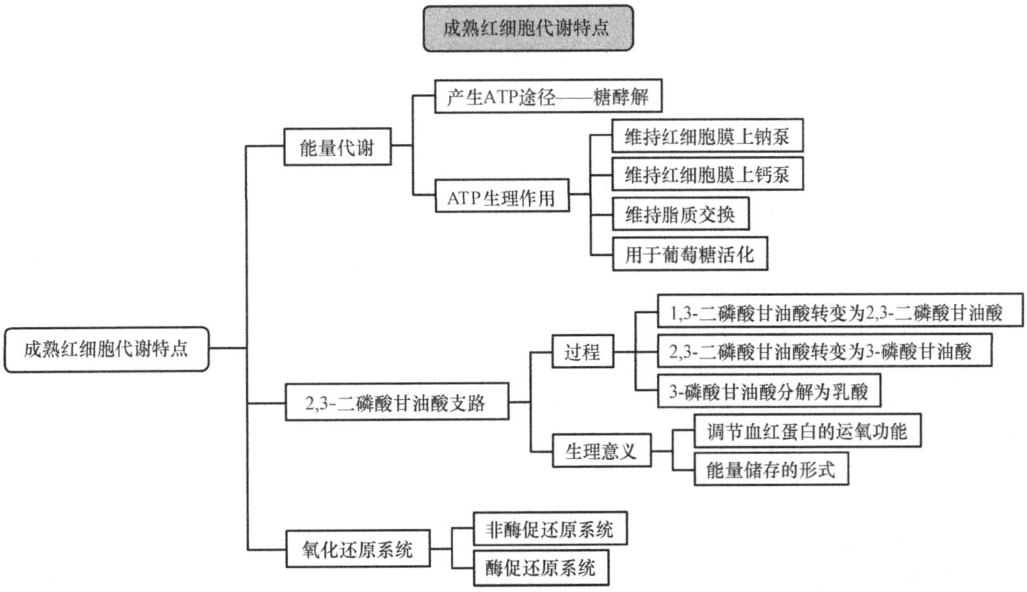

**成熟红细胞代谢特点**

- 成熟红细胞代谢特点
  - 能量代谢
    - 产生ATP途径——糖酵解
    - ATP生理作用
      - 维持红细胞膜上钠泵
      - 维持红细胞膜上钙泵
      - 维持脂质交换
      - 用于葡萄糖活化
  - 2,3-二磷酸甘油酸支路
    - 过程
      - 1,3-二磷酸甘油酸转变为2,3-二磷酸甘油酸
      - 2,3-二磷酸甘油酸转变为3-磷酸甘油酸
      - 3-磷酸甘油酸分解为乳酸
    - 生理意义
      - 调节血红蛋白的运氧功能
      - 能量储存的形式
  - 氧化还原系统
    - 非酶促还原系统
    - 酶促还原系统

## 三、汉英名词对照

| 中文 | 英文 | 中文 | 英文 |
| --- | --- | --- | --- |
| 血浆 | plasma | 清蛋白 | albumin |
| 球蛋白 | globulin | 急性时相蛋白 | acute phase protein，APP |
| 运铁蛋白 | transferrin | 铜蓝蛋白 | ceruloplasmin |
| 结合珠蛋白 | haptoglobin | 血红素 | heme |
| 珠蛋白 | globin | ALA 合酶 | ALA synthase |
| 促红细胞生成素 | erythropoietin | 2,3-二磷酸甘油酸 | 2,3-bisphosphoglycerate |

## 四、复习思考题

### （一）名词解释

**1.** APP（急性时相蛋白）
**2.** preproalbumin
**3.** 血浆功能酶
**4.** 血浆非功能酶
**5.** Cp
**6.** Tf
**7.** Hp
**8.** erythropoietin（EPO）
**9.** 2,3-BPG 支路
**10.** 血浆蛋白

### （二）选择题

**A1 型题，以下每一道题下面有 A、B、C、D、E 五个选项，请从中选择一个最佳答案。**

**11.** 下列哪一项属于血浆蛋白的共同性质（　　）
A. 血浆蛋白不具有半衰期
B. 血浆蛋白都是糖蛋白
C. 血浆中 ABO 血型物质，$\alpha_1$-抗胰蛋白酶、结合珠蛋白、运铁蛋白、铜蓝蛋白等都具有多态性
D. 血浆蛋白大多数是在血管内皮细胞生成
E. 当急性炎症或组织损伤时，C-反应蛋白含量降低

**12.** 下列关于血浆清蛋白的说法错误的是（　　）
A. 清蛋白含量多而分子小，因此在维持血浆胶体渗透压方面起主要作用
B. 营养不良、严重肝病及大面积烧伤等疾病导致血浆中清蛋白的含量降低
C. 清蛋白由浆细胞合成并分泌入血
D. 清蛋白等电点低于其他血浆蛋白，在弱碱性电泳缓冲液中带负电荷多，加之分子量小，故电泳迁移速度快
E. 清蛋白是由一条多肽链组成的蛋白质

**13.** 下列哪种不属于血浆蛋白的运输作用（　　）
A. 防止血液中小分子物质由肾流失
B. 增加难溶物质的水溶性，使其能够运输
C. 解除某些药物的毒性并促进排泄
D. 调节组织细胞摄取被运输物质
E. 参与凝血作用

**14.** 血红素合成的关键酶是（　　）
A. ALA 合酶
B. ALA 脱水酶
C. 尿卟啉原Ⅰ同合酶
D. 原卟啉原Ⅸ氧化酶
E. 血红素合成酶

**15.** 合成血红素的细胞定位是（　　）
A. 线粒体
B. 线粒体和细胞质
C. 核糖体
D. 细胞核
E. 高尔基体

**16.** 下列关于血红素合成特点描述错误的是（　　）
A. 生成血红素主要的组织是肝脏和骨髓
B. 血红素合成的原料是琥珀酰辅酶 A、甘氨酸及 $Fe^{2+}$等
C. 红细胞血红素从早幼红细胞开始合成，到网织红细胞阶段仍可合成
D. 成熟红细胞也可以合成血红素
E. 缺乏维生素 $B_6$ 将减少血红素生成

**17.** 叶酸影响红细胞成熟的机制是（　　）
A. 叶酸缺乏时，胸腺嘧啶核苷酸合成减少导致红细胞中 DNA 合成受阻
B. 叶酸是 ALA 合酶的辅酶，叶酸缺乏是 ALA 活性降低
C. 叶酸可以和阻遏蛋白结合，抑制 ALA 合酶的合成

D. 叶酸抑制ALA脱水酶的活性　E. 叶酸是亚铁螯合酶的抑制剂

**18.** 成熟红细胞产生ATP的唯一途径是（　　）

A. 葡萄糖有氧氧化　B. 葡萄糖的无氧氧化　C. 脂肪酸的$\beta$-氧化分解

D. 糖异生途径　E. 乳酸循环

**19.** 关于2,3-BPG的说法错误的是（　　）

A. 是2,3-BPG支路的产物

B. 红细胞内2,3-BPG的主要功能是调节血红蛋白的运氧功能

C. 红细胞内2,3-BPG浓度升高时有利于$HbO_2$放氧

D. 红细胞内2,3-BPG浓度升高时有利于Hb与$O_2$结合

E. 2,3-BPG也是红细胞中能量的贮存形式

**20.** 关于白细胞代谢说法错误的是（　　）

A. 中性粒细胞依靠糖酵解途径为细胞吞噬作用提供能量

B. 中性粒细胞和单核/巨噬细胞被趋化因子激活后，可启动磷酸戊糖途径产生NADPH

C. 中性粒细胞能从头合成脂肪酸

D. 成熟粒细胞缺乏内质网，因此蛋白质合成量极少

E. 单核/巨噬细胞具有活跃的蛋白质代谢，能合成各种细胞因子、酶和补体

**A2型题，以下每一道题下面有A、B、C、D、E五个选项，请从中选择一个最佳答案。**

患者，女，37岁，因腹痛一周入院，末次月经为入院前一天，腹痛以脐旁偏右为主，为持续性刀割样疼痛，疼痛剧烈，伴腰背部放射，肛门排气排便减少。入院体格检测，P 104次/分；BP 21.9/14.5kPa，急病面容，腹软、脐旁偏右压痛，无反跳痛，右肾区叩击痛，肠鸣音4次/分，双下肢不肿。患者主诉尿色偏红，且既往月经前曾有类似发作。查尿卟啉定性实验为阳性。

**21.** 该患者的临床诊断最可能是（　　）

A. 反流性食管炎　B. 阑尾炎　C. 胰腺炎　D. 急性间歇性血卟啉症　E. 肾结石

**22.** 下列哪种因素是该疾病的发病机制（　　）

A. PBG脱氢酶缺乏　B. 维生素$B_{12}$缺乏　C. Cp缺乏

D. 体内游离铁离子增多　E. 清蛋白降低

**23.** 该疾病的治疗的方法是（　　）

A. 给予青霉素G　B. 给予青霉胺驱铜　C. 该病尚无特效药物治疗

D. 补充维生素$B_1$　E. 补充叶酸

**B型题，请从以下5个备选项中，选出最适合下列题目的选项。**

（24～28题共用备选答案）

A. 清蛋白　B. 铜蓝蛋白　C. Hp　D. 补体　E. 纤溶酶原

**24.** 血浆中运输铜离子的蛋白是（　　）

**25.** 血浆中参与免疫反应的蛋白酶体系是（　　）

**26.** 血浆中参与抗凝血反应的蛋白是（　　）

**27.** 维持血浆胶体渗透压的主要蛋白是（　　）

**28.** 溶血性贫血患者血浆中含量呈现下降是（　　）

**X型题，以下每一道题下面有A、B、C、D四个备选答案，请从中选择2～4个不等答案。**

**29.** 下列关于血浆蛋白的说法错误的是（　　）

A. 用盐析法可将血浆蛋白分为清蛋白、$\alpha_1$-球蛋白、$\alpha_2$-球蛋白、$\beta$-球蛋白和$\gamma$-球蛋白

B. C-反应蛋白和胰岛素不属于血浆蛋白

C. 正常人血浆中清蛋白含量最低

D. 正常人血浆中氨基转移酶含量很少，只有组织细胞被破坏时该酶溢入血浆才会引发血浆内含量升高

**30.** 下列说法正确的是（　　）

A. Hb-Hp防止游离Hb及所含铁从肾脏丢失，保证铁再用于合成代谢

B. 炎症时期其血浆中Hp含量升高

C. 除依靠铜蓝蛋白运输外，清蛋白也具有运输铜离子的作用

D. Tf不仅可以运输游离的铁，还可以运输铜离子

**31.** 关于血浆非功能性酶的说法错误的是（　　）

A. 在肝脏内合成，分泌入血发挥催化作用

B. 凝血及纤溶系统的蛋白水解酶属于血浆非功能性酶

C. 正常人血浆中非功能性酶含量较高

D. 卵磷脂胆固醇酰基转移酶属于血浆非功能性酶

**32.** 关于红细胞代谢的说法错误的是（　　）

A. 网织红细胞有细胞核，能合成核酸　　B. 成熟红细胞可以合成核酸和蛋白质

C. 幼红细胞无线粒体、细胞核及核糖体等细胞器　　D. 成熟红细胞通过有氧氧化获取能量

**33.** 关于血红素合成调节的说法正确的是（　　）

A. 血红素合成调节既有正向调节也有负向调节

B. 促红细胞生成素、GM-CSF、白细胞介素-3 属于造血生长因子

C. 高铁血红素是 ALA 合酶的抑制剂

D. 铅等重金属能抑制血红素的合成

**34.** 成熟红细胞内 ATP 的生理功能是（　　）

A. 维持红细胞膜上钠泵的正常运转　　B. 调节血红蛋白携氧能力

C. 维持红细胞膜上钙泵的正常运转　　D. 参与血红素的合成

**35.** 关于血小板代谢说法正确的是（　　）

A. 血小板的能量主要依靠脂肪酸 $\beta$-氧化产生　　B. 血小板内的能量主要依靠糖酵解途径产生

C. 血小板能利用酮体

D. 花生四烯酸在血小板内生成 $PGE_2$ 和 $TXA_2$，两种物质均能促进凝血

**36.** 属于红细胞内的氧化还原系统的是（　　）

A. GSSG/GSH　　B. $NAD^+$/NADH　　C. $NADP^+$/NADPH　　D. 维生素 C

**37.** 导致巨幼红细胞贫血的因素是（　　）

A. 叶酸缺乏　　B. 维生素 $B_{12}$ 缺乏　　C. 维生素 $B_6$ 缺乏　　D. 生物素缺乏

**38.** 关于 2,3-BPG 调节血红蛋白运氧功能说法正确的是（　　）

A. 2,3-BPG 的负电基团与血红蛋白结合后，促使血红蛋白由松弛态变为紧密态

B. 2,3-BPG 的负电基团与血红蛋白结合后，促使血红蛋白由紧密态变为松弛态

C. 在 $PO_2$ 相同的条件下，2,3-BPG 浓度增大，$HbO_2$ 释放的 $O_2$ 增多

D. 在 $PO_2$ 相同的条件下，2,3-BPG 浓度增大，$HbO_2$ 释放的 $O_2$ 减少

**（三）问答题**

**39.** 简述血浆蛋白的功能。

**40.** 简述 2,3-二磷酸甘油酸支路的定义及其生理意义。

**41.** 简述红细胞内的氧化还原系统及其生理意义。

**（四）论述题**

**42.** 试述血红素合成的特点及血红素合成的调节。

## 五、复习思考题答案及解析

**（一）名词解释**

**1.** APP（急性时相蛋白）：当急性炎症或组织损伤时，血浆内含量增高的蛋白质统称为急性时相蛋白。

**2.** preproalbumin：人类血浆清蛋白的初级翻译产物。

**3.** 血浆功能酶：由肝脏合成后分泌入血，在血浆中发挥其催化功能的酶。

**4.** 血浆非功能酶：在细胞内合成并在细胞中发挥作用的酶。

**5.** Cp：铜蓝蛋白，由肝脏合成的糖蛋白，是铜的载体。

**6.** Tf：运铁蛋白，能与铁离子结合将铁运输到需铁的部位，同时降低游离铁的毒性。

**7.** Hp：结合珠蛋白，能与红细胞外血红蛋白结合形成非共价复合物 Hb-Hp，防止游离的 Hb 及所含的铁从肾脏丢失。

**8.** erythropoietin（EPO）：促红细胞生成素，是红细胞生成的主要调节剂，能促使原红细胞繁殖和分化，加速有核红细胞的成熟。

**9.** 2,3-BPG 支路：红细胞内特有的糖酵解的侧支循环，在糖酵解过程中生成的 1,3-BPG 可转变为 2,3-BPG，后者再去磷酸变成 3-磷酸甘油酸，进一步分解为乳酸的过程。

**10.** 血浆蛋白：是血浆中多种蛋白质的总称。

**（二）选择题**

**11.** C：血浆蛋白的共同性质包含：①大多数由肝细胞合成；②属于分泌型蛋白质；③除清蛋白、视黄醇结合蛋白和 C-反应蛋白等，其余都是糖蛋白；④具有半衰期；⑤具有多态性；⑥急性炎症期，某些血浆蛋白水平会升高。

**12.** C：清蛋白是由肝细胞合成并分泌入血的单链蛋白，其分子量小、含量多，在维持血浆胶体渗透压方面起主要作用；清蛋白的等电点小于其他血浆蛋白。

**13.** E：除去参与凝血作用外，其他四项都属于血浆蛋白的运输作用。

**14.** A：参与血红素合成的酶有 ALA 合酶、ALA 脱水酶、尿卟啉原Ⅰ同合酶、原卟啉原Ⅸ氧化酶和血红素合成酶，其中起调节作用的关键酶是 ALA 合酶。

**15.** B：血红素合成的起始和终末阶段均在线粒体中进行，而中间过程在细胞的胞质中进行。

**16.** D：血红素主要的生成部位是肝和骨髓，从早幼红细胞到网织红细胞阶段都可生成，成熟红细胞无线粒体，因此不能生成血红素。参与血红素生成的原料有琥珀酰辅酶 A、甘氨酸及 $Fe^{2+}$等，磷酸吡多醛是 ALA 合酶的辅酶，因此缺乏维生素 $B_6$ 将减少血红素的生成。

**17.** A：细胞分裂增殖的基本条件是 DNA 的合成，作为一碳单位的载体叶酸缺乏时会影响胸腺嘧啶核苷酸的合成，红细胞中 DNA 合成受阻，细胞分裂增殖速度下降。

**18.** B：成熟红细胞除质膜和胞质外，无其他细胞器，也不含有糖原，主要能源物质是葡萄糖，成熟红细胞内的葡萄糖有 90%～95%进入糖酵解途径，5%～10%进入磷酸戊糖途径。成熟红细胞没有线粒体，所以虽携带氧但不消耗氧，糖酵解是其产生 ATP 的唯一途径。

**19.** D：2,3-BPG 支路是红细胞内糖酵解途径特有的侧支循环，在糖酵解过程中生成的 1,3-BPG 可转变为 2,3-BPG，后者再去磷酸变成 3-磷酸甘油酸，进一步分解为乳酸的过程。红细胞内的 2,3-BPG 的主要功能是调节血红蛋白的运氧能力，当细胞内 2,3-BPG 浓度增大时，血红蛋白释放 $O_2$ 增多。2,3-BPG 浓度受血液的 pH 调节。由于红细胞内无葡萄糖储存，较多的 2,3-BPG 氧化时可生成 ATP，因此 2,3-BPG 也是红细胞中能量的储存形式。

**20.** C：中性粒细胞和单核/巨噬细胞中虽能进行有氧氧化和糖酵解，但是糖酵解占比很大；中性粒细胞不能从头合成脂肪酸；粒细胞内缺乏内质网，因此蛋白质合成量非常少，而单核/巨噬细胞则能合成各种细胞因子、酶和补体。中性粒细胞和单核/巨噬细胞被趋化因子激活后，可启动磷酸戊糖途径产生 NADPH，经 NADPH 氧化酶递电子体系可使氧接受单电子还原产生大量的超氧阴离子，发挥灭菌作用。

**21.** D：该患者尿卟啉定性实验为阳性即可诊断为急性间歇性血卟啉症，其他疾病该实验均为阴性。

**22.** A：急性间歇性血卟啉症是一种常染色体显性遗传性疾病，发病机制主要是由于编码 PBG 脱氢酶的基因损伤导致 PBG 脱氢酶缺乏，与维生素 $B_{12}$、运铁蛋白、铜蓝蛋白、清蛋白无关。

**23.** C：急性间歇性血卟啉症目前尚无特效治疗药物，临床上主要是控制感染、控制心率，纠正水电解质平衡紊乱并补充糖类。

**24.** B，**25.** D，**26.** E，**27.** A，**28.** C：血浆中的清蛋白主要是维持血浆渗透压和 pH，同时还参与许多物质的运输等作用；而血浆中的铜蓝蛋白作为铜的载体负责铜的运输。Hp 能与红细胞外的血红蛋白结合形成紧密的非共价复合物，防止游离的血红蛋白及所含的铁从肾脏丢失；Hp 是一种急性时相蛋白，炎症时期其血浆中含量升高，溶血性贫血患者血浆中含量呈现下降；补体是血浆中参与免疫反应蛋白酶体系；血浆中的纤溶酶原在纤溶激活剂的作用下转变为纤溶酶，参与抗凝。

**29.** ABC：盐析法可将血浆蛋白分为清蛋白、球蛋白和纤维蛋白原；C-反应蛋白和胰岛素都属于血浆蛋白；正常人血浆中清蛋白含量最多；正常人血浆中氨基转移酶含量很少，只有组织细胞被破坏时才会溢入血浆引发血浆内含量增高。

**30.** ABC：Tf 是游离铁的载体，可以将游离铁运输到需铁的部位，降低游离铁的毒性，Tf 不具有运输铜的能力。血浆中的铜离子依靠铜蓝蛋白和清蛋白运输，当铜蓝蛋白减少时会引发铜离子的聚集，发生铜中毒，引发肝豆状核变性，其中 Kayse-Fleischer 环是肝豆状核变性的一种特征性改变。结合珠蛋白可以和红细胞外的血红蛋白结合形成紧密的非共价复合物 Hb-Hp，防止游离 Hb 及所含铁从肾脏丢失，保证铁再用于合成代谢；Hp 是一种急性时相蛋白，炎症时期其血浆中含量升高。

**31.** ABCD：血浆中的功能酶绝大多数是由肝脏合成后分泌入血，并在血浆内发挥催化功能，如纤溶系统的蛋白水解酶、卵磷脂胆固醇酰基转移酶等。血浆中的非功能酶在细胞内合成在细胞内发挥作用，正常人血浆中含量极低，分为细胞酶和外分泌酶。

**32.** ABCD：幼红细胞有线粒体、细胞核、内质网等细胞器：网织红细胞无细胞核，含有少量的线粒体和 RNA，不能合成核酸但能合成蛋白质；成熟红细胞除细胞膜和细胞质外，无任何细胞器，因此不能合成核酸和蛋白；成熟红细胞无线粒体不能依靠有氧氧化获取能量，仅靠糖酵解获得能量，维持细胞膜和血红蛋白的完整性及正常功能。

**33.** ABCD：血红素合成调节既有正向调节也有负向调节，血红素为 ALA 合酶负反馈调节的抑制剂，此外过量的血红素会被氧化成高铁血红素，后者也是 ALA 合酶的强烈抑制剂。铅等重金属能抑制 ALA 脱水酶、亚铁螯合酶及尿卟啉合成酶，从而抑制血红素的合成。促红细胞生成素、GM-CSF、白细胞介素-3 等均为血红素正向调节因子。

**34.** AC：成熟红细胞内的 ATP 主要功能是维持细胞膜上钠泵、钙泵的正常运转，维持红细胞膜上脂质与血浆脂蛋白中的脂质进行交换，用于葡萄糖的活化。

**35.** BD：血小板是无细胞核，表面有完整细胞膜的小块胞质，血小板内有完整的糖酵解系统，但线粒体数量极少，因此血小板的能量主要依靠糖酵解产生；血小板内可以进行脂肪酸 $\beta$-氧化，但不是能量来源的主要途径；血小板不能利用酮体。花生四烯酸在 $PGE_2$ 合酶和血栓噁烷合酶的催化下生成 $PGE_2$ 和 $TXA_2$，两种物质均有促凝血及血栓形成的作用。

**36.** ABCD：红细胞内的氧化还原系统有：GSSG/GSH、$NAD^+$/NADH、$NADP^+$/NADPH 和维生素 C。

**37.** AB：细胞增殖的基本条件是 DNA 合成，叶酸是一碳单位的载体，维生素 $B_{12}$ 参与甲硫氨酸循环，因此叶酸和维生素 $B_{12}$ 缺乏均可引发红细胞中 DNA 合成受阻，细胞分裂增殖速度下降，细胞体积增大，导致巨幼红细胞贫血。

**38.** AC：红细胞内的 2,3-BPG 的负电基团可与血红蛋白的中心孔穴侧壁的 2 个 β 亚基的正电基团形成盐键，促使血红蛋白由松弛态转变为紧密态，降低血红蛋白对氧的亲和力。在 $PO_2$ 相同的条件下，2,3-BPG 浓度增大，$HbO_2$ 释放的 $O_2$ 增多。

**（三）问答题**

**39.** 答：稳定作用、运输作用、催化作用、免疫作用、凝血与抗凝血作用、营养作用。

**40.** 答：定义：红细胞内特有的糖酵解侧支循环，在糖酵解过程中生成的 1,3-BPG 可转变为 2,3-BPG，后者再去磷酸变成 3-磷酸甘油酸，进一步分解为乳酸的过程。生理意义：调节血红蛋白的运氧功能；2,3-BPG 是红细胞内能量的储存形式。

**41.** 答：氧化还原系统：GSSG/GSH、$NAD^+$/NADH、$NADP^+$/NADPH 和维生素 C。生理意义：使红细胞保持自身结构的完整性和正常功能。

**（四）论述题**

**42.** 答：（1）血红素合成的特点：血红素合成主要部位为骨髓和肝；血红素合成原料是琥珀酰辅酶 A、甘氨酸和 $Fe^{2+}$等；血红素合成的起始和终末阶段在线粒体中进行，中间过程在胞质中进行。

（2）血红素合成的调节。

1）负向调节：调节关键酶是 ALA 合酶，血红素是该酶的抑制剂；当血红素过量时可被氧化成高铁血红素，后者是 ALA 合酶的强烈抑制剂；磷酸吡多醛是 ALA 合酶的辅酶，因此缺乏维生素 $B_6$ 将减少血红素的生成；铅等重金属离子是 ALA 脱水酶、亚铁螯合酶及尿卟啉合成酶的抑制剂。

2）正向调节：促红细胞生成素、多系-集落刺激因子、白细胞介素-3 等是造血因子，其中 EPO 可诱导 ALA 合酶的合成从而促进血红素及血红蛋白的合成。雄激素睾酮在肝脏内由 5$\beta$-还原酶催化还原生成 5$\beta$-氢睾酮，该物质可诱导 ALA 合酶的合成，促进血红素和血红蛋白的生成。

（李旭霞）

# 第 19 章　肝的生物化学

## 一、教学目的与教学要求

**教学目的**　通过本章学习使学生能够从生物化学角度理解肝是人体重要器官,具有独特的代谢特点。通过学习使学生能够初步运用肝的生物化学理论知识分析、解决临床实际问题。

**教学要求**　掌握生物转化的概念、生物转化的主要器官、生物转化的生理意义及生物转化反应的主要类型、胆汁酸的分类、胆汁酸的肠肝循环及生理意义、游离及结合胆红素的性质及区别、胆红素在肝及肠道中的转变、胆素原的肠肝循环。熟悉肝在物质代谢中的作用、胆汁酸的生理功能。了解影响生物转化作用的因素、血清胆红素与黄疸的关系。

## 二、思 维 导 图

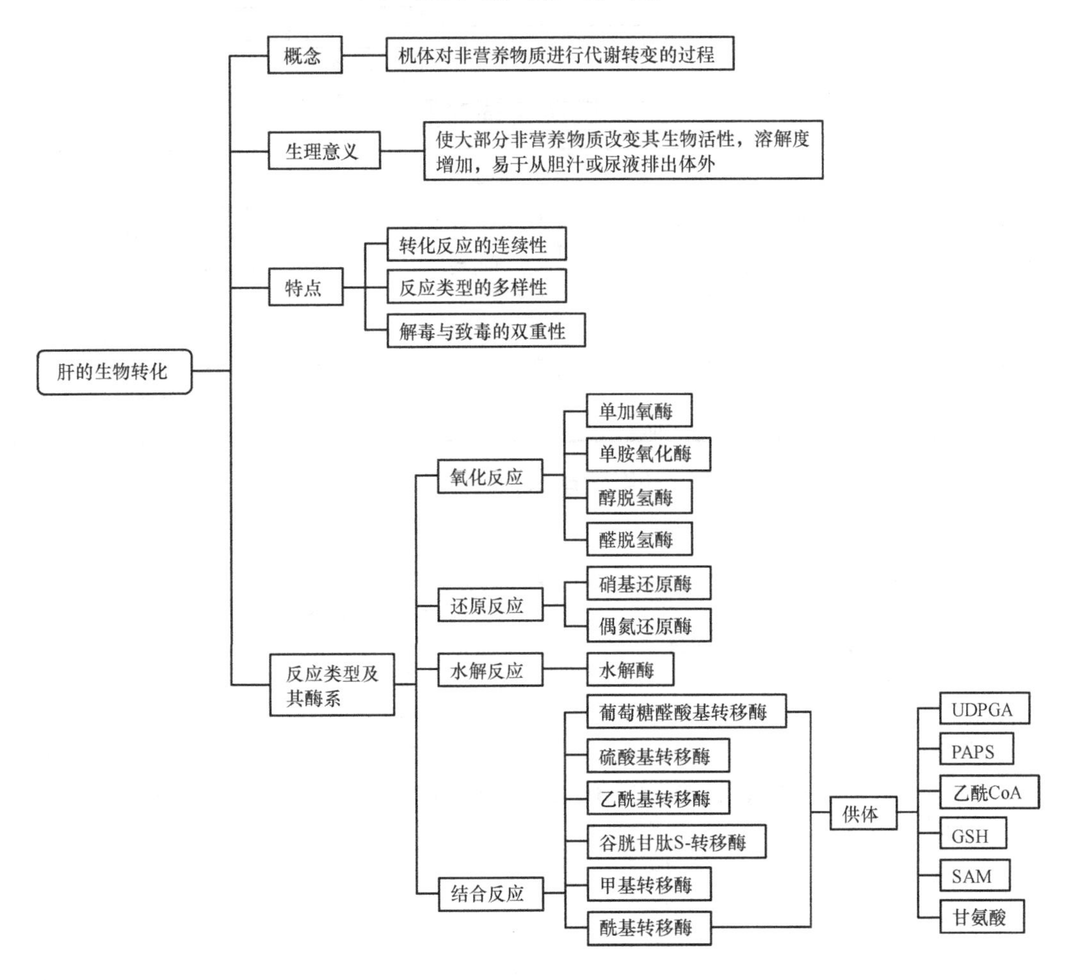

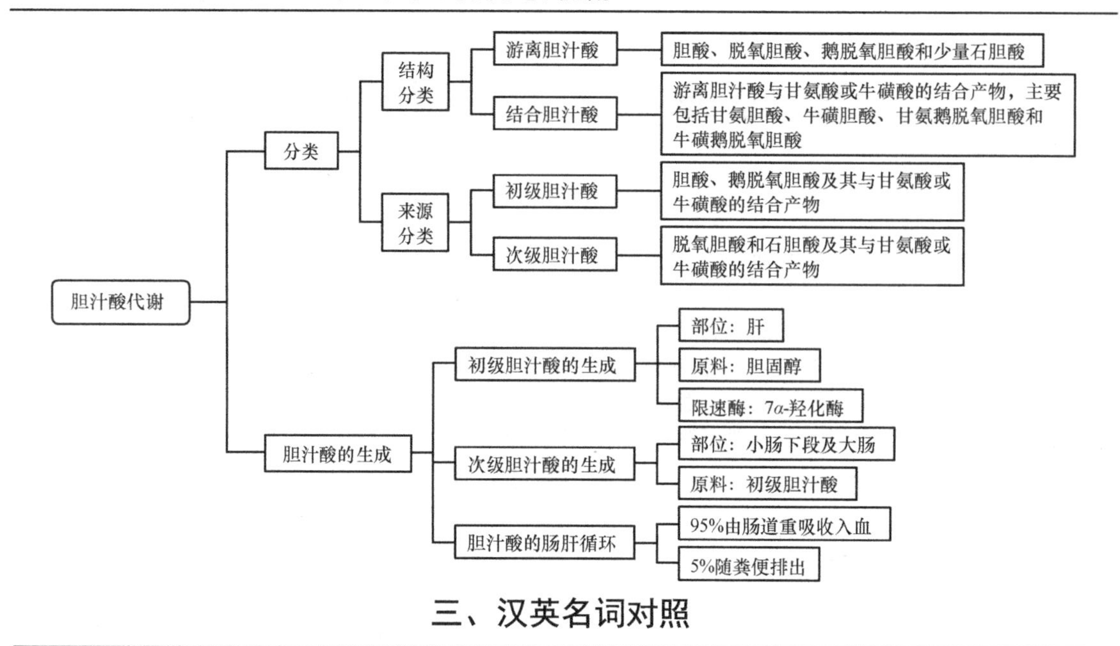


## 三、汉英名词对照

| 中文 | 英文 | 中文 | 英文 |
|---|---|---|---|
| 生物转化 | biotransformation | 微粒体乙醇氧化系统 | microsomal ethanol oxidizing system，MEOS |
| 胆汁酸 | bile acids | 初级胆汁酸 | primary bile acids |
| 次级胆汁酸 | secondary bile acids | 胆红素 | bilirubin |
| 未结合胆红素 | unconjugated bilirubin | 结合胆红素 | conjugated bilirubin |
| 肠肝循环 | enterohepatic circulation | 胆色素 | bile pigment |
| 黄疸 | jaundice | 溶血性黄疸 | hemolytic jaundice |
| 肝细胞性黄疸 | hepatocellular jaundice | 阻塞性黄疸 | obstructive jaundice |

## 四、复习思考题

### （一）名词解释

**1.** biotransformation
**2.** 初级胆汁酸
**3.** 激素的灭活
**4.** secondary bile acids
**5.** enterohepatic circulation of bile acids
**6.** 胆色素
**7.** unconjugated bilirubin
**8.** 胆素原的肠肝循环
**9.** jaundice
**10.** 非营养物质

### （二）选择题

**A1 型题，以下每一道题下面有 A、B、C、D、E 五个选项，请从中选择一个最佳答案。**

**11.** 胆汁酸对自身合成的调控是（　　）
A. 激活 3α-羟化酶　B. 抑制 3α-羟化酶　C. 激活 7α-羟化酶
D. 抑制 7α-羟化酶　E. 激活 12α-羟化酶

**12.** 下列哪项是次级胆汁酸（　　）
A. 石胆酸　B. 鹅脱氧胆酸　C. 甘氨鹅脱氧胆酸　D. 牛磺鹅脱氧胆酸　E. 甘氨胆酸

**13.** 血液中哪项增加，尿中会出现胆红素（　　）
A. 结合胆红素　B. 未结合胆红素　C. 间接胆红素　D. 游离胆红素　E. 血胆红素

**14.** 人体合成胆固醇速度最快和合成量最多的器官是（　　）
A. 肝　B. 脾　C. 肾　D. 心　E. 肺

**15.** 胆红素在小肠被还原成（　　）
A. 胆绿素　B. 胆素原　C. 粪胆素　D. 胆汁酸　E. 血红素

**16.** 与胆红素发生结合反应的最主要物质是（　　）
A. 甲基　B. 乙酰基　C. 甘氨酸　D. 谷胱甘肽　E. 葡萄糖醛酸
**17.** 第一相反应中最重要的酶是微粒体中的（　　）
A. 单加氧酶　B. 水解酶　C. 双加氧酶　D. 还原酶　E. 胺氧化酶
**18.** 胆汁固体成分中含量最多的是（　　）
A. 胆汁酸盐　B. 脂质　C. 磷脂　D. 胆色素　E. 胆固醇
**19.** 导致尿胆素原排泄减少的原因是（　　）
A. 胆道梗阻　B. 溶血　C. 肠梗阻　D. 肝细胞性黄疸　E. 以上都不是
**20.** 结合胆红素是（　　）
A. 胆红素-BSP　B. 胆红素-Y 蛋白　C. 胆红素-Z 蛋白　D. 葡糖醛酸胆红素　E. 胆素原

**A2 型题，以下每一道题下面有 A、B、C、D、E 五个选项，请从中选择一个最佳答案。**

**21.** 患者，45 岁，主诉怕热多汗，心慌失眠，食欲亢进伴消瘦 2 月余。生化检查：血胆固醇 1.4mmol/L（参考值 2.8～6.0mmol/L），$T_3$ 20.3pg/ml（参考值 1.45～3.48pg/ml），$T_4$ 15.6ng/dl（参考值 0.89～1.76ng/dl），甲状腺彩超见双侧甲状腺弥漫性肿大。诊断为甲状腺功能亢进。该患者的胆固醇偏低，是由于甲状腺素促进胆固醇向其最主要的代谢去路转化，此代谢去路是（　　）
A. 氧化分解　B. 转化为性激素　C. 转化为维生素 $D_3$
D. 转化为胆汁酸　E. 转化为胆固醇酯
**22.** 患者，52 岁，全身皮肤黄染，巩膜黄染。既往史：乙型肝炎。生化检查：血清总胆红素 48μmol/L（参考值 1.1～20.0μmol/L），血清谷丙转氨酶 200U/L（参考值 0～40U/L）。查体发现该患者男性乳房女性化，该患者男性乳房女性化的主要原因是（　　）
A. 雄性激素分泌过多　B. 雄性激素分泌过少　C. 雌性激素分泌过多
D. 雌性激素分泌过少　E. 雌性激素灭活不好
**23.** 某男婴，顺产，出生后第 3 天皮肤出现黄染，出生后第 10 天皮肤黄染仍未消失，医生诊断为新生儿黄疸，并采用苯巴比妥治疗，苯巴比妥治疗新生儿黄疸的机制是（　　）
A. 诱导合成 Y 蛋白，加强胆红素的转运　B. 诱导合成 Z 蛋白，加强胆红素的转运
C. 诱导合成葡萄糖醛酸基转移酶　D. 直接促进葡萄糖醛酸胆红素的生成　E. 以上都不是

**B 型题，请从以下 5 个备选项中，选出最适合下列题目的选项。**

（24～25 题共用备选答案）
A. 大量红细胞被破坏　B. 肝细胞膜通透性增大　C. 肝功能下降
D. 肝内外胆道阻塞　E. 以上都不对
**24.** 溶血性黄疸的原因是（　　）
**25.** 阻塞性黄疸的原因是（　　）
（26～27 题共用备选答案）
A. UDPGA　B. UDPG　C. PAPS　D. GSH　E. SAM
**26.** 肝中进行生物转化时，活性硫酸的供体是（　　）
**27.** 肝中进行生物转化时，活性葡萄糖醛酸的供体是（　　）
（28～29 题共用备选答案）
A. 甘氨鹅脱氧胆酸　B. 牛磺脱氧胆酸　C. 鹅脱氧胆酸　D. 胆酸　E. 石胆酸
**28.** 属于初级结合型胆汁酸是（　　）
**29.** 属于次级结合型胆汁酸是（　　）
（30～31 题共用备选答案）
A. 脱氧胆酸　B. 鹅脱氧胆酸　C. 胆红素　D. 胆绿素　E. 胆素原
**30.** 肠内细菌作用的产物是（　　）
**31.** 属于次级胆汁酸是（　　）
（32～33 题共用备选答案）
A. 血清未结合胆红素增高　B. 血清未结合胆红素降低　C. 粪便呈金黄色
D. 粪便呈陶土色　E. 粪便呈黑色

**32.** 溶血性黄疸（　　）

**33.** 阻塞性黄疸（　　）

**X 型题，以下每一道题下面有 A、B、C、D 四个备选答案，请从中选择 2～4 个不等答案。**

**34.** 生物转化时，下列能作为结合反应供体的是（　　）

A. PAPS　B. 乙酰 CoA　C. UDPGA　D. SAM

**35.** 有关胆汁酸盐的叙述正确的是（　　）

A. 脂质吸收中的乳化剂　B. 在肝脏由胆固醇转变生成

C. 抑制胆固醇结石的形成　D. 胆色素代谢的产物

**36.** 肝生物转化反应包括（　　）

A. 结合反应　B. 氧化反应　C. 水解反应　D. 还原反应

**37.** 关于胆素描述正确的是（　　）

A. 新生儿肠道细菌少，粪便呈现橘黄色　B. 尿胆素是尿的主要色素

C. 粪胆素原是粪便的主要色素　D. 在肠道下段生成

**38.** 肝具备下列哪项功能（　　）

A. 贮存糖原和维生素　B. 合成尿素　C. 进行生物氧化　D. 合成甘油三酯

**39.** 能从尿中排出的物质有（　　）

A. 结合胆红素　B. 未结合胆红素　C. 游离胆红素　D. 尿胆素原

**40.** 有关生物转化的描述正确的是（　　）

A. 进行生物转化最重要的器官是肝脏　B. 可以使脂溶性强的物质水溶性增强

C. 有些物质经过氧化、还原和水解反应即可以排出体外

D. 经过生物转化，有毒物都可以变成无毒物

**41.** 对游离胆红素的正确描述是（　　）

A. 与清蛋白结合　B. 与葡糖醛酸结合　C. 能随尿排出　D. 间接反应胆红素

**42.** 有关单加氧酶的叙述正确的是（　　）

A. 此酶系存在于微粒体中　B. 通过羟化参与生物转化作用

C. 过氧化氢是其产物之一　D. 细胞色素 P450 是此酶系的组分

**43.** 关于 MEOS 的叙述正确的是（　　）

A. 该酶存在于微粒体中　B. 该酶属于单加氧酶

C. 其产物是乙醛　D. 血中乙醇浓度很低时，该系统就能发挥作用

### （三）问答题

**44.** 生物转化的生理意义及特点是什么？

**45.** 简述结合胆红素与未结合胆红素的性质差异。

**46.** 单加氧酶系如何组成？在生物转化中的作用如何？

### （四）论述题

**47.** 小明误食 1 粒发霉的花生，身体无任何不适，但由于他知道发霉的花生容易致癌，他心里一直惴惴不安，立即前往医院咨询。针对这个案例，请你回答以下问题：

（1）发霉花生致癌的机制是什么？

（2）你作为接诊医生，如何运用肝的生物化学知识让小明消除心理负担？

## 五、复习思考题答案及解析

### （一）名词解释

**1.** biotransformation：生物转化是指机体对异源物及某些内源性的代谢产物或生物活性物质进行代谢转变，使其水溶性提高，极性增强，易于通过胆汁或尿液排出体外的过程。

**2.** 初级胆汁酸：初级胆汁酸（primary bile acids）是指胆固醇在肝细胞内转化生成的胆汁酸。

**3.** 激素的灭活：激素的灭活（inactivation of hormone）是指许多激素发挥调节作用之后，主要在肝中代谢转化，从而降低或失去其活性。

**4.** secondary bile acids：次级胆汁酸是指初级胆汁酸分泌到肠道后受肠道细菌作用生成的胆汁酸。

**5.** enterohepatic circulation of bile acids：胆汁酸的肠肝循环是指排入肠道的胆汁酸，95%可由肠道重吸收入血，重吸收的胆汁酸经门静脉入肝，在肝细胞内重吸收的游离胆汁酸被重新合成为结合胆汁酸，并与肝细胞新合成的初级结合胆汁酸一同再随胆汁排入小肠，形成循环。
**6.** 胆色素：胆色素（bile pigment）是指铁卟啉化合物在体内分解代谢时所产生的各种物质的总称。
**7.** unconjugated bilirubin：未结合胆红素是指尚未与葡糖醛酸结合的胆红素。
**8.** 胆素原的肠肝循环：胆素原的肠肝循环（enterohepatic circulation of bilinogen）是指在生理状态下，肠道中生成的胆素原有10%～20%被肠道重吸收入血，经门静脉入肝，其中大部分（约90%）被肝摄取，又以原形随胆汁排入肠道，此过程称为胆素原的肠肝循环。
**9.** jaundice：黄疸是指血清中胆红素含量过高，大量金黄色的胆红素扩散入组织，造成组织黄染。
**10.** 非营养物质（nonnutritive substance）：是指机体既不能作为构成组织细胞的成分，又不能氧化供能的物质。

**（二）选择题**

**11.** D：7α-羟化酶受胆汁酸本身的负反馈调节，使胆汁酸生成受到限制。
**12.** A：次级胆汁酸包括脱氧胆酸和石胆酸及其在肝中生成的结合产物。
**13.** A：结合胆红素脂溶性弱而水溶性强，可通过肾随尿排出。
**14.** A：人体合成胆固醇速度最快和合成量最多的器官是肝。
**15.** B：结合胆红素随胆汁排入肠道后，在肠菌的作用下，由β-葡萄糖醛酸酶催化水解脱去葡糖醛酸基，生成未结合胆红素，后者再逐步还原成为多种无色的胆素原族化合物，包括中胆素原、粪胆素原及尿胆素原，总称胆素原。
**16.** E：与胆红素发生结合反应的主要物质是葡萄糖醛酸。
**17.** A：第一相反应中最重要的酶是微粒体中的细胞色素P450的单加氧酶系。
**18.** A：溶于胆汁的固体物质有蛋白质、胆汁酸盐、脂肪酸、胆固醇、磷脂、胆红素、磷酸酶、无机盐等，其中胆汁酸盐（简称胆盐）的含量最高。
**19.** A：胆道梗阻，随胆汁排入肠道的胆红素减少，则在肠菌的作用下产生的胆素原减少，被肠道重吸收入血的胆素原减少，导致尿胆素原排泄减少。
**20.** D：经过生物转化作用，与葡萄糖醛酸或其他物质结合的胆红素，称为结合胆红素。
**21.** D：机体胆固醇约2/5在肝中转变为胆汁酸，随胆汁排入肠腔。该患者的胆固醇偏低，是由于甲状腺素促进胆固醇向其最主要的代谢去路转化合成胆汁酸。
**22.** E：该患者患有乙型肝炎，黄疸，其血液总胆红素及谷丙转氨酶明显高于正常值，说明该患者肝病严重，而肝是体内类固醇激素、蛋白质激素、儿茶酚胺类激素灭活的主要场所，因此该患者男性乳房女性化的主要原因是雌性激素灭活不好。
**23.** A：该男婴新生儿黄疸，说明该男婴血清未结合胆红素高于正常值，苯巴比妥对胆红素代谢的影响是可诱导肝细胞合成Y 蛋白，加强胆红素的运输，这是苯巴比妥治疗新生儿黄疸的机制。
**24.** A，**25.** D：溶血性黄疸是由于某些疾病、药物和输血不当引起红细胞大量破坏，释放的大量血红素在单核-吞噬细胞系统中生成的胆红素过多，超过肝细胞的摄取、转化和排泄能力，造成血清游离胆红素浓度异常增高，故第24题选A。阻塞性黄疸是由于各种原因引起胆汁排泄通道受阻，使胆小管和毛细胆管内压力增大破裂，结合胆红素反流入血，造成血清结合胆红素升高所致，故第25题选D。
**26.** C，**27.** A：肝中进行生物转化时，活性硫酸的供体是PAPS，故第26题选C。活性葡萄糖醛酸的供体是UDPGA，故第27题选A。
**28.** A，**29.** B：结合胆汁酸是游离胆汁酸与甘氨酸或牛磺酸的结合产物，初级胆汁酸与甘氨酸或牛磺酸结合后生成甘氨胆酸、牛磺胆酸、甘氨鹅脱氧胆酸和牛磺鹅脱氧胆酸，故第28题选A。次级胆汁酸与甘氨酸或牛磺酸结合后生成甘氨脱氧胆酸、牛磺脱氧胆酸、甘氨石胆酸和牛磺石胆酸，故第29题选B。
**30.** E，**31.** B：肠内细菌作用的产物是胆素原，故第30题选E。脱氧胆酸属于次级胆汁酸，故第31题选A。
**32.** A，**33.** D：溶血性黄疸造成血清未结合胆红素浓度异常增高，故第32题选A。当胆汁排泄通道完全受阻引起阻塞性黄疸时，粪便中无胆素生成，粪便颜色呈陶土色，故第 33 题选 D。

**34.** ABCD：可供结合的极性物质有葡萄糖醛酸、硫酸、乙酰 CoA、谷胱甘肽、甘氨酸等。

**35.** ABC：胆色素代谢的产物是胆素原，不是胆汁酸盐，故选 ABC。

**36.** ABCD：生物转化作用包括两相反应，第一相包括氧化、还原、水解反应，第二相为结合反应。

**37.** ABD：在结肠下段或随粪便排出后，无色的粪胆素原经空气氧化成黄褐色的粪胆素，是正常粪便中的主要色素，C 选项错误，故选 ABD。

**38.** ABCD：肝能贮存糖原和维生素、合成尿素、进行生物氧化、合成甘油三酯，故选 ABCD。

**39.** ACD：未结合胆红素脂溶性强，水溶性弱，不能从尿液排出，故选 ACD。

**40.** ABC：有些物质经过生物转化后，其生物活性或毒性反而增加，生物转化具有解毒与致毒双重作用，不能将肝的生物转化作用简单地看作是“解毒作用”，D 选项错误，故选 ABC。

**41.** AD：游离胆红素也称为未结合胆红素，不与葡萄糖醛酸结合，脂溶性强，水溶性弱，不能从尿液排出，故选 AD。

**42.** ABD：单加氧酶系是一个复合物，至少包括两种组分，一种是细胞色素 P450；另一种是 NADPH-细胞色素 P450 还原酶。该酶催化烷烃、芳烃、类固醇等脂溶性物质从分子氧中接受一个氧原子，生成羟基化合物或环氧化合物，另一个氧原子则与氢结合生成水，故又称羟化酶、混合功能氧化酶。其催化产物不会生成过氧化氢，故选 ABD。

**43.** ABC：微粒体乙醇氧化系统（microsomal ethanol oxidizing system，MEOS）是乙醇-P450 单加氧酶，其产物是乙醛。只有血中乙醇浓度很高时，该系统才发挥作用。乙醇诱导 MEOS 活性。

**（三）问答题**

**44.** 答：生物转化的生理意义在于生物转化可对体内的大部分待转化物质进行代谢处理，使其生物学活性降低或丧失（灭活），或使有毒物质的毒性减低或消除（解毒）。通过生物转化作用可增加这些物质的水溶性和极性，从而易于从胆汁或尿液中排出。但是，有些物质经过生物转化后，其生物活性或毒性反而增加（如形成假神经递质），其溶解度降低，反而不易排出体外。生物转化反应的特点是反应连续性、反应类型的多样性、解毒与致毒的双重性。

**45.** 答：

| | 未结合胆红素 | 结合胆红素 |
|---|---|---|
| 别名 | 间接胆红素 | 直接胆红素 |
| 与葡萄糖醛酸的结合 | 未结合 | 结合 |
| 与重氮试剂反应 | 缓慢、间接反应 | 迅速、直接反应 |
| 水溶性 | 小 | 大 |
| 脂溶性 | 大 | 小 |
| 经肾随尿排出 | 不能 | 能 |
| 透过细胞膜对大脑的毒性作用 | 大 | 小 |

**46.** 答：单加氧酶系是一个复合物，至少包括两种组分：一种是细胞色素 P450；另一种是 NADPH-细胞色素 P450 还原酶。该酶催化烷烃、芳烃、类固醇等脂溶性物质从分子氧中接受一个氧原子，生成羟基化合物或环氧化合物，另一个氧原子则与氢结合生成水。单加氧酶系是最重要的代谢药物与毒物的酶系，其羟化作用不仅增加药物或毒物的水溶性，有利于排泄，而且是许多物质代谢不可缺少的步骤。

**（四）论述题**

**47.** 答：（1）发霉的花生含有黄曲霉素 $B_1$，黄曲霉素 $B_1$ 在单加氧酶的催化下生成具有致癌作用的黄曲霉素 $B_1$-2,3-环氧化合物，可与 DNA 分子中的鸟嘌呤结合引起 DNA 突变，成为导致原发性肝癌的重要危险因素。

（2）肝对黄曲霉素 $B_1$ 具有解毒功能，能将黄曲霉素 $B_1$ 转化为黄曲霉素 $B_1$ 醇，然后在葡萄糖醛酸基转移酶或硫酸转移酶的催化下发生结合反应，生成水溶性强的物质排泄出体外，仅误食 1 粒发霉的花生不足以引起癌变。

（罗晓婷）

# 第 20 章　重组 DNA 技术

## 一、教学目的与教学要求

**教学目的**　通过本章学习使学生能够根据实验需要获取目的基因，并根据研究目的不同，将特定基因插入不同载体中实现对目的基因的克隆及表达。通过学习使学生能以重组DNA技术为基础，获取特定的重组产物及研究基因的功能，并为后续进行基因操作提供一定的基础。

**教学要求**　掌握重组DNA技术的相关概念和基本过程、限制性内切核酸酶的概念及作用特点、载体的概念。熟悉重组 DNA 技术中 DNA 连接酶的作用特点及其他工具酶的作用、质粒载体的结构特点、目的基因获得及与载体连接的方法、重组 DNA 分子导入受体细胞及筛选鉴定方法。了解其他载体的种类、外源基因的表达、重组 DNA 技术的应用。

## 二、思 维 导 图

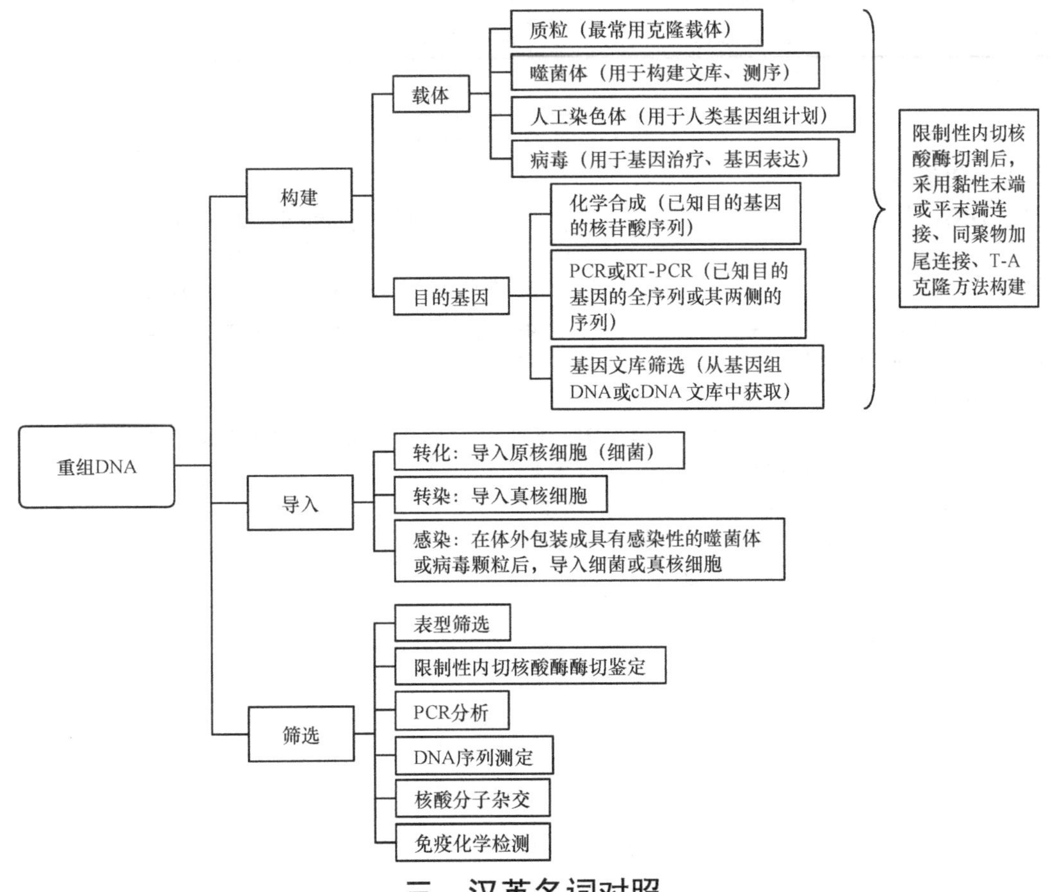


## 三、汉英名词对照

| 中文 | 英文 | 中文 | 英文 |
|---|---|---|---|
| 克隆 | clone | 克隆化 | cloning |
| 基因克隆 | gene cloning | 重组 DNA | recombinant DNA |
| 重组 DNA 技术 | recombinant DNA technology | 基因工程 | genetic engineering |
| 目的基因 | target DNA/interest DNA | 外源基因 | foreign DNA |
| 基因组 DNA 文库 | genomic DNA library | cDNA 文库 | cDNA library |

续表

| 中文 | 英文 | 中文 | 英文 |
|---|---|---|---|
| 载体 | vector | 多克隆位点 | multiple cloning sites，MCS |
| 克隆载体 | cloning vector | 表达载体 | expression vector |
| 质粒 | plasmid | 复制起始点 | origin，*ori* |
| 氨苄西林抗性 | ampicillin resistance | 四环素抗性 | tetracycline resistance |
| β-半乳糖苷酶 | β-galactosidase，β-gal | 限制性内切核酸酶 | restriction endonuclease |
| 限制酶 | restriction enzyme | 回文结构 | palindrome |
| 黏性末端 | sticky end/cohesive end | 平末端 | blunt end |
| 同尾酶 | isocaudarner | DNA 连接酶 | DNA ligase |
| 转化 | transformation | 感受态细胞 | competent cell |
| 转染 | transfection | 感染 | infection |
| 瞬时转染 | transient transfection | 稳定转染 | stable transfection |
| 脂质体 | liposome | 融合蛋白 | fusion protein |
| 包涵体 | inclusion body | β-内酰胺酶 | β-lactamase |

## 四、复习思考题

### （一）名词解释

**1.** 重组 DNA 技术
**2.** 重组 DNA（recombinant DNA）
**3.** 克隆（clone）
**4.** 限制性内切核酸酶（restriction endonuclease）
**5.** 载体（vector）
**6.** 黏性末端（sticky end 或 cohesive end）
**7.** 质粒（plasmid）
**8.** 目的基因（target DNA 或 interest DNA）
**9.** 转化（transformation）
**10.** 转染（transfection）

### （二）选择题

**A1 型题，以下每一道题下面有 A、B、C、D、E 五个选项，请从中选择一个最佳答案。**

**11.** 以下有关限制性内切核酸酶的描述，错误的是（　　）
A. 基因工程中最常使用的是Ⅱ型限制性内切核酸酶
B. 能够识别双链 DNA 分子的 4～6 对核苷酸序列
C. 识别的核苷酸序列具有回文结构
D. 切割 DNA 链后能够产生黏性末端或平末端
E. 只有用相同限制性内切核酸酶切割 DNA 链产生的末端才能被连接

**12.** 下列序列中，在双链状态下属于回文结构的是（　　）
A. AGTCCTGA　B. GGTCCTCC　C. AGTCGACT　D. GACTCTGA　E. CCGAGACC

**13.** 某种限制性内切核酸酶切割 5′ CTGCA↓G 3′序列后产生（　　）
A. 5′突出黏性末端　B. 3′突出黏性末端　C. 平末端
D. 5′突出黏性末端和 3′突出黏性末端　E. 不确定

**14.** DNA 连接酶能够连接的两段 DNA 链的末端是（　　）
A. 5′-OH 和 3′-OH　B. 5′-P 和 3′-P　C. 5′-OH 和 3′-P　D. 5′-P 和 3′-OH　E. 任意末端

**15.** 基因克隆操作中，最常使用的克隆载体是（　　）
A. pUC19　B. 噬菌体载体　C. 黏粒载体　D. 人工染色体载体　E. 病毒载体

**16.** 最常用的获取目的基因的方法是（　　）
A. 化学合成法　B. RT-PCR 法　C. 基因组DNA 文库筛选法
D. cDNA 文库筛选法　E. 核酸分子杂交

**17.** RT-PCR 反应过程中，逆转录酶催化形成的产物是（　　）
A. 单链 DNA　B. 双链 DNA　C. cDNA　D. RNA　E. mRNA

**18.** 以下有关质粒的描述，错误的是（　　）
A. 双链线性DNA分子　B. 具有自主复制能力　C. 具有多克隆位点
D. 携带有遗传标记　E. 具有较高遗传稳定性
**19.** 下列哪种不是常用的转染方法（　　）
A. 磷酸钙转染法　B. DEAE-葡聚糖介导转染法　C. 脂质体转染法
D. 电穿孔转染法　E. $CaCl_2$转染法
**20.** 以下哪种不是筛选重组体克隆最常用的方法（　　）
A. Amp的抗药性标记筛选　B. Tet的抗药性标记筛选　C. 插入失活筛选
D. 蓝白斑筛选　E. 体外翻译筛选
**21.** 以下不属于原核表达载体调控元件的是（　　）
A. 强启动子　B. S-D序列　C. Poly（A）序列　D. 转录终止序列　E. 克隆位点

**B型题，请从以下5个备选项中，选出最适合下列题目的选项。**

（22～24题共用备选答案）
A. 转化　B. 转染　C. 感染　D. 转座　E. 结合
**22.** 将重组DNA分子导入原核细胞的常用方法是（　　）
**23.** 将重组DNA分子导入真核细胞的常用方法是（　　）
**24.** 将以病毒作为载体构建的重组DNA分子导入细胞的常用方法是（　　）
（25～26题共用备选答案）
A. 限制性内切核酸酶　B. DNA连接酶　C. 逆转录酶
D. DNA聚合酶　E. 末端转移酶
**25.** 能够将目的基因与载体连接成重组分子的是（　　）
**26.** 能够在DNA分子的平末端加上黏性末端的是（　　）
（27～30题共用备选答案）
A. *ori*　B. $amp^r$基因　C. MCS　D. *Lac Z′*　E. S-D序列
**27.** 能够保证载体在宿主细胞内自我复制的是（　　）
**28.** 能够用于外源基因插入载体的是（　　）
**29.** 能够用于插入失活筛选的是（　　）
**30.** 能够用于蓝白斑筛选的是（　　）

**X型题，以下每一道题下面有A、B、C、D四个备选答案，请从中选择2～4个不等答案。**

**31.** 基因克隆的基本过程包括（　　）
A. 分离获取目的基因　B. 选择合适的载体
C. 构建重组DNA　D. 将重组DNA分子导入受体细胞进行克隆与表达
**32.** 目的基因与载体的连接方法有（　　）
A. 黏性末端连接　B. 平末端连接　C. 人工接头连接　D. 同聚物加尾连接
**33.** 将重组DNA分子导入宿主细胞方法有（　　）
A. 转座　B. 转化　C. 转染　D. 感染
**34.** 重组人胰岛素的制备方法有（　　）
A. A链和B链分别表达法　B. A链和B链同时表达法
C. 胰岛素原表达法　D. 化学转型法

### （三）问答题

**35.** 简述基因克隆的基本过程。
**36.** 重组DNA技术中常用的工具酶有哪几种？
**37.** 作为重组DNA技术的载体应具备什么条件？
**38.** 试述蓝白斑筛选的原理。

### （四）论述题

**39.** 有3段DNA片段，已知的部分序列分别为（仅列出其单链序列）：①---GCTG↓AATTCC---；②---GCTGCA↓GAGT---；③---AGGTT↓AACAG---。分别选用3种合适的限制性内切核酸酶对3段序列进行切割，各自产生的末端是什么？

**40.** 已知某一质粒的多克隆位点含有限制性内切核酸酶Ⅰ的识别序列（5′G↓GATCC3′），在某一目的基因的两端分别含有限制性内切核酸酶Ⅱ的识别序列（5′↓GATC 3′）。请回答以下问题：

（1）该质粒被限制性内切酶Ⅰ切割后所产生的黏性末端是什么？

（2）该目的基因被限制性内切酶Ⅱ切割后产生的黏性末端是什么？

（3）该质粒和目的基因能否被DNA连接酶连接，并说明原因。

## 五、复习思考题答案及解析

### （一）名词解释

**1.** 重组DNA技术：即DNA克隆（DNA cloning），是在体外将不同来源的特异基因或DNA片段插入病毒、质粒或其他载体分子，构建重组DNA分子，然后将重组DNA分子导入合适的受体细胞中，使其在细胞中扩增和繁殖，筛选出含有目的基因的转化子细胞，再进行扩增、提取获得大量同一DNA分子的过程。也称为基因克隆（gene cloning）或基因工程（genetic engineering）。

**2.** 重组DNA（recombinant DNA）：采用克隆技术，把来自不同生物的外源DNA插入载体分子所形成的杂合DNA分子，即为重组DNA或嵌合DNA（chimera DNA）。

**3.** 克隆（clone）：是指经无性繁殖过程来源于同一祖先的在遗传上完全相同的DNA分子、细胞或个体所组成的群体。

**4.** 限制性内切核酸酶（restriction endonuclease）：是一类能识别双链DNA分子中的某些特定核苷酸序列，并由此切割DNA双链结构的核酸内切酶，又称限制酶。

**5.** 载体（vector）：是指能携带外源DNA分子进入受体细胞进行扩增和表达的运载工具。

**6.** 黏性末端（sticky end或cohesive end）：限制性内切核酸酶可以在两条DNA链上交错切割，形成带有2～4个未配对核苷酸的单链突出末端。

**7.** 质粒（plasmid）：是存在于细菌染色体之外的、具有自主复制能力的双链环状DNA分子。

**8.** 目的基因（target DNA或interest DNA）：是指待研究或应用的特定基因，亦即待克隆或表达的基因，又称为外源基因（foreign DNA）。

**9.** 转化（transformation）：指质粒DNA或以此为载体构建的重组DNA导入细菌的过程。

**10.** 转染（transfection）：是指将噬菌体、病毒或以此为载体构建的重组DNA分子导入真核细胞的过程。

### （二）选择题

**11.** E：限制性内切核酸酶是一类能识别双链DNA分子中的某些特定核苷酸序列，并由此切割DNA双链的内切核酸酶。在基因克隆中所说的限制酶，通常指Ⅱ型限制酶。大部分Ⅱ型限制酶能够识别由4～6对核苷酸组成的特定序列，这些核苷酸序列具有特殊的回文结构。由相同的限制酶或者一组同尾酶切割DNA链后，产生的末端都可由DNA连接酶催化而彼此连接起来。

**12.** C：回文结构是指具有双重旋转对称的双链核苷酸序列，即两条核苷酸链的碱基序列反向重复，故C是正确的。

**13.** B：某种限制酶在双链DNA的5′—CTGCA↓G—3′序列上交错切割，形成带有4个未配对的5′—TGCA—3′的单链突出末端，故B是正确的。

**14.** D：连接酶发挥催化作用时，需要一条DNA链的5′端具有磷酸基团，另一条链的3′端具有游离的羟基，而且催化过程需要消耗能量，故D是正确的。

**15.** A：基因克隆中，克隆目的基因最常使用的载体是pBR322、pUC19等；构建基因文库和DNA测序最常使用的是噬菌体载体；人类基因组序列分析最常使用的是人工染色体载体；基因诊断和基因治疗最常使用的是病毒载体。

**16.** B：PCR或RT-PCR方法是目前实验室最常用的获取目的基因的方法，它具有简便、快速、特异等优点。

**17.** C：RT-PCR的原理是以RNA为模板，以一个与RNA 3′-端互补的寡核苷酸为引物，在逆转录酶的催化下合成互补DNA（complementary DNA，cDNA），故C是正确的。

**18.** A：质粒是存在于宿主染色体之外具有自主复制能力的双链环状DNA。

**19.** E：$CaCl_2$法是最常用的转化方法而不是转染方法，故E是错误的。
**20.** E：根据重组载体的遗传表型进行筛选，常用的有抗药性标记筛选、插入失活筛选和蓝白斑筛选，故E是错误的。
**21.** C：Poly（A）序列是真核表达载体的调控元件，故C是错误的。
**22.** A，**23.** B，**24.** C：将重组DNA分子导入原核细胞的常用方法是转化；将重组DNA分子导入真核细胞的常用方法是转染；将以病毒作为载体构建的重组DNA分子导入细胞的常用方法是感染。
**25.** B，**26.** E：DNA连接酶可以将不同来源的DNA片段组成新的重组DNA分子，是重组DNA技术中不可缺少的基本工具酶之一。末端转移酶的主要作用是在外源DNA片段及载体分子的3′-OH加上互补的同聚物尾巴，形成人工黏性末端，便于DNA重组。
**27.** A，**28.** C，**29.** B，**30.** D：*ori*是复制起始点，可保证载体在受体细胞内高拷贝自我复制；MCS是多克隆位点，可用于外源目的基因插入合适的载体中；$amp^r$是氨苄西林抗性基因，作为抗生素标记，便于筛选阳性克隆；*Lac* Z′基因可编码*β*-半乳糖苷酶（*β*-galactosidase）α-肽段，用于α-互补的筛选。
**31.** ABCD：基因克隆是指在体外将不同来源的特异基因插入载体，构建重组DNA分子，并将重组DNA导入合适的受体细胞，使其在细胞中扩增和繁殖的过程。
**32.** ABCD：不同性质、来源的外源目的基因与载体之间的连接方式各不相同，主要有黏性末端连接、平末端连接、人工接头连接、同聚物加尾连接及T-A克隆策略等。
**33.** BCD：转化是指将重组DNA分子导入原核细胞的过程；转染是指将重组DNA载体导入真核细胞的过程；感染是指将以噬菌体或真核细胞病毒为载体构建的重组DNA分子，在体外包装成具有感染性的噬菌体颗粒或病毒颗粒后进入细菌或真核细胞的过程。
**34.** ABC：重组人胰岛素的制备主要有A链和B链分别表达法、A链和B链同时表达法、胰岛素原表达法及分泌型表达法等。

**（三）问答题**

**35.** 答：基因克隆的基本过程包括：①选用不同的方法，获取目的基因，并用限制性内切核酸酶进行切割。②选择合适的载体分子，用限制性内切核酸酶切割。③将酶切载体和目的基因片段退火，在DNA连接酶的作用下，目的基因插入载体中形成重组DNA。④经过转化、转染或感染，将重组DNA分子导入受体细胞，进行增殖培养。⑤从细胞繁殖群体中，筛选出含重组DNA分子的受体细胞克隆。⑥筛选阳性克隆，根据需要进行克隆基因的表达。
**36.** 答：①限制性内切核酸酶：是细菌产生的一类能识别和切割双链DNA分子内特定的碱基序列的核酸水解酶。②DNA连接酶：将不同来源的两段DNA分子拼接起来的酶。③DNA聚合酶：催化以DNA或RNA为模板合成DNA反应的酶，此类酶的作用特点是能够把脱氧核糖核苷酸连续地添加到DNA分子引物链的3′-OH端，催化核苷酸的聚合作用。包括：大肠埃希菌DNA聚合酶Ⅰ、Klenow片段、*Taq* DNA聚合酶、逆转录酶等。④其他修饰酶：包括末端脱氧核苷酸转移酶、多核苷酸激酶、碱性磷酸酶等。
**37.** 答：作为重组DNA技术的载体应具备以下条件：具有自主复制能力；有多个单一限制性内切核酸酶的酶切位点；具有可供选择的遗传标志；载体分子必须有足够的容量；拷贝数高；具有较好的遗传稳定性；对于表达载体还应具备与宿主细胞相适应的启动子、前导序列、增强子、加尾信号等DNA调控元件。
**38.** 答：某些质粒带有来自大肠埃希菌*β*-半乳糖苷酶基因（*Lac* Z）的启动子及其编码α-肽链的DNA序列（此序列为*Lac* Z′基因）。该质粒在*Lac* Z′基因中又另外引入了一段含多种单一限制酶位点的DNA序列，即MCS区段。如果在MCS位点上没有克隆入外源性DNA片段，当质粒被导入α-肽缺陷型的大肠埃希菌后，质粒携带的*LacZ*′基因将正常表达编码*β*-半乳糖苷酶氨基端的146个氨基酸残基形成α-肽链，该α-肽链与宿主细胞中F′因子上的*LacZ*′ΔM15基因（α-肽缺陷型）的产物互补，产生完整的、有活性的*β*-半乳糖苷酶，此酶可分解生色底物（X-gal，5-溴-4-氯-3-吲哚-*β*-*D*-半乳糖苷）形成蓝色菌落。当外源基因插入MCS后，*Lac* Z′α-肽基因的读码框被破坏，不能合成完整的*β*-半乳糖苷酶分解底物X-gal，菌落呈白色。

**（四）论述题**

**39.** 答：用某种限制性内切酶切割---GCTG↓AATTCC---序列后，产生了带有 4 个未配对核苷酸的 5′单链突出末端（5′AATT---3′）。因为限制性内切酶能够识别该序列内 G↓AATTC 这一回文结构。

用某种限制性内切酶切割---GCTGCA↓GAGT---序列后，产生了带有 4 个未配对核苷酸的 3′ 单链突出末端（3′ACGT---5′）。因为限制性内切酶能够识别该序列内 CTGCA↓G 这一回文结构。

用某种限制性内切酶切割---AGGTT↓AACAG---序列后，产生了没有单链突出的平末端。因为限制性内切酶能够识别该序列内 GTT↓AAC 这一回文结构。

**40.** 答：

（1）质粒被酶切后产生的黏性末端是：

```
      ↓
--- G GATC  C ---                           --- G             GATC C ---
                      用酶Ⅰ切割
                   ────────────→
--- C CTAG  G ---                           --- C CTAG              G ---
          ↑
```

（2）目的基因被酶切后产生的黏性末端是：

```
 ↓      目的基因    ↓                                           目的基因
---GATC --- …… ---GATC ---     用酶Ⅱ切割      ---          GATC --- …… ---          GATC ---
                              ────────────→
--- CTAG--- …… --- CTAG---                    --- CTAG          --- …… --- CTAG          ---
        ↑               ↑
```

（3）在 DNA 连接酶的作用下，该质粒和目的基因可连接形成重组质粒。这是由于质粒和目的基因分别被限制性内切核酸酶Ⅰ和Ⅱ切割后，产生了相同的黏性末端，在 DNA 连接酶的作用下可催化磷酸二酯键的形成。

（张志珍）

# 第21章　分子生物学常用技术及其应用

## 一、教学目的与教学要求

**教学目的**　通过本章学习使学生能够根据研究目的不同应用相应分子生物学技术检测核酸和蛋白质及其相互作用。通过学习使学生能以本章的实验技术为基础，研究基因和蛋白质的结构、表达水平及其功能，提高实际操作能力。

**教学要求**　掌握核酸分子杂交、PCR 技术和生物大分子相互作用研究技术的相关概念、原理和基本过程及其应用。熟悉 PCR 技术和蛋白质芯片技术的基本特点。了解转基因技术和基因敲除技术的原理及其应用。

## 二、思 维 导 图

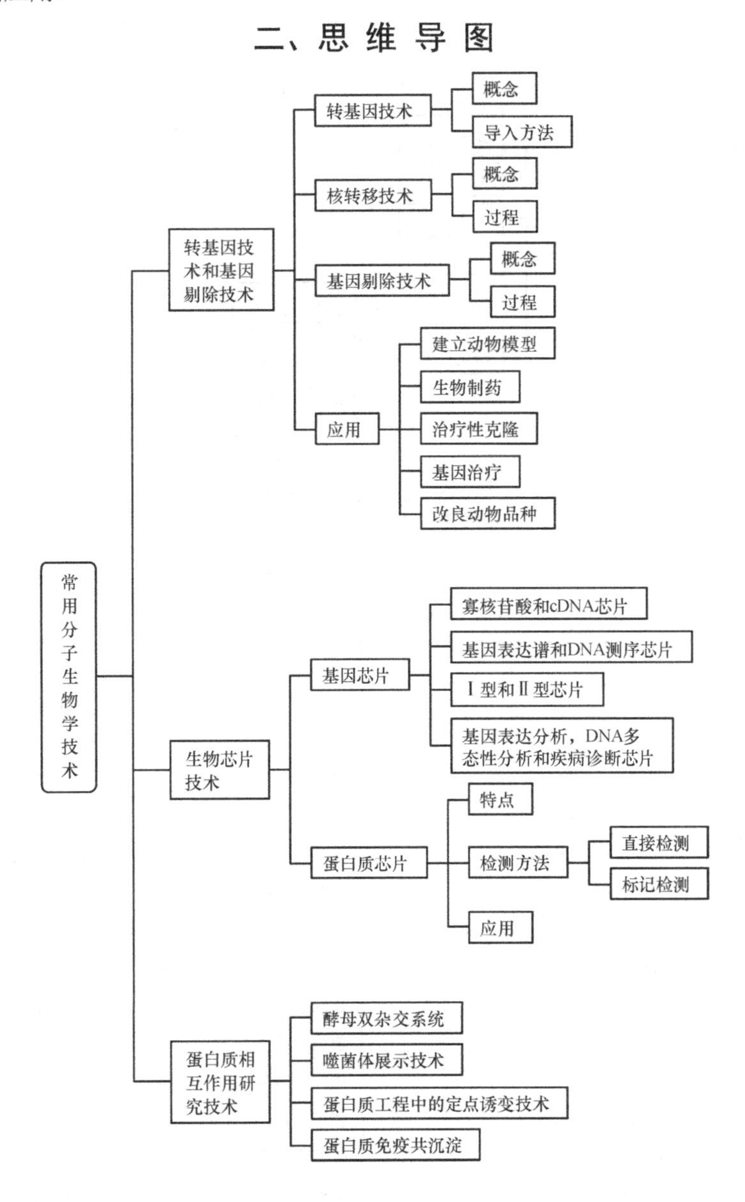

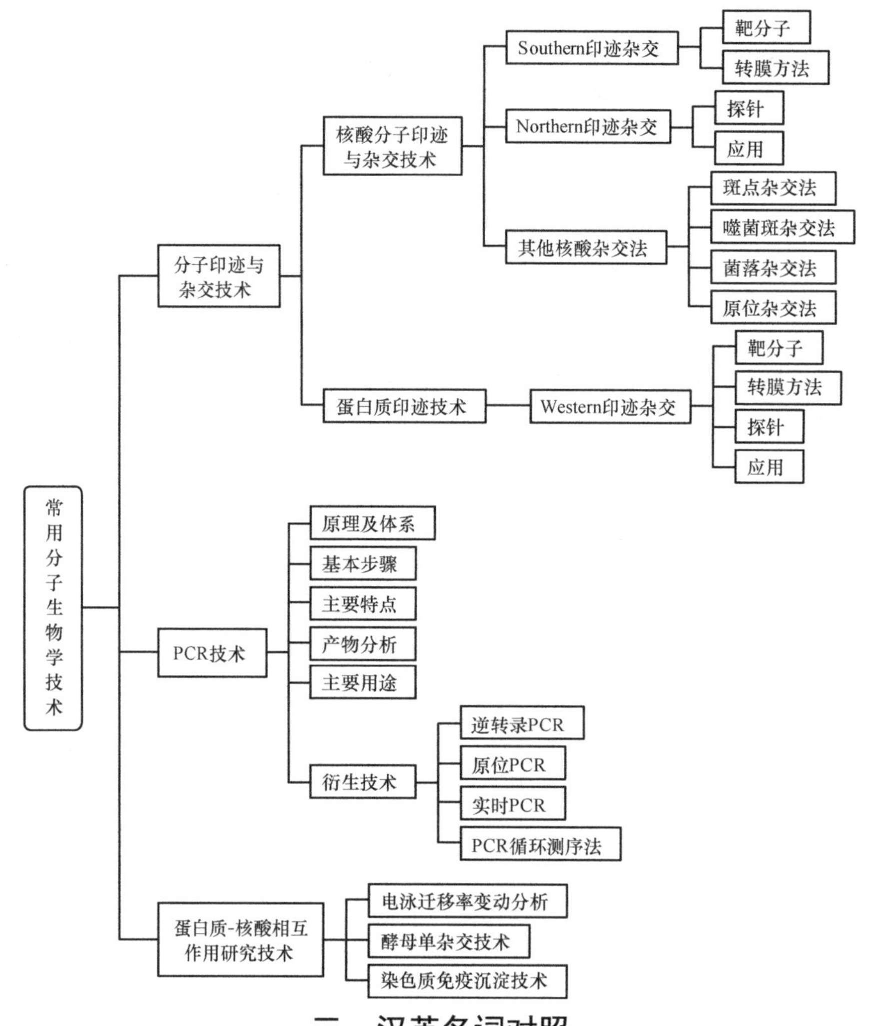


## 三、汉英名词对照

| 中文 | 英文 | 中文 | 英文 |
| --- | --- | --- | --- |
| 探针 | probe | 实时定量 PCR | quantitative real-time PCR |
| 印迹 | blotting | 分子信标 | molecular beacons |
| 斑点印迹 | dot blotting | 循环阈值 | cycle threshold |
| 狭线印迹 | slot blotting | 基因敲入 | gene knockin |
| 原位杂交 | *in situ* hybridization | 转基因技术 | transgenic techniques |
| 免疫印迹技术 | immune blotting | 胚胎干细胞 | embryonic stem cell |
| 聚合酶链反应 | polymerase chain reaction | 寡核苷酸微芯片 | oligonucleotide microchip |
| 逆转录 PCR | reverse transcription PCR | 蛋白质芯片 | protein chip |
| 原位 PCR | *in situ* PCR | 超迁移率分析 | super shift assay |
| 实时 PCR | real-time PCR | 蛋白质阵列 | protein array |
| 克隆 | clone | 蛋白质微阵列 | protein microarray |
| 基因敲除 | gene knockout | 转录激活域 | activation domain |
| 基因打靶 | gene targeting | 凝胶阻滞分析 | gel retardation assay |
| 环氧丙苷 | gancidovir | 免疫共沉淀 | co-immunoprecipitation |
| DNA 阵列 | DNA array | 酵母单杂交 | yeast one hybrid |

续表

| 中文 | 英文 | 中文 | 英文 |
| --- | --- | --- | --- |
| 生物芯片 | biochip | 核转移 | nuclear transfer |
| 基因芯片 | gene chip | 单核苷酸多态性 | single nucleotide polymorphism |
| 凝胶迁移分析 | gel shift assay | 染色质免疫沉淀分析 | chromatin immunoprecipitation assay |
| 电泳迁移率变动分析 | electrophoretic mobility shift assay | | |
| 荧光共振能量转移 | fluorescence resonance energy transfer | | |

## 四、复习思考题

### （一）名词解释

**1.** 印迹技术
**2.** 核酸分子杂交
**3.** 原位杂交
**4.** 实时荧光定量 PCR
**5.** DNA 芯片

### （二）选择题

**A1 型题，以下每一道题下面有 A、B、C、D、E 五个选项，请从中选择一个最佳答案。**

**6.** Southern blotting 指的是（　　）
A. 将 DNA 转移到膜上，用 DNA 做探针杂交
B. 将 RNA 转移到膜上，用 DNA 做探针杂交
C. 将 DNA 转移到膜上，用蛋白质做探针杂交
D. 将 RNA 转移到膜上，用 RNA 做探针杂交
E. 将 DNA 转移到膜上，用 RNA 做探针杂交

**7.** 同位素标记探针检测 NC 膜上的 RNA 分子（　　）
A. 叫作 Northern blotting
B. 叫作 Southern blotting
C. 叫作 Western blotting
D. 蛋白分子杂交
E. 免疫印迹杂交

**8.** 免疫印迹技术指的是（　　）
A. 结合在膜上的蛋白质分子与抗体分子结合
B. 结合在膜上的 DNA 分子与抗体结合
C. 结合在膜上的 RNA 分子与抗体结合
D. 结合在膜上的 DNA 分子与 RNA 分子结合
E. 结合在膜上的免疫分子与 DNA 的结合

**9.** 分子杂交试验不能用于（　　）
A. 单链 DNA 分子之间的杂交
B. 单链 DNA 与 RNA 分子之间的杂交
C. 抗原与抗体分子之间的结合
D. 双链 DNA 与 RNA 分子之间的杂交
E. RNA 与 RNA 之间的杂交

**10.** 用于核酸杂交的探针至少应符合下列哪条（　　）
A. 必须是双链 DNA
B. 必须是双链 RNA
C. 必须是单链 DNA
D. 必须是 100bp 以上的大分子 DNA
E. 必须是蛋白质

**11.** 原位杂交是指（　　）
A. 在 NC 膜上进行杂交操作
B. 在组织切片或细胞涂片上进行杂交操作
C. 直接将核酸点在 NC 膜上的杂交
D. 在 PVDF 膜上进行杂交操作
E. 在凝胶电泳中进行的杂交

**12.** 不经电泳分离直接将样品点在 NC 膜上的技术是（　　）
A. Southern blotting
B. Northern blotting
C. Western blotting
D. dot blotting
E. *in situ* hybridization

**13.** 以下哪种技术可用来分析基因在染色体上的位置（　　）
A. Southern blotting
B. Northern blotting
C. Western blotting
D. dot blotting
E. *in situ* hybridization

**14.** 下列哪种技术可揭示基因和基因组一级结构变化（　　）

A. Southern blotting　B. 原位杂交　C. PCR　D. DNA 测序　E. Northern blotting

**15.** 研究蛋白质相互作用的技术中不包括（　　）

A. 酵母双杂交技术　B. 免疫共沉淀技术　C. 荧光共振能量转换效应分析

D. 噬菌体显示系统筛选技术　E. 基因敲除技术

**16.** 用于分析蛋白质分子相互作用的技术是（　　）

A. Blotting　B. Northern blotting　C. 酵母双杂交技术

D. Dot blotting　E. PCR

**17.** 关于 RNA 印迹技术，正确的是（　　）

A. 变性 RNA 转移效率低　B. 电泳前不需要限制性内切酶处理

C. 将 DNA 转移到膜上，以 RNA 探针检测　D. 将 mRNA 转移到膜上，以抗体探针检测

E. 检测 mRNA 表达水平的敏感性较 PCR 高

**18.** *Taq* DNA 聚合酶活性需要以下哪种离子（　　）

A. $K^+$　B. $Na^+$　C. $Mg^{2+}$　D. $Ca^{2+}$　E. $Cl^-$

**19.** *Taq* DNA 聚合酶可以不要模板在 dsDNA 的末端加上一个（　　）核苷酸。

A. dGTP　B. dCTP　C. dATP　D. dTTP　E. dADP

**20.** PCR 产物具有特异性是因为（　　）

A. *Taq* DNA 酶保证了产物的特异性　B. 合适的变性，退火，延伸温度

C. 选择特异性的引物　D. 反应体系中模板 DNA 的量

E. 四种 dNTP 的浓度

**21.** 可用于获得基因体外突变的技术是（　　）

A. PCR　B. Southern blotting　C. 化学裂解法

D. 基因克隆　E. DNA 链末端合成终止法

**22.** 关于实时荧光定量 PCR 技术，错误的是（　　）

A. 是一种定量技术　B. 可以计算产物的量

C. 不可以计算样品中原有模板的量　D. 反应系统含有两对引物

E. 探针引物采用荧光分子标记

**23.** 聚合酶链反应（PCR）的每个循环需依次进行（　　）

A. 延伸、退火、变性　B. 退火、延伸、变性　C. 退火、变性、延伸

D. 变性、延伸、退火　E. 变性、退火、延伸

**24.** PCR 反应体系与双脱氧末端终止法测序体系不同的是缺少（　　）

A. 模板　B. 引物　C. DNA 聚合酶　D. ddNTP　E. 缓冲液

**A2 型题，以下每一道题下面有 A、B、C、D、E 五个选项，请从中选择一个最佳答案。**

**25.** 患儿，男，14 个月，因面色苍白，精神状态不佳，患肺炎而就医。查体发现患儿额头隆起，颧骨高，头颅较普通孩子大，眼距宽，肝脾肿大等体征。实验室血常规检查：血红蛋白浓度为 56g/L，红细胞计数为 $6.05\times10^{12}$/L，平均红细胞体积为 59.1fl，HbF 为 0.40。该患儿初步诊断为重型 β 地中海贫血。β 地中海贫血发生的分子机制多为 β 珠蛋白基因点突变，下列哪一种方法可以用于 β 地中海贫血的基因诊断（　　）

A. 噬菌体展示技术　B. Northern blotting　C. 酵母双杂交技术

D. dot blotting　E. PCR 循环测序法

**26.** 某一课题组建立高血压动物模型探讨高血压发病机制，研究发现模型组大鼠血浆醛固酮和 Cyp11b2（醛固酮合酶）含量明显升高，通过与 *Cyp11b2* 基因启动子上的顺式作用元件 CRE 或 NGFI-B 和 Ad5 结合，增强其转录活性的 CREB（p-CREB）、孤儿核受体 NR4A1 和 NR4A2 的含量增多或活性增强。下列哪一种方法可以用于进一步验证上述转录因子对 *Cyp11b2* 基因转录活性的调节（　　）

A. Southern blotting　B. 原位杂交　C. Northern blotting

D. ChIP　E. 酵母双杂交技术

**27.** 应用 RT-PCR 法对 Th（酪氨酸羟化酶）基因的 mRNA 的表达水平进行检测，基本条件是预变性 95℃ 1min、变性 95℃ 15s、退火（退火温度 53℃）15s、延伸 72℃ 45s 共 40 个循环，根据上游引物（TCCCCTGGTTCCCAAGAAAAG）和下游引物（CAAATGTGCGGTCAGCCAAC），应该扩增出 549bps 的产物，但对 PCR 产物进行琼脂糖凝胶电泳鉴定时出现 549bps 和 650bps 的两条带，我们首先考虑以下哪一种方法解决该问题（　　）

A. DNA 聚合酶质量有问题，替换 DNA 聚合酶　　B. 引物设计有问题，重新设计引物
C. 提高退火温度　　D. 缩短延伸时间　　E. 减少循环次数

**B 型题，请从以下 5 个备选项中，选出最适合下列题目的选项。**

（28～31 题共用备选答案）

A. Southern blotting　　B. Northern blotting　　C. Western blotting
D. dot blotting　　E. *in situ* hybridization

**28.** 直接在组织切片或细胞涂片上进行杂交（　　）
**29.** 靠电流转移完成生物大分子的转移（　　）
**30.** 电泳前不需进行限制性内切酶消化（　　）
**31.** 不需要电泳、转膜等程序（　　）

（32～34 题共用备选答案）

A. 逆转录 PCR　B. 原位 PCR　C. 实时 PCR　D. PCR-SSCP　E. RFLP

**32.** 将 RNA 的逆转录和 PCR 反应联合应用的一项技术（　　）
**33.** 将目的基因扩增与定位相结合（　　）
**34.** 能动态检测反应过程中的产物量（　　）

**X 型题，以下每一道题下面有 A、B、C、D、E 五个备选答案，请从中选择 2～5 个不等答案。**

**35.** 关于印迹技术的叙述正确的是（　　）
A. RNA 印迹可用于比较同一基因在不同细胞的表达情况
B. Blotting 可用于基因工程中重组体的筛选　　C. Northern blotting 可用于 RNA 的检测
D. 蛋白质印迹不能用化学发光检测杂交带　　E. 蛋白质印迹可用同位素标记第二抗体

**36.** 关于分子杂交，错误的说法是（　　）
A. 只有 DNA 与 DNA 之间才能杂交　　B. 只有 DNA 与 RNA 之间才能杂交
C. 可以在 DNA-DNA 之间，也可在 DNA-RNA 或 RNA-RNA 之间进行
D. 杂交的分子双方必须完全碱基配对　　E. 不同来源的核酸分子之间才能杂交

**37.** 蛋白质-核酸相互作用研究技术包括（　　）
A. 电泳迁移率变动分析　　B. 酵母单杂交技术　　C. 染色质免疫沉淀技术
D. 蛋白质免疫共沉淀与 GST pull-down　　E. 蛋白质工程中的定点诱变技术

**38.** 蛋白质相互作用研究技术包括（　　）
A. 酵母单杂交技术　　B. 噬菌体展示技术
C. 蛋白质工程中的定点诱变技术　　D. 蛋白质免疫共沉淀技术
E. 酵母双杂交系统

**39.** 可以用于检测点突变的方法是（　　）
A. PCR 循环测序法　　B. 原位 PCR　　C. 杂交
D. PCR-SSCP 法　　E. PCR-RFLP 法

### （三）问答题

**40.** 影响杂交的因素有哪些？
**41.** 简述三种印记杂交的异同点。
**42.** 简述 PCR 引物设计原则。

### （四）论述题

**43.** 举例说明 PCR 在临床上的应用。
**44.** 核酸分子杂交的原理是什么？主要实验方法有哪些?主要用途是什么?

## 五、复习思考题答案及解析

### （一）名词解释

**1.** 印迹技术：是将存在于凝胶中的生物大分子转移至固定介质上并加以检测的分析技术。

**2.** 核酸分子杂交：根据变性与复性原理，使具有一定互补序列的核苷酸单链，在液相或固相中按碱基互补原则配对，形成异源双链核酸分子的过程。

**3.** 原位杂交：属于固相分子杂交的范畴，它是用标记的 DNA 或 RNA 为探针，在原位检测组织细胞内特定核苷酸序列的方法。

**4.** 实时荧光定量 PCR：在 PCR 反应中引入荧光标记分子，PCR 反应中产生的荧光信号与产物的生成量呈正比，利用荧光信号积累实时监测整个 PCR 进程，动态监测反应过程中的产物量，消除了产物堆积对定量分析的干扰，由此实时 PCR 技术是对反应体系中的模板进行精确定量的方法。

**5.** DNA 芯片：基因芯片（gene chip）也称 DNA 芯片（DNA chip）、DNA 阵列（DNA array）、寡核苷酸微芯片（oligonucleotide microchip）等，包括 DNA 芯片和 cDNA 芯片。该技术是在核酸斑点杂交技术的基础上，利用核酸杂交的特性，将大量特定的 DNA 片段或 cDNA 片段等寡核苷酸分子作为探针，按一定顺序排列并固定于某种固相载体表面，如玻片、尼龙膜等，形成致密、有序的 DNA 分子点阵，然后与荧光标记的待测样品分子进行杂交，通过由激光共聚焦显微镜和电脑组成的检测器及处理器检测杂交的荧光信号和强度，从而获取样品分子的数量和序列信息等。

### （二）选择题

**6.** A：Southern blotting 是指 DNA 与 DNA 分子之间的杂交。

**7.** A：RNA 印迹方法用于分析细胞 RNA 样品中特定 mRNA 分子大小和丰度的分子杂交技术，为了与 Southern 杂交相对应，科学家们则将这种 RNA 印迹方法称为 Northern blotting。

**8.** A：蛋白质印迹技术是根据蛋白质分子之间存在相互作用的特点，将蛋白质电泳分离，然后将其转移和固定于固体支持物（NC 膜或其他膜）上，再用相应的抗体对其进行检测，因此蛋白质印迹技术也被称为免疫印迹技术（immune blotting）。对应于 Southern 印迹和 Northern 印迹技术，蛋白质印迹技术被称为 Western 印迹技术。

**9.** D：核酸分子杂交是指具有一定互补序列的不同来源的核苷酸单链，在一定条件下按照碱基配对原则形成双链的过程。存在一定程度互补碱基序列的不同来源核酸通过变性、退火，就可以形成双链结构的杂交分子或杂交体，核酸分子杂交可以在 DNA-DNA 之间，也可在 DNA-RNA 或 RNA-RNA 之间进行，通过抗原-抗体反应可检测蛋白质。

**10.** C：核酸杂交用于 DNA 和 RNA 的检测，探针和待测核酸必须是单链，应用核酸杂交也可以检测 100bp 以下的 DNA。

**11.** B：原位杂交（*in situ* hybridization）又称组织原位杂交，不需要把核酸提取出来，指直接用组织切片或细胞涂片进行杂交的方法。将组织或细胞切片经适当处理增加细胞通透性，然后用探针处理，使探针进入细胞内，与 DNA 或 RNA 杂交，可用于检测组织切片或细胞内某些特异性核苷酸或核酸片段。

**12.** D：dot blotting（斑点印迹）采用圆形点样，狭线印迹（slot blotting）采用线状点样。与 Southern 印迹、Northern 印迹和 Western 印迹相比，其优点是简便、用样量少、快速，提取的核酸不需要进行电泳和转移，可以在同一张膜上进行多个样品的检测。

**13.** E：原位杂交多用于分析待测核酸的组织、细胞甚至亚细胞定位，能更准确地反映出组织细胞的相互关系，这一点具有重要的生物学和病理学意义。此外，原位杂交还可以分析病原微生物的存在方式和存在部位，其他检测方法均需要核酸的提取，不能确定基因在染色体上的位置。

**14.** D：基因和基因组一级结构是指基因和基因组中碱基的排列顺序，上述方法中只能用 DNA 测序可以确定碱基的排列顺序。

**15.** E：通过分子生物学的方法定向地敲除动物体细胞内的某个基因的技术称为基因敲除（gene knockout）或基因打靶（gene targeting），主要用于建立疾病动物模型、生物制药、治疗性克隆和生产可用于人体器官移植的动物器官、人类疾病的基因治疗和改良动物品种等。

**16.** C：酵母双杂交系统是由 Fields 等于 1989 年提出，是在酿酒酵母（*Saccharomyces cerevisiae*）中研究蛋白质间相互作用的一种非常有效的手段之一，主要应用于验证已知蛋白质间可能的相互作用，确定蛋白质特异相互作用的关键结构域和氨基酸，克隆新基因和新蛋白，检测与蛋白质相互作用的小分子多肽的药理作用。

**17.** B：RNA印迹技术用于分析细胞RNA样品中特定mRNA分子大小和丰度的分子杂交技术，RNA分子量小，转移效率高，在电泳前无须进行限制性内切酶切割；尽管用RNA印迹技术的敏感性较PCR法低，但是由于其特异性强，假阳性率低，仍然被认为是最可靠的mRNA定量分析方法之一。

**18.** C：$Mg^{2+}$可以影响解链温度、退火温度、扩增效率、扩增特异性和引物二聚体的形成等。$Mg^{2+}$的浓度过低，会显著降低*Taq* DNA聚合酶的活性，降低扩增效率；如果$Mg^{2+}$浓度过高，则会降低PCR特异性，发生非特异性扩增。

**19.** C：这是由*Taq* DNA聚合酶的作用特点决定的。

**20.** C：PCR反应特异性的决定因素包括引物的特异性、退火温度、*Taq* DNA聚合酶合成反应的忠实性等。其中，引物与模板DNA特异正确地结合是决定PCR反应特异性的关键因素。PCR反应时的退火温度对特异性也有影响。一般情况下，退火温度越高，引物的非特异性结合越少，扩增的特异性越好。因此，只要引物设计合理，退火温度适宜，PCR扩增的特异性是相当高的。其他因素如聚合酶催化的合成反应的忠实性和耐高温性、反应的pH、$Mg^{2+}$等对PCR反应的特异性也有一定的影响。耐热性*Taq* DNA聚合酶的应用，使反应中模板与引物的退火可以在较高的温度下进行，大大增加了反应的特异性。

**21.** A：通过设计特定的引物和PCR技术，可以在体外对目的基因进行点突变、缺失、嵌合等改造。

**22.** C：荧光定量PCR技术在PCR反应中引入荧光标记分子，PCR反应中产生的荧光信号与产物的生成量成正比，利用荧光信号积累实时监测整个PCR进程，动态监测反应过程中的产物量，消除了产物堆积对定量分析的干扰，由此实时PCR技术是对反应体系中的模板进行精确定量的方法。*Ct*值即PCR反应管内的荧光信号强度达到设定阈值所经历的循环数与扩增的初始模板量存在线性对数关系，所以可以对扩增样品中的目的基因的模板量进行精确的绝对和（或）相对定量，起始模板量越小，则*Ct*值越大，模板量越多，则*Ct*值越小，这就弥补了普通PCR技术只能对其PCR扩增的终产物进行定量和定性分析，却不能对初始模板量精确定量，也不能对扩增反应进行实时监测的缺点。

**23.** E：模板链变性形成单链才有可能模板链与引物结合退火，模板链与引物结合成双链后DNA聚合酶才能使引物从5′向3′方向延伸。

**24.** D：PCR反应不需要用ddNTP终止延伸反应，而进行双脱氧末端终止法测序时在延伸过程中反应体系中的双脱氧核苷酸随机掺入合成链中从而终止延伸反应，生成3′-端带有荧光标记的、长度相差一个碱基的PCR扩增产物混合物。

**25.** E：上述方法中只能用PCR循环测序法检测点突变。

**26.** D：ChIP（染色质免疫沉淀技术）是一种研究体内DNA和蛋白质相互作用的方法。其原理是在活细胞状态下把细胞内的DNA与蛋白质交联在一起，并将其随机切断为一定长度范围内的染色质小片段，然后利用目的蛋白质的特异抗体通过抗原-抗体反应形成DNA-蛋白质-抗体复合体，使与目的蛋白结合的DNA片段被沉淀下来，特异性地富集目的蛋白结合的DNA片段，最后将蛋白质与DNA解偶联，对目的DNA片段进行纯化，最后利用PCR等技术对所纯化的DNA片段进行分析，进而判断目的蛋白是与哪些DNA序列在细胞内发生相互作用。ChIP能准确、完整地反映结合在DNA序列上的转录调控蛋白，主要用于鉴定与体内转录调控因子结合的特异性核苷酸序列或鉴定与特异性核苷酸序列结合的蛋白质。

**27.** C：DNA聚合酶的特异性和引物虽然可影响PCR扩增的特异性，但出现目的条带而且扩增条带数只有两条，因此DNA聚合酶和引物的质量不是首先考虑的因素。延伸时间和循环次数一般不影响PCR扩增的特异性，升高退火温度可以提高PCR扩增的特异性，因此首先考虑提高退火温度。

**28.** E，**29.** C，**30.** B，**31.** D：直接在组织切片或细胞涂片上进行杂交是原位杂交，所以28题选E；靠电流完成生物大分子的转移是Western blotting中的转膜，所以29题选C；Northern blotting是检测RNA的，所以电泳前不需进行限制性内切酶消化，30题选B；不需要电泳、转膜等程序就是dot blotting，所以31题选D。

**32.** A，**33.** B，**34.** C：将RNA的逆转录和PCR反应联合应用的一项技术，就是常说的RT-PCR，所以32题选A；将目的基因扩增与定位相结合，就是原位PCR，所以33题选B；能动态检测反应过程中的产物量是实时PCR，它也叫实时定量PCR，所以34题选C。

**35.** ABCE：RNA印迹可用于比较在不同细胞中同一基因的表达情况，应用Blotting技术可以检测重组体中的目的基因、mRNA和蛋白质表达水平；Northern blotting可用于RNA的检测，蛋白质印迹需要用化学发光检测杂交带。

**36.** ABDE：在DNA-DNA、DNA-RNA和RNA-RNA之间存在一定互补序列就可以进行杂交。

**37.** ABC：蛋白质-核酸相互作用研究技术包括电泳迁移率变动分析、酵母单杂交技术和染色质免疫沉淀技术。

**38.** BCDE：蛋白质相互作用研究技术包括噬菌体展示技术、蛋白质工程中的定点诱变技术、蛋白质免疫共沉淀技术和酵母双杂交系统。

**39.** ADE：用PCR循环测序法可以检测点突变；单链DNA片段的空间结构主要是由其内部碱基配对等分子内相互作用力来维持的，当有一个碱基发生改变时，会影响其空间构象，使构象发生改变，空间构象有差异的单链DNA分子在聚丙烯酰胺凝胶中电泳时受排阻大小不同，可以非常敏锐地将构象上有差异的分子分离开，因此用单链构象多态性（single-strand conformation polymorphism，SSCP）分析法可以检测点突变。若突变导致限制性核酸内切酶的酶切位点消失或形成新的酶切位点可以用PCR-RFLP法进行检测。

### （三）问答题

**40.** 答：①核酸分子的浓度和长度：核酸浓度越大，复性速度越快。探针长度应控制在50～300个核苷酸为好。②温度：温度过高不利于复性，而温度过低，少数碱基配对形成的局部双链不易解离，适宜的温度是较$T_m$值低25℃。③离子强度：在低离子强度下，核酸杂交非常缓慢，随着离子强度的增加，杂交反应率增加。高浓度的盐使碱基错配的杂交体更稳定，所以进行序列不完全同源的核酸分子杂交时必须维持杂交反应液中的盐浓度和洗膜液。④非特异性杂交反应：在杂交前应对非特异性杂交反应位点进行封闭，以减少其对探针的非特异吸附作用。

**41.** 答：

| 不同点 | Southern blotting | Northern blotting | Western blotting |
|---|---|---|---|
| 靶分子 | DNA | RNA | 蛋白质 |
| 转膜方法 | 毛细管虹吸，电转膜和真空转膜 | 电转膜，真空转膜 | 电转膜 |
| 探针 | DNA | RNA | 抗体 |
| 主要应用 | ①基因组结构分析，如缺失、插入等检测；②RFLP连锁分析 | ①检测mRNA长度分子量大小；②mRNA的含量 | 对蛋白质进行鉴定及定量 |
| 变性 | 碱变性 | 一般不需要变性 | SDS |
| 相同点：均是指将存在于凝胶中的生物大分子转移（印迹）于固定介质上并利用核酸探针或抗体以及相应技术加以检测分析 | | | |

**42.** 答：①引物长度一般为15～30个核苷酸。②碱基随机分布，避免出现嘌呤、嘧啶的堆积现象。G+C的含量为40%～60%。③避免发夹结构形成，引物自身存在连续互补序列，一般不超过3bp。④两个引物之间不应存在互补序列，尤其应避免3′-端的互补重叠。⑤引物应有严格特异性，引物与样品中其他序列的同源性一般应不超过70%。⑥引物的5′-端可以修饰，如加限制酶位点等。

### （四）论述题

**43.** 答：①病原体检查：利用PCR可以检测标本中的各种病毒、细菌、真菌、甚至寄生虫等病原体，标本可以是组织、细胞、血液、排泄物等。只要设计的引物正确，通过PCR反应，将反应产物进行电泳，便可以看到特异性区带。对于病毒或某些细菌，如肝炎病毒、乳头瘤病毒，还可以进行分型。②遗传病的基因诊断，DNA分子的碱基突变可以引起肿瘤、遗传病、免疫性疾病等，因此，检测DNA突变分子对临床诊断与研究有重大意义。③肿瘤的诊断，肿瘤转移确定：根据各种肿瘤细胞内基因突变的情况设计引物进行PCR。PCR产物经琼脂糖凝胶电泳，根据正常基因顺序设计的引物与肿瘤基因设计的引物电泳结果的差异，即可判断是否为肿瘤，因此，用PCR诊断比一般方法要灵敏得多，利于早期诊断与治疗。④PCR 用于组织器官移植的配型选择：骨髓移植、器官移植等对有些疾病的治疗起独特作用。同基因移植不存在免疫排斥，而异基因移植时，受体会对供体器官排斥，需找到组织相容性抗原适应的两个个体，才可进行成功的器官移植。

**44.** 答：核酸分子杂交的原理：具有互补序列的两条单链核酸分子在一定的条件下（适宜的温度及离子强度等）碱基互补配对结合，重新形成双链；在这一过程中，核酸分子经历了变性和复性的变化，以及在复性过程中分子间氢键的形成和断裂。杂交的双方是待测核酸和已知序列。目前常用的生物大分子印迹技术包括：①DNA 印迹技术（DNA blotting），被广泛称为 Southern blotting。它主要用于基因组 DNA 的分析，尤其是用于某种基因在基因组中的定位研究，也可以用于分析重组质粒和噬菌体。②RNA 印迹技术（RNA blotting），也称为 Northern blotting。RNA 印迹技术主要用于检测某一组织或细胞中已知的特异 mRNA 的表达水平以及比较不同组织和细胞的同一基因的表达情况。③蛋白质的印迹分析，也称为免疫印迹技术（immunoblotting）或 Western blotting。主要用于检测样品中特异性蛋白质的存在、细胞中特异蛋白质的半定量分析以及蛋白分子的相互作用研究等。

斑点印迹、原位杂交、噬菌斑杂交法和菌落杂交法也是常用的分子杂交方法。在此基础上发展起来的DNA 芯片可以在小面积的表面固定数千甚至上万个探针用于细胞样品中基因表达谱及基因突变的分析。

（库热西·玉努斯）

# 第 22 章　癌基因与抑癌基因

## 一、教学目的与教学要求

**教学目的**　通过本章的学习使学生能够掌握癌基因、抑癌基因和生长因子的概念及熟悉它们在人体内的功能和三者间的相互关系，为本书相关章节的学习、临床实践和研究提供理论基础。

**教学要求**　掌握癌基因、抑癌基因和生长因子的概念；熟悉癌基因、抑癌基因的功能；了解癌基因与生长因子的关系，以及生长因子信号传递的基本过程。

## 二、思维导图

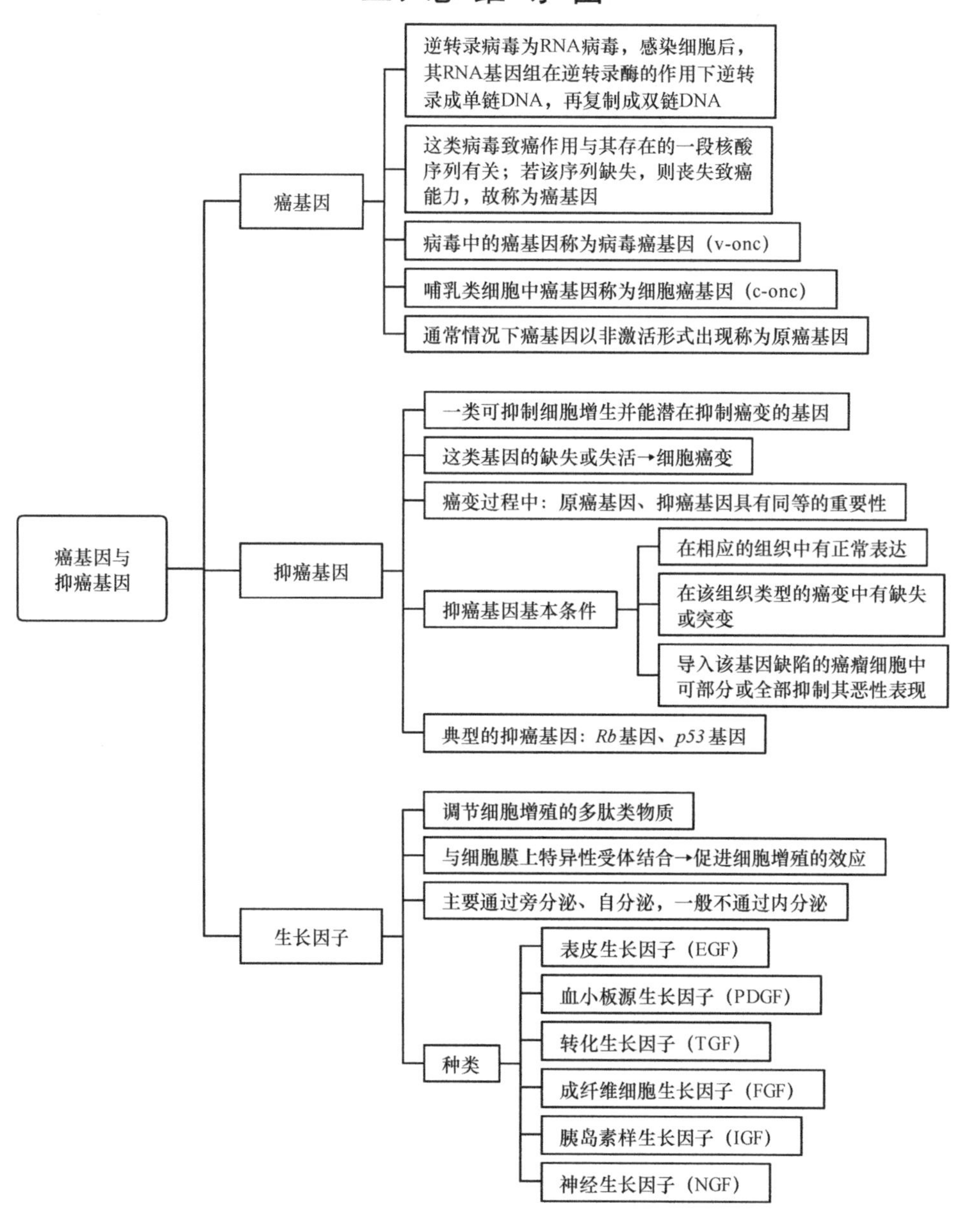

## 三、汉英名词对照

| 中文 | 英文 | 中文 | 英文 |
|---|---|---|---|
| 癌基因 | oncogene，onc | Rous 肉瘤病毒 | Rous sarcoma virus，RSV |
| 抑癌基因 | tumor suppressor gene | 长末端重复序列 | long terminal repeat，LTR |
| 病毒癌基因 | virus oncogne，v-onc | 细胞癌基因 | cellular oncogene |
| 逆转录病毒 | retrovirus | 原癌基因 | proto-oncogen，pro-onc |
| 前病毒 | provirus | 费城染色体 | Philadelphia chromosome，Ph |
| 生长因子 | growth factor | 细胞程序化死亡 | programmed cell death |
| 内分泌 | endocrine | 血小板源生长因子 | platelet-derived growth factor，PDGF |
| 旁分泌 | paracrine | 视网膜母细胞瘤基因 | retinoblastoma gene，Rb |
| 自分泌 | autocrine | 细胞周期素依赖性激酶抑制因子 | cyclin dependent kinase inhibitor，CKI |
| 磷酸化级联反应 | cascade reaction | 周期素依赖激酶抑制物 2 | cyclin dependent kinase inhibitor 2，CDKI2 |

## 四、复习思考题

### （一）名词解释

**1.** 癌基因（oncogene）
**2.** 抑癌基因（antioncogene）
**3.** 原癌基因（protooncogene）
**4.** 病毒癌基因（virus oncogene）
**5.** 生长因子（growth factor）
**6.** 肿瘤病毒（tumor virus）
**7.** 长末端重复序列（long terminal repeat，LTR）
**8.** 细胞凋亡（apoptosis）

### （二）选择题

**A1 型题，以下每一道题下面有 A、B、C、D、E 五个选项，请从中选择一个最佳答案。**

**9.** 关于细胞癌基因叙述正确的是（　　）
A. 在体外能使培养细胞转化
B. 感染宿主细胞能引起恶性转化
C. 又称为病毒癌基因
D. 主要存在于 RNA 病毒基因中
E. 感染宿主细胞能随机整合于宿主细胞基因

**10.** 关于抑癌基因的叙述正确的是（　　）
A. 可促进细胞过度生长
B. 缺失时不会导致肿瘤发生
C. 可诱发细胞程序性死亡
D. 与癌基因表达无关
E. 最早发现的是 *p53* 基因

**11.** 癌基因被激活后其结果可以是（　　）
A. 出现新的表达产物
B. 出现过量正常表达产物
C. 出现异常表达产物
D. 出现截短的表达产物
E. 以上都对

**12.** 原癌基因发生单个碱基的突变可导致（　　）
A. 原癌基因表达产物增加
B. 表达的蛋白质结构变异
C. 无活性的原癌基因移至增强子附近
D. 原癌基因扩增
E. 以上都不对

**13.** 下列那个癌基因表达产物属于核内转录因子（　　）
A. *src*　B. *k-ras*　C. *sis*　D. *myb*　E. *mas*

**14.** 编码产物 P28 与人血小板源生长因子同源的癌基因是（　　）
A. *src*　B. *k-ras*　C. *sis*　D. *myb*　E. *myc*

**15.** 关于 *Rb* 基因的叙述错误的是（　　）
A. 基因定位于 13q14
B. 是一种抑癌基因
C. 是最早发现的抑癌基因
D. 编码 P28 蛋白质
E. 抑癌作用有一定广泛性

**16.** 关于 EGF 叙述错误的是（　　）
A. 表皮生长因子，是一种多肽类物质
B. 可以促进表皮和上皮细胞的生长

C. EGF 受体是一种典型的受体型 PTK　　D. 与恶性肿瘤发生有关
E. 可诱导细胞发生凋亡
**17.** 能通过 $IP_3$ 和 DAG 生成途径调节转录的癌基因主要是（　　）
A. *src*　　B. *ras*　　C. *sis*　　D. *myb*　　E. *myc*
**18.** 关于癌基因叙述错误的是（　　）
A. 正常情况下，处于低表达或不表达　　B. 被激活后，可导致细胞发生癌变
C. 癌基因表达的产物都具有致癌活性　　D. 存在于正常生物基因组中
E. 与抑癌基因协调作用
**19.** 下列哪一种不是癌基因产物（　　）
A. 化学致癌物质　　B. 生长因子类似物　　C. 跨膜生长因子受体
D. GTP 结合蛋白　　E. DNA 结合蛋白
**20.** 关于 *p53* 基因的叙述错误的是（　　）
A. 基因定位于 17p13　　B. 是一种抑癌基因　　C. 编码产物有转录因子作用
D. 编码 P21 蛋白质　　E. 突变后可致癌
**21.** 能编码 DNA 结合蛋白的癌基因是（　　）
A. *myc*　　B. *ras*　　C. *sis*　　D. *src*　　E. *myb*
**22.** 关于原癌基因的特点叙述错误的是（　　）
A. 广泛存在自然界　　B. 又称细胞癌基因　　C. 表达产物呈负调控作用
D. 一旦激活，可能导致细胞癌变　　E. 对维持细胞正常生长起重要作用
**23.** 有关肿瘤病毒叙述错误的是（　　）
A. 有 RNA 肿瘤病毒　　B. 有 DNA 肿瘤病毒　　C. 能直接引起肿瘤
D. 可使敏感宿主产生肿瘤　　E. RSV 是一禽肉瘤病毒

**A2 型题，以下每一道题下面有 A、B、C、D、E 五个选项，请从中选择一个最佳答案。**

患者，男，29 个月，因父母发现患儿晚上右眼发蓝而就诊。检查患者外眼无炎症，右眼视力明显下降，仅可辨光。右眼瞳孔开大，经瞳孔可见黄光反射（黑朦猫眼），眼底检查见右眼底后方偏下椭圆形、边界清楚的黄色隆起结节，表面不平，有新生血管，结节大小不一。
**24.** 患儿得的是什么病（　　）
A. 视网膜母细胞瘤　　B. 脑胶质瘤　　C. 脉络膜黑色素瘤
D. 淋巴瘤　　E. 都不正确
**25.** 该病是由于下列哪种基因丧失功能或先天性缺乏导致的（　　）
A. *myc*　　B. *p53*　　C. *Rb*　　D. *fos*　　E. *p16*
**26.** 导致该病的基因属于（　　）
A. 病毒癌基因　　B. 细胞癌基因　　C. 生长因子　　D. 抑癌基因　　E. 原癌基因

**B 型题，请从以下 5 个备选项中，选出最适合下列题目的选项。**

（27～30 题共用备选答案）
A. 抑制细胞过度生长和增殖的基因　　B. 促进细胞生长和增殖的基因
C. 存在肿瘤病毒中的癌基因　　D. 抑癌基因
E. 进化过程中，基因序列高度保守
**27.** 癌基因是（　　）
**28.** 病毒癌基因是（　　）
**29.** *Rb* 基因是（　　）
**30.** 细胞癌基因特点是（　　）
（31～34 题共用备选答案）
A. *H-ras*　　B. *c-myc*　　C. *src*　　D. *myb*　　E. *erb*B
**31.** 编码核内 DNA 结合蛋白（　　）
**32.** 为核内的一种转录因子（　　）
**33.** 产物多具有酪氨酸蛋白激酶活性（　　）

**34.** 编码产物是与膜结合的 GTP 结合蛋白（　　）

（35～38 题共用备选答案）

A. 原癌基因中单个碱基替换

B. 原癌基因数量增加

C. 原癌基因表达产物增加

D. 病毒基因组的长末端重复序列插入细胞原癌基因内部

E. 无活性的原癌基因移至增强子附近

**35.** 原癌基因扩增（　　）

**36.** 获得启动子和增强子（　　）

**37.** 点突变（　　）

**38.** 基因移位（　　）

**X 型题，以下每一道题下面有 A、B、C、D 四个备选答案，请从中选择 2～4 个不等答案。**

**39.** 癌基因被激活的方式主要有（　　）

A. 获得启动子与增强子　B. 原癌基因扩增　C. 基因易位　D. 点突变

**40.** 癌基因表达的产物有（　　）

A. 生长因子　B. 生长因子受体

C. 细胞内信号转导体　D. 转录因子

**41.** 以下都与 *ras* 家族有关的是（　　）

A. 编码产物是小 G 蛋白 P21　B. 不止包括一个成员

C. 位于细胞质膜内面　D. 编码产物可与 GTP 结合

**42.** 野生型 *p53* 基因（　　）

A. 是抑癌基因　B. 编码蛋白质为 P53

C. 主要能活化 *p21* 基因转录　D. 是基因卫士

**43.** 可以诱导细胞发生凋亡的因素有（　　）

A. 野生型 *p53*　B. 突变型 *p53*　C. 神经生长因子　D. 肿瘤坏死因子

**44.** 下列关于生长因子的叙述，正确的有（　　）

A. 其化学本质属于多肽　B. 其受体定位于胞核中

C. 主要以旁分泌和自分泌方式起作用　D. 具有调节细胞生长与增殖功能

**45.** 下列基因中，属于原癌基因的有（　　）

A. *c-jun*　B. *c-fos*　C. *c-erbB*　D. *p16*

### （三）问答题

**46.** 癌基因如何进行分类？

**47.** 试述原癌基因概念及特点。

**48.** 简述肿瘤病毒的分类及病毒癌基因的来源。

**49.** 简述 *p53* 基因的作用及其机制。

**50.** 何为细胞癌基因的激活？举例说明癌基因的激活有哪几种方式？

### （四）论述题

**51.** 论述癌基因、抑癌基因与肿瘤发生的关系。

## 五、复习思考题答案及解析

### （一）名词解释

**1.** 癌基因（oncogene）：目前认为广义的“癌基因”应当是：凡能编码生长因子、生长因子受体、细胞内生长信息传递分子，以及与生长有关的转录调节因子的基因均属癌基因的范畴。癌基因可分为病毒癌基因和细胞癌基因。

**2.** 抑癌基因（antioncogene）：是一类能抑制细胞过度生长、增殖从而遏制肿瘤形成的基因。其与调控生长的基因（如原癌基因等）协调表达以维持细胞的正常生长。抑癌基因的丢失或失活不仅丧失抗癌作用，也可能导致肿瘤的发生。

**3.** 原癌基因（protooncogene）：又称细胞癌基因。它是细胞本身遗传物质的组成部分，人们将这类存在于生物正常细胞基因组中的癌基因称为原癌基因。在正常情况下，这些基因处于静止或低表达的状态，不仅对细胞无害，而且对维持细胞的正常功能具有重要作用，当其受到致癌因素作用被活化并发生异常时，则可导致细胞癌变。

**4.** 病毒癌基因（virus oncogene）：是一类存在于肿瘤病毒（大多数是逆转录病毒）中的，能使靶细胞发生恶性变化的基因。包括 DNA 肿瘤病毒的癌基因和 RNA 肿瘤病毒的癌基因。

**5.** 生长因子（growth factor）：是细胞合成与分泌的一类多肽物质，能够通过靶细胞受体，将信息传递至细胞内部，调节细胞生长与增殖。

**6.** 肿瘤病毒（tumor virus）：是一类能使敏感宿主产生肿瘤或使培养细胞转化成癌细胞的动物病毒，根据其核酸组成分为 DNA 病毒和 RNA 病毒。

**7.** 长末端重复序列（long terminal repeat，LTR）：为病毒基因组所携带，该序列内含较强的启动子和增强子，能够调节和启动转录。当该序列插入到细胞原癌基因附近或内部，可以启动下游邻近基因的转录和影响附近结构基因的转录水平，从而使原癌基因过度表达或由不表达变为表达，导致细胞发生癌变。

**8.** 细胞凋亡（apoptosis）：是在某些生理或病理条件下，细胞接到某种信号所触发的并按一定程序进行的主动、缓慢的死亡的过程，借此机体让不需要的细胞消亡，在生长发育和维持组织器官细胞数目恒定以维持内环境的平衡方面起重要作用。

**（二）选择题**

**9.** A：细胞癌基因编码一类对细胞正常生长、繁殖、发育和分化起调控作用的产物，其基因显示出高度的保守性，故选 A。

**10.** C：抑癌基因是一类能抑制细胞过度生长、增殖从而遏制肿瘤形成的基因。其与调控生长的基因（如原癌基因等）协调表达以维持细胞的正常生长。抑癌基因的丢失或失活不仅丧失抗癌作用，也可能导致肿瘤的发生，故选 C。

**11.** E：癌基因被激活后出现表达产物异常，故选 E。

**12.** B：基因发生点突变，会导致翻译后所对应的氨基酸种类发生改变，从而导致蛋白质结构变异，故选 B。

**13.** D：*myb* 编码能与 DNA 结合的核蛋白，为核内转录因子，故选 D。

**14.** C：*sis* 癌基因家族（*c-sis*）只有一个基因成员，由 5 个外显子组成，分布在 12kb 的 DNA 序列中，编码 241 个氨基酸残基的 *p28*，其中其 99～207 位氨基酸序列与血小板生长因子（PDGF）B 链同源，故选 C。

**15.** D：*Rb* 基因定位于 13q14，是一种最早被发现的抑癌基因，编码由 928 个氨基酸组成的 105～110kD 的核内磷酸化 Rb 蛋白，故选 D。

**16.** E：EGF 是一种多肽类物质，其受体是一种受体型 PTK，能刺激多数细胞的分裂增殖，促进细胞分化，对受损皮肤进行快速修复，促进手术创口和创面的愈合；它能影响人体皮肤的细腻和老化，能启动衰老皮肤的细胞，使皮肤变得光滑而有弹性且与恶性肿瘤的发生有关，故选 E。

**17.** C：*sis* 跨膜传递途径主要有三条：酪氨酸蛋白激酶（TPK）途径；G 蛋白-磷脂酶 C 途径（PKC 途径）；G 蛋白-腺苷酸环化酶途径（PKA 途径），故选 C。

**18.** C：只有当癌基因被激活后异常表达才会致癌，故选 C。

**19.** A：癌基因产物是蛋白质，故选 A。

**20.** D：*p53* 基因编码 P53 蛋白，故选 D。

**21.** A：*myc* 癌基因家族（*c-myc*）包括 *c-myc*、*l-myc*、*r-myc*、*c-fos* 等，它们具有类似的结构和功能，编码核内 DNA 结合蛋白质，故选 A。

**22.** C：原癌基因对维持细胞正常生长、分化和凋亡起重要的调节作用，没有致癌性。但如受到致癌因素刺激则可转变成为具有转化细胞活力的癌基因，导致细胞增殖、分化异常，故选 C。

**23.** C：肿瘤病毒是一类能使敏感宿主产生肿瘤或使培养细胞转化成癌细胞的动物病毒，故选 C。

**24.** A：视网膜母细胞瘤的临床病理特征：视力明显下降，瞳孔开大，黑矇猫眼，眼底后方偏下椭圆形、边界清楚的黄色隆起结节，表面不平，有新生血管，结节大小不一，故选 A。

**25.** C：*Rb* 染色体定位于 13q14，编码 P105Rb1 蛋白，丧失功能或先天性缺乏导致视网膜母细胞瘤，故选 C。
**26.** D：*Rb* 属于抑癌基因，故选 D。
**27.** B，**28.** C，**29.** D，**30.** E：癌基因能促进细胞生长和增殖的基因；病毒癌基因是存在肿瘤病毒中的癌基因；*Rb* 基因是一种抑癌基因；细胞癌基因特点是进化过程中基因序列高度保守。
**31.** B，**32.** D，**33.** C，**34.** A：*c-myc* 能编码核内 DNA 结合蛋白；*myb* 为核内的一种转录因子；*src* 产物多具有酪氨酸蛋白激酶活性；*H-ras* 编码产物是与膜结合的 GTP 结合蛋白。
**35.** C，**36.** D，**37.** A，**38.** E：原癌基因扩增，则原癌基因表达产物增加；病毒基因组的长末端重复序列插入细胞原癌基因内部获得启动子和增强子；原癌基因中单个碱基替换属于点突变；无活性的原癌基因移至增强子附近叫基因移位。
**39.** ABCD：癌基因被激活的方式主要有获得启动子与增强子、原癌基因扩增、基因易位和点突变。
**40.** ABCD：癌基因表达的产物有生长因子、生长因子受体、细胞内信号转导体和转录因子。
**41.** ABCD：*ras* 癌基因家族（*c-ras*）包括来自大鼠肉瘤病毒 *H-ras*、*K-ras* 和来自人神经母细胞瘤的 *N-ras*。均由分布在 30kb 的 4 个外显子组成，其表达产物是由 188 或 189 个氨基酸残基组成的 21kD 的蛋白质，称 P21 蛋白，位于细胞质膜内面，因与 G 蛋白作用类似可与 GTP 结合，又称为小 G 蛋白。参与 cAMP 水平的调节，进而影响细胞内信号传递过程。
**42.** ABCD：野生型 *p53* 基因是一种抑癌基因（故又叫基因卫士），编码蛋白质为 P53，主要能活化 *p21* 基因转录。
**43.** AD：野生型 *p53* 和肿瘤坏死因子均能诱导细胞发生凋亡。
**44.** ACD：生长因子其化学本质属于多肽，主要以旁分泌和自分泌方式起作用，具有调节细胞生长与增殖功能，故选 ACD。
**45.** ABC：*p16* 是抑癌基因，其他均是原癌基因，故选 ABC。

**（三）问答题**

**46.** 答：大体分 6 族。

（1）*src* 家族：如 *src*、*abl*、*fes*、*yes* 等 10 多个，其产物具有酪氨酸蛋白激酶活性。

（2）*fas* 家族：如 *H-fas*、*K-ras*、*N-ras*，所编码蛋白均为 P21，位于细胞质膜内面，可与 GTP 结合，有 GTP 酶活性（类似 G 蛋白的作用）。

（3）*myc* 家族：如 *C-myc*、*N-myc*、*L-myc* 等，其产物为 DNA 结合蛋白类。

（4）*sis* 家族：如 *C-sis*，其产物 P28 与人血小板源生长因子（PDGF）结构相似。

（5）*erb* 家族：如 *erbA*、*erbB*、*mas* 等，其产物为细胞骨架蛋白类。

（6）*myb* 家族：如 *myb*、myb-ets，其产物为 DNA 结合蛋白类（转录因子）。

**47.** 答：原癌基因又称细胞癌基因。它是细胞本身遗传物质的组成部分，人们将这类存在于生物正常细胞基因组中的癌基因称为原癌基因。在正常情况下，这些基因处于静止或低表达的状态，不仅对细胞无害，而且对维持细胞的正常功能具有重要作用，当其受到致癌因素作用被活化并发生异常时，则可导致细胞癌变。

原癌基因的特点：①广泛存在于生物界，从酵母到人的细胞普遍存在；②进化过程中，基因序列呈高度保守；③它们存在于正常细胞不仅无害，而且对维持正常生理功能、调控细胞生长和分化起重要作用，是细胞生长和分化、组织再生、创伤愈合所必需；④在某些因素的作用下，一旦被激活，可发生数量和结构上的变化，就可能导致正常细胞癌变。

**48.** 答：肿瘤病毒是一类能使敏感宿主产生肿瘤或使培养细胞转化成癌细胞的动物病毒，根据其核酸组成分为 DNA 病毒和 RNA 病毒。RNA 病毒中含有逆转录酶故又称逆转录病毒。逆转录病毒感染宿主细胞后，经逆转录酶催化，以 RNA 为模板合成 cDNA，然后再合成双链 DNA 前病毒，并以前病毒形式在宿主细胞中代代传递下去，随后病毒 DNA 随机整合于细胞基因组，通过重组或重排，将细胞的原癌基因转导至病毒本身基因组内成为病毒癌基因。这种病毒癌基因不是 RNA 病毒原来的基因，而是来自宿主细胞的原癌基因，所以病毒癌基因源于原癌基因。

**49.** 答：抑癌基因是一类抑制细胞过度生长、增殖，遏制肿瘤形成的基因。这类基因的丢失或失活可导致肿瘤发生。如野生型 *p53* 基因是一种抑癌基因。其作用机制是通过其表达产物 P53 蛋白来实现。P53 蛋白在维持细胞正常生长、抑制恶性增殖中起重要作用，因而被称为“基因卫士”。*p53* 基因时刻监控着基因的完整性，一旦细胞 DNA 遭到损害，P53 蛋白与基因的 DNA 相应部位结合，起特殊转录因子作用，活化 *p21* 基因，使细胞停滞于 $G_1$ 期；抑制解链酶活性；与复制因子 A 相互作用参与 DNA 的复制与修复，如果修复失败，P53 蛋白即启动程序性死亡过程诱导细胞自杀，阻止有癌变倾向突变细胞的生成，从而防止细胞恶变。

**50.** 答：在正常情况下，细胞癌基因处于静止或低表达的状态，不仅对细胞无害，而且对维持细胞的正常功能具有重要作用，当其受到致癌因素，如病毒感染、化学致癌物等作用则可被激活，并发生异常而导致细胞癌变。

癌基因的激活有以下四种方式：①获得启动子和增强子，如鸡白细胞增生病毒引起的淋巴瘤，就是该病毒 DNA 序列整合到宿主正常细胞的 *c-myc* 基因附近，其 LTR 也同时被整合，成为 *c-myc* 的启动子，使其高表达；②染色体易位：人 Burkitt 淋巴瘤细胞中，位于 8 号染色体的 *c-myc* 移到 14 号染色体免疫球蛋白重链基因的调节区附近，与该区活性很高的启动子连接而受到活化；③原癌基因扩增：部分乳腺癌人群中 *erbB2/HER2* 基因拷贝数升高，其目的蛋白表达量上升；④点突变：如 *ras* 家族的癌基因，正常细胞中 *H-ras* 在膀胱癌肿瘤细胞由于碱基突变，使正常细胞的甘氨酸变为肿瘤细胞的缬氨酸。

**（四）论述题**

**51.** 答：在正常情况下，癌基因在细胞内处于静止或低表达的状态，其表达的产物不仅对细胞无害，而且能促进细胞生长和繁殖，起正性调控作用，对维持细胞的正常功能具有重要作用。但当其受到致癌因素，如病毒感染、化学致癌物等作用则可被激活，并发生异常而导致细胞癌变。

抑癌基因是一类抑制细胞过度生长、增殖从而遏制肿瘤形成的基因。在机体内起负性调控作用。癌基因激活与过量表达与肿瘤的形成有关。同时抑癌基因的丢失和失活也可能导致肿瘤发生。

癌基因与抑癌基因相互制约，协调表达，维持正负调节信号的相对稳定。一旦其中一方或双方发生异常，则可能导致肿瘤的发生。

（叶　辉）

# 第 23 章　基因诊断与基因治疗

## 一、教学目的与教学要求

**教学目的**　通过本章学习让学生明白基因诊断与基因治疗的含义；掌握目前常用基因诊断技术原理及其应用；了解基因治疗的策略及基本程序。

**教学要求**　掌握基因诊断、基因治疗等基本概念；掌握常用基因诊断技术原理及其应用；熟悉基因治疗的策略及基本程序。

## 二、思维导图

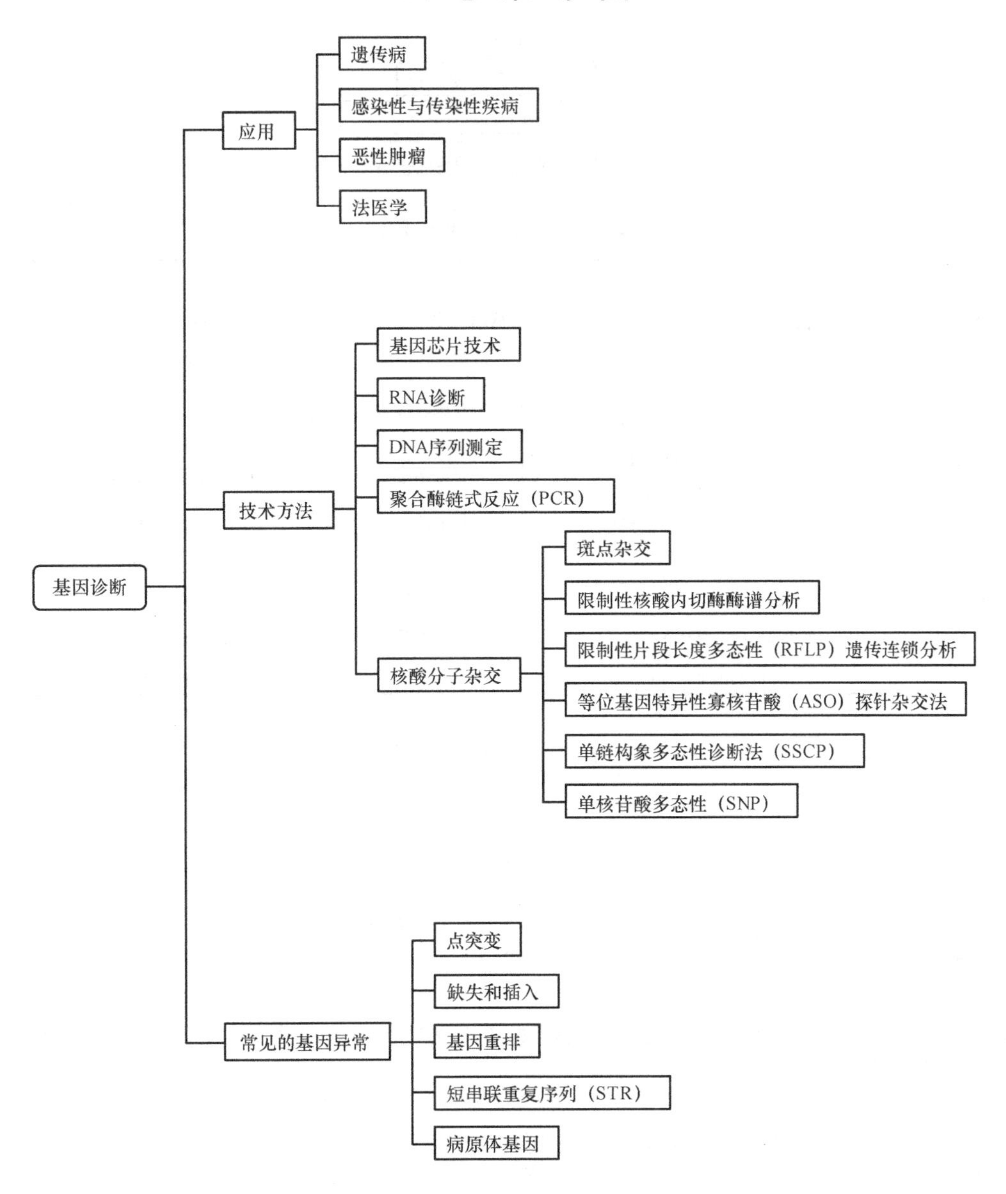

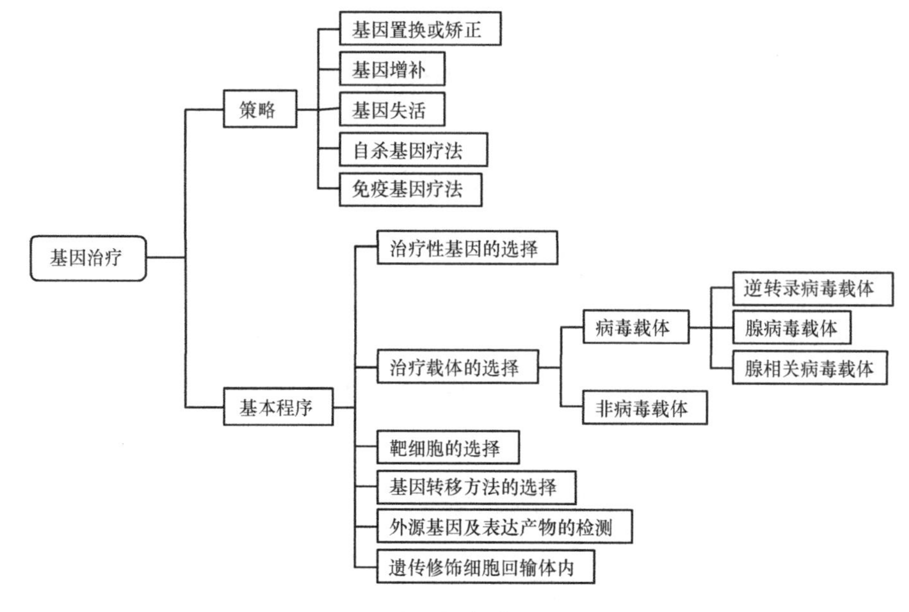


## 三、汉英名词对照

| 中文 | 英文 | 中文 | 英文 |
|---|---|---|---|
| 基因诊断 | gene diagnosis | 基因治疗 | gene therapy |
| 分子诊断 | molecular diagnosis | 斑点杂交 | dot blotting |
| 限制性片段长度多态性 | restriction fragment length polymorphism，RFLP | 等位基因特异性寡核苷酸 | allele specific oligonucleotide，ASO |
| 单链构象多态性 | single strand conformation polymorphism，SSCP | 单核苷酸多态性 | single nucleotide polymorphism，SNP |
| 短串联重复序列 | short tandem repeat，STR | 微卫星 DNA | microsatellite DNA |
| DNA 指纹 | DNA fingerprinting | 基因置换 | gene replacement |
| 基因增补 | gene augmentation | 基因失活 | gene inactivation |
| 自杀基因疗法 | suicide gene therapy | 免疫基因治疗 | immunogene therapy |
| 体细胞基因治疗 | somatic gene therapy | 种系基因治疗 | germline gene therapy |

## 四、复习思考题

### （一）名词解释

**1.** 基因诊断

**2.** 基因治疗

**3.** 自杀基因

**4.** RFLP（restriction fragment length polymorphism）

**5.** ex vivo

**6.** 基因置换

**7.** 基因增补

**8.** 基因失活

### （二）选择题

**A1 型题，以下每一道题下面有 A、B、C、D、E 五个选项，请从中选择一个最佳答案。**

**9.** 病原体基因侵入人体主要引起哪种疾病（　　）

A. 遗传病　B. 肿瘤　C. 心血管疾病　D. 传染病　E. 高血压

**10.** 内源基因结构突变发生在生殖细胞可引起哪种疾病（　　）

A. 遗传病　B. 肿瘤　C. 心血管疾病　D. 传染病　E. 高血压

**11.** 目前认为最为确切的基因诊断方法是（　　）

A. 核酸分子杂交　B. 基因测序　C. 基因芯片　D. RFLP 分析　E. PCR

**12.** 目前基因治疗中选用最多的基因载体是（ ）
A. 质粒 B. 噬菌体 C. 脂质体 D. 逆转录病毒 E. 腺病毒相关病毒
**13.** 下列哪种方法属于非病毒介导基因转移的化学方法（ ）
A. 电穿孔 B. 基因枪技术 C. DNA 直接注射法
D. 显微注射 E. DEAE-葡聚糖法
**14.** 利用正常机体细胞中不存在的外源基因所表达的酶催化药物前体转变为细胞毒性产物而导致细胞死亡的基因治疗方法是（ ）
A. 基因灭活 B. 基因矫正 C. 基因置换 D. 基因增补 E. 自杀基因疗法
**15.** 利用特定的反义核酸阻断变异基因异常表达的基因治疗方法是（ ）
A. 基因失活 B. 基因矫正 C. 基因置换 D. 基因增补 E. 自杀基因的应用
**16.** 通过目的基因的非定点整合，使其表达产物补偿缺陷基因的功能或加强原有功能的基因治疗方法是（ ）
A. 基因灭活 B. 基因矫正 C. 基因置换 D. 基因增补 E. 自杀基因的应用
**17.** 将变异基因进行修正的基因治疗方法是（ ）
A. 基因灭活 B. 基因矫正 C. 基因置换 D. 基因增补 E. 自杀基因的应用

**A2 型题，以下每一道题下面有 A、B、C、D、E 五个选项，请从中选择一个最佳答案。**

**18.** 内源基因的变异并不包括（ ）
A. 基因结构突变 B. 基因重排 C. 病原体基因侵入体内
D. 基因表达异常 E. 基因扩增
**19.** 下列何种方法不是基因诊断的常用技术方法（ ）
A. 核酸分子杂交 B. 基因测序 C. 细胞培养 D. RFLP 分析 E. PCR
**20.** 下列哪种方法不是目前基因治疗所采用的方法（ ）
A. 基因缺失 B. 基因矫正 C. 基因置换 D. 基因增补 E. 自杀基因的应用
**21.** 下列哪种方法不属于非病毒介导基因转移的物理方法（ ）
A. 电穿孔 B. 脂质体介导 C. DNA 直接注射法
D. 显微注射 E. 基因枪技术
**22.** 关于基因变异致病的叙述，错误的是（ ）
A. 大多数疾病与基因异常密切相关 B. 人类基因表达各个环节异常都可致病
C. 人类基因结构异常可致病 D. 变异致病包括内源基因变异和外源基因入侵
E. 人类疾病都是由基因变异引起的
**23.** 关于基因诊断的特点，错误的是（ ）
A. 针对性强 B. 特异性高 C. 灵敏度高
D. 适用性强，诊断范围广 E. 费用较低
**24.** 关于基因诊断的应用，错误的是（ ）
A. 预防癌症 B. 遗传病检测 C. 传染病检测
D. 优生 E. 流行性疾病检测
**25.** 关于基因治疗，错误的是（ ）
A. 正常基因整合到细胞基因组矫正致病基因 B. 正常基因整合到细胞基因组置换致病基因
C. 某些目的基因不与宿主细胞整合，也可短暂发挥作用
D. 目的基因只有整合入宿主基因重组才能发挥作用
E. 将某些遗传物质移入患者细胞内，达到治疗作用

**X 型题，以下每一道题下面有 A、B、C、D、E 五个备选答案，请从中选择 2~5 个不等答案。**

**26.** 内源基因的结构突变包括（ ）
A. 点突变 B. 基因重排 C. 基因扩增 D. 基因表达异常 E. 自杀基因表达
**27.** 基因诊断的常用技术方法有（ ）
A. 细胞培养 B. 基因测序 C. PCR D. 核酸分子杂交 E. 基因芯片

**28.** 目前基因治疗的方法有（　　）
A. 基因矫正　B. 基因置换　C. 基因增补　D. 应用自杀基因　E. 基因缺失
**29.** 在目前基因治疗中常选用的基因载体是（　　）
A. 质粒　B. 腺病毒　C. 逆转录病毒　D. 腺病毒相关病毒　E. 杆状病毒
**30.** 以核酸分子杂交为基础的基因诊断方法有（　　）
A. 限制性核酸内切酶酶谱分析法　B. DNA 限制性片段长度多态性分析法
C. 基因序列测定　D. 等位基因特异寡核苷酸探针杂交法
E. 基因芯片

**（三）问答题**

**31.** 基因诊断的特点是什么？
**32.** 试述内源基因结构突变的主要类型以及内源基因结构突变所致的疾病。
**33.** 目前基因诊断可应用于哪些疾病？
**34.** 当前基因治疗拟采用哪些方法？

## 五、复习思考题答案及解析

**（一）名词解释**

**1.** 基因诊断：是利用现代分子生物学和分子遗传学的技术方法直接检测基因结构及其表达水平是否正常，从而对人体状态和疾病作出诊断的方法。
**2.** 基因治疗：目前从广义来说将某种遗传物质转移到患者细胞内，使其在体内发挥作用而达到治疗疾病目的的方法。
**3.** 自杀基因：某些病毒或细菌的基因所表达的酶能将对人体无毒或低毒的药物前体在人体细胞内转变为细胞毒性产物，从而导致携带该基因的受体细胞也被杀死，故称这类基因为“自杀基因”。
**4.** RFLP（restriction fragment length polymorphism）：限制性片段长度多态性，在人类基因组中，中性突变多发生在限制酶识别位点上，经酶切该DNA片段就会产生不同长度的片段，则称其为RFLP。
**5.** ex vivo：间接体内疗法，在体外将外源基因导入靶细胞内，再将这种基因修饰过的细胞回输患者体内，使带有外源基因的细胞在体内表达相应产物以达到治疗的目的。
**6.** 基因置换：用正常的基因通过体内基因同源重组，原位替换病变细胞内的致病基因，使细胞内的 DNA 完全恢复正常状态。
**7.** 基因增补：将目的基因导入病变细胞或其他细胞，不去除异常基因，而是通过目的基因的非定点整合，使其表达产物补偿缺陷基因的功能或使其原有的功能得以加强。
**8.** 基因失活：早期一般指反义核酸技术，即将特定的序列导入细胞后，在转录或翻译水平阻断某些基因的异常表达，以达到治疗疾病的目的。近年来又发展了反基因策略、肽核酸和基因敲除技术，也可达到基因灭活的目的。

**（二）选择题**

**9.** D：传染病的基本特点是外源性病毒、细菌的入侵引起。肿瘤也可能由病毒入侵引起，但更多因素还是内源性基因突变导致。
**10.** A：在生殖细胞里面的突变往往可以遗传给下一代，而其他体细胞中的突变往往只引起个体自身的病变，一般不遗传给下一代。
**11.** B：序列测定是直接判断基因序列是否发生突变的方法，其他方法均是依据可能存在突变进行的间接检测。
**12.** D：基因治疗的载体有病毒载体和非病毒载体。临床基因治疗一般多用病毒载体，以逆转录病毒载体最多。故选 D。
**13.** E：除 E 外，其他各种方法均属于物理方法。
**14.** E：自杀基因疗法为向肿瘤细胞中导入一种基因，表达某种酶，将药物前体转化为细胞毒性产物，使带该基因的肿瘤细胞被杀死。
**15.** A：反义核酸通常影响 mRNA 的稳定性，干扰蛋白质的合成，属于基因失活的方法，对基因组中基因本身的结构一般没有影响。

**16.** D：目的基因的表达，补偿了缺陷基因的功能，属于基因增补。
**17.** B：一般将致病基因的异常碱基进行纠正，保留正常部分，属于基因矫正，而基因替换是用正常基因通过同源重组原位替换致病基因。
**18.** C：只有病原体基因侵入人体属于外源性基因的变异，一般不改变内源基因的结构。
**19.** C：细胞培养严格上讲不属于基因诊断方法，但能提供诊断所需的材料。
**20.** A：早期的基因治疗目的是进行基因矫正、置换；广义的基因治疗则是表达外源基因或关闭、抑制异常基因表达，但均不包括基因缺失的操作。
**21.** B：脂质体介导属于化学方法，其余为物理方法。
**22.** E：多数疾病与基因异常相关，也有部分疾病与基因变异不直接相关。
**23.** E：费用不属于基因诊断的特点，且费用高低不好评价。
**24.** A：目前基因诊断可以对部分肿瘤易感性做出统计学分析并进行一定的预判，但并不能完全意义上进行预防，其他方面均是应用的范畴。
**25.** D：外源基因导入后可以整合，也可以在染色体外进行基因表达，实现基因增补，也可能达到治疗的效果。
**26.** ABC：基因结构改变包含点突变、基因重排和基因扩增，不包括基因表达的改变。
**27.** BCDE：细胞培养不属于基因诊断方法，只能是实验技术，是诊断前的辅助实验方法。
**28.** ABCD：只有基因缺失目前不是基因治疗的方法。
**29.** BCD：基因治疗中常用载体包括腺病毒、逆转录病毒、腺病毒相关病毒，质粒在治疗中不太采用。杆状病毒通常是昆虫病毒。
**30.** ABDE：只有基因测序技术完全不需要用到杂交的原理和技术，其他技术均可以结合探针的杂交来判断结果的准确性。

**（三）问答题**

**31.** 答：基因诊断的特点：①特异性强，直接以疾病相关的目的基因作为探测目标，特异性极强；②灵敏度高，基因诊断常可以鉴定出极微量样本的基因是否存在，甚至能鉴定拷贝数；③快速和早期诊断，通常能在2～3小时内做出鉴定，且不依赖疾病的表型，从而能对疾病作出早期诊断及易感性分析；④适应性强，诊断范围广。可以对各类人群、各类基因及各种疾病做出判断。
**32.** 答：内源基因结构突变包括点突变、缺失或插入突变、染色体易位、基因重排、基因扩增等。突变若发生在生殖细胞，可引起各种遗传性疾病；若发生在其他细胞，可导致肿瘤、心血管疾病等。
**33.** 答：可应用于遗传性疾病、肿瘤、感染性疾病和某些传染性流行病等的诊断、分类分型；还可用于器官移植的组织配型。
**34.** 答：基因治疗拟采用的方法有基因矫正、基因置换、基因增补、反义核酸技术及自杀基因的应用。

（陈维春）

# 第24章　疾病相关基因检测

## 一、教学目的与教学要求

**教学目的**　通过本章学习让学生理解基因结构改变引起疾病的机制；明白细胞间信号异常导致疾病、细胞内因素导致基因表达异常引起疾病、不同的病原微生物基因通过不同的方式引起疾病。同时，掌握以上疾病的相关检测技术及其原理。

**教学要求**　掌握基因结构改变引起的疾病；确定基因在疾病发生中作用的主要方法；疾病相关基因、功能克隆、定位克隆概念。

熟悉不同的病原微生物基因通过不同的方式引起的疾病；基因表达异常引起的疾病；结构分析、基因表达水平分析、功能学研究确定基因在疾病中作用的原理。

了解利用蛋白质的表达及功能信息分离鉴定未知基因；利用基因在染色体的位置信息分离鉴定未知基因；人类基因组计划为疾病相关基因的克隆创造了新条件。

## 二、思维导图

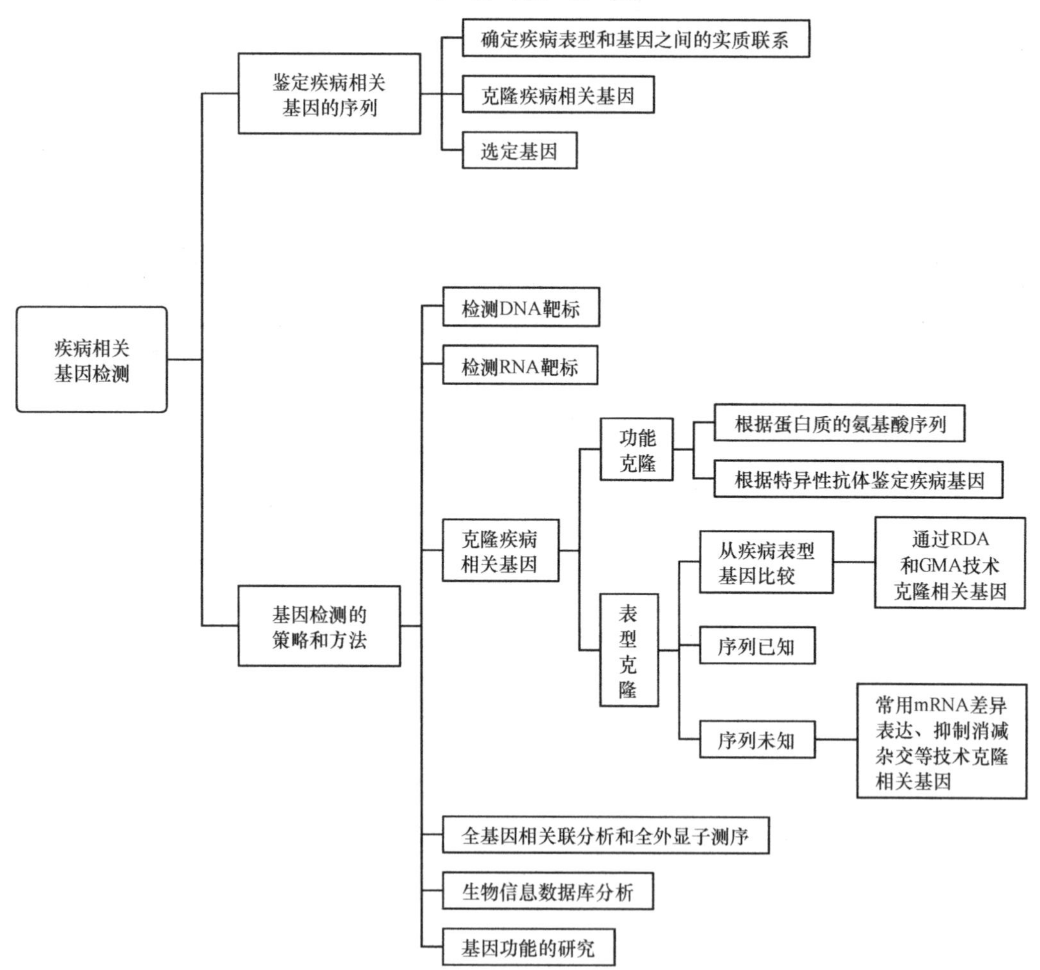

## 三、汉英名词对照

| 中文 | 英文 | 中文 | 英文 |
|---|---|---|---|
| 全基因组测序 | whole-genome sequencing，WGS | 过滤方法 | filtering approaches |
| DNA 功能克隆 | DNA functional cloning | 表型克隆 | phenotype cloning |
| 代表性差异分析 | representative difference analysis，RDA | 基因组错配筛选 | genome mismatch scanning |
| 扩增子 | amplicon | 定位克隆 | positional cloning |
| 基因定位 | gene location | 体细胞杂交 | somatic cell hybridization |
| 染色体原位杂交 | *in situ* hybridization | 荧光原位杂交 | fluorescence in situ hybridization，FISH |
| 染色体异常 | chromosome abnormalities | 连锁分析 | linkage analysis |
| 进行性假肥大性肌营养不良 | duchenne muscular dystrophy，DMD | 全基因组的关联研究 | genome-wide association study，GWAS |
| 全外显子测序 | whole exon sequencing | 电子克隆 | in silico cloning |
| 表达序列标签 | expressed sequence tag，EST | 序列标签位点 | sequence-lagged site，STS |

## 四、复习思考题

### （一）名词解释

**1.** 疾病的位点

**2.** DNA 功能克隆（functional cloning）

**3.** 表型克隆（phenotype cloning）

**4.** mRNA-DD

**5.** 定位克隆（positional cloning）

**6.** 基因定位（gene location）

**7.** 细胞融合（cell fusion）

**8.** 基因敲除技术或基因靶向（gene targeting）灭活

**9.** 噬菌体展示（phage display）

**10.** 疾病相关基因检测

### （二）选择题

**A1 型题，以下每一道题下面有 A、B、C、D、E 五个选项，请从中选择一个最佳答案。**

**11.** 细胞水平定位基因的常用方法（　　）

A. 染色体原位杂交　B. PCR 分析　C. 核酸杂交　D. RFLP 分析　E. SSCP 分析

**12.** 不符合疾病相关基因检测特点的是（　　）

A. 特异性强　B. 灵敏度高　C. 易于做出早期诊断

D. 样品获取便利　E. 检测对象仅为自体基因

**13.** 采用定位克隆策略鉴定的第一个疾病相关基因（　　）

A. 地中海贫血　B. 镰状细胞贫血　C. 进行性假肥大性肌营养不良

D. 血友病　E. X 连锁慢性肉芽肿病基因

**14.** 任何疾病都是什么共同作用的结果（　　）

A. 遗传因素与环境因素　B. 基因与化学因素　C. 生物因素与物理因素

D. 外界与生物因素　E. 生物因素与化学因素

**15.** 疾病相关基因克隆的常用策略是（　　）

A. PCR　B. 分子杂交　C. 定位克隆　D. 蛋白分析　E. 原位杂交

**16.** 必须基于生物信息数据库分析的是（　　）

A. DNA 克隆　B. 电子克隆　C. 基因突变　D. 蛋白测序　E. DNA 测序

**17.** 遗传病基因检测的最重要前提是（　　）

A. 了解患者的家族史　B. 疾病表型与基因型关系已被阐明

C. 了解相关基因的染色体定位　D. 了解相关的基因克隆和功能分析等知识

E. 进行个体的基因分型

**18.** 目前基因检测常用的分子杂交技术不包括哪一项（　　）

A. Southern 印迹　B. Western 印迹　C. Northern 印迹

D. 等位基因特异性寡核苷酸分子杂交　E. DNA 芯片技术

**19.** 判定基因结构异常最直接的方法是（　　）

A. PCR 法　B. 核酸分子杂交　C. DNA 序列测定　D. RFLP 分析　E. SSCP 分析

**20.** 若要采用 Southern 或 Northern 印迹分析某特定基因及其表达产物，需要（　　）

A. 制备固定在支持物上的组织或细胞

B. 收集组织或细胞样品，然后从中提取总 DNA 或 RNA

C. 利用 PCR 技术直接从标本中扩增出待分析的片段

D. 收集组织或细胞样品，然后从中提取蛋白质

E. 收集培养细胞的上清液

**A2 型题，以下每一道题下面有 A、B、C、D、E 五个选项，请从中选择一个最佳答案。**

**21.** 患儿，13 岁，患儿感觉疲乏，头晕，气短，脉搏增高；血液血红蛋白（Hb）含量降低，红细胞数量少而且异常，出现许多长而薄新月形红细胞，患者结膜和口腔黏膜稍微苍白。基因检测分析不正确的是（　　）

A. 可采用 PCR-限制性内切酶谱分析法

B. PCR 扩增患者基因组 DNA 含突变位点的珠蛋白基因片段

C. 特异寡核苷酸探针进行 Southern 印迹杂交分析

D. 选用特定限制内切酶分析

E. 任意限制内切酶分析

**22.** 患儿，12 岁，发育迟缓，走路不稳、偶尔摔跤，双下肢无力、行走困难，腓肠肌假性肥大，生活不能自理。基因检测分析以下正确的是（　　）

A. 无假肥大性肌营养不良基因外显子的缺失或重复

B. DNA 测序可明确假肥大性肌营养不良基因的点突变和微小突变

C. 可优先应用 PCR 对家系其他成员进行突变位点的检测

D. PCR 检查阴性可排除诊断

E. 不能进行绒毛膜活检组织 DNA 分析做产前诊断

**23.** 患儿，4 岁，反复发热感染，扁桃体发炎，肺炎，颈部淋巴结肿大，腋下淋巴结钙化，做基因检测结果可能是（　　）

A. X 连锁慢性肉芽肿病　B. 扁桃体炎　C. 上呼吸道病毒感染

D. 淋巴结核　E. 以上都不对

**B 型题，请从以下 5 个备选项中，选出最适合下列题目的选项。**

（24～25 题共用备选答案）

A. Southern 杂交　B. 基因测序　C. 基因芯片　D. 实时定量 PCR　E. PCR-RFLP

**24.** 检测某个抑癌基因的启动子区 CpG 甲基化，目前最合适的技术是（　　）

**25.** 检测某个由于基因突变产生的异常剪接转录本，目前最合适的技术是（　　）

（26～27 题共用备选答案）

A. 体细胞突变　B. 染色体病　C. 复杂性疾病　D. 线粒体疾病　E. 单基因遗传病

**26.** 随着测序技术的发展，目前外显子测序技术已经成为哪种疾病最有效的分子诊断技术（　　）

**27.** 全基因组关联分析技术已经成为哪种疾病易感基因寻找的有效途径，得到广泛应用（　　）

（28～29 题共用备选答案）

A. TBLASTn　B. TBLASTx　C. BLASTn　D. BLASTx　E. BLASTp

**28.** 属于核酸序列到蛋白库中的一种查询方式是（　　）

**29.** 属于核酸序列到核酸库中的一种查询方式是（　　）

**X 型题，以下每一道题下面有 A、B、C、D、E 五个备选答案，请从中选择 2 ~ 5 个不等答案。**

**30.** 判断疾病相关基因的原则（　　）

A. 确定疾病表型和基因之间的实质联系

B. 鉴定克隆疾病相关基因

C. 确定在疾病发生发展中作用的候选基因

D. 需要确定疾病的遗传因素在疾病发生发展中的作用

E. 疾病相关的致病基因和易感基因的最终鉴定可以筛选出候选基因

**31.** 特异抗体获取方法有（　　）

A. 选择识别功能抗原的单克隆抗体

B. 利用 SDS-PAGE 分离的蛋白质特异带免疫动物

C. Western blotting 膜洗脱识别某一蛋白质带的抗体

D. 用获取的理想抗体筛选表达型基因组文库或 cDNA 文库

E. 以上都不对

**32.** 代表性差异分析（RDA）技术基本步骤（　　）

A. 对疾病和正常组织的 cDNA 或 DNA 片段限制性内切酶消化

B. 两组所有 DNA 片段加上接头，以接头互补序列为引物进行 PCR 扩增

C. 更换新接头

D. 差异杂交筛选

E. 少量杂交反应物为模板进行第二次 PCR 扩增

**33.** 基因检测的常用技术主要有（　　）

A. PCR-RFLP　B. Southern 印迹　C. RNAi

D. ASO 分子杂交　E. DHPLC

**34.** 对基因连锁分析描述正确的是（　　）

A. 可能发生基因重组　B. 检测方法更为简单可靠　C. 结果更为直接和准确

D. 家系成员可能不够完整　E. 遗传标志杂合性所带信息量有限

**35.** 符合 RFLP 技术的选项有（　　）

A. 目前主要用于多基因遗传病的基因检测

B. 需进行足够数量的家系成员分析

C. 重组的发生不影响检测的准确性

D. 被利用的限制性位点杂合率较高，可以提供基因连锁的有用信息

E. 得名于核酸外切酶消化 DNA 分子产生不同长度的片段

**36.** 符合 DNA 芯片技术的描述正确的是（　　）

A. 实质是一种基于 RDB 的技术　B. 高效、高通量且操作易于自动化

C. 一次集成数量巨大的基因探针　D. 代表基因诊断的发展趋势

E. 假阳性率比较高

**37.** 以核酸分子杂交为基础的基因检测方法有（　　）

A. DNA 芯片　B. Northern 印迹　C. 基因序列测定

D. 等位基因特异寡核苷酸探针杂交法　E. PCR 法

**38.** 结构基因突变主要包括（　　）

A. 基因重排　B. 基因扩增　C. 点突变　D. 基因缺失　E. 基因表达异常

**39.** 定位克隆的基本程序主要解决方法是（　　）

A. 尽可能缩小染色体上的候选区域　B. 构建目的区域的物理图谱

C. 对变异位点进行确定　D. 染色体原位杂交　E. 以上都不对

**40.** 不依赖染色体定位的疾病相关基因克隆策略有（　　）

A. 功能克隆　B. 表型克隆

C. 位点非依赖的 DNA 序列信息　D. 动物模型　E. 代表性差异分析技术

**（三）问答题**

**41.** 简述基因组错配筛选（GMS）实验方法。

**42.** 简述全基因组的关联研究（GWAS）方法。

**43.** 简述全外显子测序（whole exon sequencing）技术。

**44.** 简述代表性差异分析（RDA）技术基本步骤。

**（四）问答题**

**45.** 试述基因表达系列分析的原理及其基本过程。

**46.** 试述功能克隆的常用策略。

## 五、复习思考题答案及解析

### （一）名词解释

**1.** 疾病的位点：疾病基因在染色体上的定位。

**2.** DNA 功能克隆（functional cloning）：在已知基因功能产物蛋白质的基础上，鉴定蛋白质编码基因的方法。

**3.** 表型克隆（phenotype cloning）：在疾病表型的基础上，依据基因结构或基因表达的特征联系，分离鉴定疾病相关基因，称为表型克隆。

**4.** mRNA-DD：比较不同组织不同状态下 mRNA 表达的差异，是 RT-PCR 技术和聚丙酰胺凝胶电泳技术的结合，又称为差异显示逆转录 PCR 方法。

**5.** 定位克隆（positional cloning）：根据疾病基因在染色体上的大体位置鉴定克隆疾病相关基因。

**6.** 基因定位（gene location）：是基因分离和克隆的基础，目的是确定基因在染色体的位置以及基因在染色体上的线性排列顺序和距离。

**7.** 细胞融合（cell fusion）：将来源不同的两种细胞融合成一个新细胞称为体细胞杂交（somatic cell hybridization）。

**8.** 基因敲除技术：也称基因靶向（gene targeting）灭活，有目的地去除动物内某种基因的技术。

**9.** 噬菌体展示(phage display)：将外源性 DNA 插入到噬菌体衣壳蛋白基因中的一种表达克隆技术。

**10.** 疾病相关基因检测：检测基因结构变化、基因表达变化和功能改变，预防疾病和反映疾病发展的阶段。

### （二）选择题

**11.** A：染色体原位杂交（*in situ* hybridization）是固相杂交的一种形式，这一技术用来确定某一目的 DNA 顺序在完整染色体上的位置。

**12.** E：ABCD 四个选项都是疾病相关基因检测特点，只有 E 检测对象仅为自体基因不是疾病相关基因检测特点。

**13.** E：采用定位克隆策略鉴定的第一个疾病相关基因是 X 连锁慢性肉芽肿病基因。

**14.** A：任何疾病都是遗传因素和环境因素共同作用的结果。

**15.** C：疾病相关基因克隆的常用策略是定位克隆。

**16.** B：电子克隆；其余四个选项都是实验室检测技术。

**17.** B：遗传病基因检测的最重要前提是疾病表型与基因型关系已被阐明。

**18.** B：Western 印迹，是一项检测蛋白质表达的技术。

**19.** C：判定基因结构异常最直接的方法是 DNA 序列测定，如果序列有变，那么对应的结构也会发生相应的改变。

**20.** B：Southern 或 Northern 印迹是分析标本中对应的 DNA 或 RNA 水平，所以必须先收集组织或细胞样品，然后从中提取总 DNA 或 RNA。

**21.** E：前面四项都是可能检测点突变的方法，只有 E 任意限制内切酶分析是不正确的。

**22.** B：DNA 测序可明确假肥大型肌营养不良基因的点突变和微小突变。

**23.** A：BCD 三种疾病与基因改变无关，只有 A 选项 X 连锁慢性肉芽肿病与基因检测有关。

**24.** B：检测某个抑癌基因的启动子区 CpG 甲基化，目前最合适的技术是基因测序。

**25.** D：检测某个由于基因突变产生的异常剪接转录本，目前最合适的技术是实时定量 PCR。

**26.** E：随着测序技术的发展，目前外显子测序技术已经成为单基因遗传病最有效的分子诊断技术。

**27.** C：全基因组关联分析技术已经成为复杂性疾病易感基因寻找的有效途径，得到广泛应用。

**28.** D：属于核酸序列到蛋白库中的一种查询方式是 BLASTx。

**29.** C：属于核酸序列到核酸库中的一种查询方式是 BLASTn。

**30.** ABCDE：确定疾病表型和基因之间的实质联系、鉴定克隆疾病相关基因、确定在疾病发生发展中作用的候选基因、需要确定疾病的遗传因素在疾病发生发展中的作用、疾病相关的致病基因和易感基因的最终鉴定可以筛选出候选基因。

**31.** ABCD：选择识别功能抗原的单克隆抗体、利用 SDS-PAGE 分离的蛋白质特异带免疫动物、Western blotting 膜洗脱识别某一蛋白质带的抗体、用获取的理想抗体筛选表达型基因组文库或 cDNA 文库。
**32.** ABCDE：对疾病和正常组织的 cDNA 或 DNA 片段限制性内切酶消化、两组所有 DNA 片段加上接头，以接头互补序列为引物进行 PCR 扩增、更换新接头、差异杂交筛选、少量杂交反应物为模板进行第二次 PCR 扩增。
**33.** ABDE：常用技术有 PCR-RFLP、Southern 印迹、ASO 分子杂交、DHPLC。
**34.** ADE：可能发生基因重组、家系成员可能不够完整、遗传标志杂合性所带信息量有限。
**35.** BD：需进行足够数量的家系成员分析、被利用的限制性位点杂合率较高，可以提供基因连锁的有用信息。
**36.** ABCD：实质是一种基于 RDB 的技术，高效、高通量且操作易于自动化，一次集成数量巨大的基因探针，代表基因诊断的发展趋势。
**37.** ABD：DNA 芯片、Northern 印迹、等位基因特异寡核苷酸探针杂交法。
**38.** ABCD：基因重排、基因扩增、点突变、基因缺失。
**39.** ABCD：尽可能缩小染色体上的候选区域、构建目的区域的物理图谱、对变异位点进行确定、染色体原位杂交。
**40.** ABCDE：功能克隆、表型克隆、位点非依赖的 DNA 序列信息、动物模型、代表性差异分析技术。

**（三）问答题**

**41.** 答：用限制性内切酶切割两个血缘远亲基因组 DNA，其中一个以大肠埃希菌 Dam 甲基化酶处理，与另一个血缘远亲 DNA 等量充分混合杂交，形成同源和异源双链。用 Dpn1 和 Mbo1 等酶消化甲基化和未被甲基化的双链 DNA 分子，再用 MutHLS 酶去除含错配碱基不能精确配对的异源双链；将筛选到的无错配的 IBD 序列作为探针，与全基因组克隆进行杂交，可以发现基因组中所有含 IBD 序列的克隆。
**42.** 答：GWAS 是一种在无假说驱动的条件下，通过扫描整个基因组观察基因与疾病表型之间关联的研究手段。具体操作中，通常收集成千上万个患者和对照的 DNA 标本，利用高通量芯片进行 SNP 的基因定型，进一步通过统计学分析，确定分子 SNP 位点和疾病表型的关系。
**43.** 答：全外显子测序技术可对全基因组外显子区域 DNA 富集从而进行高通量测序，它选择性地检测蛋白编码序列，可实现定位克隆，对常见和罕见的基因变异都具有较高灵敏度，仅对约 1%的基因组片段进行测序就可覆盖外显子绝大部分疾病相关基因变异，其高性价比使其在复杂疾病易感基因的研究中颇受推崇。
**44.** 答：①酶切 DNA 片段：提取正常人和患者基因组 DNA，使用限制性内切酶消化获得 150～1000bp 的片段 DNA；②制备扩增子：两组所有 DNA 片段加上接头，以接头互补序列为引物进行 PCR 扩增，获得的扩增产物称为扩增子（amplicon），正常人的 DNA 片段作为检测扩增子，患者的 DNA 片段作为驱赶扩增子；③更换新接头：切去所有扩增子的接头，将检测扩增子加上新的接头；④筛选：按 1∶100 的比例混合检测和驱赶扩增子进行液相杂交。通过检测扩增子新接头为引物，以少量杂交反应物为模板进行第二次 PCR 扩增，最终筛选出两组 DNA 样品间的差异片段。

**（四）问答题**

**45.** 答：基因表达系列分析（SAGE）是通过快速和详细分析成千上万个 EST（express sequenced tags）来寻找出表达丰富度不同的 SAGE 标签序列。

原理：第一，一个 9～10 碱基的短核苷酸序列标签包含有足够的信息，能够唯一确认一种转录物。例如，一个 9 碱基顺序能够分辨 262 144 个不同的转录物（$4^9$），而人类基因组估计仅能编码 80 000 种转录物，所以理论上每一个 9 碱基标签能够代表一种转录物的特征序列。第二，如果能将 9 碱基的标签集中于一个克隆中进行测序，并将得到的短序列核苷酸顺序以连续的数据形式输入计算机中进行处理，就能对数以千计的 mRNA 转录物进行分析。

基本过程：①以 biotinylated oligo（dT）为引物逆转录合成 cDNA，以一种限制性内切酶（锚定酶 anchoring enzyme，AE）酶切。锚定酶要求至少在每一种转录物上有一个酶切位点，一般 4

碱基限制性内切酶能达到这种要求，因为大多数 mRNA 要长于 256 碱基（$4^4$）。通过链霉抗生物素蛋白珠收集 cDNA3′端部分。对每一个 mRNA 只收集其 poly（A）尾与最近的酶切位点之间的片段。②将 cDNA 等分为 A 和 B 两部分，分别连接接头 A 或接头 B。每一种接头都含有标签酶（tagging enzyme，TE）酶切位点序列（标签酶是一种Ⅱ类限制酶，它能在距识别位点约 20 碱基的位置切割 DNA 双链）。接头的结构为引物 A/B 序列+标签酶识别位点+锚定酶识别位点。③用标签酶酶切产生连有接头的短 cDNA 片段（9～10 碱基），混合并连接两个 cDNA 池的短 cDNA 片段，构成双标签后，以引物 A 和 B 扩增。④用锚定酶切割扩增产物，抽提双标签（ditga）片段并克隆、测序。在所测序列中的每个标签间以锚定酶序列间隔，锚定酶采用 Nia Ⅲ限制性内切酶，则以 CATG/GTAC 序列确定标签的起始位置和方向。一般每一个克隆最少有 10 个标签序列，克隆的标签数处于 10～50 之间。⑤对标签数据进行处理。

虽然 SAGE 技术能够尽可能全面地收集生物组织的基因表达信息，但也不能完全保证涵盖所有的低丰度的 mRNA。另外标签体的连接可能因接头的干扰造成克隆所包含的标签体过少和克隆序列末端不能高效地连入载体。

**46.** 答：①根据蛋白质的氨基酸序列克隆基因：对体内表达丰富和可分离纯化的疾病相关蛋白质，用质谱或化学方法进行氨基酸序列分析，根据它的全部或部分氨基酸序列信息，设计寡核苷酸探针，筛查相关的 cDNA 文库，最终筛选出目的基因。②根据特异性抗体鉴定疾病基因：体内含量很低的某些疾病相关蛋白质，为满足氨基酸序列测定的足够纯度蛋白质难以得到。但少量低纯度的蛋白质可用于免疫动物获得特异性抗体，用以鉴定基因。获得的抗体用于直接结合正在翻译过程中的新生肽链，获得同时结合在核糖体上的 mRNA 分子，克隆得到未知基因。可表达的 cDNA 文库也可以利用特异性抗体筛查，筛选出表达蛋白质可与该抗体反应的阳性克隆，获得相应候选基因。

（张义平　殷嫦嫦）

# 第25章 组 学

## 一、教学目的与教学要求

**教学目的** 通过本章学习使学生能够理解基因组、转录物组、蛋白质组、代谢组、糖组、脂质组及其各相关组学的概念和研究内容，充分认识现代医学研究已进入从整体的角度出发针对生物体组织细胞内的某一类分子的组成、结构功能及其相互作用进行系统研究的组学时代，学会从整体的角度思考反映人体组织器官功能和代谢状态，为探索疾病的发生发展规律、发展新的预防、诊断和治疗手段提供思路。

**教学要求** 掌握基因组与基因组学、转录物组与转录物组学、蛋白质组与蛋白质组学、代谢组与代谢组学、糖组学、脂质组学和系统生物学的概念。熟悉各组学的研究内容及其在医学中的应用、熟悉生物信息学的概念。了解各组学研究的常用实验技术、各组学的数据库。

## 二、思 维 导 图

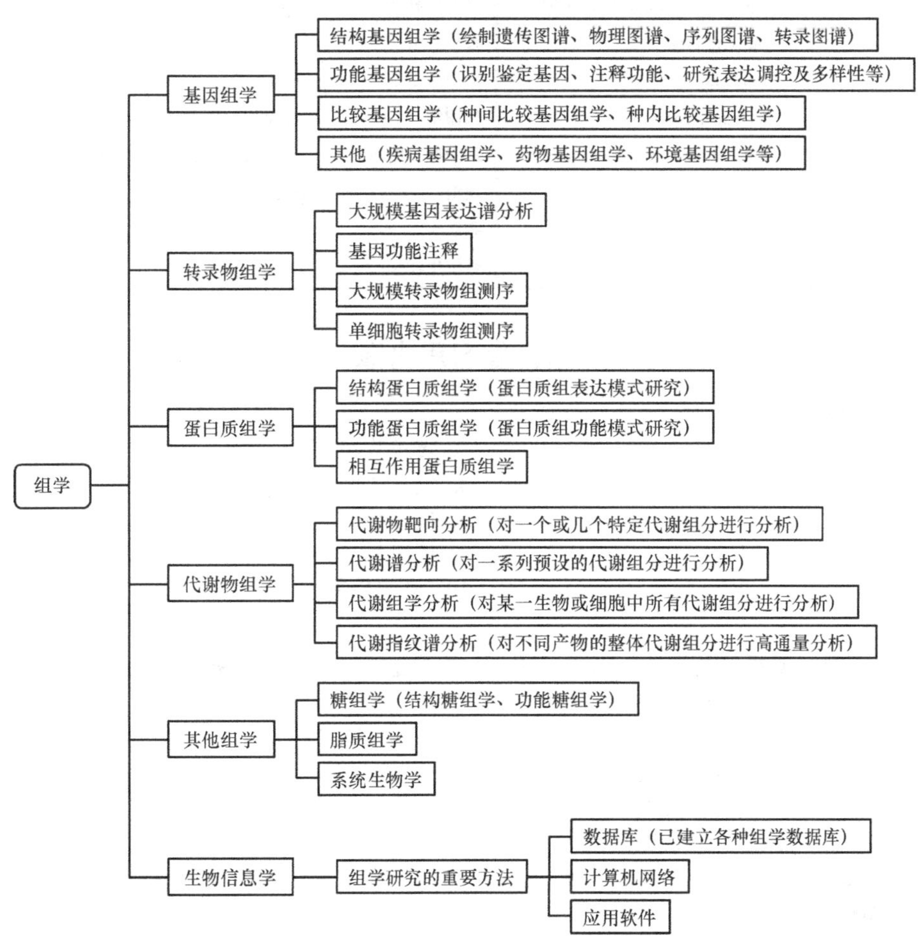

## 三、汉英名词对照

| 中文 | 英文 | 中文 | 英文 |
|---|---|---|---|
| 人类基因组计划 | human genome project，HGP | 基因组 | genome |
| 基因组学 | genomics | 结构基因组学 | structural genomics |
| 功能基因组学 | functional genomics | 比较基因组学 | comparative genomics |
| 遗传图谱 | genetic map | 物理图谱 | physical map |
| 转录图谱 | transcription map | 序列图谱 | sequence map |
| 连锁图谱 | linkage map | 遗传标记 | genetic marker |
| 随机扩增多态性 DNA | random amplified polymorphism DNA，RAPD | 限制性片段长度多态性 | restriction fragment length polymorphism，RFLP |
| 短串联重复序列 | short tandem repeat，STR | 扩增片段长度多态性 | amplified fragment length polymorphism，AFLP |
| 序列标签位点 | sequence tagged site，STS | 单核苷酸多态性 | single nucleotide polymorphism，SNP |
| 微卫星 DNA | microsatellite DNA | 染色体图谱 | chromosome map |
| 表达序列标签 | expressed sequence tag，EST | 生物信息学 | bioinformatics |
| 转录物组 | transcriptome | 转录物组学 | transcriptomics |
| 蛋白质组 | proteome | 蛋白质组学 | proteomics |
| 质谱 | mass spectroscopy | 代谢组 | metabolome |
| 代谢组学 | metabolomics/metabonomics | 双向凝胶电泳 | two-dimensional gel electrophoresis |
| 糖生物学 | glycobiology | 糖组 | glycome |
| 糖组学 | glycomics | 脂质组 | lipidome |
| 脂质组学 | lipidomics | 系统生物学 | systems biology |

## 四、复习思考题

### （一）名词解释

**1.** 基因组学　**2.** 转录物组
**3.** 转录物组学　**4.** 蛋白质组
**5.** 蛋白质组学　**6.** 代谢组
**7.** 代谢组学　**8.** 糖组学
**9.** 脂质组学　**10.** 系统生物学

### （二）选择题

**A1 型题，以下每一道题下面有 A、B、C、D、E 五个选项，请从中选择一个最佳答案。**

**11.** 以下不能作为绘制遗传图谱的标记是（　　）
A. SNP　B. STR　C. PCR　D. RFLP　E. AFLP

**12.** 研究基因表达模式所属的范畴是（　　）
A. 结构基因组学　B. 功能基因组学　C. 比较基因组学　D. 环境基因组学　E. 药物基因组学

**13.** 关于转录图谱的说法，错误的是（　　）
A. 染色体图谱　B. 基因图谱　C. cDNA 图谱
D. 表达序列标签图谱　E. EST 图谱

**14.** 以下不属于转录物组学研究范畴的是（　　）
A. 基因表达谱分析　B. 基因功能注释　C. RNA 测序
D. 单细胞 RNA 测序　E. DNA 测序

**15.** 关于蛋白质组学的描述，错误的是（　　）
A. HGP 的实施与完成，推动了蛋白质组学的发展
B. 指一个基因组、细胞或生物体所表达的全部蛋白质

C. 与基因组学、转录物组学相对应，是一个整体的概念
D. 相对于基因组学概念，蛋白质组学是一个静态的概念
E. 包括蛋白质组表达模式研究和蛋白质组功能模式研究
**16.** 蛋白质组学研究中，最可能不需要用到的实验技术是（　　）
A. 琼脂糖凝胶电泳　　B. 等电聚焦　　C. SDS-PAGE
D. 分子筛层析　　E. 反向柱层析
**17.** 研究基因表达产物（如代谢酶）与代谢产物之间的相互关系属于（　　）
A. 基因组学　　B. RNA 组学　　C. 转录物组学　　D. 蛋白质组学　　E. 代谢组学
**18.** 从整体层面系统研究基因、蛋白质、代谢物及其分子间的相同关系属于（　　）
A. 基因组学　　B. 转录物组学　　C. 蛋白质组学　　D. 代谢组学　　E. 系统生物学
**19.** 糖组学与脂质组学研究的核心技术是（　　）
A. 基因芯片　　B. 寡核苷酸芯片　　C. cDNA 芯片
D. 蛋白质芯片　　E. 色谱分离与质谱鉴定
**20.** 在各种组学研究中都使用的技术是（　　）
A. 基因芯片　　B. 蛋白质芯片　　C. 色谱分离　　D. 质谱分析　　E. 生物信息学
**B 型题，请从以下 5 个备选项中，选出最适合下列题目的选项。**
（21～23 题共用备选答案）
A. cM　　B. STS　　C. Mb　　D. SNP　　E. EST
**21.** 遗传图谱的图距单位是（　　）
**22.** 物理图谱的图距单位是（　　）
**23.** 绘制转录图谱时的作图标志是（　　）
（24～26 题共用备选答案）
A. 基因芯片分析　　B. 全基因组鸟枪法　　C. 基因表达系列分析
D. 质谱分析　　E. 色谱分析
**24.** 可用于全基因组序列测定的最常用技术是（　　）
**25.** 可用于分析特定组织或细胞中基因群体表达状态的技术是（　　）
**26.** 可用于鉴定蛋白质结构的最常用技术是（　　）
**X 型题，以下每一道题下面有 A、B、C、D 四个备选答案，请从中选择 2～4 个不等答案。**
**27.** 结构基因组学的研究内容包括（　　）
A. 遗传图谱　　B. 物理图谱　　C. 序列图谱　　D. 转录图谱
**28.** 蛋白质组学的研究内容包括（　　）
A. 蛋白质种类和结构鉴定　　B. 蛋白质定位分析
C. 蛋白质表达丰度分析　　D. 蛋白质翻译后修饰及相互作用研究
**29.** 代谢组学的研究内容包括（　　）
A. 代谢物靶向分析　　B. 代谢谱分析　　C. 代谢组学分析　　D. 代谢指纹谱分析
**30.** 代谢组学研究的常用技术（　　）
A. 2-DE　　B. NMR　　C. MS　　D. GC-MS 和 LC-MS

### （三）问答题

**31.** 简述各组学研究的主要对象及研究的常用技术。
**32.** 简述生物信息学的研究内容及各组学研究的相关数据库。

## 五、复习思考题答案及解析

### （一）名词解释

**1.** 基因组学：是研究生物体基因组的结构、结构与功能的关系以及基因之间相互作用的科学，包括基因组作图、核苷酸序列分析、基因定位、基因功能分析及表达调控研究等。
**2.** 转录物组：是指一个细胞、组织、器官或者生物体所能转录出来的全部转录本，包括 mRNA、rRNA、tRNA 和其他非编码 RNA。狭义上是指一个活细胞所能转录出来的全部 mRNA。

**3.** 转录物组学：是在整体水平上对组织、细胞或生物体中基因转录的水平及其转录调控规律进行研究的一门学科。
**4.** 蛋白质组：是指一个基因组、一个细胞或组织、一种生物体在特定时间和空间上所表达的全部蛋白质。
**5.** 蛋白质组学：是从整体水平研究细胞内蛋白质的组成、结构及其活动规律的一门学科，包括蛋白质鉴定、蛋白质加工和修饰分析、蛋白质功能研究、代谢相互作用及其作用的网络与时空变化的关系研究等。
**6.** 代谢组：是指一个细胞、组织、器官或体液中所产生的分子量小于 1000 的所有代谢产物。
**7.** 代谢组学：是对某一细胞、组织、器官或体液中所有小分子代谢产物同时进行定性和定量分析的一门学科。
**8.** 糖组学：是对生物体所有聚糖或聚糖复合物的组成、结构及其功能进行研究的一门学科，包括糖与糖之间、糖与蛋白质之间、糖与核苷酸之间的联系和相互作用，旨在阐明聚糖的生物学功能及与细胞、生物个体表型、疾病之间的关系。
**9.** 脂质组学：是对细胞、组织、体液或者生物体内所有脂质及与其相互作用的分子进行研究的一门学科，旨在了解脂质的结构与功能以及与其相互作用的分子，揭示脂质代谢与细胞、器官乃至机体的生理、病理过程之间的关系。
**10.** 系统生物学：是研究一个生物系统中所有组成成分（如基因、mRNA、蛋白质等）及在特定条件下这些组分间的相互关系，并分析生物系统在一定时间内的动力学过程。

**（二）选择题**

**11.** C：物理图谱的绘制以序列标签位点（sequence tagged site，STS）作为标记。STS 是指染色体定位明确且可用 PCR 扩增的单拷贝序列，每隔 100kb 就有一个标记。故 C 不能作为标记。
**12.** B：功能基因组学是利用结构基因组学所提供的信息，采用高通量和大规模的实验手段，结合计算机科学和统计学进行基因组功能注释，在整体水平上全面了解基因功能及基因之间相互作用的信息，认识基因与疾病的关系，掌握基因的产物及其在生命活动中的作用。
**13.** A：转录图谱是在识别基因组所包含的蛋白质编码序列的基础上绘制的结合有关基因序列、位置及表达模式等信息的图谱，也称 cDNA 图谱或表达序列标签（expressed sequence tag，EST）图谱。染色体图谱是物理图谱，故 A 是错误的。
**14.** E：转录物组学是在整体水平上针对组织细胞或生物体所能转录出来的全部转录本进行研究，DNA 不属于其研究范畴，故 E 不正确。
**15.** D：蛋白质组学是从整体水平研究一个基因组、一个细胞或组织、一种生物体在特定时间和空间上所表达的全部蛋白质的组成、结构、功能、相互作用及其调控网络，是一个动态的概念。
**16.** A：琼脂糖凝胶电泳是在核酸分离研究中最常使用的实验技术。
**17.** E：代谢组学主要是针对组织细胞或体液中分子量小于 1000 的代谢产物进行系统研究，这些小分子物质主要是酶的底物和产物，如葡萄糖、cAMP、cGMP、谷氨酸等。
**18.** E：系统生物学是对一个生物系统中所有组成成分以及在特定条件下这些组分间的相互关系进行系统研究。
**19.** E：色谱分离、质谱鉴定和色谱-质谱联用是糖组学和脂质组学研究的最常用技术。
**20.** E：HGP 的实施与基因组学的发展产生了生物信息学，转录物组学、蛋白质组学、代谢组学等的迅猛发展，极大丰富了生物信息学的内涵，生物信息学的发展也为其他组学研究提供了重要方法。
**21.** A，**22.** C，**23.** E：遗传图谱以厘摩（centi-Morgan，cM）作为图距，通过计算连锁的遗传标志之间的重组频率来作图。物理图谱以物理长度 bp、kb、Mb 作为图距，将序列标签位点（sequence tagged site，STS）或基因定位在染色体的实际位置。转录图谱是以 cDNA 文库中表达序列标签（expressed sequence tag，EST）作为定位标志，绘制结合有关基因序列、位置及表达模式等信息的图谱。
**24.** B，**25.** C，**26.** D：全基因组鸟枪法是目前全基因组测序最主要的方法，该法能高效地从人类基因组或其他真核生物基因组获得重叠序列信息。基因表达系列分析（serial analysis of gene expression，SAGE）是基于 cDNA 芯片技术在转录水平研究生物体组织或细胞基因表达模式的一种高通量技术。质谱分析是将样品分子离子化后，根据不同离子间质荷比（*m/z*）的差异来进行成分和结构分析的方法。最常用的有 MALDI-TOF-MS 分析和 ESI-MS 分析。

**27.** ABCD：结构基因组学是研究生物体基因组结构的科学，通过基因作图、核苷酸序列分析确定基因组成、基因定位。其主要目标是绘制生物体的遗传图谱、物理图谱、序列图谱和转录图谱。

**28.** ABCD：四个选项均属于蛋白质组学的研究范畴。

**29.** ABCD：代谢组学的研究内容主要包括以上四个不同的层次和途径。

**30.** BCD：2-DE 是蛋白质组学研究的常用技术。

**（三）问答题**

**31.** 答：

| | 主要研究对象 | 常用研究技术 |
|---|---|---|
| 基因组学 | 基因/基因组/染色体 | DNA 测序技术、全基因组鸟枪法、DNA 芯片技术、转基因技术与基因敲除技术 |
| 转录物组学 | 特定时空的全部转录本 | cDNA 芯片技术、SAGE、MPSS、RNA-seq 技术 |
| 蛋白质组学 | 特定时空的全部蛋白质 | 2-DE、2D-DIGE、MALDI-TOF-MS、ESI-MS/MS、LC-MS、nano-RP-HPLC、蛋白质芯片技术、蛋白质相互作用研究技术 |
| 代谢组学 | 所产生的全部小分子代谢物 | NMR、MS 和色谱-质谱联用技术 |
| 糖组学 | 全部聚糖或聚糖复合物 | 色谱分离、质谱鉴定和色谱-质谱联用 |
| 脂质组学 | 全部脂质 | 色谱分离、质谱鉴定和色谱-质谱联用 |

**32.** 答：生物信息学（bioinformatics）是随着 HGP 的实施、核酸和蛋白质一级结构序列数据及与此相关的分子生物医学文献数据的迅速增长而兴起的一门交叉学科。研究内容主要包括：生物分子信息数据的收集、存储和管理；数据库搜索及序列比对分析；基因组序列信息及功能相关信息的提取和分析；蛋白质组结构比对、预测及功能蛋白组学研究；非编码区序列识别、功能分析；代谢物系统研究；发展生物信息分析的技术与新的研究方法等。

数据库是生物信息学的主要内容，常用的核酸序列数据库有 GenBank、EMBL、DDBJ 等，与基因组有关的数据库有 GDB、dbEST、OMIM、GSDB 等；转录物组相关数据库有 TIGR、ASDB、TRRD、TRANSFAC、EPD、OOTFD、NONCODE 等；蛋白质序列数据库有 PIR-PSD、SWISS-PROT、TrEMBL、UniProt 等，蛋白质片段数据库有 PROSITE、BLOCKS、PRINTS 等，蛋白质三维结构数据库有 PDB、MMDB、BioMagResBank 等，蛋白质结构分类数据库有 SCOP、CATH、ProtClustDB 等；糖组数据库有 GlycoSuiteDB、KEGG 等；脂质组数据库有 LIPID MAPS、Lipid Bank、Cyber Lipids、HMDB 等。

（张志珍）

# 附 《生物化学与分子生物学》模拟试卷

## 第1套 试卷

### 一、选择题（每小题0.5分，共25分）

**A1型题**

**1.** 含有两个羧基的氨基酸是（　　）

A. Lys　B. Ala　C. Glu　D. Arg　E. Gln

**2.** 天然核酸中核糖的构型为（　　）

A. *α-D*-核糖　B. *α-L*-核糖　C. *β-D*-核糖　D. *β-L*-核糖　E. *β-N*-核糖

**3.** RNA分子内部碱基配对主要依赖哪种键（　　）

A. 疏水力　B. 盐键　C. 氢键　D. 糖苷键　E. 酯键

**4.** 有关DNA解链的描述，错误的是（　　）

A. 解链过程中$A_{260}$的变化值达到最大变化值的1/2时对应的温度称为$T_m$

B. $T_m$与DNA长度有关

C. GC百分比越高，$T_m$值越高

D. 溶液离子强度越高，$T_m$值越低

E. 典型的DNA解链曲线呈S形

**5.** 解释酶专一性比较合理的解释是（　　）

A. 锁-钥理论　B. 化学偶联学说　C. 诱导契合学说

D. 中间产物学说　E. 邻近效应和定向排列

**6.** 关于同工酶的描述，正确的是（　　）

A. 酶的结构相同而体内分布不同　B. 催化相同的反应，理化性质相同，但分布不同

C. 催化不同的反应但结构与理化性质相同　D. 催化相同反应，但酶分子的结构与理化性质不同

E. 由同一基因编码，但翻译后加工不同

**7.** 非竞争性抑制剂对酶促反应速度的影响是（　　）

A. $K_m$↑，$V_{max}$不变　B. $K_m$↓，$V_{max}$↓　C. $K_m$不变，$V_{max}$↓

D. $K_m$↓，$V_{max}$↑　E. $K_m$↓，$V_{max}$不变

**8.** 下列哪种酶不参与糖酵解（　　）

A. 磷酸果糖激酶-1　B. 3-磷酸甘油醛脱氢酶　C. 己糖激酶

D. 乳酸脱氢酶　E. 烯醇化酶

**9.** 1分子丙酮酸在线粒体内彻底氧化有几次脱羧反应（　　）

A. 1　B. 2　C. 3　D. 4　E. 5

**10.** 关于磷酸戊糖途径，正确的说法是（　　）

A. 是体内产生$CO_2$的主要来源　B. 可生成NADPH供合成代谢需要

C. 是体内生成糖醛酸的途径　D. 饥饿时葡萄糖经此途径代谢增加

E. 可生成NADPH，后者经电子传递链可生成ATP

**11.** 下列哪种情况主要由脂肪提供能量（　　）

A. 安静状态　B. 空腹　C. 禁食　D. 进餐后　E. 剧烈奔跑

**12.** 饥饿时尿中含量增高的物质是（　　）

A. 乳酸　B. 尿酸　C. 葡萄糖　D. 酮体　E. 丙酮酸

**13.** 酮体合成的限速酶是（　　）

A. HMGCoA裂解酶　B. HMGCoA还原酶　C. HMGCoA合酶

D. 乙酰乙酰CoA硫解酶　E. *β*-羟丁酸脱氢酶

**14.** 下列关于氧化呼吸链的叙述，错误的是（　　）
A. 递氢体同时也是递电子体　B. 在传递氢和电子过程中，可偶联 ADP 磷酸化
C. CO 可使整个呼吸链的功能丧失　D. 呼吸链的组分通常按 $E^0$ 值由小到大的顺序排列
E. 递电子体必然也是递氢体
**15.** 下列关于 ATP 合酶的叙述，错误的是（　　）
A. 催化中心位于 α 亚基
B. c 亚基环、γ 和 ε 亚基组成转子部分
C. $F_0$ 的 α、$b_2$ 和 $F_1$ 的 $\alpha_3\beta_3$ 和 δ 亚基组成定子部分
D. $F_0$ 大部分在线粒体内膜中，形成质子通道
E. 合成一个 ATP 需要 4 个质子
**16.** 肺结核患者体内的氮平衡状态是（　　）
A. 排出氮＜摄入氮　B. 排出氮≤摄入氮　C. 排出氮＞摄入氮
D. 排出氮≥摄入氮　E. 排出氮=摄入氮
**17.** 脑中氨的主要去路是（　　）
A. 合成尿素　B. 合成谷氨酰胺　C. 合成嘌呤　D. 扩散入血　E. 合成必需氨基酸
**18.** 合成尿素的组织或器官为（　　）
A. 肾脏　B. 肝脏　C. 肌肉　D. 胃　E. 脾脏
**19.** 能形成假性神经递质的氨基酸是（　　）
A. Phe　B. Lys　C. His　D. Arg　E. Trp
**20.** 抑制 $FH_4$ 合成的物质是（　　）
A. 别嘌呤醇　B. 甲氨蝶呤　C. 利福平　D. GSH　E. 类固醇激素
**21.** 提供其分子中全部 N 和 C 原子合成嘌呤环的氨基酸是（　　）
A. 丝氨酸　B. 天冬氨酸　C. 甘氨酸　D. 丙氨酸　E. 谷氨酸
**22.** HGPRT（次黄嘌呤-鸟嘌呤磷酸核糖转移酶）参与下列哪种反应（　　）
A. 嘌呤核苷酸从头合成　B. 嘧啶核苷酸从头合成　C. 嘌呤核苷酸补救合成
D. 嘧啶核苷酸补救合成　E. 嘌呤核苷酸分解代谢
**23.** 在生物转化中最常见的结合剂是（　　）
A. 乙酰基　B. 甲基　C. 谷胱甘肽　D. 硫酸　E. 葡萄糖醛酸
**24.** 在体内可转变生成胆汁酸的原料是（　　）
A. 胆汁　B. 胆固醇　C. 胆绿素　D. 血红素　E. 胆素
**25.** 胆红素主要来源于（　　）
A. 血红蛋白分解　B. 肌红蛋白分解　C. 过氧化物酶分解
D. 过氧化氢酶分解　E. 细胞色素分解
**26.** 原核生物 DNA 复制中辨认起始位点主要依赖于（　　）
A. DnaA 蛋白　B. 解链酶　C. 拓扑异构酶　D. 引物酶　E. 连接酶
**27.** DNA 复制中，引物切除及填补空隙之后（　　）
A. 复制出现终止　B. 片段间有待连接缺口　C. 双向复制在终点汇合
D. 需要 DNA-pol Ⅰ 校读　E. 缺口引起框移突变
**28.** DNA 复制时，子链的合成是（　　）
A. 一条链 5′→3′，另一条链 3′→5′　B. 两条链均为 3′→5′　C. 两条链均为 5′→3′
D. 两条链均为连续合成　E. 两条链均为不连续合成
**29.** 指导合成真核生物蛋白质的序列主要是（　　）
A. 高度重复序列　B. 中度重复序列　C. 单拷贝序列
D. 卫星 DNA　E. 反向重复序列
**30.** 外显子的特点通常是（　　）
A. 不编码蛋白质　B. 编码蛋白质　C. 只被转录但不翻译
D. 不被转录也不被翻译　E. 调节基因表达

**31.** 紫外线照射造成 DNA 损伤并形成二聚体主要发生在下列哪种碱基之间（　　）
A. A—T　B. T—T　C. T—C　D. C—C　E. U—C
**32.** 真核生物的 TATA 盒是（　　）
A. DNA 合成的起始位点　B. RNA 聚合酶与 DNA 模板稳定结合处
C. RNA 聚合酶的活性中心　D. 翻译起始点
E. 转录起始点
**33.** 下列关于转录的叙述，正确的是（　　）
A. mRNA 是翻译的模板，转录只是指合成 mRNA 的过程
B. 转录需 RNA 聚合酶，是一种酶促的核苷酸聚合过程
C. 逆转录也需要 RNA 聚合酶
D. DNA 复制中合成 RNA 引物也是转录
E. 肿瘤病毒只有转录，没有复制过程
**34.** tRNA 分子上 3′端序列的功能为（　　）
A. 辨认 mRNA 上的密码子　B. 提供—OH 与氨基酸结合　C. 形成局部双链
D. 被剪接的组分　E. 供应能量
**35.** AUG 是甲硫氨酸唯一的密码子，下列哪项可说明其重要性（　　）
A. 30S 核蛋白亚基的结合位点　B. tRNA 的识别位点　C. 肽链的释放因子
D. 肽链合成的终止密码子　E. 肽链合成的起始密码子
**36.** 能出现在蛋白质分子中的下列氨基酸哪一种没有遗传密码（　　）
A. 色氨酸　B. 甲硫氨酸　C. 羟脯氨酸　D. 谷氨酰胺　E. 组氨酸
**37.** 下列关于 CAP 的叙述，不正确的是（　　）
A. 是同二聚体　B. 有 DNA 结合区　C. 有 cAMP 结合位点
D. CAP 与 Pribnow 盒结合介导正性调节　E. 葡萄糖使 cAMP 浓度下降，而使 CAP 功能丧失
**38.**下列哪种物质不属于第二信使（　　）
A. cAMP　B. $Ca^{2+}$　C. cGMP　D. $IP_3$　E. 乙酰胆碱
**39.** PCR 实验延伸温度一般是（　　）
A. 90℃　B. 72℃　C. 80℃　D. 95℃　E. 60℃
**40.** 在分子生物学领域，重组 DNA 技术又称（　　）
A. 蛋白质工程　B. 酶工程　C. 细胞工程　D. 基因工程　E. DNA 工程

**X 型题**

**41.** 可根据下列哪些性质来分离纯化蛋白质（　　）
A. 蛋白质的溶解度　B. 蛋白质分子大小　C. 蛋白质所带电荷
D. 蛋白质的吸附性质　E. 对其他分子的生物学亲和力
**42.** 3′端具有 poly（A）结构的 RNA 是（　　）
A. mRNA　B. rRNA　C. hnRNA　D. tRNA　E. lncRNA
**43.** 可以进行糖异生的物质有（　　）
A. 丙酮　B. 乙酰辅酶 A　C. 丙酰辅酶 A　D. 丙酮酸　E. 天冬氨酸
**44.** 关于血浆载脂蛋白的描述，正确的是（　　）
A. ApoAⅠ激活 LCAT　B. ApoCⅡ激活 LPL　C. ApoB48 识别 ApoE 受体
D. ApoE 识别 LDL 受体　E. ApoB100 识别 LDL 受体
**45.** 可作为化学渗透假说的证据有（　　）
A. 线粒体内膜完整封闭
B. 降低线粒体内膜外侧 pH 可以增加 ATP 合成
C. 线粒体内膜对 $H^+$、$OH^-$、$K^+$、$Cl^-$不通透
D. 电子传递链可驱动质子转移
E. 解偶联剂可破坏 ATP 的合成

**46.** 嘧啶分解的代谢产物有（　　）

A. $CO_2$　　B. $\beta$-氨基酸　　C. $NH_3$　　D. 尿酸　　E. $\alpha$-氨基酸

**47.** DNA 聚合酶Ⅰ具有（　　）

A. 5′→3′核酸外切酶活性　　B. 5′→3′聚合酶活性　　C. 3′→5′核酸外切酶活性

D. 3′→5′聚合酶活性　　E. 限制性内切酶活性

**48.** 基因表达规律性可表现为（　　）

A. 组织特异性　　B. 细胞特异性　　C. 阶段特异性　　D. 时间特异性　　E. 空间特异性

**49.** 细胞中 cAMP 的含量可受下述哪些酶的影响（　　）

A. 腺苷酸环化酶　　B. ATP 酶　　C. 磷酸二酯酶　　D. 单核苷酸酶　　E. GTP 酶

**50.** 下述序列属于完全回文结构的是（　　）

A. 5′-CCTAGG-3′　　B. 5′-CCATGG-3′　　C. 5′-CCTTGG-3′

D. 5′-CGATCG-3′　　E. 5′-CGAACG-3′

## 二、填空题（每空 0.5 分，共 20 分）

**51.** 二级结构肽段在空间形成的规则组合，称为________；分子量大的蛋白质可折叠成多个结构紧密且功能独立的区域，称为________；这两者的区别是________。

**52.** 原核生物 DNA 的二级结构是________，高级结构是________。

**53.** 酶的降解途径包括________和________。

**54.** 酶活性的调节方式主要有________，________和________。

**55.** 糖原合成的场所有________和________。

**56.** 脂肪酸合成的关键酶是________，激活该酶活性的主要激素是________。

**57.** 合成胆固醇的基本原料是________和________。

**58.** $FADH_2$ 呼吸链中，不包含在复合体内的成分是________和________。

**59.** 与巨细胞贫血有关的维生素有________和________。

**60.** 体内脱氧核苷酸是由________直接还原而生成，催化此反应的酶是________。

**61.** 胆汁酸的功能为________和________。

**62.** DNA 端粒的复制是由________催化，其主要由蛋白质和________两部分组成。

**63.** 真核基因结构________，基因序列中出现外显子和内含子，称为________。

**64.** 真核生物 DNA 聚合酶有 5 种，其中________及________与修复作用有关。

**65.** 经过________端加帽、3′端加 poly（A）尾巴、剪接去除________和碱基修饰等加工，使 hnRNA 成为有生物活性的 mRNA。

**66.** 三联体密码共有 64 个，其中________个代表________种氨基酸。

**67.** 基因表达的方式有________、________和阻遏表达。

**68.** 依赖 cAMP 的蛋白激酶常由________亚基和________亚基构成。

**69.** 基因工程的表达系统包括________和________。

## 三、名词解释（每小题 2 分，共 20 分）

**70** Protein denaturation

**71.** Enzyme active site

**72.** Pasteur effect

**73.** Fat mobilization

**74.** Oxidative phosphorylation

**75.** Cell signal transduction

**76.** Reverse transcription PCR

**77.** Homologous recombination

**78.** *De novo* pathway

**79.** Transpeptidase

## 四、问答题（每小题 2.5 分，共 15 分）

**80.** 简述 tRNA 的结构特点。

**81.** 简述糖酵解的生理意义。

**82.** 简述体内氨基酸的来源与去路。

**83.** 简述不对称转录的主要含义。

**84.** 简述色氨酸操纵子的转录翻译偶联调控机制。

**85.** 简述 cAMP 和 cGMP 细胞信号转导维持平衡的酶控因素。

**五、论述题（每小题 5 分，共 20 分）**

**86.** 试举例阐述蛋白质结构与功能及临床疾病的关系。

**87.** 计算 1mol 花生酸（*n*-二十烷酸）经 TCA 彻底氧化产生多少 ATP，写出主要反应过程。

**88.** 试述真核生物基因表达多层次复杂调控的体现。

**89.** 试述 DNA 复制的保真性主要机制。

# 第 1 套　试卷参考答案

**一、选择题（每小题 0.5 分，共 25 分）**

**A1 型题**

**1.** C　**2.** C　**3.** C　**4.** D　**5.** C　**6.** D　**7.** C　**8.** D　**9.** C　**10.** B　**11.** C　**12.** D　**13.** C　**14.** E　**15.** A
**16.** C　**17.** B　**18.** B　**19.** A　**20.** B　**21.** C　**22.** C　**23.** E　**24.** B　**25.** A　**26.** A　**27.** B　**28.** C　**29.** C
**30.** B　**31.** B　**32.** B　**33.** B　**34.** B　**35.** E　**36.** C　**37.** D　**38.** E　**39.** B　**40.** D

**X 型题**

**41.** ABCDE　**42.** ACE　**43.** CDE　**44.** ABDE　**45.** ABCDE　**46.** ABC　**47.** ABC　**48.** ABCDE　**49.** AC
**50.** ABD

**二、填空题（每空 0.5 分，共 20 分）**

**51.** 超二级结构（模体）　结构域　结构域是超二级结构基础上形成的独立功能区

**52.** 双螺旋　超螺旋

**53.** 溶酶体途径　胞质途径（蛋白酶体途径）

**54.** 变构调节　化学修饰和酶原的激活

**55.** 肝　骨骼肌

**56.** 乙酰辅酶 A 羧化酶　胰岛素

**57.** 乙酰辅酶 A　NADPH

**58.** 辅酶 Q（泛醌）　细胞色素 c

**59.** 维生素 $B_{12}$　叶酸

**60.** 核苷二磷酸　核苷二磷酸还原酶

**61.** 促进消化　维持胆汁稳定

**62.** 端粒酶　RNA

**63.** 不连续　断裂基因

**64.** β　ε

**65.** 5′　内含子

**66.** 61　20

**67.** 组成性表达　诱导

**68.** 催化　调节

**69.** 原核表达系统　真核表达系统

**三、名词解释（每小题 2 分，共 20 分）**

**70.** Protein denaturation：蛋白质变性是指在某些理化因素作用下，致使蛋白质的空间构象被破坏，从而改变蛋白质的理化性质和生物活性。

**71.** Enzyme active site：酶分子中与酶的活性密切相关的基团称为酶的必需基团。这些必需基团在一级结构上可能相距很远，但在空间结构上彼此靠近，组成具有特定空间结构的区域，能与底物特异结合并将底物转化为产物。这一区域被称为酶的活性中心。

**72.** Pasteur effect：巴斯德效应是指糖有氧氧化抑制糖酵解的现象。

**73.** Fat mobilization：储存在脂肪细胞中的脂肪在脂肪酶的作用下，逐步水解，释放出游离脂肪酸和甘油供其他组织细胞氧化利用的过程称为脂肪动员。

**74.** Oxidative phosphorylation：氧化磷酸化是指代谢物脱下的 2H 在呼吸链传递过程中偶联 ADP 磷酸化并生成 ATP 的过程。是体内产生 ATP 的主要方式。

**75.** Cell signal transduction：细胞信号转导是指外源信号被细胞受体识别，通过细胞内一系列化学变化，导致细胞生物效应发生变化。

**76.** Reverse transcription PCR：逆转录 PCR 是指以 mRNA 为模板，在逆转录酶的催化下合成 cDNA，再以 cDNA 为模板进行 PCR 扩增。

**77.** Homologous recombination：同源重组是指发生在非姐妹染色单体之间或同一染色体上含有同源序列的 DNA 分子之间或分子之内的重新组合。

**78.** *De novo* pathway：从头合成是指以氨基酸、一碳单位等简单物质为原料，经过一系列酶促反应合成嘌呤、嘧啶核苷酸的途径。

**79.** Transpeptidase：转肽酶是催化甲酰甲硫氨酰或肽酰 tRNA 和氨基酰 tRNA 形成肽键的酶。

**四、问答题（每小题 2.5 分，共 15 分）**

**80.** 答：含稀有碱基；茎环结构；氨基酸臂；反密码环识别密码子。

**81.** 答：迅速提供能量；在缺氧时为机体提供能量；成熟红细胞的能量来源；神经细胞、白细胞等代谢活跃细胞的部分能量来源。

**82.** 答：来源：食物消化吸收；组织蛋白分解；非必需氨基酸合成。

去路：合成蛋白质；脱氨基作用；脱羧基作用；代谢转变为其他含氮化合物。

**83.** 答：一条链转录，模板链并非总在同一条链上。

**84.** 答：衰减调控、前导序列 1、2、3 和 4 由强至弱形成发夹结构；当色氨酸浓度较低或严重缺乏时，发挥调控作用。

**85.** 答：受催化 cAMP 和 cGMP 合成的环化酶、cAMP 和 cGMP 降解的磷酸酯酶调节。

**五、论述题（每小题 5 分，共 20 分）**

**86.** 答：蛋白质一级结构是空间结构的基础，相似的一级结构具有相似的高级结构与功能，如核糖核酸酶 A 空间结构破坏后，只要一级结构未破坏，可恢复原来的三级结构与功能。在临床上，由于基因突变导致蛋白质的一级结构改变，从而发生的疾病，称为分子病，如镰状细胞贫血。

蛋白质的功能依赖于其空间结构，如血红蛋白与 $O_2$ 结合可引起变构效应，从而使其结合 $O_2$ 的能力发生改变。在临床上，蛋白质一级结构不改变，但是空间结构破坏造成的疾病称为蛋白构象病，如牛海绵状脑病（疯牛病）等。

**87.** 答：1mol 花生酸彻底氧化生成 134molATP；包括 9 次 *β*-氧化，生成 9mol $FADH_2$ 和 9mol $NADH+H^+$，以及 10mol 乙酰 CoA，合计生成 9×1.5+9×2.5+10×10=136ATP，由于脂肪酸活化消耗 2molATP，故净生成 136–2=134molATP；主要反应过程如下：脂肪酸经脂酰 CoA 合成酶生成脂酰 CoA；脂酰 CoA 再经脂酰 CoA 脱氢酶生成 $\Delta^2$-烯酰 CoA；*L*-*β*-羟脂酰 CoA 经脱氢酶生成 *β*-酮脂酰 CoA，再经硫解酶生成乙酰 CoA，进入 TCA。

**88.** 答：DNA 水平、转录水平、转录后水平、翻译水平、翻译后水平。

**89.** 答：碱基互补、DNA 聚合酶识别和自我校读、损伤修复。

（殷嫦嫦）

# 第 2 套　试卷

## 一、选择题

**A 型题（每小题 1 分，共 20 分）**

**1.** 下列物质中，不是生物大分子的是（　　）

A. 胰岛素　B. DNA　C. 维生素　D. 乳酸脱氢酶　E. RNA

**2.** 蛋白质分子在电场中泳动的方向取决于（　　）

A. 电场强度　B. 蛋白质分子形状　C. 蛋白质分子大小

D. 蛋白质分子所带的净电荷　E. 蛋白质的分子质量

**3.** 对稳定蛋白质构象通常不起作用的化学键是（　　）

A. 氢键　B. 酯键　C. 盐键　D. 疏水键　E. 二硫键

**4.** 核酸在 260nm 处有最大光吸收是因为（　　）

A. 嘌呤环上的共轭双键　B. 嘌呤和嘧啶环上有共轭双键　C. 核苷酸中的 *N*-糖苷键

D. 磷酸二酯键　E. 戊糖

**5.** 下列哪个是胞内受体的激素（　　）

A. 肾上腺素　B. 生长激素　C. 胰岛素　D. 去甲肾上腺素　E. 甲状腺素

**6.** 下列哪种代谢途径在细胞质和线粒体共同完成（　　）

A. 糖异生　B. 磷脂合成　C. 胆固醇合成　D. 三羧酸循环　E. 糖酵解

**7.** 呼吸链中细胞色素排列是（　　）

A. $aa_3 \rightarrow b \rightarrow c_1 \rightarrow c_2$　B. $b \rightarrow c_1 \rightarrow c \rightarrow aa_3 \rightarrow O_2$　C. $c \rightarrow b \rightarrow c_1 \rightarrow aa_3 \rightarrow O_2$

D. $c \rightarrow c_1 \rightarrow b \rightarrow aa_3 \rightarrow O_2$　E. $c_1 \rightarrow c \rightarrow b \rightarrow aa_3 \rightarrow O_2$

**8.** 下列关于三羧酸循环的叙述，不正确的是（　　）

A. 循环是糖、脂肪、氨基酸代谢联系的枢纽　B. 循环中的中间产物起催化剂的作用

C. 每循环一次可生成 4 分子 $NADH+H^+$　D. 每循环一次有两次脱羧反应

E. 循环反应不可逆

**9.** 糖代谢各条途径的共同中间产物是（　　）

A. G-1-P　B. G-6-P　C. F-6-P　D. 丙酮酸　E. 3-磷酸甘油醛

**10.** LPL 主要催化（　　）

A. 脂肪细胞甘油三酯水解　B. HDL 中甘油三酯水解　C. CM 中的甘油三酯水解

D. LDL 中甘油三酯水解　E. 肝细胞中的甘油三酯水解

**11.** 下列哪个基团或物质不属于一碳单位（　　）

A. $CO_2$　B. $-CH_3-$　C. $-CH=$　D. $-HC=NH$　E. $-CHO$

**12.** 下列代谢过程与肝脏无关的是（　　）

A. 尿素合成　B. 氧化乙酰乙酸　C. 糖异生作用

D. 药物的羟化反应　E. 合成胆汁酸

**13.** 嘌呤与嘧啶两类核苷酸合成都需要的酶是（　　）

A. PRPP 合成酶　B. CTP 合成酶　C. TMP 合成酶　D. CPS-Ⅱ　E. 酰胺转移酶

**14.** 长期饥饿时大脑的能量来源主要是（　　）

A. 葡萄糖　B. 氨基酸　C. 甘油　D. 酮体　E. 脂肪酸

**15.** 关于关键酶的叙述，不正确的是（　　）

A. 关键酶常位于代谢途径的起始部位

B. 关键酶在代谢途径中活性最高，所以才对整个代谢途径的流量起决定作用

C. 受激素调节的酶常是关键酶

D. 关键酶常是变构酶

E. 关键酶催化的是单向反应

**16.** 关于 DNA 复制中 DNA 聚合酶催化反应的描述，错误的是（　　）

A. 底物是 dNTP　B. 必须有 DNA 模板　C. 合成方向只能是 5′→3′

D. 使 DNA 双链解开　E. 先合成 RNA 引物

**17.** 应激状态时，机体发生的代谢变化中，错误的是（　　）

A. 糖原分解加快　B. 脂肪动员减少　C. 肾上腺素分泌增加

D. 血糖升高　E. 蛋白质分解加速

**18.** 关于复制和转录的叙述，正确的是（　　）

A. 合成起始都需要引物　B. 底物都是 dNTP

C. 都只有 DNA 链中的一条链作为模板　D. 核苷酸之间都是通过磷酸二酯键相连

E. 合成产物都不需要加工

**19.** 下列哪个化合物不是胆色素（　　）

A. 胆绿素　B. 血红素　C. 胆红素　D. 胆素原　E. 胆素

**20.** 体内氨的储存和运输形式是（　　）

A. 天冬氨酸　B. 谷氨酰胺　C. 天冬酰胺　D. 谷氨酸　E. 谷胱甘肽

**X 型题（每小题 1.5 分，共 15 分）**

**21.** 蛋白质变性时（　　）

A. 空间结构破坏，一级结构无改变　B. 280nm 紫外光吸收增加

C. 溶解度降低　D. 生物学功能改变

E. 260nm 紫外光吸收增加

**22.** 芳香族必需氨基酸包括（　　）

A. 色氨酸　B. 酪氨酸　C. 甲硫氨酸　D. 苯丙氨酸　E. 脯氨酸

**23.** 葡萄糖-6-磷酸参与的代谢途径有（　　）
A. 脂肪酸合成　B. 糖异生　C. 糖原合成　D. 磷酸戊糖途径　E. 糖的有氧氧化
**24.** 肝脏中乙酰 CoA 可合成（　　）
A. 胆固醇　B. 甘油　C. 脂肪酸　D. 酮体　E. 葡萄糖
**25.** 氨在血液中的运输形式是（　　）
A. 谷氨酸　B. 谷氨酰胺　C. 天冬氨酸　D. 天冬酰胺　E. 丙氨酸
**26.** 成熟 mRNA 的结构特点是（　　）
A. 分子大小不均一　B. 3′端具有多聚腺苷酸尾　C. 有编码区
D. 5′端具有—CCA 结构　E. 3′端具有—CCA 结构
**27.** 作用于膜受体的激素有（　　）
A. 肾上腺素　B. 甲状腺素　C. 生长因子　D. 胰岛素　E. 胰高血糖素
**28.** 天冬氨酸、乳酸和甘油异生为糖时，所经历的共同反应是（　　）
A. 磷酸烯醇式丙酮酸→2-磷酸甘油酸　B. 3-磷酸甘油酸→1,3-二磷酸甘油酸
C. 3-磷酸甘油醛→磷酸二羟丙酮　D. 果糖-1,6-二磷酸→果糖-6-磷酸
E. 果糖-6-磷酸→葡萄糖-6-磷酸
**29.** 含高能键的化合物是（　　）
A. 乙酰 CoA　B. 磷酸烯醇式丙酮酸　C. 磷酸肌酸
D. AMP　E. ADP
**30.** DNA 复制的特点是（　　）
A. 半不连续复制　B. 半保留复制　C. 双向复制
D. 从头合成　E. 需 4 种 NTP 和 4 种 dNTP 参加

**二、填空题（每空 1 分，共 15 分）**

**31.** 蛋白质亲水胶体稳定的两因素是________、________。
**32.** 嘌呤环上的第________位氮原子与戊糖的第________位碳原子相连形成________键。
**33.** 糖酵解中，催化底物水平磷酸化的酶是________和________。
**34.** 构成人体蛋白质的 20 种氨基酸中，为生酮氨基酸的有________和________。
**35.** 解偶联剂可使呼吸链中电子传递速度________，ATP 生成________。
**36.** 大肠埃希菌起始密码子是________，编码的是________。
**37.** 胆汁酸合成的限速酶是________，其活性受________的负反馈调节。

**三、名词解释（每小题 3 分，共 15 分）**

**38.** P/O 值　**39.** $T_m$ 值
**40.** 一碳单位　**41.** 模板链
**42.** 胆色素的肠肝循环

**四、问答题（每小题 5 分，共 15 分）**

**43.** 简述酶蛋白与辅助因子的相互关系。
**44.** 简述人体物质代谢的三级水平调节。
**45.** 比较转录与复制的相同点和不同点。

**五、论述题（每小题 10 分，共 20 分）**

**46.** 脂肪组织的脂肪在人体内分解成 $CO_2$ 和水的基本代谢过程（指出主要或关键酶，酶的亚细胞定位）。
**47.** 试述短期饥饿时，糖、脂肪及蛋白质代谢的变化及机制。

# 第 2 套　试卷参考答案

**一、选择题**

**A 型题（每小题 1 分，共 20 分）**

**1.** C　**2.** D　**3.** B　**4.** B　**5.** E　**6.** A　**7.** B　**8.** C　**9.** B　**10.** C　**11.** A　**12.** B　**13.** A　**14.** D　**15.** B

**16.** D **17.** B **18.** D **19.** B **20.** B

**X 型题（每小题 1.5 分，共 15 分）**

**21.** ACD **22.** AD **23.** BCDE **24.** ACD **25.** BE **26.** ABC **27.** ACDE **28.** CDE **29.** ABCE **30.** ABCE

**二、填空题（每空 1 分，共 15 分）**

**31.** 水化膜 电荷

**32.** 9 1 糖苷

**33.** 3-磷酸甘油酸激酶 丙酮酸激酶

**34.** 亮氨酸 赖氨酸

**35.** 加快 减少

**36.** AUG 甲酰甲硫氨酸

**37.** 7α-羟化酶 胆汁酸

**三、名词解释（每小题 3 分，共 15 分）**

**38.** P/O 值：物质氧化时，每消耗 1mol 氧原子所消耗的无机磷的摩尔数。

**39.** $T_m$ 值：DNA 在加热变性过程中，紫外吸收值达到最大值的 50%时的温度称为核酸的变性温度或解链温度，用 $T_m$ 表示。

**40.** 一碳单位：某些氨基酸在分解代谢过程中可以产生含有一个碳原子的基团，称为一碳单位。

**41.** 模板链：DNA 双链中按碱基配对规律能指引转录生成 RNA 的一股单链，称为模板链。

**42.** 胆色素的肠肝循环：在生理情况下，肠中生成的胆素原有 10%～20%被肠道重吸收，经门静脉入肝，其中大部分又以原形通过肝重新随胆汁排入肠道，形成胆色素的肠肝循环。

**四、问答题（每小题 5 分，共 15 分）**

**43.** 答：①酶蛋白与辅助因子组成全酶，任意一种单独存在都没有催化活性；②一种酶蛋白只能结合一种辅助因子形成一种全酶，催化一定的化学反应；③一种辅助因子可与不同酶蛋白结合成不同的全酶，催化不同的化学反应；④酶蛋白决定反应的特异性，而辅助因子具体参加化学反应，决定酶促反应的性质和类型。

**44.** 答：人体物质代谢的调节有细胞水平、激素水平和整体水平三级。

细胞水平的调节是物质代谢调节的基础，按调节产生的效应快慢和持续的时间长短不同分为快速调节和迟缓调节，都是对代谢途径中的关键酶或限速酶的调节。快速调节产生的效应快，但持续的时间短；迟缓调节产生的效应慢，但作用的时间长。快速调节又有变构调节和化学修饰调节两种，它们是对原有酶结构的调节；迟缓调节是对酶含量的调节，又分酶蛋白合成和酶蛋白降解两方面，酶蛋白合成又有诱导合成和阻遏合成，与酶基因的表达被激活或抑制有关。

激素水平的调节是激素作用于特定组织细胞（靶组织、靶细胞）上的受体，由受体介导而产生生物学效应。根据受体在细胞上存在部位不同，分通过膜受体作用和通过胞内受体作用两类，但这两类激素最终还是影响细胞水平的调节。

整体水平的调节是在中枢系统的控制下，或通过神经纤维及神经递质对靶细胞直接发生影响，或通过某些激素的分泌来调节某些细胞的代谢与功能，并通过各种激素的互相协调对机体代谢进行综合调节，这种调节称为整体水平的代谢调节。例如，饥饿时，血糖水平降低，会促进甲状腺素分泌而抑制胰岛素分泌，通过激素分泌的平衡改变而调节物质代谢。

**45.** 答：相同之处：①以 DNA 为模板；②以三磷酸核苷为原料；③需依赖 DNA 的聚合酶；④形成 3,5′-磷酸二酯键；⑤5′→3′方向延伸；⑥遵从碱基配对规律。

不同之处：

| 比较项 | 复制 | 转录 |
|---|---|---|
| 酶 | DDDP（DNA-pol） | DDRP（RNA-pol） |
| 原料 | 4 种 dNTP | 4 种 NTP |
| 引物 | 需要 | 不需要 |

**五、论述题（每小题 10 分，共 20 分）**

**46.** 答：在细胞的细胞质内，脂肪经一系列的酶促降解生成脂肪酸和甘油，激素敏感性脂肪酶是关键酶。

甘油释放入血，经血液循环运到肝或其他组织代谢。甘油经甘油激酶催化生成磷酸甘油，后者脱氢生成磷酸二羟丙酮，磷酸二羟丙酮经糖酵解途径生成丙酮酸，过程中生成的磷酸烯醇式丙酮酸由关键酶丙酮酸激酶催化生成丙酮酸。丙酮酸进入线粒体，在线粒体内经丙酮酸脱氢酶复合体催化生成乙酰 CoA，丙酮酸脱氢酶复合体是关键酶，有脱羧反应，脱氢交给 $NAD^+$，生成的 NADH 进入呼吸链，经呼吸链传递，最终生成水和 ATP。乙酰 CoA 与草酰乙酸缩合成柠檬酸进入三羧酸循环，柠檬酸合酶是关键酶，三羧酸循环过程中有 4 次脱氢、2 次脱羧，脱下的氢经呼吸链传递，最终也有水的生成。循环中还有异柠檬酸脱氢酶和 $\alpha$-酮戊二酸脱氢酶复合体是关键酶。细胞质中，3-磷酸甘油醛脱氢生成的 NADH 经穿梭作用进入线粒体，再经呼吸链传递生成水。

脂肪酸在细胞质内活化生成脂酰 CoA，后者经肉碱-脂酰转移酶系统转入线粒体，其中肉碱-脂酰转移酶-Ⅰ是关键酶，在线粒体内，脂酰 CoA 经脱氢、加水、再脱氢、硫解等反应生成乙酰 CoA、$FADH_2$ 和 NADH。乙酰 CoA 与草酰乙酸缩合成柠檬酸进入三羧酸循环彻底氧化，生成 $CO_2$、$H_2O$ 和 ATP。$FADH_2$ 和 NADH 经呼吸链传递，最终生成水和 ATP。

**47.** 答：短期饥饿，此时肝糖原显著减少，血糖趋于降低，引起胰岛素分泌减少，胰高血糖素分泌增加。由于激素分泌的平衡变化，导致体内糖、脂肪及蛋白质的代谢出现“三增强一减弱”的改变，饥饿时的物质代谢变化机制就是因为血糖降低引起的胰高血糖素分泌增加所致。代谢变化：①蛋白质分解加强，释放的氨基酸量增加，此时血液中氨基酸增加，尤其是丙氨酸浓度增加，为糖异生提供主要原料。由于组织的蛋白质分解加强，此时的负氮平衡明显。②脂肪动员加强，血糖低，能量来源不足，胰高血糖素促进脂肪动员，脂肪酸分解提供能量，同时释放出的甘油在肝异生为糖。③糖异生加强、蛋白质分解、脂肪动员都能为糖异生提供原料。④组织对葡萄糖的利用降低，节省葡萄糖。在饥饿的早期，脑依然以氧化葡萄糖为主。

（罗德生）

# 第 3 套 试卷

## 一、选择题

**A 型题（每小题 1 分，共 35 分）**

**1.** 核酸在 260nm 处具有紫外吸收能力的原因是（　　）

A. 嘌呤和嘧啶环中有共轭双键　　B. 嘌呤和嘧啶中有氮原子

C. 嘌呤和嘧啶中有硫原子　　D. 嘌呤和嘧啶连接了核糖

E. 嘌呤和嘧啶连接了磷酸基团

**2.** 与 mRNA 中的 CGA 密码子相对应的 tRNA 反密码子是（　　）

A. GCT　　B. TCG　　C. GCU　　D. UCG　　E. TGC

**3.** 下列关于 DNA 双螺旋结构的叙述，正确的是（　　）

A. 磷酸核糖在双螺旋内侧，碱基位于外侧　　B. 碱基对平面与螺旋轴垂直

C. 核糖平面与螺旋轴垂直　　D. 遵循碱基配对原则，但有摆动现象

E. 两条链的方向相同

**4.** 酶具有极强的催化功能，其最本质的原因是（　　）

A. 增加了反应物之间的接触面　　B. 增加了底物分子的活化能

C. 降低了底物分子的活化能　　D. 邻近效应与定向排列

E. 诱导契合效应

**5.** 已知某种酶（$K_m$=0.06mol/L）催化的反应速度为 $V_{max}$ 的 50%，其底物浓度是（　　）

A. 0.04mol/L　　B. 0.06mol/L　　C. 0.08mol/L　　D. 0.6mol/L　　E. 0.8mol/L

**6.** 下列有关维生素的叙述，正确的是（　　）

A. 都易溶于水　　B. 是体内的能量来源　　C. 缺少时对机体功能无影响

D. 是大分子有机化合物　　E. 体内需要量少，但大多需要从食物中摄取

**7.** 煤气中毒主要是由于抑制了哪种细胞色素（　　）

A. Cyta　　B. Cytb　　C. Cytc　　D. $Cytaa_3$　　E. $Cytc_1$

**8.** 下列说法属于生物氧化特点的是（　　）
A. 反应条件剧烈　B. 放能通常是瞬间释放　C. 不需要酶催化
D. 与体外燃烧相比释放的能量较少　E. $CO_2$由脱羧反应生成，而不是 C 与 O 的直接化合
**9.** 线粒体内 1 分子 $NADH+H^+$通过氧化磷酸化可产生 ATP 的分子数为（　　）
A. 0　B. 1.5　C. 2.5　D. 2　E. 3
**10.** 合成糖原时，葡萄糖供体是（　　）
A. 葡萄糖-1-磷酸　B. 葡萄糖-6-磷酸　C. UDPG　D. 葡萄糖　E. ATP
**11.** 长链脂酰基从胞质转运到线粒体进行脂肪酸$\beta$-氧化，需要的载体为（　　）
A. 柠檬酸　B. 肉碱　C. 酰基载体蛋白　D. CoA　E. GSH
**12.** 在脂肪酸的合成中，每次循环增加 2 个碳原子的供体是（　　）
A. 乙酰 CoA　B. 草酰乙酸　C. 丙二酰 CoA　D. Met　E. Asp
**13.** 低密度脂蛋白又可称为（　　），其功能是转运（　　）
A. α-脂蛋白，TG　B. β-脂蛋白，TG　C. α-脂蛋白，胆固醇
D. β-脂蛋白，胆固醇　E. γ-脂蛋白，胆固醇
**14.** 关于嘌呤核苷酸从头合成的叙述，正确的是（　　）
A. 氨基甲酰磷酸为嘌呤环提供氨甲酰基　B. 合成过程中不会产生自由嘌呤碱
C. 嘌呤环的氮原子均来自氨基酸的$\alpha$-氨基　D. 由 IMP 合成 AMP 和 GMP 均由 ATP 供能
E. 次黄嘌呤-鸟嘌呤磷酸核糖转移酶催化 IMP 转变成 GMP
**15.** 人体内嘌呤核苷酸分解代谢的主要终产物是（　　）
A. 尿素　B. 肌酸　C. 肌酸酐　D. 尿酸　E. $\beta$-丙氨酸
**16.** 嘧啶核苷酸生物合成途径的反馈抑制是由于控制了下列哪种酶的活性（　　）
A. 胸苷酸合成酶　B. 二氢乳清酸酶　C. 二氢乳清酸脱氢酶
D. 天冬氨酸氨基甲酰转移酶　E. 乳清酸磷酸核糖转移酶
**17.** 脱氧核苷酸的生成是（　　）
A. 在相应的核苷水平上直接还原得到　B. 在相应的磷酸水平上直接还原得到
C. 在相应的一磷酸核苷水平上直接还原得到　D. 在相应的二磷酸核苷水平上直接还原得到
E. 在相应的三磷酸核苷水平上直接还原得到
**18.** 饥饿可使肝内哪一条代谢途径增强（　　）
A. 糖原合成　B. 糖酵解途径　C. 糖异生　D. 磷酸戊糖途径　E. 脂肪合成
**19.** 关于变构效应剂与酶结合的叙述，正确的是（　　）
A. 与酶活性中心底物结合部位结合　B. 与调节亚基或调节部位结合
C. 与酶活性中心催化基团结合　D. 与酶活性中心外任何部位结合
E. 通过共价键与酶结合
**20.** 常见的酶的化学修饰方式是（　　）
A. 乙酰化与去乙酰　B. 腺苷化与去腺苷化　C. 甲基化与去甲基化
D. —SH 与—S—S—互变　E. 磷酸化与去磷酸化
**21.** 以下不属于第二信使的是（　　）
A. cAMP　B. cGMP　C. $IP_3$　D. DAG　E. G 蛋白
**22.** 下列有关 G 蛋白描述，正确的是（　　）
A. G 蛋白 α 亚基与 GTP 结合，且与 βγ 亚基分开时处于活性状态
B. G 蛋白 α 亚基与 GDP 结合，且与 βγ 亚基分开时处于活性状态
C. G 蛋白 α 亚基与 GTP 结合，且 α 亚基与 βγ 亚基形成三聚体时处于活性状态
D. G 蛋白 α 亚基与 GDP 结合，且 α 亚基与 βγ 亚基形成三聚体时处于活性状态
E. 只要 G 蛋白 α、β、γ 亚基形成三聚体就处于活性状态
**23.** 血红素合成的关键酶是（　　）
A. ALA 脱水酶　B. ALA 合酶　C. ALA 还原酶
D. 亚铁螯合酶　E. 尿卟啉合成酶

**24.** 下列有关2,3-二磷酸甘油酸（2,3-BPG）旁路途径说法，错误的是（　　）
A. 是糖酵解的侧支循环
B. 为放能反应，不可逆
C. 2,3-BPG的分解大于生成
D. 酵解途径大于2,3-二磷酸甘油酸旁路途径
E. 参与的酶为二磷酸甘油酸变位酶和2,3-二磷酸甘油酸磷酸酶
**25.** 在pH 8.6巴比妥缓冲液中进行血清蛋白醋酸纤维薄膜电泳，迁移速度最快的是（　　）
A. 白蛋白　B. $\alpha_1$-球蛋白　C. $\alpha_2$-球蛋白　D. β-球蛋白　E. γ-球蛋白
**26.** 初级胆汁酸合成的关键酶是（　　）
A. HMG-CoA还原酶　B. HMG-CoA合酶　C. 胆固醇7α-羟化酶
D. HMG-CoA裂解酶　E. 胆固醇7α-脱羟酶
**27.** 下列有关结合胆红素说法，正确的是（　　）
A. 与葡萄糖醛酸结合　B. 与重氮试剂反应慢或间接反应阳性
C. 水中溶解度小　D. 不能经肾随尿排出
E. 透过细胞膜对脑的毒性作用大
**28.** 下列不属于生物转化作用的反应类型是（　　）
A. 氧化　B. 还原　C. 水解　D. 结合　E. 裂解
**29.** 对于RNA聚合酶的叙述，不正确的是（　　）
A. 由核心酶和σ因子构成　B. 核心酶由$\alpha_2\beta\beta'\omega$组成
C. 全酶与核心酶的差别在于β亚单位的存在
D. 全酶包括σ因子　E. σ因子参与转录的起始过程
**30.** 以下反应属于RNA编辑的是（　　）
A. 转录后碱基的甲基化　B. 转录后产物的剪接　C. 转录后产物的剪切
D. 转录产物中核苷酸的插入、删除和取代　E. 以上反应都不是
**31.** 细菌在以下哪种情况表达乳糖代谢相关基因（　　）
A. 高葡萄糖，高乳糖时　B. 高葡萄糖，低乳糖时　C. 低葡萄糖，低乳糖时
D. 低葡萄糖，高乳糖时　E. 高葡萄糖，高果糖时
**32.** 基因表达调控的最主要环节是（　　）
A. 转录起始　B. 基因激活　C. mRNA降解
D. 蛋白质翻译后加工　E. 蛋白质降解
**33.** 以mRNA为模板，合成DNA的酶是（　　）
A. RDDP　B. DDDP　C. DDRP　D. RRDP　E. DRDP
**34.** Ⅱ型限制性内切核酸酶可识别的序列是（　　）
A. GGATACCGAA　B. AAGGATCCGG　C. TTAACGTTCC
D. AACCTTCCGG　E. GACCTGACTA
**35.** 以下可用于检测蛋白质的技术是（　　）
A. Northern blotting　B. Southern blotting　C. Western blotting
D. Eastern blotting　E. dot blotting

**B型题（每小题1分，共15分）**

（36～38题共用选项）
A. $V_{max}$增加，$K_m$不变　B. $V_{max}$降低，$K_m$不变　C. $V_{max}$降低，$K_m$降低
D. $V_{max}$不变，$K_m$降低　E. $V_{max}$不变，$K_m$增加
**36.** 竞争性抑制剂对酶促反应速度的影响是（　　）
**37.** 非竞争性抑制剂对酶促反应速度的影响是（　　）
**38.** 反竞争性抑制剂对酶促反应速度的影响是（　　）
（39～41题共用选项）
A. 谷氨酸　B. 酪氨酸　C. 鸟氨酸　D. 赖氨酸　E. 丙氨酸

**39.** 儿茶酚胺是由哪种氨基酸转化生成的（　　）
**40.** 上面哪种氨基酸为生酮氨基酸（　　）
**41.** 上面哪种氨基酸与尿素循环有关（　　）
（42～44 题共用选项）
RNA 生物合成过程涉及以下多个重要因素：
A. 启动子　　B. 外显子　　C. σ 因子　　D. ρ 因子　　E. 转录因子
**42.** 能直接或间接与真核生物 RNA 聚合酶结合的是（　　）
**43.** 原核生物细胞中能使转录终止的蛋白质是（　　）
**44.** 与成熟 mRNA 的编码序列互补的是（　　）
（45～47 题共用选项）
A. 转化　　B. 转染　　C. 感染　　D. 转座　　E. 转移
**45.** 利用病毒载体将外源 DNA 导入哺乳动物细胞称为（　　）
**46.** 利用质粒载体将外源 DNA 导入大肠埃希菌称为（　　）
**47.** 利用质粒载体将外源 DNA 导入真核细胞称为（　　）
（48～50 题共用选项）
A. PCR　　B. 基因芯片　　C. Southern blotting
D. 酵母双杂交　　E. Eastern blotting
**48.** 大规模研究基因表达通常用的技术是（　　）
**49.** 获得目的基因最常用的技术是（　　）
**50.** 研究两种蛋白相互作用常用的技术是（　　）

**二、名词解释（每小题 2 分，共 10 分）**

**51.** 退火　　**52.** 氧化磷酸化
**53.** 联合脱氨基作用　　**54.** 受体
**55.** 可诱导基因

**三、请将下面的英文翻译为中文（每小题 0.5 分，共 5 分）**

**56.** Base　　**57.** Isoenzyme
**58.** TPP　　**59.** SAM
**60.** IMP　　**61.** Biotransformation
**62.** Hene　　**63.** Transcriptional factor
**64.** Plasmid　　**65.** PCR

**四、问答题（4 题，共 26 分）**

**66.** 镰状细胞贫血发生的生化机制是什么？（7 分）
**67.** 试述酮体生成所需的原料、部位、限速酶及生理意义，并解释重症糖尿病患者为什么会产生酮症酸中毒。(7 分)
**68.** 简述参与原核生物 DNA 复制过程所需的物质。(6 分)
**69.** 简述真核生物翻译起始的基本过程。(6 分)

**五、论述题（9 分）**

**70.** 请从反应经历的大致阶段、关键酶、ATP 生成等方面简述葡萄糖的有氧氧化过程。(不需要写出具体每一步反应）(9 分)

# 第 3 套　试卷参考答案

## 一、选择题

**A 型题（每小题 1 分，共 35 分）**

**1.** A　**2.** D　**3.** B　**4.** C　**5.** B　**6.** E　**7.** D　**8.** E　**9.** C　**10.** C　**11.** B　**12.** C　**13.** D　**14.** B　**15.** D　**16.** D　**17.** D　**18.** C　**19.** B　**20.** E　**21.** E　**22.** A　**23.** B　**24.** C　**25.** A　**26.** C　**27.** A　**28.** E　**29.** C　**30.** D　**31.** D　**32.** A　**33.** A　**34.** B　**35.** C

**B 型题（每小题 1 分，共 15 分）**

**36～41.** EBCBDC **42～44.** EDB **45～47.** CAB **48～50.** BAD

## 二、名词解释（每小题 2 分，共 10 分）

**51.** 退火：热变性的 DNA（1 分）经缓慢冷却后即可复性（1 分），这一过程即为退火。

**52.** 氧化磷酸化：代谢物氧化脱氢经呼吸链传递给氧生成水的同时（1 分），释放能量使 ADP 磷酸化生成为 ATP 的过程，是氧化反应与磷酸化反应的偶联（1 分）。

**53.** 联合脱氨基作用：氨基酸的 *α*-氨基通过转氨基作用转移到 *α*-酮戊二酸分子上，生成相应的 *α*-酮酸和谷氨酸（1 分），然后谷氨酸在 *L*-谷氨酸脱氢酶的催化下，重新生成 *α*-酮戊二酸并释放出氨。这种将转氨基作用和 *L*-谷氨酸脱氢酶的氧化脱氨作用结合起来的脱氨方式称为联合脱氨作用（1 分）。

**54.** 受体：位于细胞膜或细胞内（1 分）的具有对信息分子特异识别和结合的功能，能引起生物学效应的一类生物大分子（1 分）。

**55.** 可诱导基因：在特定环境信号刺激下（1 分），相应的基因被激活，基因表达产物增加（1 分），这种基因称为可诱导基因。

## 三、请将下面的英文翻译为中文（每小题 0.5 分，共 5 分）

**56.** base 碱基

**57.** isoenzyme 同工酶

**58.** TPP 焦磷酸硫胺素

**59.** SAM S-腺苷甲硫氨酸

**60.** IMP 次黄嘌呤核苷酸

**61.** biotransformation 生物转化

**62.** hene 血红素

**63.** transcriptional factor 转录因子

**64.** plasmid 质粒

**65.** PCR 聚合酶链反应

## 四、问答题（4 题，共 26 分）

**66.** 答：镰状细胞贫血发生的生化机制：编码血红蛋白（Hb）（1 分）β 亚基的第六位氨基酸（1 分）的基因发生点突变（1 分），由谷氨酸（GAG）（1.5 分）突变为缬氨酸（GUG）（1.5 分），导致血红蛋白溶解度下降，红细胞扭曲成镰刀状，易衰老死亡而致贫血的发生（1 分）。

**67.** 答：（1）在肝细胞线粒体（1 分）中以 *β*-氧化生成的乙酰 CoA 为原料（1 分），HMG-CoA 合酶是酮体合成的关键酶（1 分）。生理意义：酮体是脂肪酸在肝脏中氧化分解时产生的正常中间代谢物，是肝脏输出能源的一种形式（2 分）。

（2）糖尿病患者由于机体不能很好地利用葡萄糖，必须依赖脂肪酸氧化供能。脂肪动员加强，肝脏酮体生成增多，超过肝外组织利用酮体的能力，从而引起血中酮体增多，由于酮体中的乙酰乙酸、*β*-羟丁酸是有机酸，血中过多的酮体会导致酮症酸中毒（2 分）。

**68.** 答：①底物：4 种 dNTP 原料（1.5 分）；②依赖 DNA 的 DNA 聚合酶（1 分）：催化 DNA 聚合反应（0.5 分）；③模板（1 分）：解开成单链的 DNA 母链（0.5 分）；④引物（1 分）：提供 3′-OH 的 RNA 片段（0.5 分）。

**69.** 答：①核糖体大小亚基分离（1.5 分）；②起始甲硫氨酰-tRNA 结合（1.5 分）；③mRNA 与核糖体小亚基结合（1 分）；④小亚基沿 mRNA 扫描查找起始点（1 分）；⑤80S 起始复合物形成。（1 分）

## 五、论述题（9 分）

**70.** 答：（1）反应阶段：第一阶段是葡萄糖经酵解途径分解为丙酮酸，在胞质中完成；第二阶段是丙酮酸进入线粒体氧化脱羧生成乙酰 CoA；第三阶段是乙酰 CoA 经三羧酸循环彻底分解为 $CO_2$ 和 $H_2O$。（每一阶段 0.5 分）

（2）关键酶：己糖激酶（HK）或葡萄糖激酶（GK）、果糖-6-磷酸激酶-1（PFK-1）、丙酮酸激酶（PK）、丙酮酸脱氢酶复合体、柠檬酸合酶、异柠檬酸脱氢酶、*α*-酮戊二酸脱氢酶复合体。（每个 0.5 分）

（3）ATP 的生成：1 分子葡萄糖经有氧氧化，生成 $NADH+H^+$ 10 分子（其中 2 分子生成于胞质中）=23ATP 或 25ATP。（1 分）

$FADH_2$ 2 分子（线粒体）=3ATP（1 分）

底物水平磷酸化反应 6 次=6ATP（1 分）

合计生成 ATP　　32 分子或 34 分子（1 分）
消耗 ATP　　2 分子
净生成 ATP　30 分子或 32 分子

（刘勇军）

# 第 4 套　试卷

## 一、选择题

**A 型题（每小题 1 分，共 35 分）**

**1.** 有关核小体结构的叙述，正确的是（　　）
A. 组蛋白是由组氨酸构成的
B. 核小体由 RNA 和 H1，H2，H3，H4 各二分子构成
C. 核小体由 DNA 和 H1，H2，H3，H4 各二分子构成
D. 核小体是原核生物 DNA 的三级结构
E. 核小体是真核生物 DNA 的三级结构

**2.** 与 mRNA 中的 AAG 密码相对应的 tRNA 反密码子是（　　）
A. TTC　B. UUC　C. CTT　D. CUU　E. TGC

**3.** 某 DNA 分子中腺嘌呤的含量为 30%，则胞嘧啶的含量为（　　）
A. 10%　B. 15%　C. 20%　D. 25%　E. 30%

**4.** 酶的活性中心（　　）
A. 是深入到酶分子内部的亲水口袋
B. 包含与底物特异性结合的必需基团
C. 与底物结合时不发生构象改变
D. 由一级结构上相互邻近的基团组成
E. 以上都不对

**5.** 关于磺胺类药物描述，正确的是（　　）
A. 化学结构与对氨基苯乙酸相似
B. 是四氢叶酸合成酶的竞争性抑制剂
C. 是二氢叶酸合成酶的竞争性抑制剂
D. 人体核酸合成受干扰
E. 不影响细菌核酸合成

**6.** 婴幼儿缺乏维生素 D 时，易引起（　　）
A. 夜盲症　B. 软骨病　C. 佝偻病　D. 脚气病　E. 坏血病

**7.** 线粒体内的两条呼吸链，相同的特点是（　　）
A. 组成的复合体种类相同
B. 传递的起点相同
C. 从泛醌之后的传递路径相同
D. 都只传递电子而不产生 ATP
E. 2H 通过呼吸链生成水产生的 ATP 数量相同

**8.** 脑细胞胞质中 1 分子（$NADH+H^+$）的氧化（　　）
A. 产生 2.5 分子 ATP
B. 经由 $\alpha$-磷酸甘油穿梭进入线粒体
C. 由 NADH 氧化呼吸链生成水
D. 经由苹果酸-天冬氨酸穿梭进入线粒体
E. 直接在胞质中生成水

**9.** 下列呼吸链组分中，既能传递氢也能传递电子的是（　　）
A. FAD　B. $Cytc_1$　C. $Cytaa_3$　D. 铁硫蛋白　E. Cytb

**10.** 在糖异生、糖原合成和糖原分解途径中均出现的化合物是（　　）
A. 磷酸烯醇式丙酮酸
B. 磷酸二羟丙酮
C. 果糖-1,6-二磷酸
D. 3-磷酸甘油醛
E. 葡萄糖-6-磷酸

**11.** 在脂肪酸合成中，将乙酰 CoA 从线粒体内转移到细胞质中的化合物是（　　）
A. 乙酰 CoA　B. 草酰乙酸　C. 琥珀酸　D. 柠檬酸　E. 天冬氨酸

**12.** 脂肪酸 $\beta$-氧化的酶促反应顺序为（　　）
A. 脱氢、再脱氢、加水、硫解
B. 脱氢、加水、再脱氢、硫解
C. 脱氢、脱水、再脱氢、硫解
D. 脱氢、加水、硫解、再脱氢
E. 加水、脱氢、硫解、再脱氢

**13.** 胆固醇在体内可转变成（　　）
A. 维生素 D　B. 盐皮质激素　C. 胆汁酸　D. 性激素　E. 以上都是
**14.** 下列参与嘌呤核苷酸从头合成的氨基酸是（　　）
A. 谷氨酸　B. 甘氨酸　C. 丙氨酸　D. 精氨酸　E. 组氨酸
**15.** 嘌呤核苷酸从头合成时首先生成的是（　　）
A. GMP　B. AMP　C. IMP　D. XMP　E. OMP
**16.** 哺乳类动物体内直接催化尿酸生成的酶是（　　）
A. 尿酸氧化酶　B. 黄嘌呤氧化酶　C. 核苷酸酶
D. 鸟嘌呤脱氨酶　E. 腺苷脱氨酸
**17.** 次黄嘌呤-鸟嘌呤磷酸核糖转移酶参与下列哪种反应（　　）
A. 嘌呤核苷酸从头合成　B. 嘧啶核苷酸从头合成　C. 嘌呤核苷酸补救合成
D. 嘧啶核苷酸补救合成　E. 嘌呤核苷酸分解代谢
**18.** 不能在胞质内进行的代谢途径是（　　）
A. 脂肪酸合成　B. 磷酸戊糖途径　C. 脂肪酸 $\beta$-氧化
D. 糖酵解　E. 糖原合成与分解
**19.** 下列关于酶的化学修饰调节的叙述，错误的是（　　）
A. 引起酶蛋白发生共价变化　B. 使酶活性改变　C. 有放大效应
D. 是一种酶促反应　E. 与酶的变构无关
**20.** 磷酸二羟丙酮是哪两种代谢之间的交叉点（　　）
A. 糖-氨基酸　B. 糖-脂肪酸　C. 糖-甘油　D. 糖-胆固醇　E. 糖-核酸
**21.** 以下选项属于第二信使的是（　　）
A. PKC　B. G 蛋白　C. TG　D. cAMP　E. $Mg^{2+}$
**22.** 下列有关 G 蛋白说法正确的是（　　）
A. G 蛋白 α 亚基与 GDP 结合，且与 βγ 亚基分开时处于活性状态
B. G 蛋白 α 亚基与 GTP 结合，且与 βγ 亚基分开时处于活性状态
C. G 蛋白 α 亚基与 GTP 结合，且 α 亚基与 βγ 亚基形成三聚体时处于活性状态
D. G 蛋白 α 亚基与 GDP 结合，且 α 亚基与 βγ 亚基形成三聚体时处于活性状态
E. 以上都不对
**23.** 下列关于血红素合成的说法，错误的是（　　）
A. 关键酶是 ALA 脱水酶　B. 中间阶段在胞质中
C. 基本原料为琥珀酰 CoA、Gly 和 $Fe^{2+}$　D. 起始、终末阶段在线粒体中进行
E. 进行主要部位是骨髓的幼红细胞和网织红细胞
**24.** 下列有关 2,3-二磷酸甘油酸旁路途径的描述，错误的是（　　）
A. 是糖酵解的侧支循环　B. 为放能反应，不可逆
C. 2,3-二磷酸甘油酸旁路途径大于酵解途径　D. 2,3-BPG 的生成大于分解
E. 参与的酶为二磷酸甘油酸变位酶和 2,3-二磷酸甘油酸磷酸酶
**25.** 在 pH 8.6 巴比妥缓冲液中进行血清蛋白醋酸纤维薄膜电泳，迁移速度最慢的血清蛋白是（　　）
A. 白蛋白　B. $\alpha_1$-球蛋白　C. $\alpha_2$-球蛋白　D. β-球蛋白　E. γ-球蛋白
**26.** 下列有关初级胆汁酸合成的描述，错误的是（　　）
A. 清除胆固醇的主要方式　B. 合成原料为胆固醇　C. 关键酶是胆固醇 7α-羟化酶
D. 合成部位是肝细胞微粒体和胞质　E. 关键酶是 HMG-CoA 还原酶
**27.** 下列有关间接胆红素的说法，错误的是（　　）
A. 水中溶解度小　B. 与重氮试剂反应慢或间接反应阳性
C. 与葡萄糖醛酸结合　D. 不能经肾随尿排出
E. 透过细胞膜对脑有毒性作用
**28.** 下列属于生物转化作用第二相反应的类型是（　　）
A. 氧化　B. 还原　C. 水解　D. 结合　E. 裂解

**29.** 真核生物 RNA 聚合酶Ⅱ在核内转录的产物是（　　）

A. hnRNA　B. 线粒体 RNAs　C. ScRNA
D. 5.8S，28SrRNA 前体　E. U6snRNA 前体，5SrRNA 前体

**30.** 以下对 tRNA 合成的描述，错误的是（　　）

A. RNA 聚合酶Ⅲ催化 tRNA 前体的合成
B. tRNA 前体在酶作用下切除 5′和 3′端处多余的核苷酸
C. tRNA 前体中含有内含子　D. tRNA 3′端需加上 ACC-OH
E. tRNA 前体还需要进行化学修饰加工

**31.** 以下属于负性调控元件的是（　　）

A. 启动子　B. 增加子　C. 沉默子　D. 密码子　E. 复制子

**32.** 以下哪种属于调节性 RNA（　　）

A. mRNA　B. tRNA　C. rRNA　D. 线粒体 RNA　E. 反义 RNA

**33.** 以下哪种酶是基因工程中的“缝纫针”（　　）

A. 限制性内切核酸酶　B. DNA 聚合酶Ⅰ　C. 逆转录酶
D. $T_4$ DNA 连接酶　E. 末端转移酶

**34.** 质粒 DNA 导入受体菌的过程称为（　　）

A. 转染　B. 转导　C. 转化　D. 转座　E. 感染

**35.** 酵母双杂交技术可用于研究（　　）

A. DNA-DNA 相互作用　B. DNA-蛋白质相互作用　C. DNA-RNA 相互作用
D. 蛋白质-蛋白质相互作用　E. RNA-RNA 相互作用

**B 型题（每小题 1 分，共 15 分）**

（36～38 题共用选项）

A. $V_{max}$ 增加，$K_m$ 不变　B. $V_{max}$ 降低，$K_m$ 不变　C. $V_{max}$ 降低，$K_m$ 降低
D. $V_{max}$ 不变，$K_m$ 降低　E. $V_{max}$ 不变，$K_m$ 增加

**36.** 竞争性抑制剂对酶促反应速度的影响是（　　）

**37.** 非竞争性抑制剂对酶促反应速度的影响是（　　）

**38.** 反竞争性抑制剂对酶促反应速度的影响是（　　）

（39～41 题共用选项）

A. 丙氨酸　B. 精氨酸　C. S-腺苷甲硫氨酸
D. PAPS　E. 甘氨酸

**39.** 可提供硫酸基团的是（　　）

**40.** 代谢时能生成一碳单位的化合物是（　　）

**41.** 可提供甲基的是（　　）

（42～44 题共用选项）

已知真核生物的 RNA 聚合酶有以下 5 种：

A. RNA-pol Ⅰ　B. RNA-pol Ⅱ　C. RNA-pol Ⅲ　D. RNA-pol Ⅳ　E. RNA-pol mt

**42.** 催化 mRNA 前体合成的 RNA 聚合酶为（　　）

**43.** 催化 tRNA 前体合成的 RNA 聚合酶为（　　）

**44.** 催化 rRNA 前体合成的 RNA 聚合酶为（　　）

（45～47 题共用选项）

A. 质粒载体　B. PCR 法　C. 从基因文库中筛选
D. 蓝白斑筛选　E. 人工染色体载体

**45.** 人类基因组计划中绘制物理图谱常采用的载体是（　　）

**46.** 获得目的基因的常用方法是（　　）

**47.** 能利用 $\beta$-半乳糖苷酶筛选重组质粒可用的方法是（　　）

（48～50 题共用选项）

A. 体细胞核全部导入另一个体的去细胞核的卵细胞内　B. 去除动物体内某种基因

C. 被导入的目的基因　　D. 扩增目的基因
E. 获得目的基因
**48.** 转基因指的是（　　）
**49.** 核转移指的是（　　）
**50.** 基因敲除指的是（　　）

**二、名词解释（每小题 2 分，共 10 分）**

**51.** 增色效应　　**52.** 氧化呼吸链
**53.** 一碳单位　　**54.** 第二信使
**55.** 基因

**三、请将下面的英文翻译为中文（每小题 0.5 分，共 5 分）**

**56.** cDNA　　**57.** Enzyme
**58.** FMN　　**59.** Essential amino acid
**60.** GMP　　**61.** Bile acid
**62.** non-protein nitrogen，NPN　　**63.** Promoter
**64.** Vector　　**65.** Probe

**四、问答题（4 题，共 26 分）**

**66.** 蛋白质各级结构分别由什么化学键维系其稳定？（7 分）
**67.** 简述血浆脂蛋白的分类、化学组成特点和主要生理功能。(7 分)
**68.** 简述 DNA 半保留复制及其生物学意义。(6 分)
**69.** 简述原核生物翻译的起始过程。(6 分)

**五、论述题（9 分）**

**70.** 请叙述糖酵解、糖的有氧氧化、磷酸戊糖途径、糖异生的生理意义。

# 第 4 套　试卷参考答案

**一、选择题**

**A 型题（每小题 1 分，共 35 分）**

**1.** E　**2.** D　**3.** C　**4.** B　**5.** C　**6.** C　**7.** C　**8.** B　**9.** A　**10.** E　**11.** D　**12.** B　**13.** E　**14.** B　**15.** C
**16.** B　**17.** C　**18.** C　**19.** E　**20.** C　**21.** D　**22.** B　**23.** A　**24.** C　**25.** E　**26.** E　**27.** C　**28.** D　**29.** A
**30.** D　**31.** C　**32.** E　**33.** D　**34.** C　**35.** D

**B 型题（每小题 1 分，共 15 分）**

**36～41.** EBCDEC　**42～44.** BCA　**45～47.** EBD　**48～50.** CAB

**二、名词解释（每小题 2 分，共 10 分）**

**51.** 增色效应：DNA 变性后（1 分），其 260nm 波长下的吸光度升高的现象（1 分）。
**52.** 氧化呼吸链：位于线粒体内膜上由多种酶和辅酶组成的连锁体系（1 分），负责将代谢物脱下的成对氢（2H）传递给氧生成水（1 分）。
**53.** 一碳单位：某些氨基酸在分解代谢过程中（1 分）产生的含有一个碳原子的有机基团称为一碳单位（1 分）。
**54.** 第二信使：激素等作用于膜受体后（1 分），在胞内传递信息的小信号分子（1 分）。
**55.** 基因：是遗传的基本单位（1 分），是负载着特定遗传信息的 DNA 片段（1 分）。

**三、请将下面的英文翻译为中文（每小题 0.5 分，共 5 分）**

**56.** cDNA　互补 DNA　　**57.** Enzyme　酶
**58.** FMN　黄素单核苷酸　　**59.** Essential amino acid　必需氨基酸
**60.** GMP　一磷酸鸟苷　　**61.** Bile acids　胆汁酸
**62.** NPN　非蛋白氮　　**63.** Promoter　启动子
**64.** Vector　载体　　**65.** Probe　探针

**四、问答题（4 题，共 26 分）**

**66.** 答：一级：肽键、二硫键；二级：氢键（1 分）；三级：离子键或盐键（1 分）、氢键（1 分）、疏水键（1 分）；四级：离子键或盐键、氢键、疏水键（1 分）。

**67.** 答：密度分类：CM、VLDL、LDL 和 HDL（2 分）。

化学组成特点：富含 TG、富含 TG、富含 Ch、富含蛋白质（2 分）。

功能分别是：转运外源性 TG 及 Ch、转运内源性 TG、转运内源性 Ch、逆向转运 Ch（3 分）。

**68.** 答：①母链 DNA 解开成两股单链作为模板，按碱基配对规律合成与模板互补的子链（2 分）；②2 个子代 DNA 中，一股单链从亲代完整地接受过来，另一股单链则完全重新合成（2 分）；③子代保留了亲代的全部遗传信息，体现了遗传的保守性（2 分）。

**69.** 答：①核糖体大小亚基分离（1.5 分）；②mRNA 在核糖体小亚基定位结合（1.5 分）；③起始氨基酰-tRNA 的结合（1.5 分）；④70S 起始复合物形成（1.5 分）。

**五、论述题（9 分）**

**70.** 答：糖酵解的生理意义：①为机体迅速提供能量（1 分）；②某些缺乏线粒体（如红细胞）及代谢活跃（如神经细胞）的组织细胞，必须依靠糖酵解提供能量，特殊情况下机体应激供能的有效方式（1 分）。

糖的有氧氧化的生理意义：①是机体获取能量的主要途径（1 分）；②是体内三大营养物质代谢的总枢纽（1 分）。

磷酸戊糖途径的生理意义：①产生 5-磷酸核糖用于合成核苷酸和核酸（1 分）；②产生 $NADPH+H^+$参加多种加氢反应（1 分）。

糖异生的生理意义：①保持血糖浓度恒定；②有利于体内乳酸的利用；③补充肝糖原；④调节酸碱平衡（3 分）。

（张志珍）

# 第 5 套　试卷

**一、选择题（每小题 1 分，共 20 分）**

**1.** 胆汁酸合成的限速酶是（　　）

A. HMG-CoA 还原酶　　B. 鹅脱氧胆酰 CoA 合成酶　　C. 胆固醇氧化酶
D. 胆酰 CoA 合成酶　　E. 7$\alpha$-羟化酶

**2.** 机体可以降低外源性毒物毒性的反应是（　　）

A. 生物转化　　B. 肌糖原磷酸化　　C. 三羧酸循环　　D. 乳酸循环　　E. 甘油三酯分解

**3.** 在线粒体内所进行的代谢过程是（　　）

A. 软脂酸的合成　　B. 磷脂的合成　　C. 糖酵解　　D. 糖原的合成　　E. 脂肪酸 $\beta$-氧化

**4.** 糖类、脂类、氨基酸氧化分解时，进入三羧酸循环的主要化合物（　　）

A. 异柠檬酸　　B. 丙酮酸　　C. 乙酰 CoA　　D. $\alpha$-酮酸　　E. $\alpha$-酮戊二酸

**5.** 细胞水平的调节通过下列机制实现，但应除外的是（　　）

A. 化学修饰调节　　B. 酶活性调节　　C. 酶含量调节　　D. 激素调节　　E. 别构调节

**6.** 逆转录是指（　　）

A. 以 RNA 为模板合成 RNA　　B. 以 DNA 为模板合成 DNA
C. 以 DNA 为模板合成 RNA　　D. 以 RNA 为模板合成蛋白质
E. 以 RNA 为模板合成 DNA

**7.** 冈崎片段是指（　　）

A. DNA 模板上的 DNA 片段　　B. 后随链上合成的 DNA 片段
C. 前导链上合成的 DNA 片段　　D. 引物酶催化合成的 RNA 片段
E. 由 DNA 连接酶合成的 DNA

**8.** 关于真核生物 RNA 聚合酶的叙述正确的是（　　）

A. 真核生物 RNA 聚合酶有三种　　B. 由四种亚基组成的复合物

C. 全酶中包括一个δ因子　D. 全酶中包括两个β因子
E. 全酶中包括一个α因子

**9.** 真核生物转录终止（　　）
A. 需要ρ因子　B. 需要形成锤头结构　C. 需要释放因子 RF
D. 一般与转录后产物加工修饰相偶联　E. 需要信号肽

**10.** 蛋白质合成时，氨基酸被活化的部位是（　　）
A. 烷基　B. 羧基　C. 氨基　D. 硫氢基　E. 羟基

**11.** 反密码子 UAG 识别 mRNA 上的密码子是（　　）
A. GTC　B. ATC　C. AUC　D. CUA　E. CTA

**12.** 细菌经光线照射会发生 DNA 损伤，为修复这种损伤，细菌合成修复酶的基因表达增强，这种现象称为（　　）
A. DNA 损伤　B. DNA 修复　C. DNA 表达　D. 诱导　E. 阻遏

**13.** 基因表达调控的基本控制点是（　　）
A. 基因结构活化　B. 转录起始　C. 转录后加工
D. 蛋白质翻译及翻译后加工　E. mRNA 从细胞核转运到细胞质

**14.** 通过蛋白激酶 A 通路发挥作用的激素是（　　）
A. 生长因子　B. 心房钠尿肽　C. 类固醇激素　D. 胰高血糖素　E. 甲状腺素

**15.** 下列哪项不符合 G 蛋白的特点（　　）
A. 又称鸟苷三磷酸结合蛋白　B. 由α、β、γ三种亚基组成
C. α亚基能与 GTP、GDP 结合　D. α亚基具有 GTP 酶活性
E. βγ亚基结合松弛

**16.** 激素的第二信使不包括（　　）
A. $CO_2$　B. cAMP　C. DAG　D. $Ca^{2+}$　E. $IP_3$

**17.** 细胞膜受体的化学本质是（　　）
A. 糖蛋白　B. 脂类　C. 糖类　D. 肽类　E. 核酸

**18.** 应用α互补筛选重组体时，含有外源基因的重组体菌落颜色应为（　　）
A. 紫色　B. 蓝色　C. 白色　D. 无色　E. 以上都不是

**19.** 某限制性内切核酸酶按 GGG▼CGCCC 方式切割产生的末端突出部分含（　　）
A. 1 个核苷酸　B. 2 个核苷酸　C. 3 个核苷酸　D. 4 个核苷酸　E. 5 个核苷酸

**20.** *p53* 基因是（　　）
A. 结构基因　B. 操纵基因　C. 抑癌基因　D. 调节基因　E. 癌基因

**二、名词解释（每小题 2 分，共 10 分）**

**21.** 糖异生　**22.** 底物水平磷酸化
**23.** 半不连续复制　**24.** S-D 序列
**25.** 受体

**三、问答题（每小题 5 分，共 40 分）**

**26.** 何谓蛋白质变性？影响变性的因素有哪些？
**27.** 简述真核生物 mRNA 的结构特点。
**28.** 氨蝶呤及甲氨蝶呤都是叶酸的类似物，能抑制二氢叶酸还原酶的活性，这属于哪种抑制？为什么？
**29.** 肝中葡萄糖-6-磷酸的代谢去路有哪些？
**30.** 何谓一碳单位？一碳单位的类型、载体及生理意义是什么？
**31.** CPS Ⅰ 和 CPS Ⅱ 都催化合成哪种分子？试比较两个酶的异同点。
**32.** 简述受体与配体结合的主要特点。
**33.** 简述基因克隆包括哪些主要操作步骤。

**四、论述题（每小题 10 分，共 30 分）**

**34.** 为什么吃糖多了人体会发胖（写出主要的反应过程）？脂肪能转变成葡萄糖吗？为什么？

**35.** 论述下列代谢途径能否在体内进行，并简要说明其可能的途径或不可能的原因。
（1）葡萄糖→胆固醇（2）胆固醇→葡萄糖（3）天冬氨酸→葡萄糖（4）葡萄糖→亚麻酸（5）赖氨酸→葡萄糖

**36.** 简述乳糖操纵子结构并结合环境中葡萄糖和乳糖的存在与否阐述乳糖操纵子的作用机制。

# 第5套 试卷参考答案

## 一、选择题（每小题1分，共20分）

**1.** E **2.** A **3.** E **4.** C **5.** D **6.** E **7.** B **8.** A **9.** D **10.** B **11.** D **12.** D **13.** B **14.** D **15.** E **16.** A **17.** A **18.** C **19.** B **20.** C

## 二、名词解释（每小题2分，共10分）

**21.** 从非糖化合物（乳酸、甘油、生糖氨基酸等）转变为葡萄糖或糖原的过程称为糖异生。

**22.** 直接将代谢物分子中的能量转移至ADP或（GDP），生成ATP或GTP的过程称为底物水平磷酸化。

**23.** DNA复制时，前导链连续复制而后随链不连续复制，这种复制的方式称为半不连续复制。

**24.** 在各种原核mRNA起始AUG密码上游8～13个核苷酸部位，存在4～9个核苷酸的一致序列，富含嘌呤碱基，称为Shine-Dalgarno序列（S-D序列）。

**25.** 受体是细胞膜上或细胞内能识别外源化学信号，并与其结合产生生物学效应的特殊蛋白质（个别是糖脂）。

## 三、问答题（每小题5分，共40分）

**26.** 答：在某些物理和化学因素的作用下，蛋白质的空间构象受到破坏，使其理化性质改变，生物活性丧失，这是蛋白质变性作用（2分）。引起蛋白质变性的因素有两方面：一是物理因素，如紫外线照射等（1分）；二是化学因素，如强酸、强碱、重金属盐、有机溶剂等（2分）。

**27.** 答：①大多数真核mRNA在5′端以7-甲基鸟嘌呤三磷酸鸟苷为分子的起始结构，称为帽子结构（m7GpppN-）（2分）。②真核生物mRNA的3′端有一段长短不一的多聚腺苷酸结构，通常称为多聚A尾（2分）。③mRNA分子从5′向3′方向阅读，从第一个AUG开始每三个核苷酸为一组代表一个氨基酸，为遗传三联体密码（1分）。

**28.** 答：属于竞争性抑制（1分）。氨蝶呤及甲氨蝶呤结构与叶酸类似，竞争性抑制二氢叶酸还原酶的活性，使叶酸不能还原成二氢叶酸及四氢叶酸（1分），增加氨蝶呤或甲氨蝶呤浓度，抑制作用加大，增加叶酸浓度，可以减轻抑制（1分）。$K_m$值变大（1分），$V_{max}$不变（1分）。

**29.** 答：①经无氧氧化生成乳酸和少量ATP（1分）。②经有氧氧化生成$CO_2$和$H_2O$及大量ATP（1分）。③经糖原合成途径合成糖原（1分）。④经葡萄糖-6-磷酸脱氢酶作用进入磷酸戊糖途径（1分）。⑤在肝中被葡萄糖-6-磷酸酶水解为葡萄糖补充血糖（1分）。

**30.** 答：一碳单位是某些氨基酸分解代谢过程中产生的含有一个碳原子的基团（1分），类型包括甲基、甲烯基、甲炔基、亚氨甲基、甲酰基（1分），常与四氢叶酸结合而转运和参加代谢（1分）。生理功能：一碳单位是嘌呤和嘧啶合成的原料（1分），一碳单位将氨基酸代谢和核苷酸代谢联系起来（1分）。

**31.** 答：CPS-Ⅰ和CPS-Ⅱ都催化合成氨基甲酰磷酸（1分）。

| 酶 | CPS Ⅰ | CPS Ⅱ |
|---|---|---|
| 分布 | 线粒体（肝） | 胞质（所有细胞）（1分） |
| 氮源 | $NH_3$ | Gln （1分） |
| 变构激活剂 | AGA | 无 （1分） |
| 功能 | 尿素合成 | 嘧啶合成 （1分） |

**32.** 答：受体与配体结合特点：①高度专一性（1分）；②高度亲和力（1分）；③可逆性（1分）；④可饱和性（1分）；⑤特定的作用模式（1分）。

**33.** 答：基因克隆的程序包括：目的DNA的分离获取——分（1分），基因载体的选择和构建——

选（1 分），目的 DNA 与载体的连接——接（1 分），重组 DNA 分子转入受体细胞——转（1 分），重组体的筛选与鉴定——筛（1 分）。

**四、论述题（每小题 10 分，共 30 分）**

**34.** 答：①葡萄糖→丙酮酸→乙酰 CoA（1 分）→合成脂肪酸（1 分）→脂酰 CoA（1 分）；②葡萄糖→磷酸二羟丙酮（1 分）→3-磷酸甘油（1 分）；③脂酰 CoA+3-磷酸甘油→脂肪（储存）（1 分）；④脂肪分解产生脂肪酸和甘油（1 分），脂肪酸不能转变成葡萄糖（1 分），因为脂肪酸氧化产生的乙酰 CoA 不能逆转为丙酮酸（1 分），但脂肪分解产生的甘油可以通过糖异生而生成葡萄糖（1 分）。

**35.** 答：（1）能（1 分）。葡萄糖→乙酰 CoA（NADPH+ATP 胞质脂酸合成酶系）→胆固醇（1 分）。

（2）不能（1 分）。胆固醇只能在体内转化为胆汁酸、类固醇激素或者维生素 $D_3$，无法异生成糖（1 分）。

（3）能（1 分）。天冬氨酸脱氨基生成草酰乙酸，经糖异生可生成葡萄糖（1 分）。

（4）不能（1 分）。亚麻酸是必需脂肪酸（1 分）。

（5）不能（1 分）。赖氨酸是生酮氨基酸（1 分）。

**36.** 答：*Lac* 操纵子的结构：启动序列 P、操纵序列 O，CAP 结合位点，调节基因 I，结构基因 Z、Y、A（2 分）。

（1）葡萄糖存在，乳糖不存在（1 分）。阻遏蛋白与操纵序列结合，CAP 介导的正调控不发挥作用，基因处于关闭状态。此时，细菌只利用葡萄糖（1 分）。

（2）葡萄糖和乳糖均存在（1 分）。虽然乳糖存在使乳糖操纵子去阻遏，但是由于葡萄糖也存在，cAMP 浓度低，CAP-cAMP 缺乏，CAP 介导的正调控作用被抑制，乳糖操纵子的转录水平很低，此时，细菌优先利用葡萄糖（1 分）。

（3）乳糖存在，葡萄糖不存在（1 分）。乳糖存在，阻遏蛋白与操纵序列解聚，CAP 介导的正调控也发挥作用，乳糖操纵子的转录活性最强，此时，细菌可以充分利用乳糖（1 分）。

（4）葡萄糖和乳糖均不存在（1 分）。阻遏蛋白封闭操纵序列，CAP 介导的正调控不发挥作用，乳糖操纵子处于关闭状态，此时细菌既不利用葡萄糖，也不利用乳糖，而是通过表达另外的操纵子，寻求利用环境中存在的其他能源物质（1 分）。

（肖建英　张秀梅）

# 第 6 套　试卷

**一、选择题（每小题 1 分，共 50 分）**

**1.** 根据哪一组氨基酸的性质，可在 280nm 波长下，对蛋白质进行定量测定（　　）

A. 酸性氨基酸　　B. 碱性氨基酸　　C. 含硫氨基酸　　D. 色氨酸、酪氨酸

**2.** 在 pH=5.0 条件下，带负电荷的是（　　）

A. His　　B. Thr　　C. Asp　　D. Pro

**3.** 下列不属于蛋白质二级结构的结构是（　　）

A. α 螺旋　　B. β 折叠　　C. β 转角　　D. 结构域

**4.** 关于 DNA 变性的叙述正确的是（　　）

A. 磷酸二酯键断裂　　B. $A_{260}$ 减小

C. $A_{260}$ 增高　　D. 失去对紫外线的吸收能力

**5.** 与 mRNA 中的 CUA 密码对应的 tRNA 反密码子是（　　）

A. CAU　　B. GAU　　C. UAG　　D. GAT

**6.** 酶的磷酸化修饰主要发生在下列哪种氨基酸上（　　）

A. 苏氨酸　　B. 半胱氨酸　　C. 谷氨酸　　D. 色氨酸

**7.** 酶的特异性是指（　　）

A. 酶与辅酶的结合具有特异性　　B. 酶对底物的选择性

C. 酶在细胞内的定位是特异的　　D. 一种酶只能在特定的条件下发挥作用

**8.** 酶的竞争性抑制剂的动力学特点是（　　）

A. $V_{max}$不变，$K_m$↓　B. $V_{max}$不变，$K_m$↑　C. $V_{max}$↑，$K_m$不变　D. $V_{max}$↓，$K_m$不变

**9.** 具有 5′-GpGpGpTpAp-3′顺序的单链 DNA 能与下列哪种 RNA 杂交（　　）

A. 5′-CpCpCpApUp-3′　B. 5′-GpCpCpApUp-3′　C. 5′-UpApCpCpCp-3′　D. 5′-TpApCpCpCp-3′

**10.** 酶原激活的实质是（　　）

A. 酶原分子的某些基团被修饰　B. 酶的活性中心形成或暴露的过程

C. 酶蛋白的变构效应　D. 酶原分子的空间构象发生了变化而一级结构不变

**11.** 当酶促反应 $v$=90%$V_{max}$时，[S]为 $K_m$ 的倍数是（　　）

A. 4　B. 5　C. 9　D. 40

**12.** 糖酵解过程中的脱氢反应是（　　）

A. 果糖-6-磷酸→果糖-1,6-二磷酸　B. 3-磷酸甘油醛→磷酸二羟丙酮

C. 3-磷酸甘油醛→1,3-二磷酸甘油酸　D. 3-磷酸甘油酸→磷酸烯醇式丙酮酸

**13.** 1 分子葡萄糖有氧氧化时共有几次底物水平磷酸化（　　）

A. 3　B. 4　C. 5　D. 6

**14.** 血糖浓度低时，脑仍可摄取葡萄糖而肝不能，是因为（　　）

A. 胰岛素的作用　B. 脑己糖激酶的 $K_m$ 值低

C. 肝葡萄糖激酶的 $K_m$ 值低　D. 葡萄糖激酶具有特异性

**15.** 合成糖原时，葡萄糖基的直接供体是（　　）

A. CDPG　B. UDPG　C. 葡萄糖-6-磷酸　D. GDPG

**16.** 肌糖原分解不能直接补充血糖的原因是（　　）

A. 缺乏葡萄糖-6-磷酸酶　B. 缺乏脱支酶

C. 缺乏 G-1-P 变位酶　D. 肌肉中缺乏糖原磷酸化酶

**17.** 胰岛素降低血糖是多方面作用的结果，但不包括（　　）

A. 加强糖原的合成　B. 加强脂肪动员　C. 加速糖的有氧氧化　D. 抑制糖原的分解

**18.** 脂酰辅酶 A 进行 $\beta$-氧化的顺序是（　　）

A. 脱氢、再脱氢、加水、硫解　B. 脱氢、加水、硫解、再脱氢

C. 脱氢、再脱氢、硫解、加水　D. 脱氢、加水、再脱氢、硫解

**19.** 脂肪酸 $\beta$-氧化酶系存在于（　　）

A. 胞质　B. 微粒体　C. 溶酶体　D. 线粒体基质

**20.** 下列关于酮体生成及利用的叙述错误的是（　　）

A. 肝内合成，肝外利用　B. 饥饿时酮体的合成量减少

C. 乙酰辅酶 A 为原料　D. 正常时丙酮占少量

**21.** 脂肪酸合成所需的乙酰 CoA 由（　　）

A. 胞质直接提供　B. 线粒体合成并转化为柠檬酸转运到胞质

C. 胞质的乙酰肉碱提供　D. 线粒体合成，以乙酰 CoA 的形式转运到胞质

**22.** 脂肪酸合成时所需的氢来自（　　）

A. $FADH_2$　B. $NADPH+H^+$　C. $FMNH_2$　D. $NADH+H^+$

**23.** 肌肉组织中肌肉收缩所需要的大部分能量以哪种形式贮存（　　）

A. ADP　B. 磷酸烯醇式丙酮酸　C. ATP　D. 磷酸肌酸

**24.** 以下哪步反应中伴随着底物水平磷酸化（　　）

A. 苹果酸→草酰乙酸　B. 1,3-二磷酸甘油酸→3-磷酸甘油酸

C. 柠檬酸→$\alpha$-酮戊二酸　D. 3-磷酸甘油醛→1,3-二磷酸甘油酸

**25.** 电子按下列方式传递时，能够偶联磷酸化的是（　　）

A. 琥珀酸→FAD　B. NADH→CoQ　C. 琥珀酸→CoQ　D. CoQ→Cyt b

**26.** 催化尿素循环第一步反应的酶是（　　）

A. *N*-乙酰谷氨酸　B. 精氨酸酶

C. 氨基甲酰磷酸合成酶 Ⅰ　D. 氨基甲酰磷酸合成酶 Ⅱ

**27.** $\gamma$-氨基丁酸由以下哪种氨基酸衍变而来（ ）
A. 甲硫氨酸 B. 半胱氨酸 C. 甘氨酸 D. 谷氨酸
**28.** 白化病是由于缺乏以下哪种酶而导致的（ ）
A. 酪氨酸酶 B. 苯丙氨酸羟化酶 C. 酪氨酸羟化酶 D. 酪氨酸转氨酶
**29.** 氨基酸脱羧辅酶中含有的维生素是（ ）
A. 维生素 $B_1$ B. 维生素 $B_2$ C. 维生素 $B_{12}$ D. 维生素 $B_6$
**30.** 一位患者血液生化检查发现血清谷草转氨酶活性明显升高，最可能为（ ）
A. 慢性肝炎 B. 脑动脉血栓 C. 肾炎 D. 心肌梗死
**31.** 嘌呤核苷酸从头合成的过程中，首先合成的是（ ）
A. AMP B. OMP C. IMP D. XMP
**32.** 体内脱氧核苷酸是由下列哪种物质直接还原而成（ ）
A. 三磷酸核苷 B. 二磷酸核苷 C. 一磷酸核苷 D. 核糖核苷
**33.** 人体内嘌呤核苷酸分解代谢的主要终产物是（ ）
A. 肌酸 B. 尿酸 C. 肌酐 D. 尿素
**34.** 氮杂丝氨酸结构与下列哪种氨基酸类似（ ）
A. 丝氨酸 B. 谷氨酰胺 C. 天冬氨酸 D. 天冬酰胺
**35.** 如果 $^{15}N$ 标记的大肠埃希菌转入 $^{14}NH_4Cl$ 培养基中生长了三代，其各种状况的 DNA 分子比例（纯 $^{15}N$：$^{15}N$-$^{14}N$：纯 $^{14}N$）应是下列哪一项（ ）
A. 1/8：1/8：6/8 B. 1/8：0：7/8 C. 0：1/8：7/8 D. 0：2/8：6/8
**36.** 在 DNA 复制中 RNA 引物的作用是（ ）
A. 使 DNA 聚合酶Ⅲ活化 B. 使 DNA 双链解开
C. 提供 5′-P 端作为合成新 DNA 链起点 D. 提供 3′-OH 端作为合成新 DNA 链起点
**37.** 合成 DNA 的原料是（ ）
A. dAMP dGMP dCMP dTMP B. dATP dGTP dCTP dTTP
C. dADP dGDP dCDP dTDP D. ATP GTP CTP UTP
**38.** 比较真核生物与原核生物的 DNA 复制，二者的相同之处是（ ）
A. 引物长度较短 B. 合成方向是 5′→3′
C. 冈崎片段长度短 D. 有多个复制起始点
**39.** 端粒酶具有的酶活性是（ ）
A. DNA 聚合酶 B. RNA 聚合酶 C. DNA 水解酶 D. 逆转录酶
**40.** 关于 DNA 复制和转录的描述中错误的是（ ）
A. 转录以 DNA 其中一条链为模板 B. 两个过程中新链合成方向都为 5′→3′
C. 复制的产物通常大于转录的产物 D. 两过程均需 RNA 为引物
**41.** Pribnow box 序列是指（ ）
A. AATAAA B. TATAAT C. TAAGGC D. TTGACA
**42.** 真核生物 mRNA 的多聚腺苷酸尾巴（ ）
A. 由模板 DNA 上的多聚 T 序列转录生成 B. 是输送到胞质之后才加工接上的
C. 可直接在初级转录产物的 3′-OH 端加上去 D. 先切除部分 3′端的核苷酸后加上去
**43.** snRNA 的功能是（ ）
A. 参与 DNA 复制 B. 参与 hnRNA 的剪接
C. 激活 RNA 聚合酶 D. 是 rRNA 的前体
**44.** 转录因子（TF）（ ）
A. 是原核生物 RNA 聚合酶的组分 B. 是真核生物 RNA 聚合酶的组分
C. 是转录调控中的反式作用因子 D. 是真核生物的启动子
**45.** RNA 编辑（ ）
A. 是真核生物剪接内含子的过程 B. 在原核生物的 mRNA 加工过程中也存在
C. 真核生物 mRNA 序列转录发生的改变 D. 包括真核生物的加帽和加尾过程

**46.** 蛋白质合成过程中氨基酸活化的专一性取决于（　　）

A. 密码子　　B. mRNA　　C. 核糖体　　D. 氨酰-tRNA 合成酶

**47.** 关于蛋白质生物合成的说法，错误的是（　　）

A. 多肽链从 N 端→C 端延伸　　B. 体内所有的氨基酸都有相应的密码子

C. 氨基酸的羧基端被活化　　D. 20 种 tRNA 携带氨基酸

**48.** 基因表达为蛋白质，中间要生成（　　）

A. rRNA　　B. tRNA　　C. snRNA　　D. mRNA

**49.** 关于肽链延长过程的说法，正确的是（　　）

A. 进位是氨酰-tRNA 按碱基配对规律进入 A 位

B. 转位是肽酰-tRNA 从 P 位转到 A 位

C. 每延长一个氨基酸都需要按照进位—转位—成肽的过程循环

D. 肽链从 C 端向 N 端延长

**50.** 关于转肽酶的说法，正确的是（　　）

A. 在肽链延长阶段转位时发挥作用

B. 是一种核酶

C. 催化 P 位上肽酰-tRNA 的氨基与 A 位氨酰-tRNA 的羧基以肽键相连

D. 反应在 P 位上进行

**二、填空题（每空 0.5 分，共 10 分）**

**51.** 维持蛋白质胶体稳定的因素是________和________。

**52.** 写出下列核苷酸符号的中文名称：ATP________；cAMP________。

**53.** 酶活性中心内的必需基团有________、________。

**54.** 糖异生的原料有________和________、生糖氨基酸等。

**55.** 运输外源性甘油三酯的脂蛋白是________；运输内源性胆固醇的脂蛋白是________；逆向转运胆固醇的脂蛋白是________。

**56.** 联合脱氨基的方式有________和________。

**57.** 嘌呤核苷酸合成的两条途径分别称为________，________。

**58.** 遗传密码的特点有________、________、________、________和________。

**三、名词解释（每小题 3 分，共 15 分）**

**59.** 蛋白质的变性

**60.** 变构调节

**61.** 底物水平磷酸化

**62.** 一碳单位

**63.** S-D 序列

**四、问答题（每小题 5 分，共 25 分）**

**64.** 简述葡萄糖-6-磷酸的代谢途径及其在糖代谢中的重要作用。

**65.** 简述胆固醇合成的原料、部位、限速酶、该过程中的重要中间产物及代谢转化去路。

**66.** 试比较 DNA 和 RNA 在化学组成、分子结构与生物学功能的不同点。

**67.** 参与原核生物 DNA 复制的酶和蛋白质因子有哪些？并简述其功能。

**68.** 简述原核生物的转录过程。

# 第 6 套　试卷参考答案

**一、选择题（每小题 1 分，共 50 分）**

**1.** D　**2.** C　**3.** D　**4.** C　**5.** C　**6.** A　**7.** B　**8.** B　**9.** C　**10.** B　**11.** C　**12.** C　**13.** D　**14.** B　**15.** B　**16.** A　**17.** B　**18.** D　**19.** D　**20.** B　**21.** B　**22.** B　**23.** D　**24.** B　**25.** B　**26.** C　**27.** D　**28.** A　**29.** D　**30.** D　**31.** C　**32.** B　**33.** B　**34.** B　**35.** D　**36.** D　**37.** B　**38.** B　**39.** D　**40.** D　**41.** B　**42.** D　**43.** B　**44.** C　**45.** C　**46.** D　**47.** D　**48.** D　**49.** A　**50.** B

## 二、填空题（每空 0.5 分，共 10 分）

**51.** 表面电荷　水化膜
**52.** 三磷酸腺苷　环磷酸腺苷（或环腺苷酸）
**53.** 结合基团　催化基团
**54.** 甘油　乳酸
**55.** 乳糜微粒（CM）　低密度脂蛋白（LDL）　高密度脂蛋白（HDL）
**56.** 转氨基偶联氧化脱氨基　转氨基偶联嘌呤核苷酸循环
**57.** 从头合成途径　补救合成途径
**58.** 连续性　简并性　摆动性　通用性　方向性

## 三、名词解释（每小题 3 分，共 15 分）

**59.** 蛋白质的变性：在某些物理和化学因素的作用下，其特定的空间构象被破坏，也即有序的空间结构变成无序的空间结构，从而导致其理化性质改变和生物活性的丧失。
**60.** 变构调节：体内一些代谢物与某些酶活性中心外的调节部位非共价可逆地结合，使酶发生构象改变，引起催化活性改变，这一调节酶活性的方式称为变构调节。
**61.** 底物水平磷酸化：是底物分子内部能量重新分布，生成高能键，使 ADP 磷酸化生成 ATP 的过程。
**62.** 一碳单位：指某些氨基酸代谢过程中产生的只含有一个碳原子的基团。
**63.** S-D 序列：在各种原核 mRNA 起始 AUG 密码上游 8～13 个核苷酸部位，存在 4～9 个核苷酸的一致序列，富含嘌呤碱基，如 AGGAGG，与 mRNA 核糖体结合有关，称为 Shine-Dalgarno 序列（S-D 序列）。

## 四、问答题（每小题 5 分，共 25 分）

**64.** 答：葡萄糖-6-磷酸的来源：①己糖激酶或葡萄糖激酶催化葡萄糖磷酸化生成葡萄糖-6-磷酸。②糖原分解产生的葡萄糖-1-磷酸转变为葡萄糖-6-磷酸。③非糖物质经糖异生由果糖-6-磷酸异构成葡萄糖-6-磷酸。

葡萄糖-6-磷酸的去路：①经糖酵解生成乳酸；②经糖有氧氧化彻底氧化生成 $CO_2$、$H_2O$ 和 ATP；③通过变位酶催化生成葡萄糖-1-磷酸，合成糖原；④在葡萄糖-6-磷酸脱氢酶的催化下进入磷酸戊糖途径。

由上可知，葡萄糖-6-磷酸是糖代谢各个代谢途径的交叉点，是各代谢途径的共同中间产物，如己糖激酶或变位酶的活性降低，可使葡萄糖-6-磷酸的生成减少，上述各条代谢途径不能顺利进行。因此，葡萄糖-6-磷酸的代谢方向取决于各条代谢途径中相关酶的活性大小。

**65.** 答：除成年动物脑组织和成熟红细胞外，几乎全身各组织都能合成胆固醇，以肝脏的合成量最大。合成的原料是乙酰辅酶 A 和 NADPH＋$H^+$及 ATP。过程：在胞质中，乙酰辅酶 A 先被缩合为 HMG-CoA，接着被 HMG-CoA 还原酶还原为甲羟戊酸，进一步合成鲨烯，再经过多步生物化学反应生成胆固醇。HMG-CoA 还原酶是胆固醇合成的关键酶。转化：胆固醇不能被彻底分解，在体内只能被转化。在肝脏，可转化成胆汁酸。在内分泌腺，可转化成激素。在皮肤，可转化成脱氢胆固醇。

**66.** 答：

| | DNA | RNA |
|---|---|---|
| 分子组成 | 含脱氧核糖、含 T | 含核糖、含 U |
| 分子结构 | 一级结构是指脱氧核糖核苷酸的数量和排列顺序 | 一级结构指核糖核苷酸的数量和排列顺序 |
| | 二级结构为双螺旋结构 | 二级结构是发夹形的单链结构，也有局部的双螺旋结构。tRNA 的二级结构为三叶草形 |
| | 三级结构为超螺旋结构，真核细胞中为核小体结构 | tRNA 的三级结构为倒“L”形的结构 |
| 生物学功能 | 是遗传物质的储存和携带者 | 参与蛋白质的合成 |

**67.** 答：①拓扑异构酶：通过切断 DNA 链，绕过缺口又重新连接以达到解连环、缠绕的目的，使 DNA 解链中造成的过度盘绕、打结等现象得以理顺。消除复制叉前进带来的拓扑张力，促进双链解开。②解链酶（解螺旋酶）：解开碱基对之间的氢键，形成两股单链。③单链 DNA 结合蛋白：在复制中维持模板处于单链状态并保护 DNA 模板免受核酸酶降解。SSB 的作用方式是随着 DNA 分子的解链，能不断地结合、解离，且 SSB 间有正协同效应。④引物酶：合成一小段 RNA 引物，

提供 3′-OH，用于 DNA 聚合酶延长子链。⑤DNA 聚合酶：在 5′端有 RNA（或 DNA）的前提下，延长 DNA 子链。原核生物的 DNA 聚合酶有 DNApol Ⅰ，Ⅱ，Ⅲ。DNApol Ⅲ在复制延长中起催化作用，DNApol Ⅰ有校读、填补空隙、修复等功能。真核生物 DNA 聚合酶有 DNApol α、β、γ、δ、ε。复制延长中起催化作用的是 DNApol α 和 δ。DNA-pol ε 的作用与 DNA-pol Ⅰ相似，在复制过程中起校读、修复和修补缺口的作用。⑥连接酶：在后随链合成过程中，DNA 连接酶也通过消耗 ATP，催化两条不连续片段相邻的 3′-OH 和 5′-P 连接生成磷酸二酯键，连接不连续的 DNA 子链。

**68.** 答：转录可分为起始、延伸和终止三个阶段。

（1）起始阶段：RNA 聚合酶的 σ 因子辨认启动子中的起动信号即–35 区 5′-TTGACA-3′序列；RNA 聚合酶以全酶的形式与其松弛结合，然后移向–10 区 5′-TATAAT-3′，并跨入转录起始点。此种结合可使该区 DNA 构象变化，两链间氢键断裂，即进行暂时局部解链，解开长度一般为 17 个碱基对；根据碱基互补原则，相应的转录原料（NTP）按照 DNA 模板链的碱基序列依次进入和排列；在 RNA 聚合酶催化下，起始点上相邻排列的第一和第二个 NTP 发生聚合，生成 RNA 链的第一个 3′,5′-磷酸二酯键，5′端的第一个核苷酸为 pppG 或 pppA；转录起始时，形成转录起始复合物（RNA 聚合酶全酶-DNA-pppGpN-OH）。

（2）延长阶段：当转录起始结束时，即第一个磷酸二酯键形成后即进入延伸阶段；σ 因子从起始复合物上脱落，引起 RNA 聚合酶构象改变，与模板结合松弛，有利于其沿 DNA 模板链由 3′至 5′方向移动；每移动一次，新生 RNA 链的 3′-OH 与另一分子相应的核苷酸形成一个新的磷酸二酯键，一般每秒可合成 20～50 个核苷酸；延伸过程中，新生 RNA 链与 DNA 模板链之间通过氢键形成约为 12 个核苷酸的杂交双链。因杂交双链中 RNA 链与 DNA 链结合疏松，因而 RNA 链很容易从 DNA 模板链上脱离。

（3）终止阶段：原核生物转录终止有依赖 Rho 因子与非依赖 Rho 因子两种方式。

（李有杰）

# 第 7 套　试卷

## 一、单项选择题（每小题 1 分，共 30 分）

**1.** 蛋白质在溶液中的稳定因素是（　　）

A. 分子量大　　B. 有布朗运动

C. 表面水化膜和同种电荷　　D. 有分子扩散现象

**2.** 常温下能使蛋白质沉淀而不变性的试剂是（　　）

A. 乙醇　　B. 硫酸铵　　C. 三氯乙酸　　D. 重金属盐

**3.** tRNA 的分子结构特征是（　　）

A. 有反密码环和 3′端有—CCA 序列　　B. 有密码环和 3′端有—CCA 序列

C. 有反密码环和 5′端有—CCA 序列　　D. 有密码环和 5′端有—CCA 序列

**4.** 核酸对紫外线的最大吸收峰在哪一波长附近（　　）

A. 280nm　　B. 260nm　　C. 200nm　　D. 340nm

**5.** 当酶促反应 $v=90\%V_{max}$ 时，[S]为 $K_m$ 的倍数是（　　）

A. 4　　B. 5　　C. 9　　D. 40

**6.** 酶原激活的实质是（　　）

A. 酶原分子的某些基团被修饰　　B. 酶的活性中心形成或暴露的过程

C. 酶蛋白的变构效应　　D. 酶原分子的空间构象发生了变化而一级结构不变

**7.** 核酸中核苷酸之间的连接方式是（　　）

A. 3′,5′-磷酸二酯键　　B. 糖苷键

C. 2′,5′-磷酸二酯键　　D. 氢键

**8.** 果糖-6-磷酸激酶-1 的最强别构激活剂是（　　）

A. AMP　　B. ADP　　C. 果糖-2,6-二磷酸　　D. 果糖-1,6-二磷酸

**9.** 肌糖原分解不能直接补充血糖的原因是（ ）
A. 肌肉中缺乏糖原磷酸化酶 B. 缺乏脱支酶
C. 缺乏 G-1-P 变位酶 D. 缺乏葡萄糖-6-磷酸酶
**10.** 糖原合成时，葡萄糖基的直接供体是（ ）
A. 葡萄糖-6-磷酸 B. UDPG C. 葡萄糖-1-磷酸 D. CDPG
**11.** 脂肪动员时激素敏感性脂肪酶是指（ ）
A. 脂酰 CoA 合成酶 B. 脂蛋白合成酶
C. 甘油三酯脂肪酶 D. 甘油二酯脂肪酶
**12.** 下列关于酮体生成及利用的叙述错误的是（ ）
A. 肝内合成，肝外利用 B. 饥饿时酮体合成减少
C. 乙酰辅酶 A 为原料 D. 正常时丙酮占少量
**13.** 细胞色素中起传递电子作用的元素是（ ）
A. 铜 B. 铁 C. 镁 D. 碳
**14.** 呼吸链中电子在细胞色素间传递的次序为（ ）
A. $b \rightarrow c_1 \rightarrow c \rightarrow aa_3 \rightarrow O_2$ B. $aa_3 \rightarrow b \rightarrow c_1 \rightarrow c \rightarrow O_2$
C. $c \rightarrow c_1 \rightarrow b \rightarrow aa_3 \rightarrow O_2$ D. $c \rightarrow b \rightarrow c_1 \rightarrow aa_3 \rightarrow O_2$
**15.** 肌肉组织中肌肉收缩所需要的大部分能量以哪种形式贮存（ ）
A. ADP B. 磷酸烯醇式丙酮酸 C. ATP D. 磷酸肌酸
**16.** 生物体内大多数氨基酸脱氨基生成 $\alpha$-酮酸是通过下面哪种作用完成的（ ）
A. 氧化脱氨基 B. 联合脱氨基 C. 转氨基 D. 非氧化脱氨基
**17.** 下列哪种氨基酸在人体必须由食物供给（ ）
A. 缬氨酸 B. 酪氨酸 C. 丝氨酸 D. 天冬氨酸
**18.** 苯丙酮尿症是由于先天缺乏（ ）
A. 酪氨酸酶 B. 苯丙氨酸羟化酶 C. 酪氨酸羟化酶 D. 酪氨酸转氨酶
**19.** 体内脱氧核苷酸是由下列哪种物质直接还原而成（ ）
A. 三磷酸核苷 B. 二磷酸核苷 C. 一磷酸核苷 D. 核糖核苷
**20.** 人体内嘌呤核苷酸分解代谢的终产物是（ ）
A. 肌酸 B. 尿酸 C. 肌酐 D. 尿苷酸
**21.** 嘌呤核苷酸从头合成的过程中，首先合成的是（ ）
A. AMP B. OMP C. IMP D. UMP
**22.** 在体内，既是氨的储存及运输形式又是氨的解毒形式的是（ ）
A. 谷氨酸 B. 酪氨酸 C. 谷氨酰胺 D. 谷胱甘肽
**23.** 合成 DNA 的原料是（ ）
A. dAMP dGMP dCMP dTMP B. dATP dGTP dCTP dTTP
C. dADP dGDP dCDP dTDP D. ATP GTP CTP UTP
**24.** 在 DNA 复制中 RNA 引物的作用是（ ）
A. 提供 3′-OH 端作为合成新 DNA 链起点 B. 使 DNA 双链解开
C. 提供 5′-P 端作为合成新 DNA 链起点 D. 提供 3′-OH 端作为合成新 RNA 链起点
**25.** 最重要最有效的修复方式是（ ）
A. 直接修复 B. 切除修复 C. 重组修复 D. SOS 修复
**26.** DNA 上某段碱基顺序 5′ACTAGTCAG3′，转录后的 mRNA 上相应的碱基顺序为（ ）
A. 5′TGATCAGTC3′ B. 5′UGAUCAGUC3′ C. 5′CUGACUAGU3′ D. 5′CTGACTAGT3′
**27.** 转录过程中，RNA 合成的原料是（ ）
A. ATP、GTP、TTP 和 CTP B. AMP、GMP、TMP 和 CMP
C. dATP、dGTP、dUTP 和 dCTP D. ATP、GTP、UTP 和 CTP
**28.** 原核生物参与转录起始的酶是（ ）
A. RNA 聚合酶Ⅰ B. RNA 聚合酶Ⅲ C. RNA 聚合酶全酶 D. RNA 聚合酶核心酶

**29.** 蛋白质合成过程中氨基酸活化的专一性取决于（　　）

A. 密码子　　B. mRNA　　C. 核糖体　　D. 氨酰-tRNA 合成酶

**30.** 细胞内编码 20 种氨基酸密码子总数为（　　）

A. 16　　B. 64　　C. 20　　D. 61

**二、多项选择题（每小题 2 分，共 20 分）**

**31.** 蛋白质的二级结构包括（　　）

A. α 螺旋　　B. β 折叠　　C. 无规则卷曲　　D. 结构域

**32.** 核糖核苷酸的水解产物包括（　　）

A. 磷酸　　B. 核糖　　C. 脱氧核糖　　D. 嘌呤碱基

**33.** DNA 复制是（　　）

A. 半保留复制　　B. 即时校读功能防止复制出错

C. 两条链均连续复制　　D. 有 DNA 指导的 DNA 聚合酶参加

**34.** 下列哪些是构成大肠埃希菌 RNA 聚合酶的亚单位（　　）

A. α 亚基　　B. β 亚基　　C. γ 亚基　　D. ε 亚基

**35.** 影响酶作用的因素包括（　　）

A. 时间　　B. 底物浓度　　C. 酶浓度　　D. pH

**36.** 脂肪酸的 $\beta$-氧化包括以下哪些步骤（　　）

A. 脱氢　　B. 加氢　　C. 脱水　　D. 硫解

**37.** 下列哪些氨基酸参与了尿素循环过程（　　）

A. 鸟氨酸　　B. 精氨酸　　C. 瓜氨酸　　D. 谷氨酰胺

**38.** 呼吸链中能够偶联磷酸化的部位是（　　）

A. 复合体Ⅰ　　B. 复合体Ⅱ　　C. 复合体Ⅲ　　D. 复合体Ⅳ

**39.** 三羧酸循环的中间产物包括（　　）

A. 草酰乙酸　　B. 苹果酸　　C. 丙酮酸　　D. 磷酸二羟丙酮

**40.** 蛋白质生物合成的延长反应包括下列哪些反应（　　）

A. 氨基酸活化　　B. 进位　　C. 转位　　D. 成肽

**三、名词解释（每小题 3 分，共 15 分）**

**41.** DNA 的变性　　**42.** 呼吸链

**43.** 不对称转录　　**44.** 一碳单位

**45.** 半保留复制

**四、问答题（每小题 7 分，共 35 分）**

**46.** 比较三种可逆性抑制作用的特点。

**47.** 试述蛋白质各级结构的定义以及维持的化学键。

**48.** 写出糖酵解途径中三个不可逆反应。

**49.** 血浆脂蛋白分为哪几类？其作用分别是什么？

**50.** 遗传密码子有哪些特点？请列举出来并进行简要解释。

# 第 7 套　试卷参考答案

**一、单项选择题（每小题 1 分，共 30 分）**

**1.** C　**2.** B　**3.** A　**4.** B　**5.** C　**6.** B　**7.** A　**8.** C　**9.** D　**10.** B　**11.** D　**12.** B　**13.** B　**14.** A　**15.** D　**16.** B　**17.** A　**18.** B　**19.** B　**20.** B　**21.** C　**22.** C　**23.** B　**24.** A　**25.** B　**26.** C　**27.** D　**28.** C　**29.** D　**30.** D

**二、多项选择题（每小题 2 分，共 20 分）**

**31.** ABC　**32.** ABD　**33.** ABD　**34.** AB　**35.** BCD　**36.** AD　**37.** ABC　**38.** ACD　**39.** AB　**40.** BCD

**三、名词解释（每小题3分，共15分）**

**41.** 在某些理化因素（温度、pH、离子强度等）的作用下，DNA 双链的互补碱基对之间的氢键断裂，使 DNA 双螺旋结构松散，成为单链的现象即为 DNA 变性。

**42.** 在生物氧化过程中，代谢物脱下的 2H，经过多种酶和辅酶催化的连锁反应逐步传递，最终与氧结合成水。由于该过程与细胞呼吸有关，故将此传递链称为呼吸链。

**43.** 不对称转录：两重含义，一是双链 DNA 只有一股单链用作转录模板，二是模板链并非永远在同一单链上。

**44.** 一碳单位：氨基酸分解代谢过程中产生的含有一个碳原子的化学基团，如—$CH_3$、—$CH_2$—、—CH═、—CHO═和—CH═NH—等，不单独存在，主要由 $FH_4$ 携带转化，用于合成嘌呤、嘧啶类化合物等。

**45.** DNA 生物合成时，母链 DNA 解开为两股单链，各自作为模板（template），按碱基配对规律，合成与模板互补的子链。子代细胞的 DNA，一股单链从亲代完整地接受过来，另一股单链则完全重新合成。两个子代细胞的 DNA 都和亲代 DNA 碱基序列一致。这种复制方式称为半保留复制。

**四、问答题（每小题7分，共35分）**

**46.** 答：（1）竞争性抑制作用：抑制剂与酶的底物结构相似，可与底物竞争酶的活性中心，从而阻碍酶与底物结合成中间产物，由于抑制剂与酶的结合是可逆的，抑制程度取决于抑制剂与酶的相对亲和力和与底物浓度的相对比例。竞争性抑制作用使酶的表观 $K_m$ 值增大，但 $V_{max}$ 不因有竞争性抑制剂的存在而改变。

（2）非竞争性抑制作用：有些抑制剂与酶活性中心外的必需基团结合，不影响酶与底物的结合，酶和底物的结合也不影响酶与抑制剂的结合。底物与抑制剂之间无竞争关系。但酶-底物复合物不能进一步释放出产物。酶促反应的 $V_{max}$ 因抑制剂的存在而降低，降低幅度与抑制剂的浓度相关，但非竞争性抑制作用不改变酶促反应的表观 $K_m$ 值。

（3）反竞争性抑制作用：抑制剂仅与酶和底物形成的中间产物结合，使中间产物 ES 的量下降。这样既减少从中间产物转化为产物的量，也可同时减少从中间产物解离出游离酶和底物的量。此类抑制作用同时降低反应的 $V_{max}$ 和表观 $K_m$ 值。

**47.** 答：（1）蛋白质的一级结构指多肽链中氨基酸的排列顺序。主要的化学键：肽键，有些蛋白质还包括二硫键。

（2）二级结构指蛋白质分子中某一段肽链的局部空间结构，即该段肽链主链骨架原子的相对空间位置，并不涉及氨基酸残基侧链的构象。主要的化学键：氢键。

（3）蛋白质的三级结构指整条肽链中全部氨基酸残基的相对空间位置。即肽链中所有原子在三维空间的排布位置。主要的化学键：疏水键、离子键、氢键和范德瓦耳斯力。

（4）蛋白质分子中各亚基的空间排布及亚基接触部位的布局和相互作用，称为蛋白质的四级结构。主要的化学键：疏水键，其次是氢键和离子键。

**48.** 答：葡萄糖→葡萄糖-6-磷酸（己糖激酶）、果糖-6-磷酸→果糖-1,6-二磷酸（磷酸果糖激酶-1）、磷酸烯醇式丙酮酸→丙酮酸（丙酮酸激酶）。

**49.** 答：血浆脂蛋白是脂质与载脂蛋白结合形成的球形复合体，是血浆脂质的运输和代谢形式。血脂可用两种方法将脂蛋白分为 4 类。一种是用电泳法将脂蛋白分为 α-脂蛋白、前 β-脂蛋白、β-脂蛋白和 CM。另一种是用超速离心法将脂蛋白分为 HDL、LDL、VLDL、CM。分别相当于电泳法的 α-脂蛋白、β-脂蛋白、前 β-脂蛋白和 CM。

CM 的功能是转运外源性甘油三酯及胆固醇。VLDL 的功能是转运内源性甘油三酯及胆固醇。LDL 的功能是转移内源性胆固醇。HDL 的功能是胆固醇从肝外细胞向肝细胞的逆向转运过程。

**50.** 答：（1）方向性：mRNA 分子中遗传密码的阅读方向是从 5′→3′，多肽链合成的方向是从氨基末端到羧基末端。

（2）连续性：mRNA 分子中三联体密码是连续性排列的，密码间无标点符号，没有间隔。翻译时从 5′端特定起始点开始，每三个碱基为一组向 3′方向连续阅读。

（3）简并性：61 种密码子编码 20 种氨基酸，两者并不是一对一的关系。遗传密码表中大部分氨基酸都有 2、3、4 或 6 个密码子为之编码，这称为遗传密码的简并性。

（4）摆动性：密码子的第三位碱基和反密码子的第一位碱基并不严格地遵守碱基配对规律，为摆动配对。

（5）通用性：蛋白质生物合成的整套遗传密码，从原核生物、真核生物到人类都通用，即遗传密码无种属特异性。

（李有杰）

# 第 8 套　试卷

## 一、选择题（每小题 1 分，共 50 分）

**A1 型题**

**1.** 测得某一蛋白质样品的含氮量为 0.16g，此样品约含蛋白质多少克（　　）

A. 0.50　B. 0.75　C. 1.00　D. 2.00　E. 2.50

**2.** 下列哪种物质只存在于 RNA 而不存在于 DNA（　　）

A. 腺嘌呤　B. 鸟嘌呤　C. 尿嘧啶　D. 胞嘧啶　E. 脱氧核糖

**3.** 竞争性抑制剂对酶促反应的影响是（　　）

A. $K_m$ 增大，$V_{max}$ 减小　B. $K_m$ 不变，$V_{max}$ 增大　C. $K_m$ 减小，$V_{max}$ 减小

D. $K_m$ 增大，$V_{max}$ 不变　E. 竞争性抑制剂不会影响酶促反应速度

**4.** 泛酸是下列哪种辅酶的组成成分（　　）

A. CoA-SH　B. TPP　C. FAD　D. FMN　E. NADH

**5.** NADPH 分子中含有哪种维生素（　　）

A. 磷酸吡哆醛　B. 核黄素　C. 叶酸　D. 烟酰胺　E. 生物素

**6.** 下列哪个化合物可直接将高能键转移给 ADP 生成 ATP（　　）

A. 3-磷酸甘油醛　B. 2-磷酸甘油酸　C. 3-磷酸甘油酸

D. 磷酸烯醇式丙酮酸　E. 葡萄糖-6-磷酸

**7.** 肝糖原可以直接补充血糖，因为肝脏有（　　）

A. 果糖二磷酸酶　B. 葡萄糖激酶　C. 葡萄糖-6-磷酸酶

D. 磷酸葡萄糖变位酶　E. 丙酮酸脱氢酶

**8.** 下列哪个激素可使血糖浓度下降（　　）

A. 肾上腺素　B. 胰高血糖素　C. 生长素　D. 胰岛素　E. 糖皮质激素

**9.** 下列哪个酶与丙酮酸生成糖无关（　　）

A. 果糖二磷酸酶　B. 丙酮酸激酶　C. 丙酮酸羧化酶　D. 醛缩酶　E. 葡萄糖-6-磷酸酶

**10.** 正常细胞糖酵解途径中，利于丙酮酸生成乳酸的条件是（　　）

A. 缺氧状态　B. 酮体产生过多　C. 缺少辅酶　D. 糖原分解过快　E. 酶活性降低

**11.** 胆固醇合成的限速酶是（　　）

A. 鲨烯环化酶　B. 鲨烯合酶　C. HMG-CoA 还原酶

D. HMG-CoA 合酶　E. HMG-CoA 裂解酶

**12.** 1mol 18C 脂肪酸彻底氧化可净生成多少摩尔 ATP（　　）

A. 131　B. 129　C. 120　D. 80　E. 97

**13.** 甲状腺功能亢进时，患者血清胆固醇含量降低的原因是（　　）

A. 胆固醇合成原料减少　B. 类固醇激素合成减少　C. 胆汁酸的生成增加

D. HMG-CoA 还原酶被抑制　E. 活性维生素 D 合成减少

**14.** 细胞液中的 $NADH+H^+$ 的氢进入线粒体有几种方式（　　）

A. 2　B. 4　C. 5　D. 3　E. 1

**15.** 将肌肉中的氨以无毒形式运送至肝脏的是下列哪个循环（　　）

A. 丙氨酸-葡萄糖循环　B. 柠檬酸-丙酮酸循环　C. 三羧酸循环

D. 鸟氨酸循环　E. 乳酸循环

**16.** 关于尿素循环的叙述，下列哪项是错误的（　　）
A. 肝是合成尿素的主要器官　B. 尿素分子中的 2 个 N，1 个来自氨，1 个来自天冬氨酸
C. 尿素合成过程中需要 CO　D. 尿素合成不可逆　E. 生理意义是解氨毒

**17.** 下列哪种酶活性异常升高可导致痛风症（　　）
A. 尿酸氧化酶　B. 核苷酸氧化酶　C. 鸟嘌呤氧化酶　D. 腺苷脱氢酶　E. 黄嘌呤氧化酶

**18.** 嘧啶环中的两个氮原子来自（　　）
A. 谷氨酸、氨基甲酰磷酸　B. 谷氨酰胺、天冬酰胺　C. 谷氨酰胺
D. 天冬氨酸、谷氨酰胺　E. 甘氨酸、丝氨酸

**19.** 下列哪种胆汁酸是初级胆汁酸（　　）
A. 甘氨鹅脱氧胆酸，牛磺鹅脱氧胆酸　B. 甘氨胆酸，石胆酸
C. 牛磺胆酸，脱氧胆酸　D. 胆酸，脱氧胆酸
E. 石胆酸，脱氧胆酸

**20.** 将在 $^{15}NH_4Cl$ 作为唯一氮源的培养基中培养多代的大肠埃希菌，转入含 $^{14}NH_4Cl$ 的培养基中生长三代后，各种 DNA 分子（LL 代表两条轻链 $^{14}$N-DNA，HH 代表两条重链 $^{15}$N-DNA，LH 代表轻链、重链 DNA）的比例是（　　）
A. 3LH/1HH　B. 6LL/2LH　C. 15LL/1LH　D. 7HH/1LH　E. 1HH/7LH

**21.** 生物信息传递中，下列哪一种还没有实验证据（　　）
A. DNA→RNA　B. RNA→蛋白质　C. RNA→DNA　D. DNA→DNA　E. 蛋白质→DNA

**22.** 不对称转录是指（　　）
A. 双向复制后的转录
B. 同一 DNA 模板转录可以是从 5′至 3′延长和从 3′至 5′延长
C. 同一单链 DNA，转录时可以交替作模板链和编码链
D. 转录经翻译生成氨基酸，氨基酸含有不对称碳原子
E. 转录速度不对称

**23.** 与 mRNA 上 ACG 密码子相应的 tRNA 反密码是（　　）
A. UGC　B. TGC　C. GGA　D. CGT　E. CGU

**24.** tRNA 分子上结合氨基酸的序列是（　　）
A. CAA-3′　B. AAC-3′　C. AAC-3′　D. ACA-3′　E. CCA-3′

**25.** 翻译起始复合物的组成包括（　　）
A. DNA 模板+RNA+RNA 聚合酶　B. 核糖体+甲硫氨酰 tRNA+mRNA
C. 翻译起始因子+核糖体　D. 核糖体+起始 tRNA
E. 核糖体+丙氨酰 tRNA+mRNA

**26.** 活化型 G 蛋白构象为（　　）
A. α 亚基与 GDP 结合，并与 βγ 亚基构成三聚体
B. α 亚基与 GTP 结合，并与 βγ 亚基构成三聚体
C. α 亚基与 GDP 结合，并与 βγ 亚基解离
D. α 亚基与 GTP 结合，并与 βγ 亚基解离
E. α 亚基直接与 βγ 亚基解离

**27.** 关于受体与配体的结合特征，不正确的是（　　）
A. 高亲和力　B. 特异性　C. 激素和受体共价结合是不可逆的
D. 细胞的受体数目变动大　E. 特定的作用模式

**28.** 可被巨噬细胞和血管内皮细胞吞噬和清除的脂蛋白是（　　）
A. LDL　B. VLDL　C. CM　D. HDL　E. IDL

**29.** 关于抑癌基因错误的是（　　）
A. 可抑制细胞的分化　B. 可诱发细胞程序性死亡　C. 可抑制细胞过度生长
D. 最早发现的是 *p53* 基因　E. 是一类控制细胞生长的负调节基因

**30.** 限制性内切核酸酶能识别的核苷酸序列应具备下列哪种结构（　　）

A. 螺旋结构　B. 回文结构　C. 球状结构　D. 无规卷曲结构　E. 单链结构

**A2 型题**

**31.** 患者，女，53 岁，其房内用煤炉取火，1 小时前被人发现平卧于床上，不省人事。入院诊断：CO 中毒。CO 中毒的机制是（　　）

A. 抑制 Cytc 中的 $Fe^{3+}$　B. 抑制 $Cytaa_3$ 中的 $Fe^{3+}$　C. 抑制 Cytb 中的 $Fe^{3+}$

D. 抑制血红蛋白中的 $Fe^{3+}$　E. 抑制 $Cytc_1$ 中的 $Fe^{3+}$

**32.** 患者，55 岁，5 年前出现手指、足趾关节肿痛，诊断为痛风症。以下叙述不正确的是（　　）

A. 患者血中尿酸含量增高　B. 肾功能障碍可引起痛风

C. 该病可由 HGPRT 活性减少所致　D. 别嘌呤醇可治疗本病

E. 长期吃高胆固醇食物可诱发本病

**33.** 有关溶血性黄疸患者血尿中胆红素变化的描述，错误的是（　　）

A. 血清间接胆红素含量升高　B. 血清总胆红素含量升高　C. 尿胆原阳性

D. 尿胆红素阳性　E. 粪便颜色加深

**34.** 皮肤癌为表皮角质形成的恶性增生，主要包括基底细胞癌和鳞状细胞癌，日光中的紫外线是皮肤癌发生的主要原因，紫外线对 DNA 的损伤主要是引起（　　）

A. 碱基的缺失　B. 碱基的插入　C. 碱基的置换

D. 磷酸二酯键断裂　E. 嘧啶二聚体形成

**35.** 2002 年，严重急性呼吸综合征（SARS）引发了一场广泛的传染病疫情。下列关于引起该疾病的 SARS 致病原——SARS 病毒描述正确的是（　　）

A. SARS 病毒的遗传物质是由核糖核酸组成，属于 RNA 病毒

B. SARS 病毒的遗传物质是由脱氧核糖核酸组成，属于 DNA 病毒

C. SARS 病毒的基因表达主要是基于逆转录过程

D. SARS 病毒的基因表达主要是基于 RNA 转录过程

E. SARS 病毒的基因表达主要是基于 DNA 复制过程

**B 型题**

（36～38 题共用选项）

A. dATP　B. CTP　C. UTP　D. GTP　E. ADP

**36.** 糖原合成所需的能源物质是（　　）

**37.** 在三羧酸循环中，经底物水平磷酸化生成的高能化合物是（　　）

**38.** 蛋白质合成所需的能源物质是（　　）

（39～40 题共用选项）

A. 苯丙氨酸羟化酶　B. 葡萄糖-6-磷酸脱氢酶　C. 酪氨酸酶

D. 酪氨酸氨基转移酶　E. 酪氨酸羟化酶

**39.** 白化病是由于缺乏（　　）

**40.** 蚕豆病是由于缺乏（　　）

（41～43 题共用选项）

A. ALA 合酶　B. 磷酸吡哆醛　C. ALA 脱水酶　D. 亚铁螯合酶　E. 促红细胞生成素

**41.** 属红细胞生成主要调节剂的是（　　）

**42.** ALA 合酶的辅基是（　　）

**43.** 需还原剂维持其调节血红素合成功能的是（　　）

（44～45 题共用选项）

A. 大肠埃希菌　B. 核酸外切酶　C. 连接酶　D. 质粒　E. 限制性内切核酸酶

**44.** 能作为基因工程载体的是（　　）

**45.** 能作为“基因剪刀”，参与目的基因与载体切割的是（　　）

**X 型题**

**46.** 温度对酶促反应速度的影响错误的是（　　）

A. 温度越高反应速度越快
B. 低温可使大多数酶发生变性
C. 最适温度是酶的特征性常数，与反应进行的时间无关
D. 最适温度不是酶的特征性常数，延长反应时间，其最适温度可能发生变化
E. 体内所有酶的最适温度均在37℃左右

**47.** 不发生于线粒体中的反应包括（ ）
A. 磷酸戊糖途径 B. 脂肪酸合成 C. 脂肪酸 $\beta$-氧化
D. 糖酵解 E. 酮体的生成

**48.** 体内氨的来源包括（ ）
A. 由氨基酸脱氨产生 B. 由肠道吸收而来 C. 肾脏中谷氨酰胺分解
D. 丙酮酸分解 E. 甘油分解

**49.** 胸腺嘧啶核苷酸的分解产物有（ ）
A. $NH_3$ B. $CO_2$ C. $\beta$-氨基异丁酸 D. $\beta$-丙氨酸 E. 尿酸

**50.** 下列属于第二信使的物质是（ ）
A. cGMP B. $IP_3$ C. $Ca^{2+}$ D. TG E. DAG

**二、名词解释（每小题4分，共20分）**

**51.** DNA的增色效应
**52.** 蛋白质的腐败作用
**53.** 嘌呤核苷酸从头合成
**54.** biotransformation
**55.** 基因表达

**三、问答题（每小题6分，共24分）**

**56.** 简要说明蛋白质结构与功能的关系。
**57.** 试述底物浓度对酶促反应速度的影响。
**58.** 简述糖无氧分解及糖有氧氧化的生理意义。
**59.** 列表说明复制和转录过程的不同点。

**四、论述题（共6分）**

**60.** 患者，男，50岁，因“烦渴、多饮、消瘦8年，咳嗽3天，伴意识模糊1天”为主诉入院。患者既往曾有糖尿病病史8年，予以胰岛素治疗但不规律。患者1天前突发昏迷，呼吸急促，无大便失禁、呕吐、抽搐、肢体偏瘫。体格检查：重度脱水貌，浅昏迷，呼气带有烂苹果味。尿常规检查：尿酮体（+++），尿糖（++++）。初步诊断：糖尿病酮症酸中毒，糖尿病性昏迷。请根据上述病例及所学知识回答下列问题：
（1）糖尿病酮症酸中毒系血中酮体含量过多所致，何谓酮体？为什么血中酮体含量过多可导致酸中毒？
（2）酮体生成有何生理意义？

# 第8套 试卷参考答案

**一、选择题（每小题1分，共50分）**

**A1型题**

**1.** C **2.** C **3.** D **4.** A **5.** D **6.** D **7.** C **8.** D **9.** B **10.** A **11.** C **12.** C **13.** C **14.** A **15.** A **16.** C **17.** E **18.** D **19.** A **20.** B **21.** E **22.** C **23.** E **24.** E **25.** B **26.** D **27.** C **28.** A **29.** D **30.** B

**A2型题**

**31.** B **32.** E **33.** D **34.** E **35.** A

**B型题**

**36.** C **37.** D **38.** D **39.** C **40.** B **41.** E **42.** B **43.** D **44.** D **45.** E

**X型题**

**46.** ABCE **47.** ABD **48.** ABC **49.** ABC **50.** ABCE

**二、名词解释（每小题 4 分，共 20 分）**

**51.** DNA 的增色效应是指变性后，DNA 溶液的紫外吸收作用增强的效应。

**52.** 蛋白质的腐败作用是指在消化过程中，有小部分蛋白质不被消化，也有一小部分消化产物不被吸收，肠道细菌对这部分蛋白质及其消化产物所起的分解作用。

**53.** 嘌呤核苷酸从头合成指利用磷酸核糖、氨基酸（或甘氨酸、天冬氨酸、谷氨酰胺）、一碳单位及 $CO_2$ 等简单物质为原料，经过一系列酶促反应，合成嘌呤核苷酸的过程。

**54.** 生物转化作用是指来自体内外的非营养物质，在肝经过化学转变（或进行氧化、还原、水解和结合反应）这一过程极性增加，利于排泄。

**55.** 基因表达是指基因转录及翻译的过程。表达产物可以是 mRNA、tRNA、rRNA 或蛋白质。

**三、问答题（每小题 6 分，共 24 分）**

**56.** 答：①蛋白质的结构是功能的基础，结构变化，功能也变化；结构破坏，功能丧失。②一级结构决定空间结构，空间结构决定蛋白质的生物学功能。

**57.** 答：底物浓度较低时，反应速度随底物浓度的增加而上升，两者呈正相关，反应为一级反应。底物浓度进一步增高，反应速度不再成正比例增加，反应速度增加的幅度不断下降。如果继续加大底物浓度，反应速度将不再增加，表现出零级反应。

**58.** 答：糖无氧分解的生理意义：①迅速供能；②某些组织细胞依赖糖酵解供能，如成熟红细胞、白细胞、骨髓细胞等。

糖有氧氧化的生理意义：是机体获取能量的主要方式。

**59.** 比较如下：

| | 复制 | 转录 |
|---|---|---|
| 模板 | 两条全长 DNA 链 | 模板链：一条 DNA 链的一部分 |
| 原料 | dNTP | NTP |
| 聚合反应的酶（主要） | DNA 聚合酶 | RNA 聚合酶 |
| 产物 | 子代双链 DNA | RNA（主要为 mRNA、tRNA、rRNA） |
| 引物 | 需要 | 不需要 |
| 合成模式 | 半保留/半不连续 | 不对称/连续性 |
| 加工和修饰 | 不需要 | 需要 |
| 聚合酶校读功能 | 有 | 没有 |

**四、论述题（共 6 分）**

**60.** （1）答：酮体是指脂肪酸在肝脏线粒体内分解时产生的特有的中间产物，包括乙酰乙酸、*β*-羟丁酸和丙酮。

由于酮体中的乙酰乙酸、*β*-羟丁酸是酸性物质，占了酮体总量的 99%以上，故血中酮体含量过多可导致酸中毒。

（2）答：①酮体是肝输出能源的一种形式。②长期饥饿、糖供应不足时可以代替葡萄糖，成为脑组织及肌肉的主要能源。

（陆红玲）

# 第 9 套 试卷

**一、选择题**

**A 型题（每小题 1 分，共 30 分）**

**1.** 维生素 A（　　）

A. 是水溶性维生素　　B. 人体可以少量合成　　C. 参与构成视紫红质

D. 缺乏时只引起脚气病　　E. 不易被氧化

**2.** 维生素 D 缺乏时会发生（ ）
A. 佝偻病 B. 呆小症 C. 痛风症 D. 夜盲症 E. 坏血病
**3.** 关于糖、脂类和蛋白质三大代谢之间关系的叙述，正确的是（ ）
A. 糖、脂肪与蛋白质都是供能物质，通常单纯以脂肪为主要供能物质是无害的
B. 三羧酸循环是糖、脂肪和蛋白质三者互变的枢纽，偏食哪种物质都可以
C. 当糖供不足时，体内主要动员蛋白质供能
D. 糖可以转变成脂肪，但有些不饱和脂肪酸无法合成
E. 蛋白质可在体内完全转变成糖和脂肪
**4.** 有关变构调节的说法，错误的是（ ）
A. 变构酶常由两个或两个以上的亚基组成 B. 变构剂常是小分子代谢物
C. 变构剂通常与变构酶活性中心以外的某一特定部位结合
D. 代谢途径的终产物通常是催化该途径起始反应的酶的变构抑制剂
E. 变构调节具有放大作用
**5.** 关于有氧氧化的叙述，错误的是（ ）
A. 糖有氧氧化是细胞获能的主要方式 B. 有氧氧化可抑制糖酵解
C. 糖有氧氧化的终产物是 $CO_2$ 和 $H_2O$ D. 有氧氧化只通过氧化磷酸化产生 ATP
E. 有氧氧化在胞质和线粒体进行
**6.** 1 分子葡萄糖在肝中有氧或无氧条件下，彻底氧化净生成 ATP 分子数之比为（ ）
A. 15 B. 16 C. 9 D. 8 E. 7.5
**7.** 三羧酸循环中底物水平磷酸化的反应是（ ）
A. 柠檬酸→异柠檬酸 B. 异柠檬酸→$\alpha$-酮戊二酸 C. $\alpha$-酮戊二酸→琥珀酸
D. 琥珀酸→延胡索酸 E. 延胡索酸→草酰乙酸
**8.** 巴斯德效应是（ ）
A. 有氧氧化抑制糖酵解 B. 糖酵解抑制有氧氧化 C. 糖酵解抑制糖异生
D. 有氧氧化与糖酵解无关 E. 有氧氧化与耗氧量成正比
**9.** 磷酸戊糖途径主要是（ ）
A. 生成 NADPH 供合成代谢需要 B. 葡萄糖氧化供能的途径
C. 饥饿时此途径增强 D. 体内 $CO_2$ 生成的主要来源
E. 生成的 NADPH 可直接进电子传递链生成 ATP
**10.** 呼吸链中细胞色素排列顺序是（ ）
A. $b \to c_1 \to aa_3 \to O_2$ B. $c \to b \to c_1 \to aa \to O_2$ C. $c_1 \to c \to b \to aa_3 \to O_2$
D. $b \to c_1 \to c \to aa_3 \to O_2$ E. $c \to c_1 \to b \to aa_3 \to O_2$
**11.** 关于呼吸链，下列哪项是错误的（ ）
A. 呼吸链中的递氢体同时都是递电子体 B. 呼吸链中递电子体同时都是递氢体
C. 呼吸链各组分氧化还原电位由低到高 D. 线粒体 DNA 突变可影响呼吸链功能
E. 抑制细胞色素 $aa_3$ 可抑制整个呼吸链
**12.** 识别转录起始点的亚基是（ ）
A. α B. β C. ρ D. σ E. β′
**13.** 外显子是指（ ）
A. 不被翻译的序列 B. 不被转录的序列 C. 被翻译的编码序列
D. 被转录非编码的序列 E. 以上都不是
**14.** 有关 RNA 合成的描述，哪项是错误的（ ）
A. DNA 存在时，RNA 聚合酶才有活性 B. 转录起始需要引物
C. RNA 链合成方向 5′至 3′ D. 原料是 NTP
E. 以 DNA 双链中的一股链做模板
**15.** 有关 mRNA 的叙述，正确的是（ ）
A. 占 RNA 总量的 80%以上 B. 在三类 RNA 中分子量最小 C. 分子中含有大量稀有碱基

D. 前体是 SnRNA　　E. 在三类 RNA 中更新速度最快

**16.** 在血浆蛋白中，含量最多的蛋白质是（　　）

A. γ-球蛋白　B. β-球蛋白　C. 清蛋白　D. $\alpha_1$-球蛋白　E. $\alpha_2$-球蛋白

**17.** 成熟红细胞的主要能源物质是（　　）

A. 脂肪酸　B. 糖原　C. 葡萄糖　D. 酮体　E. 氨基酸

**18.** 蛋白质中的 α 螺旋和 β 折叠都属于（　　）

A. 一级结构　B. 二级结构　C. 三级结构　D. 四级结构　E. 侧链结构

**19.** 关于肽键的特点哪项叙述是不正确的（　　）

A. 肽键中的 C—N 键比相邻的 N—$C_\alpha$键短　　B. 肽键的 C—N 键具有部分双键性质

C. 与 α 碳原子相连的 N 和 C 所形成的化学键可以自由旋转

D. 肽键的 C—N 键可以自由旋转

E. 肽键中 C—N 键所相连的四个原子在同一平面上

**20.** 蛋白质溶液的稳定因素是（　　）

A. 蛋白质溶液有分子扩散现象　　B. 蛋白质在溶液中有布朗运动

C. 蛋白质分子表面带有水化膜和电荷　　D. 蛋白质溶液的黏度大

E. 蛋白质分子带有电荷

**21.** DNA 与 RNA 完全水解后，其产物的特点是（　　）

A. 戊糖不同、碱基部分不同　B. 戊糖不同、碱基完全相同　C. 戊糖相同、碱基完全相同

D. 戊糖相同、碱基部分不同　E. 戊糖不同、碱基完全不同

**22.** 在核酸分子中核苷酸之间的连接方式是（　　）

A. 3′,3′-磷酸二酯键　B. 糖苷键　C. 2′,5′-磷酸二酯键

D. 肽键　E. 3′,5′-磷酸二酯键

**23.** DNA 的二级结构是指（　　）

A. α 螺旋　B. β 片层　C. β 转角　D. 双螺旋结构　E. 超螺旋结构

**24.** 关于酶活性中心的叙述，下列哪项是正确的（　　）

A. 所有酶的活性中心都有金属离子　　B. 所有的抑制剂都作用于酶的活性中心

C. 所有的必需基团都位于酶的活性中心　　D. 所有酶的活性中心都含有辅酶

E. 所有的酶都有活性中心

**25.** 关于酶原激活的叙述，正确的是（　　）

A. 通过变构调节　B. 通过共价修饰　C. 酶蛋白与辅助因子结合

D. 酶原激活的实质是活性中心形成和暴露的过程　E. 酶原激活的过程是酶完全被水解的过程

**26.** 原癌基因的激活机制是（　　）

A. 点突变　B. 启动子插入　C. 增强子的插入　D. 染色体易位　E. 以上均是

**27.** 酮体是指（　　）

A. 乙酰乙酸、*β*-羟丁酸、丙酮酸　　B. 乙酰辅酶 A、*β*-羟丁酸、丙酮

C. 乙酰乙酸、氨基丁酸、丙酮酸　　D. 乙酰辅酶 A、*β*-羟丁酸、丙酮酸

E. 乙酰乙酸、*β*-羟丁酸、丙酮

**28.** 下列哪种不是必需氨基酸（　　）

A. Met　B. Thr　C. Ser　D. Lys　E. Val

**29.** 生物体编码 20 种氨基酸的密码子个数是（　　）

A. 20　B. 54　C. 60　D. 61　E. 64

**30.** 原核生物启动序列–10 区的共有序列称（　　）

A. TAAT 盒　B. CAAT 盒　C. Pribnow 盒　D. 增强子　E. GC 盒

**B 型题（每小题 1 分，共 4 分）**

（31～32 题共用选项）

A. 抑制细胞过度生长和增殖的基因　　B. 体外引起细胞转化的基因

C. 存在于正常细胞基因组的癌基因　　D. 突变的 *p53* 基因

E. 携带有转导基因病毒的癌基因

**31.** 原癌基因是（　　）

**32.** 抑癌基因是（　　）

（33～34 题共用选项）

A. 含有该生物的全部基因组　　B. 只含有该生物的编码基因

C. A、B 都是　　D. A、B 都不是

**33.** 基因组文库（　　）

**34.** cDNA 文库（　　）

**X 型题（每小题 1.5 分，共 6 分）**

**35.** 如摄入葡萄糖过多，那过剩的葡萄糖在体内的去向是（　　）

A. 补充血糖　　B. 合成糖原储存　　C. 转变为脂肪

D. 转变为必需脂肪酸　　E. 转变为非必需脂肪酸

**36.** 可从 IMP 产生的物质是（　　）

A. AMP　　B. GMP　　C. XMP　　D. 尿酸　　E. UMP

**37.** 蛋白质合成的延长阶段，包括下列哪些步骤（　　）

A. 起始　　B. 进位　　C. 成肽　　D. 转位　　E. 终止

**38.** 组成 PCR 反应体系的物质包括（　　）

A. RNA 引物　　B. *Taq* DNA 聚合酶　　C. RNA 聚合酶

D. DNA 模板　　E. ddNTP

**二、填空题（每空 0.5 分，共 5 分）**

**39.** 蛋白质多肽链中的肽键是通过一个氨基酸的________基和另一个氨基酸的________基连接而形成的。

**40.** 糖异生的主要原料为氨基酸、________和________。

**41.** G 蛋白是由 α，________和________三种亚基构成的不均一三聚体。

**42.** 痛风症患者血液中________含量升高，可用药物________来缓解。

**43.** 一个转录单位一般应包括启动子序列、________序列和________顺序。

**三、名词解释（每小题 3 分，共 15 分）**

**44** 等电点　　**45.** P/O 值

**46.** 基因组　　**47.** 第二信使

**48.** 内源性凝血途径

**四、问答题（每小题 5 分，共 20 分）**

**49.** 试指出下列每种酶具有哪种类型的专一性。

（1）脲酶（只催化尿素 $NH_2CONH_2$ 的水解，但不能作用于 $NH_2CONHCH_3$）；

（2）*β-D*-葡萄糖苷酶（只作用于 *β-D*-葡萄糖形成的各种糖苷，但不能作用于其他的糖苷，如果糖苷）；

（3）酯酶（作用于 $R_1COOR_2$ 的水解反应）；

（4）*L*-氨基酸氧化酶（只作用于 *L*-氨基酸，而不能作用于 *D*-氨基酸）；

（5）反丁烯二酸水合酶[只作用于反丁烯二酸（延胡索酸），而不能作用于顺丁烯二酸（马来酸）]。

**50.** 对一双链 DNA 而言，若一条链中（A+G）/（T+C）= 0.7，则：

（1）互补链中（A+G）/（T+C）= ？

（2）在整个 DNA 分子中（A+G）/（T+C）= ？

（3）若一条链中（A+ T）/（G +C）= 0.7，则互补链中（A+ T）/（G +C）= ？在整个 DNA 分子中（A+ T）/（G +C）= ？

**51.** 什么是尿素循环，有何生物学意义？

**52.** 用超速离心法可将脂蛋白分成哪些类型？（请写出中文名称和英文缩写）

**五、论述题（每小题 10 分，共 20 分）**

**53.** 以 DNA 5′-ATGCACTACCGG-3′为模板，写出由它复制、转录和翻译的产物，并注明产物合成的方向（翻译产物用氨基酸 1、氨基酸 2……的顺序排列）。

**54.** 叙述胆色素正常的代谢过程。

# 第9套 试卷参考答案

## 一、选择题

**A型题（每小题1分，共30分）**

**1.** C **2.** A **3.** D **4.** E **5.** D **6.** B **7.** C **8.** A **9.** A **10.** D **11.** B **12.** D **13.** C **14.** B **15.** E **16.** C **17.** C **18.** B **19.** D **20.** C **21.** A **22.** E **23.** D **24.** E **25.** D **26.** E **27.** E **28.** C **29.** D **30.** C

**B型题（每小题1分，共4分）**

**31.** C **32.** A

**33.** A **34.** B

**X型题（每小题1.5分，共6分）**

**35.** BCE **36.** ABCD **37.** BCD **38.** BD

## 二、填空题（每空0.5，共5分）

**39.** 氨 羧

**40.** 乳酸 甘油

**41.** β γ

**42.** 尿酸 别嘌呤醇

**43.** 编码 终止子

## 三、名词解释（每小题3分，共15分）

**44.** 等电点是指蛋白质处于某一pH的环境中，所带正、负电荷恰好相等，呈兼性离子，即静电荷等于零时的溶液pH，为该蛋白的等电点。

**45.** P/O值是指在氧化磷酸化过程中，每消耗1摩尔氧原子所消耗的无机磷的摩尔数。

**46.** 基因组是指一个遗传体系所携带的一整套遗传信息或全部的DNA。

**47.** 第二信使是指在细胞内传递信息的小分子物质，如$Ca^{2+}$、cAMP、DAG、$IP_3$、花生四烯酸及其代谢产物等。

**48.** 内源性凝血途径是指血液在血管内膜受损或在血管外与异物表面接触时触发的凝血过程。

## 四、问答题（每小题5分，共20分）

**49.** 答：（1）绝对专一性；（2）相对专一性；（3）相对专一性；（4）立体专一性；（5）立体专一性

**50.** 答：（1）1.43；（2）1；（3）0.7；0.7。

**51.** 答：（1）尿素循环：是肝中合成尿素的代谢通路。由氨及二氧化碳与鸟氨酸缩合形成瓜氨酸、精氨酸，再由精氨酸分解释放出尿素。此过程中鸟氨酸起了催化尿素产生的作用，故又称为鸟氨酸循环。

（2）生物学意义：有解除氨毒害的作用。

**52.** 答：①CM：乳糜微粒；②VLDL：极低密度脂蛋白；③LDL：低密度脂蛋白；④HDL：高密度脂蛋白。

## 五、论述题（每小题10分，共20分）

**53.** 答：复制产物：5′-CCGGTAGTGCAT-3′；转录产物：5′-CCGGUAGUGCAU-3′；翻译产物：N-氨基酰1—氨基酰2—氨基酰3—氨基酸4—C

**54.** 答：①衰老的红细胞被单核—吞噬细胞系统破坏后释放出的血红素，在血红素加氧酶的催化下，生成胆绿素，再在胆绿素还原酶的催化下生成脂溶性的胆红素。②胆红素入血与清蛋白结合为血胆红素而被运输。③胆红素被运送到肝脏，被肝细胞摄取后，与Y蛋白或Z蛋白结合，再被运到内质网，在葡萄糖醛酸转移酶催化下生成肝胆红素。④肝胆红素随胆汁进入肠道，在肠菌作用下生成无色的胆素原，大部分胆素原随粪便排出，被空气氧化成黄褐色的粪胆素；小部分经门静脉被重吸收，后大部分又再分泌入肠道，进行胆素原的肠肝循环。重吸收的胆素原小部分进入体循环，经肾由尿排出，尿胆素原被空气氧化成黄色的尿胆素。

（费小雯）

# 第10套 试卷

## 一、选择题

**A1 型题（每小题 1 分，共 20 分）**

**1.** 可使二硫键还原的试剂是（　　）

A. 溴化氢　B. 碘乙酸　C. 三氯乙酸　D. $\beta$-巯基乙醇　E. 2,4-二硝基氟苯

**2.** 280nm 处出现最大吸收峰的氨基酸是（　　）

A. Ser　B. Tyr　C. Trp　D. Cys　E. Phe

**3.** 脂酰 CoA 在线粒体中进行 $\beta$-氧化的酶促反应顺序为（　　）

A. 脱氢、加水、硫解、再脱氢　B. 加水、脱氢、硫解、再脱氢

C. 脱氢、硫解、再脱氢、加水　D. 脱氢、加水、再脱氢、硫解

E. 脱氢、脱水、再脱氢、硫解

**4.** 关于 DNA 二级结构特点，正确的是（　　）

A. 双链左手螺旋　B. 两条链的走向相同　C. 碱基位于螺旋外侧

D. 磷酸-戊糖骨架位于螺旋内侧　E. 稳定的主要因素是碱基堆积力

**5.** 当 $v = 80\% V_{max}$ 时，$K_m$ 与[S]的关系是（　　）

A. $K_m$=[S]　B. $K_m$=0.80[S]　C. $K_m$=0.50[S]　D. $K_m$=0.25[S]　E. $K_m$=0.20 [S]

**6.** 氧化磷酸化的解偶联剂是（　　）

A. 鱼藤酮　B. 寡霉素　C. 粉蝶霉素　D. 异戊巴比妥　E. 2,4-二硝基苯酚

**7.** 逆向转运胆固醇的血浆脂蛋白是（　　）

A. CM　B. LDL　C. HDL　D. IDL　E. VLDL

**8.** 急性肝炎患者血中，酶活性显著升高的是（　　）

A. ALT　B. AST　C. PSA　D. γ-GT　E. AMY

**9.** 合成尿素的循环反应是（　　）

A. ATP 循环　B. 鸟氨酸循环　C. G 蛋白循环　D. 柠檬酸循环　E. 甲硫氨酸循环

**10.** 嘌呤核苷酸从头合成首先合成（　　）

A. AMP　B. GMP　C. IMP　D. XMP　E. UMP

**11.** 人类嘌呤核苷酸分解代谢的终产物是（　　）

A. 尿素　B. 尿酸　C. 肌酸　D. 尿囊素　E. $\beta$-丙氨酸

**12.** DNA 复制过程不需要（　　）

A. DNA 酶　B. 引物酶　C. 解螺旋酶　D. 拓扑异构酶　E. DNA 连接酶

**13.** 能辨认启动子并促进 RNA 聚合酶（全酶）与启动子结合的亚基是（　　）

A. α 亚基　B. β 亚基　C. β′亚基　D. σ 亚基　E. ω 亚基

**14.** 关于遗传密码的特点，错误的是（　　）

A. 通用性　B. 简并性　C. 方向性　D. 摆动性　E. 不连续性

**15.** 具有启动转录的序列是（　　）

A. 增强子　B. 沉默子　C. 终止子　D. 启动子　E. 衰减子

**16.** 基因工程中不能用作基因载体的是（　　）

A. 质粒　B. 黏粒　C. 病毒　D. 天然染色体　E. 人工染色体

**17.** 既是凝血因子又是细胞内第二信使的离子是（　　）

A. $Fe^{2+}$　B. $Ca^{2+}$　C. $Zn^{2+}$　D. $Cu^{2+}$　E. $Mg^{2+}$

**18.** 血红素合成的基本原料是（　　）

A. 酪氨酸、乙酰 CoA、$Fe^{2+}$　B. 丝氨酸、丙酰 CoA、$Fe^{2+}$　C. 赖氨酸、丁酰 CoA、$Fe^{3+}$

D. 甘氨酸、琥珀酰 CoA、$Fe^{2+}$　E. 色氨酸、琥珀酰 CoA、$Fe^{3+}$

**19.** 肝生物转化最普遍的结合反应是（　　）

A. 甲基化反应　B. 乙酰基反应　C. 硫酸结合反应

D. 甘氨酸结合反应　E. 葡萄糖醛酸结合反应

**20.** 不能异生为葡萄糖的物质是（　　）
A. 乳酸　B. 甘油　C. 脂肪酸　D. 丙酮酸　E. 丙氨酸

**B 型题（每小题 1 分，共 10 分）**

（21～22 题共用选项）
A. 焦磷酸硫胺素　B. 黄素单核苷酸　C. 磷酸吡哆醛　D. 甲基钴胺素　E. 四氢叶酸

**21.** 甲硫氨酸合酶的辅酶是（　　）

**22.** 氨基转移酶的辅酶是（　　）

（23～25 题共用选项）
A. 叶酸　B. 生物素　C. 维生素 $B_1$　D. 维生素 C　E. 维生素 $B_6$

**23.** 脚气病是由于缺乏（　　）

**24.** 孕妇应补充（　　）

**25.** 小儿惊厥可给予（　　）

（26～28 题共用选项）
A. 甘氨酸　B. 葡萄糖　C. $NH_3+CO_2$　D. 乙酰 CoA　E. 二酰甘油

**26.** 酮体合成的原料是（　　）

**27.** 脂肪酸合成的原料是（　　）

**28.** 胆固醇合成的原料是（　　）

（29～30 题共用选项）
A. 胱硫醚合酶　B. 酪氨酸酶　C. 苯丙氨酸羟化酶
D. 葡萄糖-6-磷酸脱氢酶　E. 次黄嘌呤-鸟嘌呤磷酸核糖转移酶

**29.** 蚕豆病患者是由于先天缺乏（　　）

**30.** Lesch-Nyhan 综合征患者是由于先天缺乏（　　）

**二、名词解释（每小题 2 分，共 20 分）**

**31.** 脂肪动员
**32.** 氧化磷酸化
**33.** 冈崎片段
**34.** $T_m$ 值
**35.** 逆转录
**36.** $K_m$ 值
**37.** 盐析
**38.** 细胞癌基因
**39.** 基因表达
**40.** 生物转化

**三、问答题（每小题 5 分，共 20 分）**

**41.** 简述胆汁酸循环及其意义。

**42.** 简述 2,3-BPG 调节 Hb 携氧的机制。

**43.** 简述 G 蛋白循环。

**44.** 简述 $\alpha$-磷酸甘油穿梭。

**四、论述题（每小题 10 分，共 30 分）**

**45.** 试述 DNA 复制与转录的异同点。

**46.** 试述乳糖操纵子的调节机制。

**47.** 试述 PCR 技术的原理及其医学应用。

# 第 10 套　试卷参考答案

**一、选择题**

**A1 型题（每小题 1 分，共 20 分）**

1. D　2. C　3. D　4. E　5. D　6. E　7. C　8. A　9. B　10. C　11. B　12. A　13. D　14. E　15. D　16. D　17. B　18. D　19. E　20. C

**B 型题（每小题 1 分，共 10 分）**

21. D　22. C　23. C　24. A　25. E　26. D　27. D　28. D　29. D　30. E

**二、名词解释（每小题 2 分，共 20 分）**

**31.** 脂肪动员：脂肪组织中的脂肪在脂肪酶的催化下，水解产生脂肪酸和甘油以供利用的过程。
**32.** 氧化磷酸化：代谢物脱下的氢经呼吸链传递氧化生成水，并伴有 ADP 磷酸化产生 ATP 的过程。
**33.** 冈崎片段：DNA 复制过程中，后随链合成的 DNA 片段。
**34.** $T_m$ 值：DNA 热变性过程中，$A_{260}$ 达到最大值 50%时所对应的变性温度。
**35.** 逆转录：以 RNA 为模板，在逆转录酶催化下合成 DNA 的过程。
**36.** $K_m$ 值：酶促反应速率等于最大反应速率一半时所对应的底物浓度。
**37.** 盐析：加入中性盐使溶液中蛋白质析出的现象。
**38.** 细胞癌基因：基因组中正常情况下不表达或处于低表达、当受到致癌因素作用时被活化而可能导致细胞癌变的那些基因。
**39.** 基因表达：基因经过转录产生 RNA 和（或）蛋白质的过程。
**40.** 生物转化：体内的非营养物经过各种代谢转变，使其极性增强有利于排出体外的过程。

**三、问答题（每小题 5 分，共 20 分）**

**41.** 答：①胆汁酸循环：肠道中胆汁酸约 95%以上被肠壁重吸收入血，经门静脉入肝。在肝细胞内，重吸收的游离型胆汁酸被重新合成结合型胆汁酸，并与肝细胞新合成的初级结合型胆汁酸一起由胆道重新排入肠腔，这一过程称为胆汁酸的“肠肝循环”。②意义：使有限量的胆汁酸得以重新利用，发挥其最大的乳化作用，以满足脂类消化吸收的需要。

**42.** 答：2,3-BPG 带 5 个负电荷，负电性很高，能进入脱氧血红蛋白 4 个亚基的对称中心的空穴内，并与空穴侧壁的 2 个 β 亚基上的 5 个正电基团通过盐键紧密结合，从而使得血红蛋白的 T 态构象更加稳定，降低了脱氧血红蛋白与 $O_2$ 的亲和力。

**43.** 答：①G 蛋白（αβγ）的 α 亚基结合 GDP 时，G 蛋白无活性；②胞外信号分子与 G 蛋白偶联受体的结合引起 G 蛋白构象改变，促进 Gα 亚基释放 GDP 并结合 GTP，并与 βγ 亚基相分离，此时的 Gα-GTP 即为 G 蛋白的活化状态；③Gα-GTP 发挥作用后，Gα 亚基的内在 GTP 酶将 GTP 水解为 GDP，Gα-GDP 恢复原构象，再结合 βγ 亚基恢复 αβγ 静息状态，该过程称为 G 蛋白循环。

**44.** 答：线粒体外膜侧的 α-磷酸甘油脱氢酶（辅基 $NAD^+$）催化 $NADH+H^+$ 与磷酸二羟丙酮反应，生成 α-磷酸甘油，该化合物通过线粒体外膜进入膜间隙，并在线粒体内膜上的 α-磷酸甘油脱氢酶（辅基 FAD）催化下，生成 $FADH_2$ 和磷酸二羟丙酮，$FADH_2$ 进入琥珀酸氧化呼吸链，磷酸二羟丙酮通过线粒体外膜回到线粒体外，这一过程即是 α-磷酸甘油穿梭。经过这一穿梭过程，通过 α-磷酸甘油将线粒体外物质代谢产生的 $NADH+H^+$ 的 2H 携带进入线粒体并经琥珀酸氧化呼吸链氧化产能。

**四、论述题（每小题 10 分，共 30 分）**

**45.** 答：

| | 转录 | 复制 |
|---|---|---|
| 模板 DNA | 不同转录区段的模板链并非总在同一股 DNA 链上 | 双链 DNA 的两股链均作为复制的模板 |
| 底物 | NTPs | dNTPs |
| 碱基配对 | A-U、T-A、G-C | A-T、G-C |
| 聚合酶 | RNA 聚合酶（缺乏校读功能） | DNA 聚合酶（有校读功能） |
| 引物 | 不需要 | 需 RNA 引物 |
| 产物链延长方向 | $5'\rightarrow3'$ | $5'\rightarrow3'$ |
| 产物 | 单链 RNA | 子代双链 DNA |

**46.** 答：在以葡萄糖为主要碳源的环境下（如培养基中只含葡萄糖或葡萄糖+乳糖），细菌利用或优先利用葡萄糖。机制是：一方面由于 *lac* I 基因组成性表达的阻遏蛋白与操纵序列结合，阻止已经结合在启动子上的 RNA-pol 向下游移动，使转录不能启动。另一方面由于乳糖操纵子是弱启动子，其启动转录还需 cAMP-CAP 复合物与 CAP 位点结合，以激活 RNA-pol。葡萄糖能抑制腺苷酸环化酶，使 cAMP 减少，cAMP-CAP 复合物减少。上述两种情况使乳糖操纵子处于关闭状态，乳糖得

不到利用。

当葡萄糖耗尽后（即乳糖成为主要碳源的情况下），细菌基础表达的乳糖通透酶催化少量乳糖进入细菌，并在基础表达的 $\beta$-半乳糖苷酶的催化下，乳糖异构为别乳糖。别乳糖可以结合阻遏蛋白，使其失去与操纵序列结合的能力，使得 RNA-pol 可以有效地启动转录。同时 cAMP-CAP 复合物也增多，使转录增强，使得细菌利用乳糖。

**47.** 答：（1）PCR 原理：PCR 扩增 DNA 的过程是不断地循环反应。每个循环周期包括 3 个反应步骤：变性、退火及延伸。变性是使得模板双链 DNA 变成单链的过程，通常采用 95℃变性；退火是引物与模板碱基互补区结合的过程；延伸是耐热 DNA 聚合酶催化底物核苷酸聚合到引物的 3′-羟基上，形成 3′,5′-磷酸二酯键，延伸的温度是 72℃。经过 25～30 个循环后，短产物片段（两引物+目的 DNA）在反应体系中占有绝对优势。

（2）PCR 医学应用：DNA 的微量分析、目的基因的克隆、检测基因的表达水平和基因的定点突变等方面。

（田余祥）

# 第 11 套　试卷

## 一、选择题

**A1 型题（每小题 1 分，共 20 分）**

**1.** 蛋白质的平均含氮量是（　　）

A. 2%　B. 6.5%　C. 16%　D. 21.5%　E. 52.5%

**2.** 酪蛋白的 pI=4.8，当其处于 pH=7.0 的溶液中时，带电性质正确的是（　　）

A. 不带电荷　B. 正负电荷相对　C. 带净的正电荷
D. 带净的负电荷　E. 正电荷量多于负电荷

**3.** 双链 DNA 分子碱基之间的配对关系，正确的是（　　）

A. A 与 U、G 与 C　B. A 与 T、G 与 C　C. A 与 I、U 与 C
D. A 与 T、C 与 I　E. A 与 U、G 与 U

**4.** 酶促化学修饰调节最常见的形式是（　　）

A. 乙酰化/去乙酰化　B. 磷酸化/去磷酸化　C. 甲基化/去甲基化
D. 腺苷化/去腺苷化　E. 核糖基化/去核糖基化

**5.** 当 $v$= 50%$V_{max}$时，$K_m$与[S]的关系是（　　）

A. $K_m$= [S]　B. $K_m$=0.80[S]　C. $K_m$=0.50[S]　D. $K_m$=0.25[S]　E. $K_m$=0.20 [S]

**6.** 抑制细胞色素 c 氧化酶的化合物是（　　）

A. 氰化物　B. 寡霉素　C. 鱼藤酮　D. 粉蝶霉素　E. 双香豆素

**7.** 转运内源性三酰甘油的血浆脂蛋白是（　　）

A. CM　B. LDL　C. HDL　D. IDL　E. VLDL

**8.** 用于诊断急性心肌梗死的酶是（　　）

A. ALT　B. $CK_2$　C. ACP　D. $\gamma$-GT　E. LPS

**9.** 产生 SAM 的循环反应是（　　）

A. 底物循环　B. 鸟氨酸循环　C. G 蛋白循环
D. 甲硫氨酸循环　E. 丙酮酸-柠檬酸循环

**10.** 嘧啶核苷酸从头合成，首先合成（　　）

A. CMP　B. CDP　C. UTP　D. UDP　E. UMP

**11.** 痛风症患者血中增高的指标是（　　）

A. 尿素　B. 尿酸　C. 肌酸　D. 肌酐　E. 胆红素

**12.** 具有逆转录酶活性的酶是（　　）

A. 引物酶　B. 端粒酶　C. DNA 聚合酶　D. RNA 聚合酶　E. DNA 连接酶

**13.** 催化 3′，5′-磷酸二酯键形成的亚基是（ ）
A. α 亚基 B. β 亚基 C. β′亚基 D. σ 亚基 E. ω 亚基
**14.** 关于遗传密码的特点，错误的是（ ）
A. 通用性 B. 简并性 C. 连续性 D. 摆动性 E. 无方向性
**15.** 增强转录的序列是（ ）
A. 增强子 B. 沉默子 C. 终止子 D. 启动子 E. 衰减子
**16.** 基因工程中常用的基因载体是（ ）
A. 质粒 B. λ 噬菌体 C. M13 噬菌体 D. DNA 病毒 E. RNA 病毒
**17.** 不是细胞内第二信使的化合物是（ ）
A. $IP_3$ B. cGMP C. cAMP D. TAG E. DAG
**18.** 属于酮体的一组化合物是（ ）
A. 乙酰乙酸/*α*-羟丁酸/丙酮 B. 乙酰乙酸/*β*-羟丁酸/丙酮
C. 乙酰乙酸/*γ*-羟丁酸/丙酮 D. 乙酰乙酸/*β*-羟丁酸/丙酸
E. 乙酰乙酸/*β*-羟丁酸/丙醇
**19.** 肝生物转化反应不包括（ ）
A. 氧化反应 B. 还原反应 C. 水解反应 D. 脱水反应 E. 结合反应
**20.** 维持血浆胶体渗透压最主要的蛋白质是（ ）
A. 清蛋白 B. $α_1$-球蛋白 C. $α_2$-球蛋白 D. β-球蛋白 E. γ-球蛋白

**B 型题（每小题 1 分，共 10 分）**

（21～22 题共用选项）
A. 维生素 A B. 维生素 $B_1$ C. 维生素 C D. 维生素 D E. 维生素 E
**21.** 抗干眼病的维生素是（ ）
**22.** 抗佝偻病的维生素是（ ）
（23～25 题共用选项）
A. 组胺 B. 牛磺酸 C. 多巴胺 D. 5-羟色胺 E. *γ*-氨基丁酸
**23.** 谷氨酸代谢产生（ ）
**24.** 酪氨酸代谢产生（ ）
**25.** 色氨酸代谢产生（ ）
（26～28 题共用选项）
A. 胆汁酸 B. 黑色素 C. 一碳单位 D. 一氧化氮 E. 花生四烯酸
**26.** 精氨酸代谢产生（ ）
**27.** 胆固醇代谢产生（ ）
**28.** 亚油酸代谢产生（ ）
（29～30 题共用选项）
A. RNA-pol Ⅰ B. RNA-pol Ⅱ C. RNA-pol Ⅲ D. RNA-pol Ⅳ E. RNA-pol Mt
**29.** 催化转录产生 hnRNA 的酶是（ ）
**30.** 催化转录产生 tRNA 的酶是（ ）

## 二、名词解释（每小题 2 分，共 20 分）

**31.** DNA 变性 **32.** 初级胆汁酸
**33.** 酶的活性中心 **34.** 基因诊断
**35.** 酶的别构调节 **36.** PCR 技术
**37.** 模体 **38.** 抑癌基因
**39.** 操纵子 **40.** 生物氧化

## 三、问答题（每小题 5 分，共 20 分）

**41.** 简述 DNA 二级结构特点。
**42.** 简述细胞癌基因的活化形式。
**43.** 简述温度对酶活性的双重调节。

**44.** 简述真核生物 mRNA 前体的加工形式。

**四、论述题（每小题 10 分，共 30 分）**

**45.** 试述短期饥饿时机体的代谢调节。

**46.** 试述甘氨酸在体内有哪些功能。

**47.** 试述某一蛋白质基因两侧的碱基序列已知，怎样将该基因克隆。

# 第 11 套　试卷参考答案

**一、选择题**

**A1 型题（每小题 1 分，共 20 分）**

**1.** C　**2.** D　**3.** B　**4.** B　**5.** A　**6.** A　**7.** E　**8.** B　**9.** D　**10.** E　**11.** B　**12.** B　**13.** B　**14.** E　**15.** A　**16.** A　**17.** D　**18.** B　**19.** D　**20.** A

**B 型题（每小题 1 分，共 10 分）**

**21.** A　**22.** D　**23.** E　**24.** C　**25.** D　**26.** D　**27.** A　**28.** E　**29.** B　**30.** C

**二、名词解释（每小题 2 分，共 20 分）**

**31.** DNA 变性：某些理化因素的作用下，使得双链 DNA 变成单链的过程。

**32.** 初级胆汁酸：肝细胞内以胆固醇为原料合成的胆汁酸。

**33.** 酶的活性中心：酶分子中能与底物结合并催化底物转变为产物的部位。

**34.** 基因诊断：从 DNA 或 RNA 水平对疾病做出诊断。

**35.** 酶的别构调节：小分子化合物与酶活性中心以外的部位结合，引起酶蛋白构象改变，进而改变酶的活性，酶的这种调节方式叫作别构调节。

**36.** PCR 技术：体外 DNA 扩增技术。

**37.** 模体：蛋白质分子中具有二级结构的肽段相互靠近，局部形成具有特定功能的空间构象，或者仅是一个具有特定功能的很短的肽段。

**38.** 抑癌基因：抑制细胞过度生长和增殖，从而抑制肿瘤形成的基因。

**39.** 操纵子：原核生物基因转录的结构基因及其一整套调控单位。

**40.** 生物氧化：物质在体内被氧化生成水和二氧化碳，并伴随着能量释放的过程。

**三、问答题（每小题 5 分，共 20 分）**

**41.** 答：①DNA 是右手螺旋结构；②两条链的走向相反；③脱氧核糖-磷酸骨架位于双螺旋外侧，碱基位于双螺旋内侧；④两条链间的碱基配对关系：A 与 T 配对，G 与 C 配对；⑤维系双螺旋稳定的因素是氢键和碱基堆积力，后者是维持 DNA 分子稳定性的主要因素。

**42.** 答：①点突变；②获得启动子与增强子；③甲基化程度降低；④基因扩增；⑤基因易位或重排。

**43.** 答：在酶促反应体系中，低于一定温度时，逐渐增高温度，反应速率随之增加。当温度升高到 60℃以上，继续增加反应温度，酶促反应速率反而下降。因为酶的化学本质是蛋白质，升高温度一方面可加速反应的进行，另一方面高温可使酶变性而减少活性，使反应速率降低。

**44.** 答：①剪接；②mRNA 首、尾的修饰；③RNA 编辑；④选择性剪接；⑤甲基化。

**四、论述题（每小题 10 分，共 30 分）**

**45.** 答：①骨骼肌的蛋白质分解加速。分解出的氨基酸大部分转变为丙氨酸和谷氨酰胺，释放入血，成为饥饿时肌肉释放的主要氨基酸。②肝糖异生明显增强。饥饿初期糖异生的主要场所是肝（约占 80%），小部分在肾皮质（20%）中进行。③脂肪动员加强，酮体生成增多。血浆甘油和游离脂肪酸含量升高，分解出的脂肪酸约 25%在肝中生成酮体。此时脂肪酸和酮体成为心肌、骨骼肌和肾皮质的重要能源，一部分酮体可被大脑利用。④组织对葡萄糖的利用降低。饥饿初期由于心肌、骨骼肌、肾皮质摄取和氧化脂肪酸及酮体增加，因而这些组织对葡萄糖的摄取及利用减少，以保证大脑对葡萄糖的利用。

**46.** 答：①参与蛋白质合成；②参与谷胱甘肽合成；③参与生物转化；④产生一碳单位；⑤参与嘌呤核苷酸合成；⑥参与肌酸合成；⑦是抑制性神经递质；⑧糖异生；⑨氧化供能；⑩参与血红素合成。

**47.** 答：①根据该蛋白质基因两侧的碱基序列，设计一对特异引物，利用 PCR 反应扩增该基因；

②选择合适的表达载体；③将扩增的该基因与载体连接，产生DNA重组体；④选择合适的受体细胞和导入方法，将该DNA重组体引入到受体细胞内；⑤培养受体细胞，筛选和鉴定出阳性克隆细胞。

（田余祥）

# 第12套 试卷

## 一、选择题（每小题1分，共30分）

### A1型题

**1.** 在天然蛋白质分子中，不存在的氨基酸是（ ）
A. 精氨酸 B. 瓜氨酸 C. 半胱氨酸 D. 脯氨酸 E. 羟脯氨酸

**2.** 蛋白质二级结构的结构单元是（ ）
A. 肽键 B. 氢键 C. 二硫键 D. 肽单元 E. 氨基酸残基

**3.** 维系蛋白质一级结构的主要化学键是（ ）
A. 肽键 B. 盐键 C. 氢键 D. 疏水键 E. 二硫键

**4.** 构成脱氧核糖核酸分子的脱氧核糖是核糖哪个碳原子上的羟基脱氧（ ）
A. C-1′ B. C-2′ C. C-3′ D. C-4′ E. C-5′

**5.** 反应速度是最大反应速度的80%时，$K_m$等于（ ）
A. [S] B. 1/2[S] C. 1/4[S] D. 0.4[S] E. 0.8[S]

**6.** 酶促反应的突出特点是（ ）
A. 催化效率高 B. 酶具有敏感性 C. 酶的特异性强
D. 酶能自我更新 E. 酶的作用受调控

**7.** 构成视紫红质的是（ ）
A. 清蛋白与全反型视黄醛 B. 球蛋白与顺视黄醇 C. 视蛋白与全反型视黄醇
D. 清蛋白与11-顺视黄醛 E. 视蛋白与11-顺视黄醛

**8.** 1分子葡萄糖有氧氧化时共有几次底物水平磷酸化（ ）
A. 2 B. 3 C. 4 D. 5 E. 6

**9.** 成熟红细胞所需能源主要由以下哪种途径提供（ ）
A. 彻底氧化途径 B. 磷酸戊糖途径 C. 糖原合成途径 D. 糖异生途径 E. 糖酵解

**10.** 小肠黏膜细胞内合成的脂蛋白主要是（ ）
A. LDL B. VLDL C. CM D. HDL E. IDL

**11.** 脂肪大量动员时肝内生成的乙酰CoA主要转变为（ ）
A. 葡萄糖 B. 胆固醇 C. 脂肪酸 D. 酮体 E. 胆固醇酯

**12.** NADH氧化呼吸链中氧化磷酸化偶联部位数是（ ）
A. 1 B. 2 C. 3 D. 4 E. 5

**13.** 线粒体外NADH经*α*-磷酸甘油穿梭作用进入线粒体内完成氧化磷酸化，其P/O值为（ ）
A. 0 B. 1 C. 1.5 D. 2 E. 2.5

**14.** 蛋白质营养价值高低主要取决于（ ）
A. 氨基酸的种类 B. 氨基酸的数量 C. 必需氨基酸的种类、数量及比例
D. 必需氨基酸的数量 E. 必需氨基酸的种类

**15.** 生物体内氨基酸脱氨的主要方式是（ ）
A. 氧化脱氨 B. 转氨基作用 C. 直接脱氨 D. 联合脱氨 E. 非氧化脱氨

**16.** ALT活性最高的器官是（ ）
A. 心肌 B. 肝脏 C. 肾脏 D. 肺 E. 脑

**17.** 嘌呤与嘧啶的共同原料是（ ）
A. 甘氨酸 B. 一碳单位 C. 谷氨酸 D. 天冬氨酸 E. 氨基甲酰磷酸

**18.** 生物转化最重要的意义是（ ）
A. 使毒物解毒 B. 使药物灭活 C. 使活性物失活

D. 增加极性易于排出　　E. 增加脂溶性易于再利用

**19.** 合成血红素的哪一步反应在线粒体中进行（　　）

A. 胆色素原的生成　　B. 血红蛋白的生成　　C. ALA 的生成

D. 尿卟啉原III的生成　　E. 粪卟啉原III的生成

**20.** DNA 复制时下列哪一种酶是不需要的（　　）

A. DNA 聚合酶　　B. 引物酶　　C. 逆转录酶　　D. 连接酶　　E. 拓扑异构酶

**21.** 真核生物 DNA 复制过程中延长 DNA 后随链的主要酶是（　　）

A. DNA-pol β　　B. DNA-pol γ　　C. DNA-pol δ　　D. DNA-pol ε　　E. 以上都不是

**22.** 紫外线对 DNA 的损伤主要是（　　）

A. 引起碱基置换　　B. 导致碱基缺失　　C. 发生碱基插入

D. 使得磷酸二酯键断裂　　E. 形成嘧啶二聚物

**23.** 原核生物 RNA-pol 对转录起始的辨认点位于（　　）

A. –35 区　　B. –25 区　　C. –10 区　　D. 转录起始点　　E. –60 区

**24.** mRNA 中编码蛋白质的起始密码子是（　　）

A. AGU　　B. AUG　　C. UGA　　D. GUA　　E. UAG

**25.** 遗传密码的简并性指的是（　　）

A. 一些三联体密码可缺少一个嘌呤碱或嘧啶碱　　B. 密码中有许多稀有碱基

C. 大多数氨基酸有一组以上的密码　　D. 一些密码适用于一种以上的氨基酸

E. 以上都不是

**X 型题**

**26.** 关于蛋白质的组成，正确的是（　　）

A. 由 C、H、O、N 等元素组成　　B. 含氮量平均为 16%

C. 可水解成肽或氨基酸　　D. 由 *D*-*α*-氨基酸组成

**27.** 同工酶之间的不同点是（　　）

A. 理化性质　　B. 分子结构　　C. 免疫反应性质　　D. 催化反应的类型

**28.** 能产生乙酰 CoA 的物质有（　　）

A. 胆固醇　　B. 脂肪酸　　C. 酮体　　D. 葡萄糖

**29.** 下列氨基酸中哪些是人类必需氨基酸（　　）

A. 苯丙氨酸　　B. 酪氨酸　　C. 丝氨酸　　D. 苏氨酸

**30.** 下列反应中属于生物转化第一相反应的是（　　）

A. 氧化反应　　B. 水解反应　　C. 还原反应　　D. 结合反应

## 二、名词解释（每小题 2 分，共 20 分）

**31.** 蛋白质的等电点　　**32.** $T_m$ 值

**33.** 酶原　　**34.** 维生素

**35.** 糖酵解　　**36.** 转氨基作用

**37.** 从头合成途径　　**38.** 生物转化

**39.** 逆转录　　**40.** 遗传密码

## 三、填空题（每空 1 分，共 10 分）

**41.** 酶的活性部位的必需基团分为________和________。

**42.** 胆固醇合成的原料是________。

**43.** 脂肪酸活化形式是________。

**44.** 肝细胞中的氨基甲酰磷酸可分别参与合成________和________。

**45.** 蛋白质合成的起始复合物是由小亚基、大亚基、________和________组成的。

**46.** RNA 聚合酶沿 DNA 模板链________方向移动，RNA 链则按________方向延长。

## 四、判断题（每小题 1 分；对填 A、错填 B；共 10 分）

**47.** 变性的蛋白质总是沉淀的，沉淀的蛋白质总是变性的。（　　）

**48.** 非竞争性抑制剂与底物结构不相似，但也与酶的活性中心结合。（　　）

**49.** 婴幼儿每天给大量鱼肝油（含维生素 A、D）是有益的。（　　）
**50.** 糖酵解时产生的 NADH 是用于丙酮酸还原。（　　）
**51.** 胆固醇合成的限速酶是 HMG-CoA 还原酶。（　　）
**52.** 任何一种氨基酸在体内都可以转变成糖。（　　）
**53.** 核酸是生命分子，是遗传物质，故它对生物体来说属于营养必需物质，必须从含有核酸的食物中获得。（　　）
**54.** 在生物转化中最常见的一种结合物是葡萄糖醛酸。（　　）
**55.** 每个原核染色体上只有一个复制起始点，而每个真核染色体上却有多个复制起始点。（　　）
**56.** mRNA 是携带遗传信息指导蛋白质生物合成的直接模板。（　　）

**五、问答题（每小题 5 分，共 20 分）**

**57.** 试述蛋白质二级结构有哪些，蛋白质 α 螺旋结构的特点。
**58.** 十六碳的脂肪酸在体内完全氧化产生多少分子 ATP?
**59.** 描述原核生物核蛋白体循环的主要过程。
**60.** 简述 $K_m$ 值的意义。

**六、论述题（共 10 分）**

**61.** 丙氨酸异生为葡萄糖的主要反应过程及其酶。

# 第 12 套　试卷参考答案

**一、选择题（每题 1 分，共 30 分）**

**A1 型题**

**1.** B　**2.** D　**3.** A　**4.** B　**5.** C　**6.** C　**7.** E　**8.** E　**9.** E　**10.** C　**11.** D　**12.** C　**13.** C　**14.** C　**15.** D
**16.** B　**17.** D　**18.** D　**19.** C　**20.** C　**21.** C　**22.** E　**23.** A　**24.** B　**25.** C

**X 型题**

**26.** ABC　**27.** ABC　**28.** BCD　**29.** AD　**30.** ABC

**二、名词解释（每小题 2 分，共 20 分）**

**31.** 在某一 pH 的溶液中，蛋白质分子解离成阳离子和阴离子的趋势及程度相等，呈电中性，此时溶液的 pH 称为该蛋白质的等电点。
**32.** 在利用升温进行 DNA 双链解链过程中，当吸光度 $A_{260}$ 的变化值达到最大变化值的一半时所对应的温度定义为 DNA 的解链温度 $T_m$。
**33.** 某些酶在细胞内合成或初分泌、或在其发挥催化功能前处于无活性状态，把这种无活性的酶前体称作酶原。
**34.** 是维持机体正常生理功能所必需，但在人体内不能合成或合成量甚少，必须由食物供给的一类低分子有机化合物，称为维生素。
**35.** 在无氧或乏氧情况下，体内组织中的葡萄糖或糖原分解成丙酮酸的过程称为糖的无氧氧化，也称糖酵解。
**36.** *α*-氨基酸的氨基在氨基转移酶的作用下，转移到 *α*-酮酸的酮基上，生成相应的 *α*-氨基酸和 *α*-酮酸的过程称为转氨基作用。
**37.** 利用磷酸核糖、氨基酸、一碳单位、$CO_2$ 等简单物质为原料，经过一系列酶促反应，合成嘌呤、嘧啶核苷酸，称为从头合成途径。
**38.** 是机体对许多内、外源性的非营养物质进行化学转变，增加其水溶性使其易随胆汁、尿排出的变化过程，称为生物转化。
**39.** 以 RNA 为模板，即按着 RNA 中核苷酸的顺序合成 DNA，这与通常转录过程的遗传信息流从 DNA→RNA 的方向相反，称为逆转录。
**40.** mRNA 分子中相邻的三个核苷酸编成一组，代表某种氨基酸或其他信息，称为遗传密码。

**三、填空题（每空 1 分，共 10 分）**

**41.** 结合基团　催化基团（可互换）　　**42.** 乙酰 CoA

**43.** 脂酰 CoA

**44.** 尿素　嘧啶核苷酸（可互换）

**45.** mRNA　甲硫氨酰-tRNA（可互换）

**46.** 3′→5′　5′→3′

**四、判断题（每小题 1 分；对填 A、错填 B；共 10 分）**

**47.** B　**48.** B　**49.** B　**50.** A　**51.** A　**52.** B　**53.** B　**54.** A　**55.** A　**56.** A

**五、问答题（每小题 5 分，共 20 分）**

**57.** 答：蛋白质的二级结构有：α 螺旋、β 折叠、β 转角、无规则卷曲（1 分）。

α 螺旋结构的特点如下：

（1）多个肽键平面围绕螺旋中心轴，按右手螺旋方向旋转，每 3.6 个氨基酸残基为一周，螺距为 0.54nm，每个氨基酸残基分子沿螺旋轴上升的高度为 0.15nm（1 分）。

（2）肽键平面与螺旋长轴平行。相邻两个螺旋之间氨基酸残基可形成氢键，即每个肽键中 N 上的 H 和它后面第 4 个肽键中 C 上的 O 之间形成许多氢键，是维持 α 螺旋稳定的主要次级键(1 分)。

（3）肽链中氨基酸侧链 R 分布在螺旋外侧，其形状、大小及带电荷的多少均影响 α 螺旋的稳定（2 分）。

**58.** 答：软脂酸是含 16 个碳原子的饱和脂肪酸。首先活化形成软脂酰辅酶 A，再经过 7 次 *β*-氧化，生成 7 分子 $FADH_2$、7 分子 NADH 和 8 分子乙酰辅酶 A，后者又可进入三羧酸循环彻底氧化（2 分）。7 分子 $FADH_2$ 和 7 分子 NADH 通过呼吸链共产生 $2.5\times7+1.5\times7=28$ 分子 ATP。1 分子乙酰辅酶 A 进入三羧酸循环可产生 10 分子 ATP。8 分子乙酰辅酶 A 共产生 $10\times8=80$ 分子 ATP。故软脂酰辅酶 A 彻底氧化时共产生 $28+80=108$ 分子 ATP（2 分）。减去生成软脂酰辅酶 A 所消耗相当于 2 分子的 ATP（ATP→AMP+PPi），即净生成 106 分子 ATP（1 分）。

**59.** 答：原核生物核蛋白体循环过程：①进位：核糖体 A 位上 mRNA 密码子所决定的氨酰-tRNA 进入核糖体 A 位上称为进位（1 分）。②成肽：核糖体的 A 位和 P 位上各结合一个氨酰-tRNA，在转肽酶的催化下，P 位上的起始 tRNA 所携带的甲酰甲硫氨酰基的羧基与 A 位上氨基酸的 *α*-氨基形成肽键，而成肽（2 分）。③转位：在延长因子的催化下，GTP 水解为移位提供能量，使 mRNA 与核糖体相对移位一个密码子的距离，P 位上空载的 tRNA 进入 E 位然后脱落，A 位上的肽酰-tRNA 移到 P 位，mRNA 分子上的第三个密码子进到 A 位（2 分）。

**60.** 答：$K_m$ 为米氏常数，是酶的特征性常数，单位为 mol/L 或 mmol/L（2 分）。①$K_m$ 值等于酶促反应速度为最大速度一半时的底物浓度（1 分）。②$K_m$ 值越小，酶与底物的亲和力越大（1 分）。③$K_m$ 是酶的特征性常数，只与酶的结构、底物和反应环境有关，与酶的浓度无关（1 分）。

**六、论述题（共 10 分）**

**61.** 答：

（1）丙氨酸经 GPT 催化生成丙酮酸（2 分）。

（2）丙酮酸在线粒体内经丙酮酸羧化酶催化生成草酰乙酸，后者经苹果酸脱氢酶催化生成苹果酸出线粒体，在胞质中经苹果酸脱氢酶催化生成草酰乙酸，后者在磷酸烯醇式丙酮酸羧激酶作用下生成磷酸烯醇式丙酮酸（2 分）。

（3）磷酸烯醇式丙酮酸循糖酵解途径至果糖-1,6-二磷酸（2 分）。

（4）果糖-1,6-二磷酸经果糖二磷酸酶-1 催化生成果糖-6-磷酸，再异构为葡萄糖-6-磷酸（2 分）。

（5）葡萄糖-6-磷酸在葡萄糖-6-磷酸酶作用下生成葡萄糖（2 分）。

（江旭东）

# 第 13 套　试卷

## 一、选择题（每小题 1 分，共 30 分）

**A 型题**

**1.** 下列哪种氨基酸是 280nm 波长处引起最大光吸收的最主要氨基酸（　　）

A. 天冬氨酸　　B. 亮氨酸　　C. 苯丙氨酸　　D. 色氨酸　　E. 赖氨酸

**2.** 下列结构中，属于蛋白质模体结构的是（　　）
A. α螺旋　B. β折叠　C. 锌指结构　D. 结构域　E. β转角
**3.** 稳定蛋白质二级结构最主要的化学键是（　　）
A. 肽键　B. 氢键　C. 二硫键　D. 疏水键　E. 盐键
**4.** 按照Chagarff规则，下列关于DNA碱基组成的叙述，正确的是（　　）
A. A与C的含量相等　B. A+T=G+C
C. 同一生物不同组织的碱基组成不同　D. 不同生物来源的DNA碱基组成不同
E. 同一个体不同年龄时的碱基组成不同
**5.** 酶的活性是指（　　）
A. 酶所催化的化学反应　B. 酶催化的特异性　C. 酶催化化学反应的能力
D. 酶原变成酶的过程　E. 以上都不是
**6.** 酶促反应动力学研究的是（　　）
A. 酶分子的空间构象　B. 酶的电泳行为　C. 酶的活性中心
D. 酶的基因来源　E. 影响酶促反应速度的因素
**7.** 维生素E的主要生理功能是（　　）
A. 促进胶原的形成　B. 与生殖有关　C. 与暗适应有关
D. 促进细胞膜生长　E. 促进生长发育
**8.** 由糖原开始一分子葡萄糖进行糖酵解产生丙酮酸过程中净生成ATP的数量为（　　）
A. 1　B. 2　C. 3　D. 4　E. 5
**9.** 下列哪种激素能同时促进糖原、脂肪、蛋白质合成（　　）
A. 肾上腺素　B. 胰岛素　C. 糖皮质激素　D. 胰高血糖素　E. 肾上腺皮质激素
**10.** 脂肪动员限速酶是（　　）
A. 甘油三酯脂肪酶　B. HSL　C. 肝脂肪酶
D. 胰脂肪酶　E. 脂肪酸合成酶
**11.** 脂酰CoA在肝脏进行*β*-氧化，其酶促反应顺序为（　　）
A. 脱氢、再脱氢、加水、硫解　B. 硫解、脱氢、加水、再脱氢
C. 脱氢、加水、再脱氢、硫解　D. 脱氢、脱水、再脱氢、硫解
E. 加水、脱氢、硫解、再脱氢
**12.** 琥珀酸氧化呼吸链中氧化磷酸化偶联部位数是（　　）
A. 1　B. 2　C. 3　D. 4　E. 5
**13.** 各种细胞色素在呼吸链中的排列顺序是（　　）
A. $c \to b_1 \to c_1 \to aa_3 \to O_2$　B. $c \to c_1 \to b \to aa_3 \to O_2$　C. $c_1 \to c \to b \to aa_3 \to O_2$
D. $b \to c_1 \to c \to aa_3 \to O_2$　E. $b \to c \to c_1 \to aa_3 \to O_2$
**14.** 氨基转移酶的辅酶是（　　）
A. 亚铁血红素　B. 烟酰胺　C. 磷酸吡哆醛　D. 黄素腺嘌呤　E. 辅酶A
**15.** 脑中氨的主要去路是（　　）
A. 合成尿素　B. 扩散入血　C. 合成谷氨酰胺　D. 合成氨基酸　E. 合成嘌呤
**16.** 丙氨酸—葡萄糖循环是（　　）
A. 氨基酸代谢与糖代谢相互联系的枢纽　B. 营养非必需氨基酸合成的途径
C. 肌肉中的氨以无毒的形式运输到肝的途径　D. 一碳单位相互转变的代谢途径
E. 脑中的氨以无毒的形式运输到肝的途径
**17.** 人类嘌呤分解代谢终产物是（　　）
A. 尿囊酸　B. 乳清酸　C. 尿素　D. 尿酸　E. 黄嘌呤
**18.** 肝脏清除胆固醇的主要方式是（　　）
A. 转变成胆汁酸排出　B. 转变成VLDL运出　C. 转变成维生素$D_3$
D. 转变成类固醇激素　E. 构成肝细胞生物膜成分

**19.** 体内血红素代谢的终产物是（　　）
A. 甘氨酸　B. 乙酰 CoA　C. 琥珀酰 CoA　D. 胆色素　E. 胆汁酸
**20.** DNA 连接酶（　　）
A. 使 DNA 形成超螺旋结构
B. 使双螺旋 DNA 链缺口的两个末端连接
C. 合成 RNA 引物
D. 将双螺旋解链
E. 去除引物，填补空缺
**21.** 逆转录酶的功能叙述正确的是（　　）
A. 正常的细胞中存在逆转录酶
B. 具有引物酶活性
C. 催化 DNA 指导的 RNA 的合成
D. 反应需 mRNA 作为引物
E. 催化 RNA 指导的 DNA 的合成
**22.** 大肠埃希菌 DNA 指导的 RNA 聚合酶成分中决定哪些基因被转录的是（　　）
A. α 亚基　B. β 亚基　C. β′亚基　D. σ 因子　E. ω 亚基
**23.** 原核生物识别转录起点的是（　　）
A. ρ 因子　B. α 亚基　C. σ 因子　D. 核心酶　E. β 因子
**24.** 终止密码子位于 mRNA 的（　　）
A. 3′端　B. 5′端　C. 中间区段　D. 5′、3′两端都有　E. 以上都不是
**25.** 遗传密码的摆动性是指（　　）
A. 遗传密码可以互换
B. 密码的第 3 位碱基与反密码的第 1 位碱基可不严格互补配对
C. 一种密码可以代表不同的氨基酸
D. 密码与反密码可以任意配对
E. 不同的氨基酸具有相同的密码

**X 型题**

**26.** DNA 可具有以下哪些功能（　　）
A. 携带遗传消息　B. 进行半保留复制　C. 有核酸酶功能　D. 进行切除修复
**27.** 糖酵解途径的关键酶是（　　）
A. 己糖激酶　B. 果糖-6-磷酸激酶-1　C. 丙酮酸激酶　D. 丙酮酸脱氢酶
**28.** 体内生成 ATP 的方式是（　　）
A. 氧化磷酸化　B. 糖的磷酸化　C. 底物水平磷酸化　D. 有机酸脱羧
**29.** 下列哪些物质合成过程仅在肝脏进行（　　）
A. 糖原　B. 尿素　C. 血浆蛋白　D. 酮体
**30.** 血红素合成的原料包括（　　）
A. $Fe^{2+}$　B. 甘氨酸　C. 琥珀酸　D. 琥珀酰 CoA

## 二、名词解释（每小题 2 分，共 20 分）

**31.** 结构域　**32.** DNA 变性
**33.** 米氏常数　**34.** 三羧酸循环
**35.** 呼吸链　**36.** 一碳单位
**37.** 补救合成途径　**38.** 冈崎片段
**39.** 内含子　**40.** 翻译

## 三、填空题（每空 1 分，共 10 分）

**41.** 蛋白质空间构象的正确形成，除一级结构为决定因素外，还需要一类称为________的蛋白质参加。
**42.** 米切尔和曼顿根据中间产物理论，提出了底物浓度与反应速度的关系，称为________，该方程为________。
**43.** 糖在体内的贮存形式是________，运输形式是________。
**44.** 生酮氨基酸有________和________。
**45.** 在肽链合成起始后，肽链的延长可分为________、________和________三步。

**四、判断题（每小题 1 分，对的填写 A，错的填写 B，共 10 分）**

**46.** 一级结构相近的蛋白质，不仅其空间结构相似，功能也相似。（ ）
**47.** 多酶体系是指某种生物体内催化一条代谢途径所有的酶。（ ）
**48.** 新鲜鸡蛋清中的抗生物素蛋白与生物素结合，有碍生物素吸收。（ ）
**49.** 糖原磷酸化酶催化糖原加水生成 1-磷酸葡萄糖。（ ）
**50.** 酮体的形成是肝脏分配"燃料"到肝外其他器官的途径之一。（ ）
**51.** 氨基转移酶在体内分布不广泛，所以转氨基不是氨基酸脱氨的主要方式。（ ）
**52.** 脱氧嘌呤核苷酸的生成是通过相应的核糖核苷酸的直接还原作用，还原作用发生在一磷酸水平上。（ ）
**53.** 临床上用葡醛内酯（肝泰乐）治疗肝病是通过增加肝生物转化的结合反应实现的。（ ）
**54.** 遗传密码是被 tRNA 反密码所识别的。（ ）
**55.** 原核生物需要靠 σ 因子辨认转录起始点，另外该因子也参与转录延长。（ ）

**五、问答题（每小题 5 分，共 20 分）**

**56.** 试述 DNA 双螺旋结构的基本内容。
**57.** 试述生物转化反应类型、意义。
**58.** 原核生物 DNA 聚合酶有几种？各自生理功能是什么？
**59.** 以丙氨酸为例，说明联合脱氨基作用。

**六、论述题（共 10 分）**

**60.** 试从营养物质代谢的角度，解释为什么减肥者要减少糖类物质的摄入量？（写出有关的代谢途径及其细胞定位、主要反应、关键酶）

# 第 13 套 试卷参考答案

**一、选择题（每小题 1 分，共 30 分）**

**A 型题**

**1.** D **2.** C **3.** B **4.** D **5.** C **6.** E **7.** B **8.** C **9.** B **10.** B **11.** C **12.** B **13.** D **14.** C **15.** C
**16.** C **17.** D **18.** A **19.** D **20.** B **21.** E **22.** A **23.** C **24.** A **25.** B

**X 型题**

**26.** AB **27.** ABC **28.** AC **29.** BD **30.** ABD

**二、名词解释（每小题 2 分，共 20 分）**

**31.** 结构域是指分子量较大的蛋白质常可折叠成多个结构较为紧密且稳定的区域，能各自执行其功能。
**32.** DNA 变性是指在某些极端的理化条件下（如温度、pH、离子强度等），双链 DNA 互补碱基对之间的氢键断裂以及碱基堆积力受到破坏，使一条 DNA 双链解离成两条单链的过程。
**33.** 米氏常数是指当酶促反应速率为最大反应速率一半时的底物浓度。
**34.** 亦称柠檬酸循环，是线粒体内一系列酶促反应所构成的循环反应体系，由于其第一个中间产物是含有三个羧基的柠檬酸而得名。
**35.** 呼吸链是指代谢物脱下的成对的氢原子（2H）通过多种酶和辅酶所催化的连锁反应逐步传递，最终与氧结合生成水。由于此过程与细胞呼吸有关，所以将此传递链称为呼吸链。
**36.** 一碳单位是指某些氨基酸分解代谢过程中产生含有一个碳原子的基团，包括甲基、亚甲基、次甲基、甲酰基及亚氨甲基等。
**37.** 补救合成途径是指利用体内游离的碱基或核苷，经过简单的反应过程，合成嘌呤嘧啶核苷酸的过程。
**38.** 冈崎片段是指沿着后随链的模板链合成的新 DNA 片段。
**39.** 内含子是指位于外显子之间、可以被转录在前体 RNA 中，但经过剪接后最终不存在于成熟 RNA 分子中的核苷酸序列。
**40.** mRNA 分子中的遗传信息被编码成蛋白质的氨基酸排列顺序的过程。

**三、填空题（每空 1 分，共 10 分）**

**41.** 分子伴侣
**42.** 米-曼方程　$V = V_{max}[S]/(K_m + [S])$
**43.** 糖原　葡萄糖
**44.** 亮氨酸　赖氨酸（可互换）
**45.** 进位　成肽　转位

**四、判断题（每小题 1 分，对的填写 A，错的填写 B，共 10 分）**

**46.** A　**47.** B　**48.** A　**49.** A　**50.** A　**51.** B　**52.** B　**53.** A　**54.** A　**55.** B

**五、问答题（每小题 5 分，共 20 分）**

**56.** 答：（1）两条反向平行的多核苷酸链，围绕同一中心轴构成右手双螺旋结构，直径 2.37nm，每 10.5 个碱基对旋转一周，螺距为 3.54nm。在空间上大沟和小沟相间隔（2 分）。

（2）糖-磷酸骨架居于外侧，碱基垂直于中心轴，伸入螺旋内侧；两链上的碱基互补配对，以氢键维系。即 A═T，C≡G 之间形成氢键（2 分）。

（3）氢键和碱基堆积力共同维系螺旋的稳定（1 分）。

**57.** 答：（1）生物转化反应类型：第一相反应：包括氧化、还原、水解等几种反应（1 分）。第二相反应：这一类型包括结合反应（1 分）。

（2）生物转化的生理意义：对体内的非营养物质进行转化，使生物学活性降低或消失（灭活作用），或使有毒物质的毒性减低或消失（解毒作用）；使其溶解性增高，易于从胆汁或尿液中排出。但有些物质经肝脏的生物转化以后，其毒性反而增加或溶解性反而降低，不易排出体外。所以，不能将肝的生物转化作用笼统地看作“解毒作用”（3 分）。

**58.** 答：原核生物聚合酶　Ⅰ：DNA 复制中校读及切除引物、突变片段（2 分）。
Ⅱ：只有无 DNA 聚合酶Ⅰ、Ⅲ活性时才起作用（1 分）。
Ⅲ：DNA 合成的主要聚合酶（2 分）。

**59.** 答：丙氨酸的氨基通过转氨基作用，转移到 $\alpha$-酮戊二酸分子上，生成丙酮酸和谷氨酸（3 分）。然后谷氨酸在谷氨酸脱氢酶的作用下脱氨基又生成 $\alpha$-酮戊二酸（2 分）。

**六、论述题（共 10 分）**

**60.** 答：因为糖能为脂肪的合成提供原料，即糖能转变成脂肪（2 分）。

（1）葡萄糖在胞质经糖酵解途径生成丙酮酸，其关键酶有己糖激酶、果糖-6-磷酸激酶-1、丙酮酸激酶（2 分）。

（2）丙酮酸进入线粒体在丙酮酸脱氢酶复合体的催化下氧化脱羧生成乙酰 CoA，后者与草酰乙酸在柠檬酸合酶的催化下生成柠檬酸，再经柠檬酸—丙酮酸循环出线粒体，在胞质中裂解为乙酰 CoA，作为合成脂肪酸的原料（2 分）。

（3）胞质中的乙酰 CoA 在乙酰 CoA 羧化酶的催化下生成丙二酸单酰 CoA，再经脂肪酸合成酶催化合成软脂酸（2 分）。

（4）胞质中经糖酵解途径生成的磷酸二羟丙酮还原成 $\alpha$-磷酸甘油，后者与脂酰 CoA 在脂酰转移酶的催化下生成脂肪，由上可见，摄入的大量糖类物质可转变为脂肪储存于脂肪组织，因此减肥者应减少糖类物质的摄入量（2 分）。

（江旭东）

# 第 14 套　试卷

## 一、选择题

**A1 型题（每小题 1 分，共 25 分）**

**1.** 盐析法沉淀蛋白质的原理是（　　）

A. 盐与蛋白质结合成不溶性蛋白盐
B. 中和电荷，破坏水化膜
C. 降低蛋白质溶液的介电常数
D. 调节蛋白质溶液的等电点
E. 以上都不是

**2.** 正确的蛋白质四级结构叙述是（　　）
A. 稳定性由二硫键维系　B. 蛋白质变性时不一定受破坏　C. 亚基间由非共价键缔合
D. 是蛋白质保持生物活性的必要条件　E. 蛋白质都有四级结构
**3.** DNA 的解链温度是指（　　）
A. $A_{260}$达到最大值的温度　B. $A_{260}$达到变化最大值的 50%时的温度
C. DNA 开始解链时所需要的温度　D. DNA 完全解链时所需要的温度
E. $A_{280}$达到最大值的 50%时的温度
**4.** 核酸中核苷酸之间的连接是通过（　　）
A. 2′,3′-磷酸二酯键　B. 肽键　C. 2′,5′-磷酸二酯键
D. 糖苷键　E. 3′,5′-磷酸二酯键
**5.** 有关酶活性中心的正确阐述是（　　）
A. 酶活性中心专指能与底物特异性结合的结合基团
B. 酶活性中心是指能结合底物并将底物转化为产物的特定的空间结构的区域
C. 酶活性中心专指能催化底物转变为产物的催化基团
D. 酶活性中心专指能与产物特异性结合的结合基团
E. 酶活性中心内外的必需基团
**6.** 非竞争性抑制剂对酶促反应速率的影响是（　　）
A. 表观 $K_m$↑，$V_{max}$不变　B. 表观 $K_m$↓，$V_{max}$↓　C. 表观 $K_m$不变，$V_{max}$↓
D. 表观 $K_m$↓，$V_{max}$↑　E. 表观 $K_m$↓，$V_{max}$不变
**7.** 关于酶原与酶原激活的正确阐述是（　　）
A. 体内所有的酶在初合成时均以酶原的形式存在
B. 酶原的激活是酶的共价修饰过程
C. 酶原的激活过程也就是酶被完全水解的过程
D. 酶原激活过程的实质是酶的活性中心形成或暴露的过程
E. 有些酶以酶原形式存在，其激活没有任何生理意义
**8.** 下列哪个酶直接参与底物水平磷酸化（　　）
A. 三磷酸甘油醛脱氢酶　B. α-酮戊二酸脱氢酶　C. 琥珀酸脱氢酶
D. 丙酮酸激酶　E. 葡萄糖-6-磷酸脱氢酶
**9.** 糖原分子中 α-1,6-糖苷键的形成需要（　　）
A. 差向酶　B. 分支酶　C. 内酯酶　D. 脱支酶　E. 异构酶
**10.** 血液中运输外源性甘油三酯（TG）的脂蛋白是（　　）
A. CM　B. VLDL　C. HDL　D. IDL　E. LDL
**11.** 肝脏中生成乙酰乙酸的直接前体是（　　）
A. β-羟丁酸　B. 乙酰乙酰辅酶 A　C. 羟丁酰辅酶 A
D. 羟甲戊酸　E. 羟甲基戊二酰辅酶 A
**12.** 通过甘油一酯途径合成脂肪的细胞或组织是（　　）
A. 肠黏膜上皮细胞　B. 肝细胞　C. 脑组织
D. 脂肪组织　E. 肌肉组织
**13.** 一碳单位的载体是（　　）
A. 生物素　B. 硫辛酸　C. 焦磷酸硫胺素　D. 四氢叶酸　E. 二氢叶酸
**14.** 6-巯基嘌呤核苷酸不抑制（　　）
A. IMP 生成 AMP　B. IMP 生成 GMP　C. PRPP 酰胺转移酶
D. 嘌呤核苷酸核糖转移酶　E. 嘧啶核苷酸核糖转移酶
**15.** 最直接联系核苷酸合成与糖代谢的物质是（　　）
A. 葡萄糖　B. 葡萄糖-6-磷酸　C. 葡萄糖-1-磷酸
D. 葡萄糖-1,6-二磷酸　E. 核糖-5-磷酸

**16.** 紫外线对 DNA 的损伤主要是（　　）

A. 引起碱基置换　　B. 导致碱基缺失　　C. 发生碱基插入
D. 使磷酸二酯键断裂　　E. 形成嘧啶二聚物

**17.** 逆转录过程中需要的酶是（　　）

A. DNA 指导的 DNA 聚合酶　　B. 核酸酶　　C. RNA 指导的 RNA 聚合酶
D. DNA 指导的 RNA 聚合酶　　E. RNA 指导的 DNA 聚合酶

**18.** DNA 模板链为 5′-ATAGCT-3′，其转录产物是（　　）

A. 5′-TATCGA-3′　　B. 3′-TATCGA-5′　　C. 5′ -UATCGA-3′
D. 3′-UAUCGA-5′　　E. 5′-AUAGCU-3′

**19.** 转录酶的全酶中 σ 亚基起何作用（　　）

A. 结合模板　　B. 终止作用　　C. 决定特异性　　D. 辨认起始点　　E. 酶解作用

**20.** 关于核糖体转位的描述，正确的是（　　）

A. 空载 tRNA 的脱落发生在 A 位上　　B. 肽酰-tRNA 的转位需要 EF-G 和 GTP
C. 核糖体沿 mRNA 3′→5′方向移动　　D. 肽酰-tRNA 由 P 位前移至 A 位
E. 核糖体与 mRNA 相对移动距离相当于一个核苷酸的长度

**21.** 真核生物的释放因子是（　　）

A. RF-1　　B. RF-2　　C. RF-3　　D. eRF　　E. EF-G

**22.** α-互补筛选法属于（　　）

A. 抗药性标志筛选　　B. 酶联免疫筛选　　C. 标志补救筛选
D. 原位杂交筛选　　E. Southern 杂交筛选

**23.** 作为目的基因载体的基本条件是（　　）

A. 可以独立复制　　B. 有多个切口　　C. 分子量大
D. 不应该有基因标志　　E. 不能与细菌共存

**24.** 反式作用因子是指（　　）

A. 具有激活功能的调节蛋白　　B. 具有抑制功能的调节蛋白
C. 对自身基因具有激活功能的调节蛋白　　D. 对另一基因具有激活功能的调节蛋白
E. 对另一基因具有调节功能的蛋白

**25.** 管家基因的表达过程（　　）

A. 变化很小　　B. 没有变化　　C. 明显变化　　D. 变化较大　　E. 变化极大

**A2 型题（每小题 1 分，共 5 分）**

患儿，女，19 个月，因无明显诱因导致哭闹烦躁不安，不愿进食，偶有恶心呕吐。呕吐与进食无明显关系。发病时有嗜睡，无腹痛、腹泻，无发热、抽搐。实验室检测肝功能异常；血氨浓度明显增高 223μmol/L（正常值为 27～82μmol/L）；精氨酸 2.13μmol/L（偏低），瓜氨酸 6.13μmol/L（偏低）。

**26.** 结合临床表征，实验室检测该患儿最可能的诊断是（　　）

A. 病毒性肝炎　　B. 先天性高氨血症　　C. 苯丙酮尿症　　D. 着色性干皮病

**27.** 人体内的氨基酸主要依靠什么方式脱去氨基（　　）

A. 氧化脱氨　　B. 转氨基作用　　C. 联合脱氨　　D. 非氧化脱氨基作用

**28.** 氨基酸脱下的氨通过什么途径运送到肝脏中（　　）

A. 丙酮酸-葡萄糖循环　B. 乳酸循环　　C. 鸟氨酸循环　　D. 三羧酸循环

**29.** 肝脏中氨通过什么途径解除毒性（　　）

A. 磷酸戊糖途径　　B. 甲硫氨酸循环　　C. 鸟氨酸循环　　D. 柠檬酸-丙酮酸循环

**30.** 引发该患儿高氨血症的致病因素是（　　）

A. 尿素合成相关酶先天缺陷　　B. 丙酮酸-葡萄糖循环异常
C. 三羧酸循环异常　　D. 甲硫氨酸循环异常

**B 型题（每小题 0.5 分，共 5 分）**

（31～33 题共用选项）

A. 葡萄糖激酶　　B. 磷酸果糖激酶-1　　C. 丙酮酸羧化酶　　D. 柠檬酸合酶

**31.** 肌肉组织中，糖酵解途径的关键酶是（　　）
**32.** 糖异生过程的关键酶是（　　）
**33.** 三羧酸循环的关键酶是（　　）
（34～35 题共用选项）
A. 氨基酸置换　B. 移码突变　C. DNA 单链断裂　D. DNA 双链断裂
**34.** 碱基错配可导致（　　）
**35.** 缺失或插入突变可导致（　　）

**X 型题（每小题 2 分，共 10 分）**

**36.** 关于线粒体中草酰乙酸→细胞质中磷酸烯醇式丙酮酸的叙述中，正确的是（　　）
A. 消耗 GTP　B. 发生脱羧反应　C. 需要生物素为辅基　D. 有高能磷酸键的消耗
**37.** 甘氨酸参与下列哪些物质的合成（　　）
A. 血红素　B. 谷胱甘肽　C. 嘌呤核苷酸　D. 肌酸
**38.** 参与原核 DNA 复制的 DNA 聚合酶有（　　）
A. DNA 聚合酶Ⅰ　B. DNA 聚合酶 γ　C. DNA 聚合酶Ⅲ　D. DNA 聚合酶 α
**39.** 翻译的特点是（　　）
A. 沿 mRNA 的 5′→3′方向进行
B. 起始密码子位于 mRNA 开放阅读框的 5′端
C. 终止密码子位于 mRNA 开放阅读框的 3′端
D. 多肽链合成的方向是从 C 端→N 端进行
**40.** 关于质粒 DNA 的叙述正确的是（　　）
A. 是真核生物基因组 DNA 的组成部分
B. 具有独立复制功能，能在宿主细胞独立地进行复制
C. 不含有各种抗性筛选标记
D. 具有编码蛋白质的功能

## 二、名词解释（每小题 2 分，共 10 分）

**41.** 同工酶
**42.** 糖异生
**43.** 补救合成途径
**44.** Exon
**45.** 干扰素

## 三、问答题（每小题 5 分，共 15 分）

**46.** 简述磺胺类药物抑菌机制。
**47.** 简述乳酸循环定义及其生物学意义。
**48.** 简述基因表达调控的概念及其生物学意义。

## 四、论述题（每小题 10 分，共 20 分）

**49.** 试述 DNA 双螺旋结构模型的要点。
**50.** 试述机体利用脂库中储存的脂肪氧化供能的过程（写出主要反应过程及相关的酶）。

## 五、案例分析题（共 10 分）

患儿，女，1 岁 8 个月，出生后 20 天右下睑出现片状红斑，4 个月时颜面出现多数水肿性红斑，起水疱，破溃，结痂。眼流泪，分泌物增多。5 个月时面部、肩部、前臂伸侧出现多数黑褐色斑点。患儿经常被其父母抱到户外晒太阳，以防佝偻病，而面部和前臂皮肤暴露部分斑块扩大，近 10 天内上述症状进行性加重。家族史：患儿家族其他人无相同疾病。体检：患儿体温、呼吸、一般情况尚可，发育与同龄儿童相仿，未发现明显的耳、眼及神经系统症状。皮肤干燥。面、肩、前臂皮肤日光暴露部分可见深浅不一的黑褐色斑片及色素脱失斑，伴毛细血管扩张，无萎缩性瘢痕。下唇可见少数米粒大小黑斑。
临床初步诊断：着色性干皮病（XP）。
结合上述病例回答下列问题：
**51.** XP 属性是什么？
**52.** 确诊 XP 实验室需做哪些检查？
**53.** XP 的发病机制是什么？
**54.** XP 治疗原则是什么？

# 第 14 套　试卷参考答案

## 一、选择题

**A1 型题（每小题 1 分，共 25 分）**

**1.** B　**2.** C　**3.** B　**4.** E　**5.** B　**6.** C　**7.** D　**8.** D　**9.** B　**10.** A　**11.** E　**12.** A　**13.** D　**14.** E　**15.** E　**16.** E　**17.** E　**18.** D　**19.** D　**20.** B　**21.** D　**22.** C　**23.** A　**24.** E　**25.** A

**A2 型题（每小题 1 分，共 5 分）**

**26.** B　**27.** C　**28.** A　**29.** C　**30.** A

**B 型题（每小题 0.5 分，共 5 分）**

**31.** B　**32.** C　**33.** D　**34.** A　**35.** B

**X 型题（每小题 2 分，共 10 分）**

**36.** ABCD　**37.** ABCD　**38.** AC　**39.** ABC　**40.** BD

## 二、名词解释（每小题 2 分，共 10 分）

**41.** 同工酶是指催化的反应相同，但分子结构不同、理化性质不同以及免疫学性质不同的一组酶。

**42.** 糖异生是指体内非糖物质如氨基酸、甘油和乳酸等在肝细胞内转变为葡萄糖或糖原的过程。

**43.** 补救合成途径是指体内利用现有的碱基和核苷经过简单的反应，生成嘌呤或嘧啶核苷酸的过程。

**44.** Exon 是指在断裂基因及其初级转录产物上出现，并表达为成熟 RNA 的核酸序列。

**45.** 干扰素是真核细胞被病毒感染后分泌的一类具有抗病毒作用的蛋白质，可抑制病毒繁殖。

## 三、问答题（每小题 5 分，共 15 分）

**46.** 答：磺胺类药物抑制细菌作用机制：磺胺类药物与对氨基苯甲酸结构相似，竞争抑制二氢叶酸合成酶的活性，从而抑制二氢叶酸的合成，使细菌体内的核酸合成受阻而影响其生长繁殖。

**47.** 答：（1）乳酸循环：在肌肉中葡萄糖经糖酵解生成乳酸，乳酸入血运送到肝脏中异生为葡萄糖，葡萄糖入血后再次被肌肉摄取。这种代谢循环的途径称为乳酸循环。

（2）生物学意义：避免乳酸损失，防止因乳酸堆积引起酸中毒。

**48.** 答：基因表达调控是指细胞或生物体在接受环境信号刺激时或适应环境变化的过程中在基因表达水平上做出应答的分子机制。

生物学意义：①适应环境，维持生长和增殖；②维持细胞分化与个体发育。

## 四、论述题（每小题 10 分，共 20 分）

**49.** 答：（1）DNA 两条多聚核苷酸链在空间的走向呈反向平行。两条链围绕着同一个螺旋轴形成右手螺旋结构。DNA 双螺旋的直径为 2.4nm，螺距为 3.54nm。由脱氧核糖和磷酸基团组成的亲水骨架位于双螺旋的外侧，而疏水的碱基位于内侧。DNA 双螺旋结构的表面存在一个大沟和一个小沟。

（2）碱基的化学结构以及 DNA 双链的反向平行决定了两条链之间的特有相互作用方式：一条链上的腺嘌呤与另一条链上的胸腺嘧啶通过两个氢键形成碱基对。一条链上的鸟嘌呤和另一条链上的胞嘧啶通过三个氢键形成碱基对。两条互补的 DNA 链依靠碱基对之间的氢键作用力维持在一起。

（3）相邻的两个碱基对平面在旋转过程中会彼此重叠，由此产生了具有疏水作用的碱基堆积力，它维系 DNA 双螺旋结构的纵向平衡。双螺旋结构的横向平衡由碱基之间的氢键维系。

**50.** 答：（1）脂肪动员：储存在脂肪细胞中的甘油三酯在甘油三酯脂肪酶、甘油二酯脂肪酶（激素敏感性脂肪酶）、甘油一酯脂肪酶的催化下分解为脂肪酸和甘油，并输送到全身各个组织细胞中供其使用。其中甘油二酯脂肪酶是脂肪动员的关键酶。

（2）全身各组织细胞（除脑细胞和红细胞外）中脂肪酸进行脂肪酸的 $\beta$-氧化

脂肪酸活化为脂酰辅酶 A；脂酰辅酶 A 进入线粒体，参与转移的肉碱脂酰转移酶 Ⅰ 是脂肪酸 $\beta$-氧化的关键酶。

在线粒体中脂酰辅酶 A 进行 $\beta$-氧化生成乙酰辅酶 A、$FADH_2$、$NADH+H^+$。

乙酰辅酶 A 进入三羧酸循环分解为二氧化碳、$FADH_2$、$NADH+H^+$和 GTP。

$FADH_2$、$NADH+H^+$通过氧化磷酸化生成 ATP 和水。

**五、案例分析题（共 10 分）**

**51.** 答：XP 是常染色体隐性遗传病。

**52.** 答：确诊 XP 实验室需要采集患儿父母和其他亲属血样共 10 份，检测家系中 *XPA*、*XPB*、*XPC*、*XPF*、*XPG* 等基因是否突变。

**53.** 答：XP 发病机制与机体的 XP 相关基因突变相关，该基因的表达产物共同作用于 DNA 损伤的核苷酸切除修复，任何一个 XP 基因突变都会造成细胞受损的 DNA 修复缺陷，引发 XP。

**54.** 答：目前对 XP 的治疗尚无有效方法，主要是对症治疗以缓解病情，如避免紫外线照射，避免肿瘤致病因子刺激等。

（李旭霞）

# 第 15 套 试卷

## 一、选择题

**A 型题（每小题 1 分，共 60 分）**

**1.** 受体与其相应配体的结合是（　　）

A. 离子键结合　B. 非共价可逆结合　C. 共价可逆结合
D. 非共价不可逆结合　E. 共价不可逆结合

**2.** 下列物质合成时，需要谷氨酰胺分子上酰胺基的是（　　）

A. TMP 上的 2 个氮原子　B. 嘌呤环上的 2 个氮原子　C. UMP 上的 2 个氮原子
D. 嘧啶环上的 2 个氮原子　E. 腺嘌呤上的氨基

**3.** 中心法则阐明的遗传信息表达方式是（　　）

A. 蛋白质→RNA→DNA　B. RNA→DNA→蛋白质　C. RNA→蛋白质→DNA
D. DNA→RNA→蛋白质　E. DNA→蛋白质→RNA

**4.** 下列能完全配对的杂交是（　　）

A. DNA-mRNA　B. DNA-成熟 tRNA　C. DNA-成熟 rRNA
D. DNA-cDNA　E. DNA-hnRNA

**5.** 糖酵解中，下列哪一个酶催化的反应是不可逆反应（　　）

A. 磷酸甘油酸激酶　B. 磷酸己糖异构酶　C. 己糖激酶
D. 磷酸丙糖异构酶　E. 醛缩酶

**6.** 组成核糖体的成分为（　　）

A. 蛋白质和 RNA　B. RNA 和 DNA　C. DNA 和蛋白质
D. tRNA 和蛋白质　E. 蛋白质和多糖

**7.** 关于 pH 对酶促反应速率影响的叙述，错误的是（　　）

A. pH 影响酶、底物或辅助因子的解离程度，从而影响酶促反应速率
B. 溶液 pH 过高或过低会使酶活性降低，但不会引起酶蛋白变性
C. 动物体内多数酶的最适 pH 接近中性
D. pH 可影响酶活性中心的空间构象
E. 酶的最适 pH 受底物浓度、缓冲液种类及浓度的影响

**8.** DNA 复制时，序列 5′-TpApGpApCpT-3′指导合成的互补序列是（　　）

A. 5′-ApTpCpTpTpA-3′　B. 5′-ApGpTpCpTpA-3′　C. 5′-ApGpUpCpUpA-3′
D. 3′-TpGpTpCpTpA-5′　E. 5′-ApGpGpCpGpA-3′

**9.** RNA 聚合酶催化转录的底物是（　　）

A. ATP、GTP、TTP、CTP　B. ATP、GTP、UTP、CTP　C. ADP、GDP、TDP、CDP
D. dATP、dGTP、dUTP、dCTP　E. ddATP、ddGTP、ddTTP、ddCTP

**10.** 氰化钾抑制的是（　　）

A. 细胞色素 c　B. 细胞色素 c 氧化酶　C. 超氧化物歧化酶
D. ATP 酶　E. 铜离子

**11.** 关于乳酸循环，下列说法错误的是（　　）
A. 和糖酵解有关　B. 和糖异生有关　C. 和磷酸戊糖途径有关
D. 整个过程要消耗 6 分子 ATP　E. 涉及不同的器官
**12.** 糖酵解过程中催化 1mol 六碳糖裂解为 2mol 三碳糖的反应的酶是（　　）
A. 磷酸己糖异构酶　B. 磷酸果糖激酶-1　C. 醛缩酶
D. 磷酸丙糖异构酶　E. 烯醇化酶
**13.** 关于葡萄糖激酶，说法正确的是（　　）
A. 基本上是肌肉中的酶　B. 比己糖激酶的 $K_m$ 值高　C. 催化生成 F-6-P
D. 可被 G-6-P 激活　E. 催化葡萄糖与无机磷酸生成 G-6-P
**14.** 血红素下降是重金属中毒患者重要的血液生化改变，关于这一现象下列叙述错误的（　　）
A. 重金属可以抑制 ALA 脱水酶活性
B. 重金属可以抑制血红素合酶活性
C. 重金属可以与维持酶活性所需的巯基作用，从而抑制亚铁螯合酶的活性
D. 重金属可以直接和血红素结合，形成高铁血红素
E. 重金属可以与维持酶活性所需的巯基作用，从而抑制 ALA 脱水酶的活性
**15.** 果糖磷酸激酶-1 的别构抑制剂是（　　）
A. 果糖-6-磷酸　B. 果糖-1,6-二磷酸　C. 柠檬酸
D. 乙酰 CoA　E. AMP
**16.** 将肌肉中的氨以无毒形式运送至肝脏的是（　　）
A. 柠檬酸-丙酮酸循环　B. 丙氨酸-葡萄糖循环　C. 鸟氨酸循环
D. 乳酸循环　E. 三羧酸循环
**17.** 正常染色体内可能存在某些抑制肿瘤发生的基因，它们的丢失、突变或失去功能，使激活的癌基因发挥作用而致癌。与人类肿瘤相关性最高的抑癌基因是（　　）
A. *Rb*　B. *p53*　C. *PTEN*　D. *p16*　E. *apc*
**18.** 生物转化反应中参与氧化反应最重要的酶是（　　）
A. 单加氧酶（混合功能氧化酶）　B. 加双氧酶　C. 水解酶
D. 胺氧化酶　E. 脱氢酶
**19.** 磷酸戊糖途径的真正意义在于产生许多中间物如核糖，同时还产生（　　）
A. $NADPH+H^+$　B. $NAD^+$　C. ADP
D. CoASH　E. 产生含有不同糖原子的糖类物质
**20.** 将重组质粒导入细菌宿主细胞中的过程称为（　　）
A. 转化　B. 转染　C. 传染　D. 转导　E. 转移
**21.** 胰岛素受体具有下列哪种酶的活性（　　）
A. 蛋白激酶 A（PKA）　B. 蛋白激酶 G（PKG）　C. 蛋白激酶 C（PKC）
D. $Ca^{2+}$-CaM 依赖性蛋白激酶　E. 酪氨酸蛋白激酶
**22.** dTMP 合成的直接前体是（　　）
A. dUMP　B. TMP　C. TDP　D. dUDP　E. dCMP
**23.** 乳糖操纵子的直接诱导剂是指（　　）
A. $\beta$-半乳糖苷酶　B. $\beta$-半乳糖苷透性酶　C. 葡萄糖
D. 乳糖　E. 别乳糖
**24.** 下列各组中终止密码是（　　）
A. UAG UAA UGA　B. AAA CCG GCC　C. UGA AUG GAU
D. UAA GAA CAA　E. GUU CUU AUU
**25.** 下列对结合胆红素的叙述哪一项是错误的（　　）
A. 主要是双葡糖醛酸胆红素　B. 与重氮试剂呈间接反应　C. 水溶性大
D. 随正常人尿液排出　E. 不易透过生物膜

**26.** 环磷酸腺苷（cAMP）激活依赖 cAMP 蛋白激酶的作用方式是（　　）
A. cAMP 与蛋白激酶的活性中心结合
B. cAMP 与蛋白激酶活性中心外的必需基团结合
C. cAMP 使蛋白激酶磷酸化
D. cAMP 与蛋白激酶的调节亚基结合，使其与催化亚基解离
E. cAMP 使蛋白激酶脱磷酸
**27.** DNA 载体的最基本性质是（　　）
A. 青霉素抗性　B. 自我转录能力　C. 自我复制能力
D. 卡那霉素抗性　E. 自我表达能力
**28.** 使细胞内 cAMP 水平降低的因素有（　　）
A. 蛋白激酶 C　B. 蛋白激酶 A　C. 磷酸二酯酶　D. 腺苷酸环化酶　E. 磷脂酶 C
**29.** 参加肠道次级结合胆汁酸生成的氨基酸是（　　）
A. 鸟氨酸　B. 精氨酸　C. 甘氨酸　D. 甲硫氨酸　E. 瓜氨酸
**30.** 维生素 A 参与视紫红质的形式是（　　）
A. 全反视黄醇　B. 11-顺视黄醇　C. 全反视黄醛　D. 11-顺视黄醛　E. 9-顺视黄醛
**31.** 生物体内脱氨基最主要方式是（　　）
A. 直接脱氨基　B. 联合脱氨基　C. 转氨基　D. 氧化脱氨　E. 还原脱氨
**32.** 原核生物转录终止需要的因子是（　　）
A. 释放因子　B. ρ 因子　C. 信号肽　D. σ 因子　E. DnaB
**33.** 下列哪种化合物不是高能化合物（　　）
A. 葡萄糖-6-磷酸　B. ATP　C. 琥珀酰辅酶 A
D. 磷酸烯醇式丙酮酸　E. GTP
**34.** 关于肝细胞性黄疸，下列说法错误的是（　　）
A. 常见于肝实质性疾病，如肝炎、肝肿瘤等　B. 肝处理胆红素能力下降
C. 也称肝源性黄疸　D. 尿胆红素是阴性
E. 血清结合和未结合胆红素都升高
**35.** DNA 水解的最终产物中，不包括（　　）
A. 磷酸　B. 嘌呤碱　C. 脱氧核糖　D. 嘧啶碱　E. 核糖
**36.** 机体缺乏维生素 $B_6$ 引起的贫血，其原因是（　　）
A. 维生素 $B_6$（磷酸吡哆醛）是 ALA 合酶的辅酶
B. 维生素 $B_6$（磷酸吡哆醛）是 ALA 脱水酶的辅酶
C. 维生素 $B_6$（磷酸吡哆醛）是亚铁螯合酶的辅酶
D. 维生素 $B_6$（磷酸吡哆醛）是尿卟啉原Ⅲ同合酶的辅酶
E. 维生素 $B_6$（磷酸吡哆醛）是尿卟啉原Ⅰ同合酶的辅酶
**37.** 机体氨的最主要去路是（　　）
A. 扩散入血　B. 合成尿素　C. 合成嘌呤　D. 合成谷氨酰胺　E. 合成必需氨基酸
**38.** 克隆某一目的 DNA 的过程，不包括以下哪一项（　　）
A. 基因载体的选择与构建　B. 外源基因与载体的拼接
C. 重组 DNA 分子导入受体细胞　D. 筛选
E. 表达目的基因编码的蛋白质
**39.** DNA 复制与转录过程有许多异同点，下列描述中不正确的是（　　）
A. 两过程均需 DNA 链作为模板　B. 在复制和转录中合成方向均为 $5'\rightarrow3'$
C. 复制的产物通常大于转录产物　D. 两过程均需聚合酶和多种蛋白因子
E. 两过程均需 RNA 引物
**40.** 下列哪种物质属于维生素 D 原（　　）
A. 胆钙化醇　B. 谷固醇　C. 7-脱氢胆固醇
D. 25-羟胆钙化醇　E. 24,25-二羟胆钙化醇

**41.** 脂肪酸氧化过程的关键酶是（　　）

A. 肉碱脂酰转移酶 Ⅰ　B. 甘油三酯脂肪酶　C. HMG-CoA 合酶

D. 脂蛋白脂肪酶　E. 乙酰乙酰 CoA 合成酶

**42.** 关于氨基酸代谢的错误论述是（　　）

A. 氨基酸的吸收是耗能的主动转运　B. 氨基酸经脱氨基后生成 $\alpha$-酮酸和氨

C. 转氨基作用是各种氨基酸共有的代谢途径　D. 某些氨基酸代谢可以产生一碳单位

E. 通过氨基酸脱羧，可以合成一些重要的含氮化合物

**43.** 关于 DNA 复制中化学反应的表述，错误的是（　　）

A. 新链走向与模板链走向相反　B. 模板链的走向是 3′→5′　C. 新链走向与模板链走向相同

D. 新链的延伸方向是 5′→3′　E. 形成 3′,5′-磷酸二酯键

**44.** 一个家族的几代中有几位罹患了癌症，这有可能涉及突变。肿瘤发生发展的过程中涉及的突变基因不包括（　　）

A. 癌基因突变　B. 抑癌基因突变　C. 细胞周期调节基因突变

D. 细胞凋亡基因突变　E. 生长因子受体突变

**45.** 小王到急诊室就诊，主诉双侧大腿和臀部疼痛，最近感觉疲乏，小便时尿道有烧灼感。检查发现，患者白细胞计数升高，为 $17\times10^9$/L，血红蛋白含量降低，为 71g/L，尿液分析显示有大量白细胞。医生诊断小王所患疾病为镰状细胞贫血。与小王所患疾病相关病因是（　　）

A. 蛋白质高级结构改变　B. DNA 复制错误　C. 蛋白质氨基酸序列改变

D. DNA 链断裂　E. 缺少核酸酶

**46.** 某种 RNA 在生物体内丰度最小，占细胞 RNA 总量的 2%～5%。但其种类最多，在细胞质内作为蛋白质合成的模板，在蛋白质合成过程中被翻译成蛋白质中的氨基酸序列。该种 RNA 是（　　）

A. mRNA　B. tRNA　C. rRNA　D. sncRNA　E. ncRNA

**47.** 在平原生活的人进入高原地区时，由于高原地区氧分压低会产生高原反应，人体通过多种调控来适应高原氧气稀薄的条件，尽可能提供更多的氧以保证正常的新陈代谢，这些调控不包括（　　）

A. 血液循环加速　B. 红细胞数量增加　C. Hb 浓度增加

D. 2,3-BPG 浓度增加　E. 2,3-BPG 浓度降低

**48.** 某种遗传性疾病患者，其皮肤对阳光特别敏感，照射后出现红斑、水肿，继而出现色素沉着，儿童期即可诱发皮肤肿瘤。该病发生的分子机制为（　　）

A. *Lex*A 类基因缺陷　B. *Uvr* 类基因缺陷　C. *XP* 类基因缺陷

D. DNA 聚合酶基因缺陷　E. DNA 连接酶基因缺陷

**49.** 20 世纪 60 年代做过以下实验：在培养基中仅加入适合底物乳糖或半乳糖，2～3 分钟后，大肠埃希菌细胞中 $\beta$-半乳糖苷酶可迅速达到 5000 个分子，增加了 1000 倍，占细菌蛋白总量的 5%～15%。若撤销底物，该酶合成迅速停止。该现象产生的主要原因是（　　）

A. cAMP 水平升高　B. CAP 水平升高　C. cAMP 水平降低

D. CAP 水平降低　E. 阻遏蛋白变构

**50.** 核酸分子杂交是分子生物学的常用实验技术，碱基配对是核酸分子杂交的基础。下面关于核酸分子杂交的叙述不正确的是（　　）

A. 不同来源的两条单链 DNA，只要它们有大致相同的互补碱基序列，它们即可结合，形成局部双螺旋

B. DNA 也可与 RNA 杂交形成杂化双链

C. RNA 也可与其编码的多肽链结合形成杂交分子

D. 杂交技术可用于核酸结构与功能的研究

E. 核酸分子杂交可以鉴定两种核酸分子间的序列相似性

**51.** 李先生幼年时脸上即有雀斑，皮肤干燥。随年龄增加，斑点变黑变大，同时眼睛对阳光敏感，易充血。短时间暴露于阳光下即严重晒伤并持续几周。组织病理显示表皮非典型性增生。导致李先生这些症状的最可能的原因是皮肤细胞（　　）

A. 黑色素合成增多　B. 酪氨酸酶活性增加　C. 不能识别 DNA 双链损伤

D. 不能校正移码突变　　E. 不能校正紫外线诱导的碱基二聚体突变

**52.** 张女士，60 岁，近 1 周经常头晕，胸闷，偶有耳鸣。到医院检查空腹血清总胆固醇 7.32mmol/L（正常<5.72mmol/L），甘油三酯 2.24mmol/L（正常<1.70mmol/L）。请问将肝内合成的胆固醇向肝外组织运输的血浆脂蛋白和向肝运输外源性甘油三酯的血浆脂蛋白分别是（　　）

A. LDL，CM　B. HDL，LDL　C. CM，HDL　D. VLDL，HDL　E. VLDL，LDL

**53.** 用 $^{15}N$ 标记谷氨酰胺的酰胺氮喂养鸽子后，在鸽子体内含 $^{15}N$ 的化合物是（　　）

A. 嘧啶环的 $N_1$　B. GSH　C. 嘌呤环的 $N_1$ 和 $N_7$

D. 嘌呤环的 $N_3$ 和 $N_9$　E. 肌酸

**54.** 骨髓增生异常综合征（MDS）是起源于造血干细胞的一组异质性髓系克隆性疾病，特点是髓系细胞分化及发育异常，表现为无效造血、难治性血细胞减少、造血功能衰竭，高风险向急性髓系白血病转化。MDS 的发病与细胞内某些癌基因激活或抑癌基因失活有关。研究表明 DNA 甲基转移酶抑制剂（如 5-氮杂胞苷）和组蛋白去乙酰化酶抑制剂（如 SAHA）对 MDS 均有很好的治疗效果。下列关于这两种药物对 MDS 治疗机制的描述错误的是（　　）

A. DNA 甲基转移酶抑制剂和组蛋白去乙酰化酶抑制剂可引起 MDS 中与细胞增殖、分化相关的癌基因或抑癌基因启动子区表观遗传修饰的改变

B. DNA 甲基转移酶抑制剂可抑制抑癌基因启动子区的甲基化，增强抑癌基因的表达

C. 组蛋白去乙酰化酶抑制剂可抑制癌基因启动子区组蛋白去乙酰化，导致癌基因表达的沉默

D. DNA 甲基转移酶抑制剂和组蛋白去乙酰化酶抑制剂不能联合使用，因为它们作用机制不同

E. 两种药物均应慎用，因为它们有中枢神经系统毒性等毒副作用

**55.** 患者，20 岁，患有小血球性贫血，检测发现其体内血红蛋白的 β 链共含有 172 个氨基酸残基，而不是正常的 141 个氨基酸残基，其可能的基因突变是（　　）

A. CGA→UGA　B. GAU→GAC　C. GCA→GAA　D. UAA→CAA　E. UAA→UAG

**56.** 王先生，45 岁，患有糖尿病，最近 1 个月内食欲下降，多饮多尿，体力明显下降，近期常出现恶心、呕吐等症状，有时感觉呼吸中有类似烂苹果气味的酮臭味。春节以来，王先生的饮食中脂肪类食物比重上升。请问王先生体内最有可能出现异常的物质是（　　）

A. 胆固醇　B. 脂肪酸　C. 血浆脂蛋白　D. $\beta$-羟丁酸　E. 甘油

**57.** 在实验室研究 DNA 复制时，加入不带有荧光标记的 5′-AACGTTTACC-3′，和带有荧光标记的 5′-GTAAA-3′，以及复制所需的酶和底物，则在合适的条件下，最终得到的荧光信号的寡核苷酸长度为（　　）

A. 5nt　B. 10nt　C. 4nt　D. 8nt　E. 9nt

**58.** 患者，男，40 岁，参加聚会饮酒后出现剧烈上腹痛，并向肩背部放射，呈阵发性加重，伴呕吐，腹胀，血压 60/90mmHg，脉搏 120 次/分，检测血淀粉酶 1900U/L（Somogyi），最可能的诊断是（　　）

A. 急性肾衰竭　B. 急性胰腺炎　C. 急性心肌梗死　D. 急性胃炎　E. 急性肝炎

**59.** 患者，女，50 岁，与丈夫吵架后服下敌百虫约 100ml，出现头晕、恶心、呕吐，胸闷、视物模糊等。4 小时后出现神志不清，被家属发现立即送到当地医院就诊，经检查后诊断为急性有机磷中毒，医生立即给予洗胃、导泻，阿托品、解磷定静脉注射等紧急处理，患者渐渐好转。有机磷化合物的作用机制是抑制（　　）

A. 胆碱酯酶活性　B. 酸性磷酸酶活性　C. 巯基酶活性

D. 羟基酶活性　E. 碱性磷酸酶活性

**60.** 真核生物基因组中没有的是（　　）

A. 增强子　B. 启动子　C. 绝缘子　D. 反式作用因子　E. 沉默子

**B 型题（每小题 1 分，共 10 分）**

（61～63 题共用选项）

A. α 螺旋　B. β 折叠　C. β 转角　D. Ω 环　E. 无规则卷曲

**61.** 其结构呈锯齿状的是（　　）

**62.** 其结构呈右手螺旋的是（　　）

**63.** 没有确定规律性的那部分肽链结构的是（　　）

（64～66 题共用选项）
A. HMG-CoA 还原酶　B. 磷酸化酶　C. 丙酮酸激酶
D. 葡萄糖-6-磷酸脱氢酶　E. 丙酮酸羧化酶

**64.** 磷酸戊糖途径的关键酶是（　　）
**65.** 糖异生的关键酶是（　　）
**66.** 胆固醇合成的关键酶是（　　）

（67～68 题共用选项）
A. 鸟苷酸结合蛋白　B. 支架蛋白　C. 钙结合蛋白
D. 衔接蛋白　E. DNA 结合蛋白

**67.** 胞内受体属于（　　）
**68.** G 蛋白是（　　）

（69～70 题共用选项）
A. 氢键　B. 3′,5′-磷酸二酯键　C. 疏水作用
D. 碱基中的共轭双键　E. 静电斥力

**69.** 碱基互补配对时形成的键是（　　）
**70.** 维持碱基对之间堆积力的是（　　）

**二、填空题（每空 1 分，共 11 分）**

**71.** 维持和稳定蛋白质一级结构的化学键是________。
**72.** 谷胱甘肽发挥作用的活性基团是半胱氨酸残基中的________。
**73.** 酶原激活的分子机制是________。
**74.** 基因表达具有________特异性和________特异性。
**75.** 真核生物 RNA 聚合酶 I 催化生成的产物主要有________，该酶对鹅膏蕈碱反应________。
**76.** 原核生物 RNA 聚合酶的核心酶亚基组成是________。
**77.** 真核基因组中存在大量重复序列，包括________、________和单拷贝序列。
**78.** 嘌呤核苷酸的最终分解产物是________。

**三、名词解释（每小题 3 分，共 9 分）**

**79.** 脂肪动员　**80.** 后随链
**81.** 转氨基作用

**四、问答题（每小题 5 分，共 10 分）**

**82.** 影响氧化磷酸化的因素有哪些？
**83.** 请叙述遗传密码的特点。

# 第 15 套　试卷参考答案

**一、选择题**

**A 型题（每小题 1 分，共 60 分）**

**1.** B　**2.** B　**3.** D　**4.** E　**5.** C　**6.** A　**7.** B　**8.** B　**9.** B　**10.** B　**11.** C　**12.** C　**13.** B　**14.** D　**15.** C　**16.** B　**17.** B　**18.** A　**19.** A　**20.** A　**21.** E　**22.** A　**23.** E　**24.** A　**25.** B　**26.** D　**27.** C　**28.** C　**29.** C　**30.** D　**31.** B　**32.** B　**33.** A　**34.** D　**35.** E　**36.** A　**37.** B　**38.** E　**39.** E　**40.** C　**41.** A　**42.** C　**43.** C　**44.** E　**45.** C　**46.** A　**47.** E　**48.** C　**49.** E　**50.** C　**51.** E　**52.** A　**53.** D　**54.** D　**55.** D　**56.** D　**57.** E　**58.** B　**59.** A　**60.** D

**B 型题（每小题 1 分，共 10 分）**

**61.** B　**62.** A　**63.** E　**64.** D　**65.** E　**66.** A　**67.** E　**68.** A　**69.** A　**70.** C

**二、填空题（每空 1 分，共 11 分）**

**71.** 肽键　**72.** 巯基
**73.** 形成或暴露酶的活性中心　**74.** 时间　空间（顺序可以颠倒）
**75.** 45S rRNA　耐受（或者不敏感）（顺序不可以颠倒）　**76.** $\alpha_2\beta\beta'\omega$

**77.** 高度重复序列　中度重复序列（顺序可以颠倒）　**78.** 尿酸

**三、名词解释（每小题3分，共9分）**

**79.** 脂肪动员：储存在白色脂肪细胞中的脂肪（1分），在脂肪酶作用下（1分）逐步水解释放游离脂肪酸及甘油供其他组织氧化利用（1分）的过程。

**80.** 后随链：DNA在复制过程中，其中一股链因为复制的方向与解链方向相反（2分），不能顺着解链方向连续延长（1分），这股不连续复制的链称为后随链。

**81.** 转氨基作用：在氨基转移酶的作用下（1分），某一氨基酸去掉 $\alpha$-氨基生成相应的 $\alpha$-酮酸（1分），而另一种 $\alpha$-酮酸得到此氨基生成相应的氨基酸（1分）的过程。

**四、问答题（每小题5分，共10分）**

**82.** 答：体内能量状态可调节氧化磷酸化速率（1分）；抑制剂可阻断氧化磷酸化过程（1分）；甲状腺激素可促进氧化磷酸化和产热（1分）；线粒体DNA突变可影响机体氧化磷酸化功能（1分）；线粒体的内膜选择性协调转运氧化磷酸化相关代谢物（1分）。

**83.** 答：方向性（1分），连续性（1分），摆动性（1分），简并性（1分），通用性（1分）。

（罗晓婷）

# 第16套　试卷

**一、选择题**

**A型题（每小题1分，共50分）**

**1.** 有一血清蛋白（pI=4.9）和血红蛋白（pI=6.8）的混合物，在哪种pH条件下电泳，分离效果最好（　　）

A. pH8.6　B. pH6.8　C. pH5.9　D. pH4.9　E. pH3.5

**2.** 下列哪个性质是氨基酸和蛋白质所共有的（　　）

A. 胶体性质　B. 两性性质　C. 沉淀反应　D. 变性性质　E. 双缩脲反应

**3.** 辅酶与辅基的区别是（　　）

A. 化学本质不同　B. 理化性质不同　C. 与酶蛋白结合紧密程度不同
D. 含不同的金属离子　E. 生物学性质不同

**4.** 不符合酶特点的是（　　）

A. 催化反应具高度特异性　B. 催化反应时条件温和　C. 活性可以调节
D. 催化效率极高　E. 能改变反应的平衡常数

**5.** 关于同工酶的论述，不正确的是（　　）

A. 能催化相同的化学反应　B. 一般是寡聚酶　C. 可存在于同一个体的不同组织
D. 是翻译后修饰不同造成的　E. 有不同的理化性质

**6.** 糖酵解时哪一对代谢物提供磷酸基团使ADP生成ATP（　　）

A. 3-磷酸甘油醛及磷酸烯醇式丙酮酸　B. 1,3-二磷酸甘油酸及磷酸烯醇式丙酮酸
C. 葡萄糖-1-磷酸及果糖-1,6-二磷酸　D. 葡萄糖-6-磷酸及2-磷酸甘油酸
E. 3-磷酸甘油醛及1,3-二磷酸甘油酸

**7.** 胆固醇是下述哪种物质的前体（　　）

A. 辅酶A　B. 辅酶Q　C. 维生素A　D. 维生素D　E. 维生素E

**8.** 合成卵磷脂时所需的活性胆碱是（　　）

A. TDP-胆碱　B. ADP-胆碱　C. UDP-胆碱　D. GDP-胆碱　E. CDP-胆碱

**9.** 用于核酸杂交的探针至少应符合下列哪项（　　）

A. 必须是双链DNA　B. 必须是双链RNA　C. 必须是单链DNA
D. 必须是100bp以上的大分子DNA　E. 必须是蛋白质

**10.** 下列脂肪酸中属于必需脂肪酸的是（　　）

A. 软脂酸　B. 油酸　C. 亚油酸　D. 硬脂酸　E. 饱和脂肪酸

**11.** RNA 和 DNA 彻底水解后的产物（　　）

A. 碱基不同，核糖相同　B. 碱基不同，核糖不同　C. 碱基相同，核糖不同
D. 核糖不同，部分碱基不同　E. 碱基相同，核糖相同

**12.** 决定 tRNA 携带氨基酸特异性的关键部位是（　　）

A. CCA 末端　B. TψC 环　C. DHU 环　D. 附加环　E. 反密码环

**13.** 人体内嘌呤核苷酸分解代谢的主要终产物是（　　）

A. 尿素　B. 尿酸　C. 肌酐　D. 尿苷酸　E. 肌酸

**14.** 有关 DNA 聚合酶作用条件，说法错误的是（　　）

A. 底物是 dNTP　B. 必须有单链 DNA 模板　C. 合成方向只能是 3′→5′
D. 需要 ATP 和 $Mg^{2+}$参与　E. 合成方向只能是 5′→3′

**15.** 可用于获得基因体外突变的技术是（　　）

A. PCR　B. Southern blotting　C. 化学裂解法
D. 基因克隆　E. DNA 链末端合成终止法

**16.** DNA 复制时，以序列 5′-CAGT -3′为模板合成的互补序列是（　　）

A. 5′-GTCA-3′　B. 5′-GUCA-3′　C. 5′-GTCU-3′　D. 5′-ACTG-3′　E. 3′-ACUG-5′

**17.** 下列哪项描述为 RNA 聚合酶和 DNA 聚合酶所共有的性质（　　）

A. 3′→5′核酸外切酶的活性　B. 5′→3′聚合酶活性　C. 5′→3′核酸外切酶活性
D. 需要 RNA 引物和 3′-OH 端　E. 都参与半保留合成方式

**18.** 下列哪一序列能形成发夹结构（　　）

A. AACTAAAACCAGAGACACG　B. TTAGCCTAAATCATACCG
C. CTAGAGCTCTAGAGCTAG　D. GGGGATAAAATGGGGATG
E. CCCCACAAATCCCCAGTC

**19.** 外显子（exon）是（　　）

A. 基因突变的表现　B. 断裂开的 DNA 片段　C. 不转录的 DNA
D. 真核生物基因中为蛋白质编码的序列　E. 真核生物基因中的非编码序列

**20.** 有关复制与转录的叙述，不准确的是（　　）

A. 新生链的合成都以碱基配对的原则进行　B. 新生链合成方向均为 5′至 3′
C. 聚合酶均催化磷酸二酯键的形成　D. 均以 DNA 分子为模板
E. 都需要 NTP 为原料

**21.** 生物体编码 20 种氨基酸的密码个数为（　　）

A. 16　B. 61　C. 20　D. 64　E. 60

**22.** 摆动配对指下列碱基之间配对不严格（　　）

A. 反密码子第一个碱基与密码子第三个碱基　B. 反密码子第三个碱基与密码子第一个碱基
C. 反密码子和密码子的第一个碱基　D. 反密码子和密码子的第三个碱基
E. 反密码子和密码子的第二个碱基

**23.** 人体内不同细胞可以合成不同蛋白质是因为（　　）

A. 各种细胞的基因不同　B. 各种细胞的基因相同，而表达基因不同
C. 各种细胞的蛋白酶活性不同　D. 各种细胞的蛋白激酶活性不同
E. 各种细胞的氨基酸不同

**24.** 下列哪项不是重组 DNA 技术中常用的工具酶（　　）

A. 限制性内切核酸酶　B. DNA 连接酶　C. DNA 聚合酶 I
D. RNA 聚合酶　E. 逆转录酶

**25.** 以 $IP_3$ 和 DAG 为第二信使的双信号途径是（　　）

A. cAMP-蛋白激酶途径　B. $Ca^{2+}$-磷脂依赖性蛋白激酶途径
C. cGMP-蛋白激酶途径　D. 酪氨酸蛋白激酶途径
E. $Ca^{2+}$-钙调蛋白依赖性蛋白激酶途径

**26.** 血清与血浆的区别在于血清内无（ ）
A. 糖类 B. 维生素 C. 代谢产物 D. 纤维蛋白原 E. 无机盐
**27.** 血浆胶体渗透压的大小主要决定于（ ）
A. 血浆清蛋白的浓度 B. 血浆球蛋白的浓度 C. 血浆葡萄糖的浓度
D. 血浆脂类的含量 E. 血浆无机离子的含量
**28.** 可以稳定血红蛋白结构、调节血红蛋白带氧功能的是（ ）
A. 1,3-二磷酸甘油酸 B. 2,3-二磷酸甘油酸 C. 3-磷酸甘油酸
D. 磷酸二羟丙酮 E. 2-磷酸甘油酸
**29.** 生物转化过程最重要的目的是（ ）
A. 使毒物毒性降低 B. 使药物失效 C. 使生物活性物质失活
D. 使非营养物质极性增强，有利于排泄 E. 使某些药物药效增强
**30.** 体内能量的主要来源是（ ）
A. 糖酵解途径 B. 糖的有氧氧化途径 C. 磷酸戊糖途径
D. 糖异生途径 E. 糖原合成途径
**31.** 体内运输一碳单位的载体是（ ）
A. 叶酸 B. 泛酸 C. $VitB_{12}$ D. $FH_4$ E. S-腺苷甲硫氨酸
**32.** 下列哪组氨基酸都是营养必需氨基酸（ ）
A. 赖、苯丙、酪、色 B. 甲硫、苯丙、苏、赖 C. 赖、缬、异亮、丙
D. 甲硫、半胱、苏、色 E. 谷、色、甲硫、赖
**33.** S-腺苷甲硫氨酸的重要作用是（ ）
A. 补充甲硫氨酸 B. 合成 $FH_4$ C. 提供甲基
D. 生成腺嘌呤核苷 E. 合成同型半胱氨酸
**34.** 白化病是由于缺乏（ ）
A. 色氨酸羟化酶 B. 酪氨酸酶 C. 苯丙氨酸羟化酶
D. 脯氨酸羟化酶 E. 酪氨酸羟化酶
**35.** 连接核苷酸的键是（ ）
A. $C_1'$酪氨酸酶-$N_1$糖苷键 B. $C_1'$-$N_9$糖苷键 C. 3′,5′-磷酸二酯键
D. 氢键 E. 肽键
**36.** 使原核 DNA 形成负超螺旋结构的是（ ）
A. 拓扑异构酶 B. DNA 解旋酶 C. DNA 聚合酶Ⅰ
D. DNA 聚合酶Ⅲ E. DNA 连接酶
**37.** 遗传密码阅读的方向为（ ）
A. 5′→3′ B. 3′→5′ C. N 端→C 端 D. C 端→N 端 E. 由中间向两端
**38.** 通过去除蛋白质颗粒表面的水化膜和电荷使蛋白质沉淀的方法是（ ）
A. 透析与超滤法 B. 盐析 C. 超速离心 D. 凝胶过滤 E. 电泳
**39.** 酶的特异性是指（ ）
A. 对所催化底物的选择性 B. 与辅酶的结合具有选择性 C. 催化反应的机制各不相同
D. 在细胞中有特殊的定位 E. 在特定条件下起催化作用
**40.** 肝脏生成乙酰乙酸的直接前体是（ ）
A. $\beta$-羟丁酸 B. 乙酰乙酰 CoA C. $\beta$-羟丁酰 CoA
D. 甲羟戊酸 E. $\beta$-羟甲基戊二酸单酰 CoA
**41.** 稀有碱基在哪类核酸中多见（ ）
A. rRNA B. mRNA C. tRNA D. 核仁 DNA E. 线粒体 DNA
**42.** 与 mRNA 密码子 ACG 相对应的 tRNA 反密码子是（ ）
A. UGC B. TGC C. GCA D. CGU E. CGT
**43.** 在嘌呤环的合成中向嘌呤环只提供一个碳原子的化合物是（ ）
A. $CO_2$ B. 谷氨酰胺 C. 天冬氨酸 D. 甲酸 E. 甘氨酸

**44.** 下列哪项反应在胞质中进行（　　）

A. 三羧酸循环　B. 氧化磷酸化　C. 丙酮酸羧化　D. 脂肪酸 *β*-氧化　E. 脂肪酸合成

**45.** 关于酶的化学修饰，错误的是（　　）

A. 一般都有活性和非活性两种形式　B. 活性和非活性两种形式在酶的催化下可以互变

C. 催化互变的酶受激素等因素的控制　D. 一般不需消耗能量

E. 多为磷酸化和去磷酸化的方式

**46.** 体内 ATP 增加时，ATP 对磷酸果糖激酶的抑制作用属于（　　）

A. 酶的变构调节　B. 酶的化学修饰　C. 酶含量的调节

D. 通过细胞膜受体调节　E. 通过细胞质受体调节

**47.** 组成 PCR 反应体系的物质不包括（　　）

A. DNA 引物　B. *Taq* DNA 聚合酶　C. RNA 聚合酶

D. DNA 模板　E. dNTP

**48.** 下列有关 GTP 结合蛋白（G 蛋白）的叙述，哪一项是错误的（　　）

A. 与 GTP 结合后可被激活　B. 有三种亚基 α、β、γ　C. 可催化 GTP 水解为 GDP

D. 膜受体通过 G 蛋白与腺苷酸环化酶偶联　E. 霍乱毒素可使其持续失活

**49.** $IP_3$ 与相应受体结合后，可使胞质内哪种离子浓度升高（　　）

A. $K^+$　B. $Na^+$　C. $HCO_3^-$　D. $Ca^{2+}$　E. $Mg^{2+}$

**50.** 合成血红素的原料有（　　）

A. 苏氨酸，甘氨酸，天冬氨酸　B. 甘氨酸，琥珀酰 CoA，$Fe^{2+}$

C. 甘氨酸，天冬氨酸，$Fe^{2+}$　D. 甘氨酸，CoA，$Fe^{2+}$

E. 丝氨酸，乙酰 CoA，$Ca^{2+}$

**B 型题（每小题 1 分，共 10 分）**

（51～52 题共用选项）

A. 磷酸甘油酸激酶　B. 烯醇化酶　C. 丙酮酸激酶

D. 丙酮酸脱氢酶复合体　E. 丙酮酸羧化酶

**51.** 糖异生途径的关键酶（　　）

**52.** 糖酵解途径的关键酶（　　）

（53～54 题共用选项）

A. HMG-CoA 合酶　B. HMG-CoA 还原酶　C. 乙酰 CoA 羧化酶

D. 激素敏感脂肪酶　E. LCAT

**53.** 酮体生成的关键酶（　　）

**54.** 胆固醇合成的关键酶（　　）

（55～56 题共用选项）

A. 尿素　B. 核苷酸　C. 尿酸　D. 氨基酸　E. *γ*-氨基异丁酸

**55.** 体内蛋白质分解代谢的最终产物是（　　）

**56.** 体内嘌呤核苷酸分解代谢的最终产物是（　　）

（57～58 题共用选项）

A. $C_1'$-$N_1$ 糖苷键　B. $C_1'$-$N_9$ 糖苷键　C. 3′,5′-磷酸二酯键

D. 氢键　E. 肽键

**57.** 嘌呤核苷的糖苷键是（　　）

**58.** 连接氨基酸的键是（　　）

（59～60 题共用选项）

A. 限制性核酸外切酶　B. DNA 酶　C. 限制性核酸内切酶

D. DNA 聚合酶　E. DNA 连接酶

**59.** 可识别并切割特异 DNA 序列的酶称（　　）

**60.** 在 DNA 技术中催化形成重组 DNA 分子的是（　　）

**二、判断题（每小题1分，共10分）**

（答题说明：正确的将答题纸上的“T”涂黑，错误的将答题纸上的“F”涂黑）

**61.** 肌糖原和肝糖原均可调节血糖水平。（　　）

**62.** 胰岛素能激活激素敏感性脂肪酶活性增减脂肪动员，是脂解激素。（　　）

**63.** 杂交双链是指DNA双链分开后两股单链的重新结合。（　　）

**64.** 氨基甲酰磷酸既可以合成尿素又可以用来合成嘌呤核苷酸。（　　）

**65.** hnRNA上只有外显子，而无内含子序列。（　　）

**66.** 三种DNA聚合酶都有5′→3′外切酶活性。（　　）

**67.** 在蛋白质生物过程中mRNA是由3′端向5′端进行翻译的。（　　）

**68.** 原核生物基因调节蛋白只有阻遏蛋白。（　　）

**69.** 外源DNA不能作为复制子的一部分在受体细胞中复制。（　　）

**70.** 结合胆红素呈水溶性，不易透过生物膜，尿中可出现。（　　）

**三、填空题（每空0.5分，共10分）**

**71.** 蛋白质对280nm的紫外光有较强的吸收，主要是由于含有____和____两种氨基酸。

**72.** 在结合酶中，决定反应特异性的是____，决定酶促反应的种类和性质的是____。

**73.** 磷酸戊糖途径的主要生理意义是生成了_____和_____。

**74.** 酮体在____组织生成，在____组织氧化利用。

**75.** 载脂蛋白C Ⅱ能激活____，促进____的释放。

**76.** 急性肝炎时血清中的____活性明显升高，心肌梗死时血清中____活性明显上升。

**77.** 真核生物mRNA的5′-帽子结构是_____，其3′端有____结构。

**78.** dUMP甲基化成为____，其甲基由____提供。

**79.** 在$Ca^{2+}$-磷脂依赖性蛋白激酶途径中，膜上的磷脂酰肌醇4,5-二磷酸可被水解产生___和____两种第二信使。

**80.** 正常时尿素约占非蛋白氮的____，当____严重受损时，血中非蛋白氮明显升高。

**四、问答题（每小题5分，共20分）**

**81.** 血糖有哪些来源与去路?血糖浓度为什么能保持动态平衡?

**82.** 试述大肠埃希菌在含乳糖、葡萄糖培养基中生长时，基因表达的调控机制。

**83.** 原核生物DNA聚合酶有哪些？简要叙述它们各自的功能。

**84.** 什么是目的基因？获取目的基因的途径有哪些？

# 第16套　试卷参考答案

**一、选择题**

**A型题（每小题1分，共50分）**

**1.** C　**2.** B　**3.** C　**4.** E　**5.** D　**6.** B　**7.** D　**8.** E　**9.** C　**10.** C　**11.** D　**12.** E　**13.** B　**14.** C　**15.** A　**16.** D　**17.** B　**18.** C　**19.** D　**20.** E　**21.** B　**22.** A　**23.** B　**24.** D　**25.** B　**26.** D　**27.** A　**28.** B　**29.** D　**30.** B　**31.** D　**32.** B　**33.** C　**34.** B　**35.** C　**36.** A　**37.** A　**38.** B　**39.** A　**40.** E　**41.** C　**42.** D　**43.** A　**44.** E　**45.** D　**46.** A　**47.** C　**48.** E　**49.** D　**50.** B

**B型题（每小题1分，共10分）**

**51.** E　**52.** C　**53.** A　**54.** B　**55.** A　**56.** C　**57.** B　**58.** E　**59.** C　**60.** E

**二、判断题（每小题1分，共10分）**

**61.** F　**62.** F　**63.** F　**64.** F　**65.** F　**66.** F　**67.** F　**68.** F　**69.** F　**70.** T

**三、填空题（每小题0.5分，共10分）**

**71.** 色氨酸　酪氨酸

**72.** 酶蛋白部分　辅助因子

**73.** 核糖-5-磷酸　$NADPH+H^+$

**74.** 肝内　肝外

**75.** 脂蛋白脂肪酶　甘油三酯

**76.** 谷丙转氨酶　谷草转氨酶

**77.** 7-甲基鸟嘌呤三磷酸核苷（$m^7$-GpppN）　多聚腺苷酸（polyA）的“尾”

**78.** dTMP　$N^5$，$N^{10}$-甲烯四氢叶酸　　**79.** 三磷酸肌醇　甘油二酯

**80.** 一半　肾脏

**四、问答题（每小题 5 分，共 20 分）**

**81.** 答：血糖的来源有三：食物中的淀粉消化吸收；肝糖原分解；其他非糖物质转变，即糖的异生作用。血糖的去路有四：在各组织细胞内氧化分解；合成肝糖原、肌糖原；转变成其他糖、脂类、氨基酸等；超过肾糖阈（8.89～10.0mmol/L）则由尿排出。血糖浓度的相对恒定依靠体内血糖的来源和去路之间的动态平衡来维持。

**82.** 答：大肠埃希菌乳糖操纵子包括：①编码区的三个结构基因：Z、Y、A。②调控区的一个操纵序列、一个启动序列、一个调节基因和一个分解（代谢）物基因激活蛋白（CAP）。葡萄糖和乳糖共存时，cAMP 水平低，阻遏蛋白结合操纵基因，*Lac* 操纵子关闭，细菌利用葡萄糖。③只有乳糖时，cAMP 水平升高，cAMP 作用于 CAP，CAP 变构结合于 *Lac* 操纵子上 CAP 结合位点，CAP 发挥正调控作用，阻遏蛋白由于诱导剂的存在而失去负调控作用，*Lac* 操纵子开放，合成分解乳糖的三种酶。

**83.** 答：原核生物 DNA 聚合酶有 DNA 聚合酶Ⅰ、DNA 聚合酶Ⅱ和 DNA 聚合酶Ⅲ。它们都是以单链 DNA 为模板催化其互补 DNA 链合成的酶，称为 DNA 指导的 DNA 聚合酶。三种 DNA 聚合酶都可催化形成 3′,5′-磷酸二酯键，都具有 3′→5′核酸外切酶活性。DNA 聚合酶Ⅲ是原核生物复制延长中真正起催化作用的酶。DNA 聚合酶Ⅰ还具有 5′→3′核酸外切酶的活性起着修复 DNA 分子中变异及损伤的作用。

**84.** 答：目的基因是指欲分离的感兴趣的基因或编码感兴趣蛋白质的 DNA 序列。获取目的基因的途径包括：①化学合成法；②从基因组 DNA 制备；③从 cDNA 制备；④聚合酶链反应（PCR）。

（库热西 · 玉努斯）

# 第 17 套　试卷

**一、单选题（每小题 1 分，共 60 分）**

**1.** 下列结构中，属于蛋白质模体结构的是（　　）

A. α 螺旋　　B. β 折叠　　C. 锌指结构　　D. 结构域

**2.** 蛋白质变性是由于（　　）

A. 蛋白质空间构象的破坏　　B. 氨基酸组成的改变

C. 肽键的断裂　　D. 蛋白质的水解

**3.** 下列选项中，属于蛋白质三级结构的是（　　）

A. α 螺旋　　B. 无规则卷曲　　C. 结构域　　D. 锌指结构

**4.** 具有左手螺旋的 DNA 结构是（　　）

A. G-四链体 DNA　　B. A 型 DNA　　C. B 型 DNA　　D. Z 型 DNA

**5.** 一个 DNA 分子中，若 G 所占的摩尔比是 32.8%，则 A 的摩尔比应是（　　）

A. 67.2%　　B. 65.6%　　C. 32.8%　　D. 17.2%

**6.** 下列选项中，符合 tRNA 结构特点的是（　　）

A. 5′端的帽子　　B. 3′端多聚 A 尾　　C. 反密码子　　D. 开放阅读框

**7.** 酶活性中心的某些基团可以参与质子的转移，这种作用称为（　　）

A. 亲核催化作用　　B. 共价催化作用　　C. 多元催化作用　　D. 一般酸-碱催化作用

**8.** 酶 $K_m$ 值的大小所代表的含义是（　　）

A. 酶对底物的亲和力　　B. 最适的酶浓度　　C. 酶促反应的速度　　D. 酶抑制剂的类型

**9.** 属于肝己糖激酶的同工酶类型是（　　）

A. Ⅰ型　　B. Ⅱ型　　C. Ⅲ型　　D. Ⅳ型

**10.** 下列反应中属于酶化学修饰的是（　　）

A. 强酸使酶变性失活　　B. 加入辅酶使酶具有活性

C. 肽链苏氨酸残基磷酸化　　D. 小分子物质使酶构象改变

**11.** 糖酵解途径所指的反应过程是（ ）
A. 葡萄糖转变成磷酸二羟丙酮 B. 葡萄糖转变成乙酰 CoA
C. 葡萄糖转变成丙酮 D. 葡萄糖转变成丙酮酸
**12.** 下列化合物中，不能由草酰乙酸转变生成的是（ ）
A. 柠檬酸 B. 苹果酸 C. 天冬氨酸 D. 乙酰乙酸
**13.** 乙酰 CoA 羧化酶的变构激活剂是（ ）
A. AMP B. 柠檬酸 C. ADP D. 果糖-2,6-二磷酸
**14.** 下列酶中，与丙酮酸生成糖无关的是（ ）
A. 丙酮酸激酶 B. 丙酮酸羧化酶 C. 果糖二磷酸酶-1 D. 葡萄糖-6-磷酸酶
**15.** 如果食物中长期缺乏植物油，将导致人体内减少的物质是（ ）
A. 软油酸 B. 油酸 C. 花生四烯酸 D. 胆固醇
**16.** 血浆中能够转运胆红素和磺胺的蛋白质是（ ）
A. 清蛋白 B. 运铁蛋白 C. 铜蓝蛋白 D. 纤维蛋白
**17.** 下列脂蛋白形成障碍与脂肪肝的形成密切相关的是（ ）
A. CM B. VLDL C. LDL D. HDL
**18.** 下列选项中，可以转变为糖的化合物的是（ ）
A. 硬脂酸 B. 油酸 C. 羟丁酸 D. $\alpha$-磷酸甘油
**19.** CO 抑制呼吸链的部位是（ ）
A. 复合体Ⅰ B 复合体Ⅱ C. 复合体Ⅲ D. 复合体Ⅳ
**20.** 2,4-二硝基苯酚抑制氧化磷酸化的机制是（ ）
A. 解偶联 B. 抑制电子传递 C. 抑制 ATP 合酶 D. 与复合体Ⅰ结合
**21.** 下列物质中，能够在底物水平上生成 GTP 的是（ ）
A. 乙酰 CoA B. 琥珀酰 CoA C. 脂酰 CoA D. HDL
**22.** 下列选项中，符合蛋白酶体降解蛋白质特点的是（ ）
A. 不需泛素参与 B. 主要降解外来的蛋白质
C. 需要消耗 ATP D. 是原核生物蛋白质降解的主要途径
**23.** 肌肉中氨基酸脱氨基作用的主要方式是（ ）
A. 嘌呤核苷酸循环 B. 谷氨酸氧化脱氨基作用
C. 转氨基作用 D. 转氨基与谷氨酸氧化脱氨基的联合
**24.** 氨的运输所涉及的机制是（ ）
A. 丙氨酸-葡萄糖循环 B. 三羧酸循环 C. 核糖体循环 D. 甲硫氨酸循环
**25.** 脑中氨的主要解毒方式是生成（ ）
A. 尿素 B. 丙氨酸 C. 谷氨酰胺 D. 天冬酰胺
**26.** 可以作为一碳单位来源的氨基酸是（ ）
A. 丝氨酸 B. 丙氨酸 C. 亮氨酸 D. 甲硫氨酸
**27.** 发生巨幼红细胞贫血的原因是（ ）
A. 缺铁 B. 蛋白质摄入不足
C. 缺乏维生素 $B_{12}$ 和叶酸 D. EPO 生成不足
**28.** 谷氨酰胺类似物所拮抗的反应是（ ）
A. 脱氧核糖核苷酸的生成 B. dUMP 的甲基化
C. 嘌呤核苷酸的从头合成 D. 黄嘌呤氧化酶催化的作用
**29.** 从头合成嘌呤的直接原料是（ ）
A. 谷氨酸 B. 甘氨酸 C. 天冬酰胺 D. 氨基甲酰磷酸
**30.** 胸腺嘧啶分解代谢的产物为（ ）
A. $\beta$-羟基丁酸 B. $\beta$-氨基异丁酸 C. $\beta$-丙氨酸 D. 尿酸
**31.** 别嘌呤醇治疗痛风的可能机制是（ ）
A. 抑制黄嘌呤氧化酶 B. 促进 dUMP 的甲基化

C. 促进尿酸生成的逆反应　　D. 抑制脱氧核糖核苷酸的生成

**32.** 下列物质代谢调节方式中，属于快速调节的是（　　）

A. 产物对酶合成的阻遏作用　　B. 酶蛋白的诱导合成

C. 酶蛋白的降解作用　　D. 酶的别构调节

**33.** 合成血红蛋白的基本原料是（　　）

A. 铁和叶酸　　B. 维生素 $B_{12}$　　C. 铁和蛋白质　　D. 蛋白质和内因子

**34.** 体内血红素代谢的终产物是（　　）

A. $CO_2$ 和 $H_2O$　　B. 乙酰 CoA　　C. 胆色素　　D. 胆汁酸

**35.** 下列关于原核生物 DNA 聚合酶Ⅲ的叙述，错误的是（　　）

A. 是复制延长中真正起作用的酶　　B. 由多亚基组成的不对称异聚合体

C. 具有 5′→3′聚合酶活性　　D. 具有 5′→3′核酸外切酶活性

**36.** 对广泛 DNA 损伤进行紧急、粗糙、高错误率的修复方式是（　　）

A. 光修复　　B. 切除修复　　C. 重组修复　　D. SOS 修复

**37.** 造成镰状细胞贫血的基因突变原因是（　　）

A. DNA 重排　　B. 碱基缺失　　C. 碱基插入　　D. 碱基错配

**38.** RNA 聚合酶Ⅱ所识别的 DNA 结构是（　　）

A. 内含子　　B. 外显子　　C. 启动子　　D. 增强子

**39.** 下列关于转录作用的叙述，正确的是（　　）

A. 以 RNA 为模板合成 cDNA　　B. 需要 4 种 dNTP 为原料

C. 合成反应的方向为 3′→5′　　D. 转录起始不需要引物参与

**40.** 真核生物 RNA 聚合酶Ⅱ催化转录后的产物是（　　）

A. tRNA　　B. hnRNA　　C. 5.8S-rRNA　　D. 5S-rRNA

**41.** RNA 编辑所涉及的过程是（　　）

A. RNA 合成后的加工过程　　B. RNA 聚合酶识别模板的过程

C. DNA 指导的 RNA 合成过程　　D. tRNA 反密码对密码的识别过程

**42.** 下列关于逆转录酶的叙述，正确的是（　　）

A. 以 mRNA 为模板催化合成 RNA 的酶　　B. 其催化合成的方向是 3′→5′

C. 催化合成时需要先合成冈崎片段　　D. 此酶具有 RNase 活性

**43.** 下列关于原核生物蛋白质合成的叙述，正确的是（　　）

A. 一条 mRNA 编码几种蛋白质　　B. 释放因子是 eRF

C. 80S 核糖体参与合成　　D. 核内合成，胞质加工

**44.** 蛋白质生物合成过程中，能在核糖体 E 位上发生的反应是（　　）

A. 氨酰-tRNA 进位　　B. 转肽酶催化反应　　C. 卸载 tRNA　　D. 与释放因子结合

**45.** 参与新生多肽链正确折叠的蛋白质是（　　）

A. 分子伴侣　　B. G 蛋白　　C. 转录因子　　D. 释放因子

**46.** 下列选项中，属于蛋白质生物合成抑制剂的是（　　）

A. 氟尿嘧啶　　B. 卡那霉素　　C. 甲氨蝶呤　　D. 别嘌呤醇

**47.** 对真核和原核生物反应过程均有干扰作用，故能用作抗菌药物的是（　　）

A. 四环素　　B. 链霉素　　C. 卡那霉素　　D. 嘌呤霉素

**48.** 原核生物基因组的特点是（　　）

A. 核小体是其基本组成单位　　B. 转录产物是多顺反子

C. 基因的不连续性　　D. 线粒体 DNA 为环状结构

**49.** 基因表达的细胞特异性是指（　　）

A. 基因表达按一定的时间顺序发生　　B. 同一基因在不同细胞表达不同

C. 基因表达因环境不同而改变　　D. 基因在所有细胞中持续表达

**50.** 组成性基因表达的正确含义是（　　）

A. 在大多数细胞中持续恒定表达　　B. 受多种机制调节的基因表达

C. 可诱导基因表达　　D. 空间特异性基因表达

**51.** 基因表达调控的基本控制点是（　　）

A. mRNA 从细胞核转移到细胞质　　B. 转录的起始

C. 转录后加工　　D. 蛋白质翻译及翻译后加工

**52.** 以 $IP_3$ 和 DAG 作为第二信使的激素是（　　）

A. 肾上腺素　　B. 醛固酮　　C. 促肾上腺皮质激素　　D. 甲状腺激素

**53.** 需要依靠细胞内 cAMP 来完成跨膜信号转导的膜受体是（　　）

A. G 蛋白偶联受体　　B. 离子通道型受体　　C. 酪氨酸激酶受体　　D. 鸟苷酸环化酶受体

**54.** 下列关于 Ras 蛋白特点的叙述，正确的是（　　）

A. 具有 GTP 酶活性　　B. 能使蛋白质酪氨酸磷酸化

C. 具有 7 个跨膜螺旋结构　　D. 属于蛋白质丝/苏氨酸激酶

**55.** 可以利用逆转录酶作为工具酶的作用是（　　）

A. 质粒的构建　　B. 细胞的转染　　C. 重组体的筛选　　D. 目的基因的合成

**56.** 作为克隆载体的最基本条件是（　　）

A. DNA 分子量较小　　B. 环状双链 DNA 分子　　C. 有自我复制功能　　D. 有一定遗传标志

**57.** 下列选项中，符合Ⅱ类限制性内切核酸酶特点的是（　　）

A. 识别的序列是回文结构　　B. 没有特异性酶切位点

C. 同时有连接酶活性　　D. 可切割细菌体内自身 DNA

**58.** 目前基因治疗主要采用的方式是（　　）

A. 对患者缺陷基因进行重组　　B. 提高患者的 DNA 合成能力

C. 调整患者 DNA 修复的酶类　　D. 将表达目的基因的细胞输入患者体内

**59.** 下列关于原癌基因的叙述，正确的是（　　）

A. 只存在于哺乳动物中　　B. 进化过程中高度变异

C. 维持正常细胞生理功能　　D. *Rb* 基因是最早发现的原癌基因

**60.** 下列可以导致原癌基因激活的机制是（　　）

A. 获得启动子　　B. 转录因子与 RNA 结合

C. 抑癌基因的过表达　　D. P53 蛋白诱导细胞凋亡

**二、名词解释（每小题 3 分，共 21 分）**

**61.** $\beta$-oxidation of fatty acids　　**62.** phosphate/oxygen ratio

**63.** splicing　　**64.** asymmetric transcription

**65.** wobble pairing　　**66.** active center of enzyme

**67.** enterohepatic circulation of bile acid

**三、问答题（第 68 题 7 分，第 69 题 6 分，第 70 题 6 分，共 19 分）**

**68.** 何谓酶的竞争性抑制作用？其动力学特点如何？

**69.** 综述脂肪动员及脂肪酸的氧化过程。

**70.** 下列为 DNA 模板链顺序 3′-TACCTGACCATGGTGCGTAAGTAA-5′

回答：（1）以此 DNA 模板链转录生成的 mRNA 顺序如何?

（2）写出以 mRNA 为模板翻译而成的多肽链顺序。

已知氨基酸密码：

GAU、GAC--天冬氨酸　UAC--酪氨酸　UGG--色氨酸　CAC--组氨酸　GCA--丙氨酸　AUG--甲硫氨酸　UUC--苯丙氨酸　AUU--异亮氨酸

# 第 17 套　试卷参考答案

**一、单选题（每小题 1 分，共 60 分）**

**1.** C　**2.** A　**3.** C　**4.** D　**5.** D　**6.** C　**7.** D　**8.** A　**9.** D　**10.** C　**11.** D　**12.** D　**13.** B　**14.** A　**15.** C
**16.** A　**17.** B　**18.** D　**19.** D　**20.** A　**21.** B　**22.** C　**23.** A　**24.** A　**25.** C　**26.** A　**27.** C　**28.** C　**29.** B

**30.** B **31.** A **32.** D **33.** C **34.** C **35.** D **36.** D **37.** D **38.** C **39.** D **40.** B **41.** A **42.** D **43.** A **44.** C **45.** A **46.** B **47.** D **48.** B **49.** B **50.** A **51.** B **52.** A **53.** A **54.** A **55.** D **56.** C **57.** A **58.** D **59.** C **60.** A

**二、名词解释（每小题 3 分，共 21 分）**

**61.** 脂肪酸 *β*-氧化是指脂肪酸在肝脏、心肌、骨骼肌、脂肪组织等许多组织细胞内进行（1 分），是脂肪氧化分解供能的重要组成部分（1 分），长链脂肪酸在此过程中被分解，释放出大量能量，对机体能量代谢有重要作用（1 分）。

**62.** P/O 值是指物质氧化时（1 分），每消耗 1mol 氧原子（1 分）所消耗无机磷的摩尔数即生成 ATP 的摩尔数（1 分）。

**63.** 剪接是指去除初级转录产物上的内含子（1.5 分），把外显子连接为成熟的 RNA（1.5 分）。

**64.** 不对称转录包含有两方面含义：一是 DNA 分子双链上的某一区段，一股链用作模板指引转录（1.5 分），另一股链不转录；其二是模板链并非永远在同一单链上（1.5 分）。

**65.** “摆动”配对是指 mRNA 密码子的第三位碱基（1 分）与 tRNA 反密码子的第一位碱基配对（1 分），不一定完全依照碱基配对规则准确配对（1 分）。

**66.** 酶的活性中心是指酶分子中直接与底物结合（1.5 分），并和酶催化作用直接有关的区域（1.5 分）。

**67.** 胆汁酸的肠肝循环是指初级胆汁酸随胆汁流入肠道，在促进脂类消化吸收的同时，受到肠道内细菌作用而变为次级胆汁酸（1 分），肠内的胆汁酸约有 95%被肠壁重吸收（1 分），重吸收的胆汁酸经门静脉重回肝脏，经肝细胞处理后，与新合成的结合胆汁酸一道再经胆道排入肠道（1 分），此过程称胆汁酸的肝肠循环。

**三、问答题（第 68 题 7 分，第 69 题 6 分，第 70 题 6 分，共 19 分）**

**68.** 答：概念：有些抑制剂分子的结构与底物分子的结构非常近似（1 分），因此可与底物竞争结合酶的活性中心而抑制酶的活性，故称为竞争性抑制（1 分）。

动力学特点：竞争性抑制剂可与底物竞争性结合酶的活性中心而生成酶-抑制剂复合物（EI）（1 分），从而使可以与底物结合成中间复合物（ES）的酶相对减少（1 分），酶活性因此降低，在作图时表现为 $K_m$ 值增大（1 分）；另一方面，抑制剂并没有破坏酶分子的特定构象，也没有破坏酶的活性中心，且竞争性抑制剂与酶的结合是可逆的（1 分），因此可用加入大量底物消除竞争性抑制剂对酶活性的抑制作用，在作图时表现为 $V_{max}$ 不变（1 分）。

**69.** 答：在病理或饥饿条件下，储存在脂肪细胞中的脂肪，被脂肪酶逐步水解为游离脂肪酸（FFA）及甘油并释放入血以供其他组织氧化利用，该过程称为脂肪动员。在脂肪动员中，脂肪细胞内激素敏感性脂肪酶（HSL）起决定作用，它是脂肪分解的限速酶（1.5 分）。

此过程可分为活化、转移、*β*-氧化共三个阶段：

（1）脂肪酸的活化：和葡萄糖一样，脂肪酸参加代谢前也先要活化。其活化形式是“硫酯—脂酰 CoA”，催化脂肪酸活化的酶是脂酰 CoA 合成酶（1.5 分）。

（2）脂酰 CoA 进入线粒体：催化脂肪酸 *β*-氧化的酶系在线粒体基质中，但长链脂酰 CoA 不能自由通过线粒体内膜，要进入线粒体基质就需要载体转运，这一载体就是肉碱，即 3-羟-4-三甲氨基丁酸（1.5 分）。

（3）*β*-氧化的反应过程：脂酰 CoA 在线粒体基质中进入 *β*-氧化要经过四步反应，即脱氢、加水、再脱氢和硫解，生成一分子乙酰 CoA 和一个少两个碳的新的脂酰 CoA（1.5 分）。

**70.** 答：（1）5′-AUGGACUGGUACCACGCAUUCAUU-3′（3 分）。

（2）甲硫氨酰天冬氨酰色氨酰酪氨酰组氨酰丙氨酰苯丙氨酰异亮氨酸（3 分）。

（叶　辉）